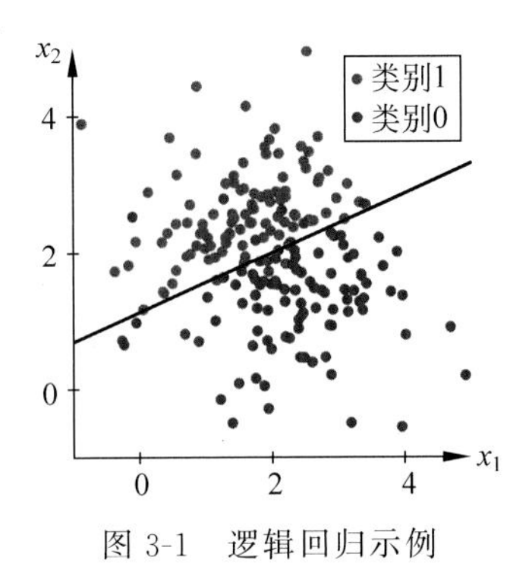

图 3-1 逻辑回归示例

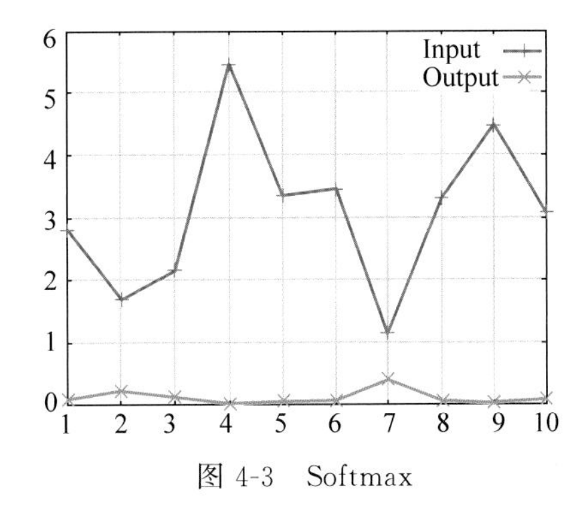

图 4-3 Softmax

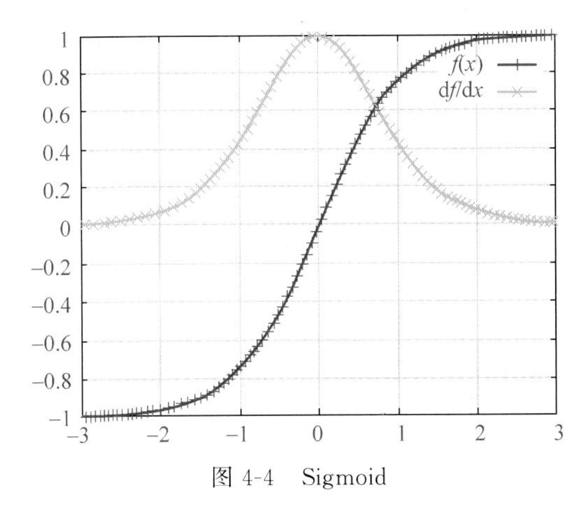

图 4-4 Sigmoid

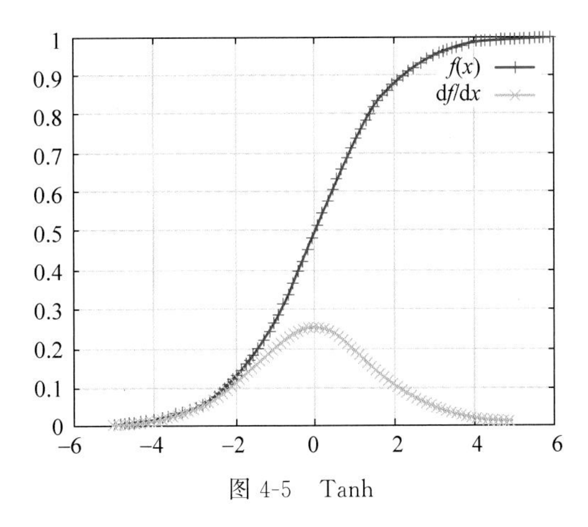

图 4-5 Tanh

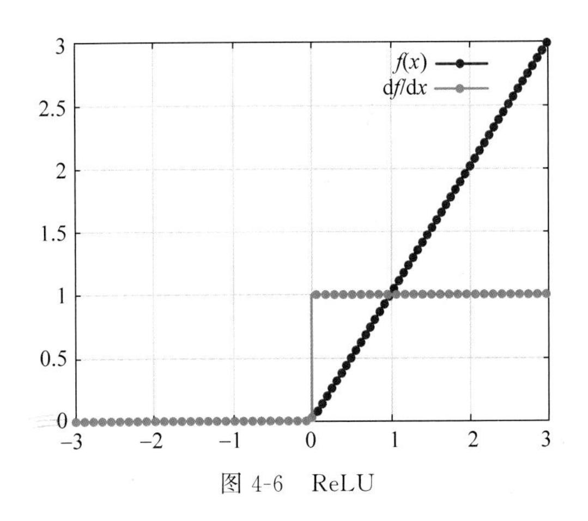

图 4-6 ReLU

12	20	30	0
8	12	2	0
34	70	37	4
112	100	25	12

2×2 Max-Pool →

20	30
112	37

图 4-23 池化

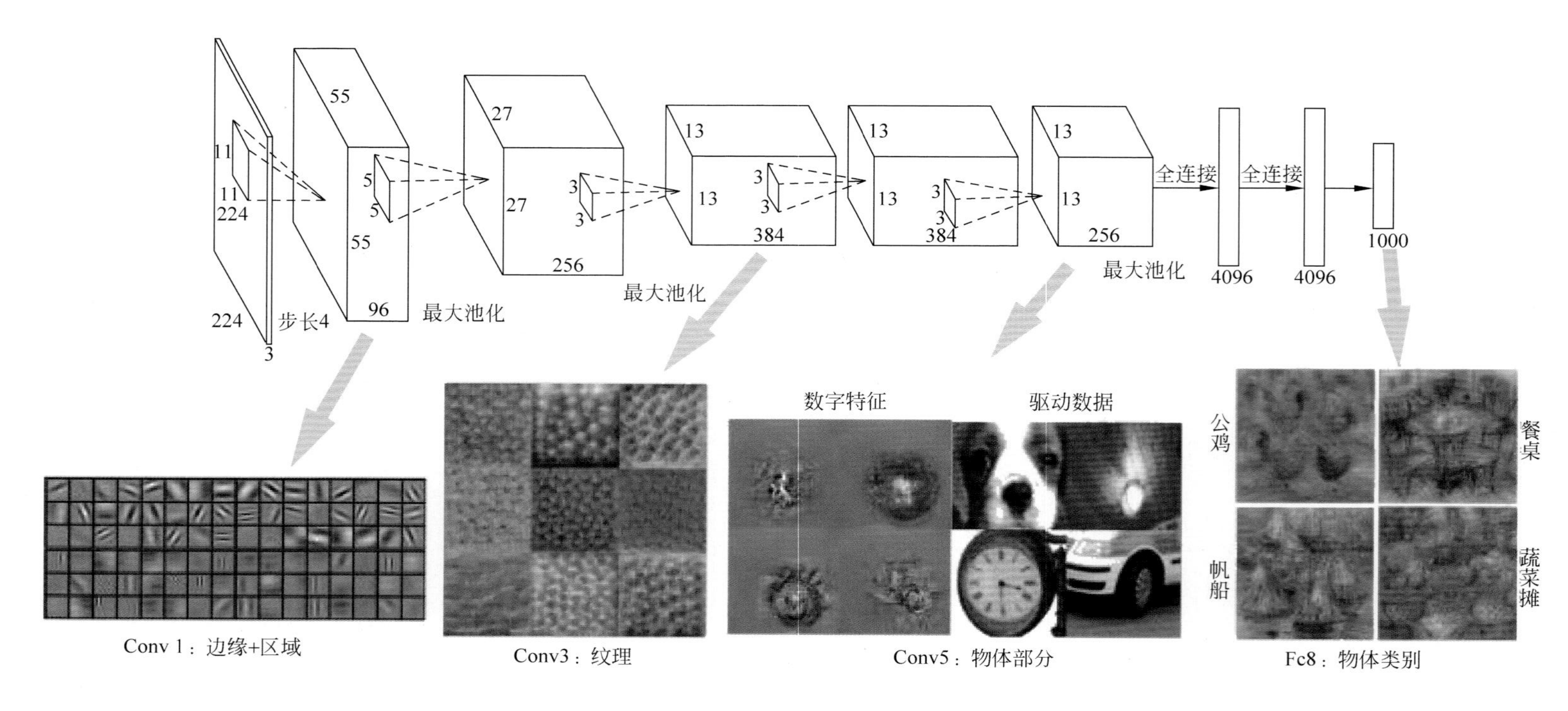

图 4-25　AlexNet

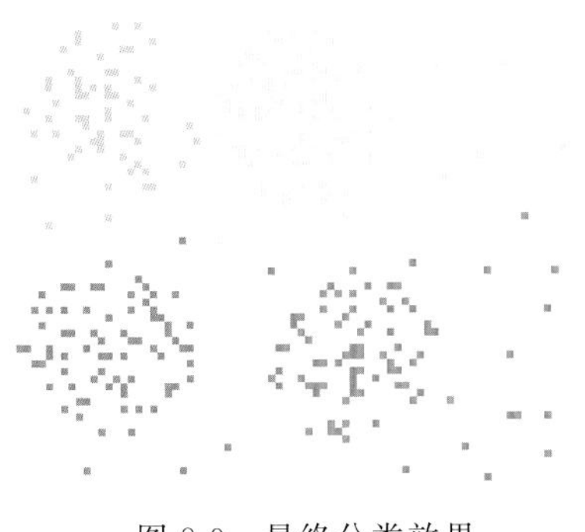

图 8-9　最终分类效果

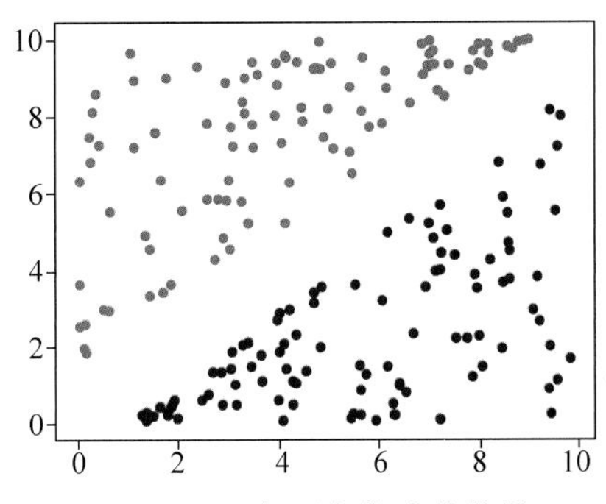

图 8-10　逻辑回归算法的数据
（绿色为标签 0，蓝色为标签 1）

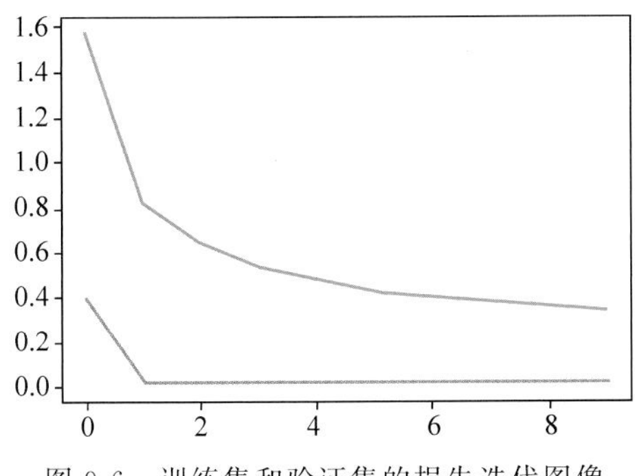

图 9-6　训练集和验证集的损失迭代图像

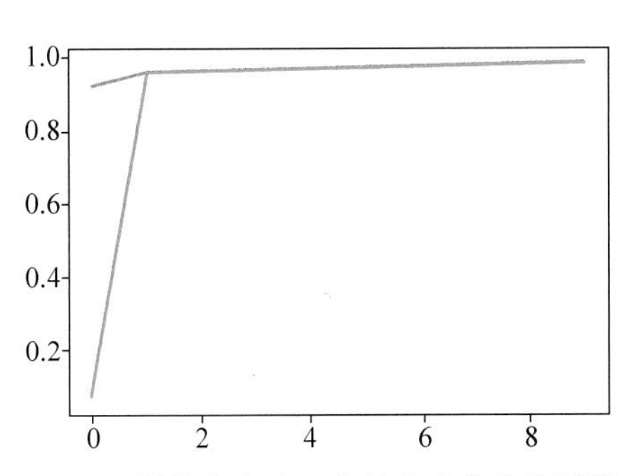

图 9-7　训练集和验证集的准确率迭代图像

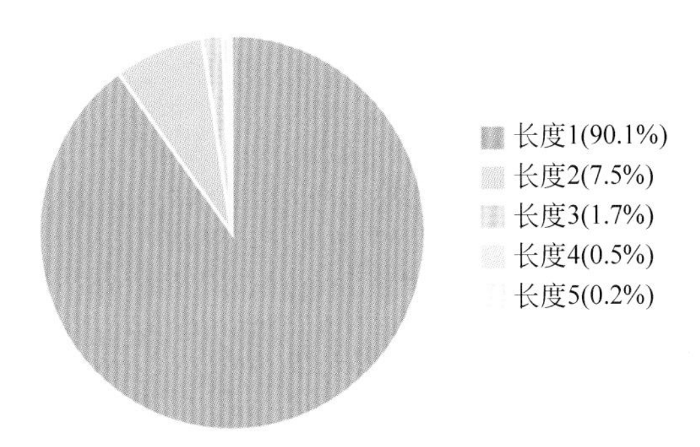

图 11-3　查询词长度占比

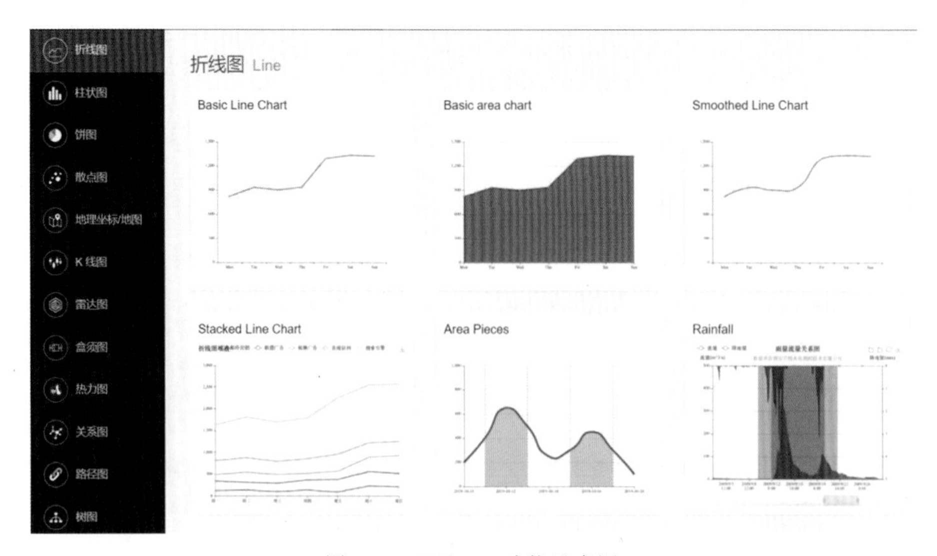

图 12-3　ECharts 功能示意图

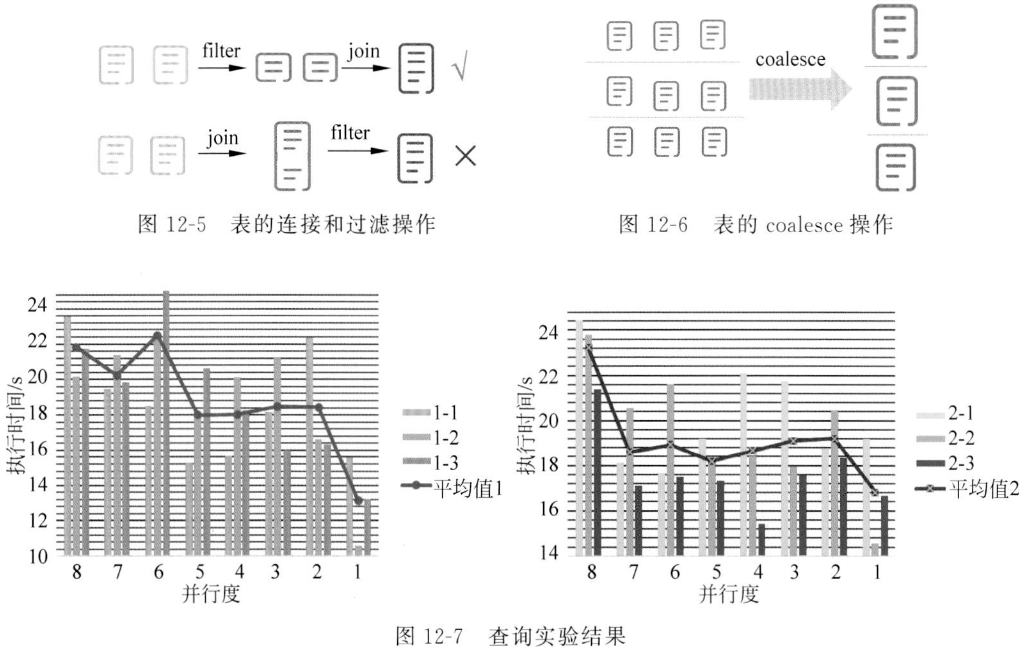

图 12-5　表的连接和过滤操作

图 12-6　表的 coalesce 操作

图 12-7　查询实验结果

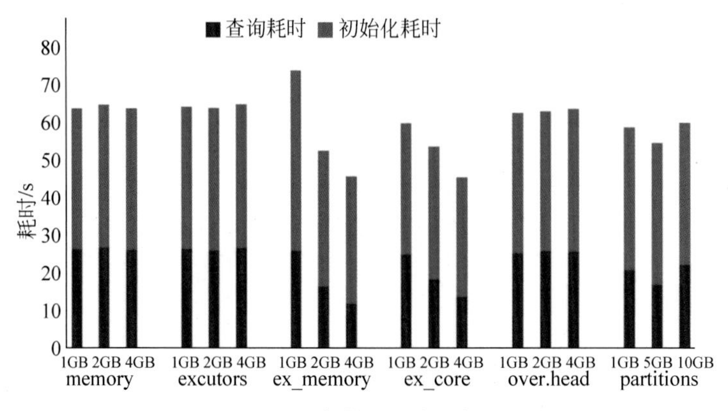

图 12-9　不同参数对系统性能的影响

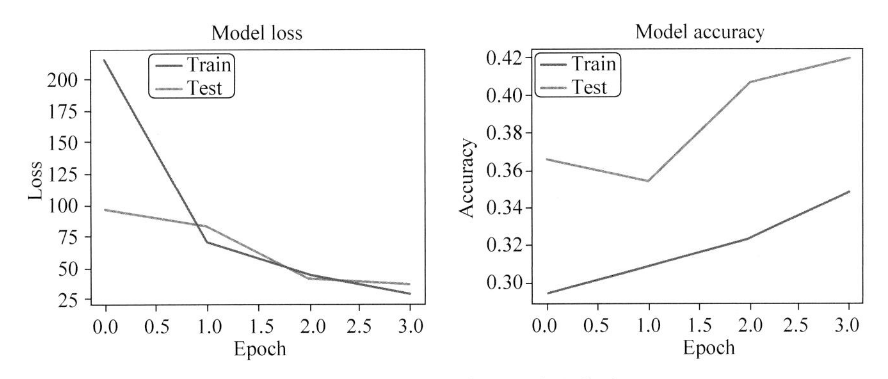

图 14-6　损失函数值与准确度曲线

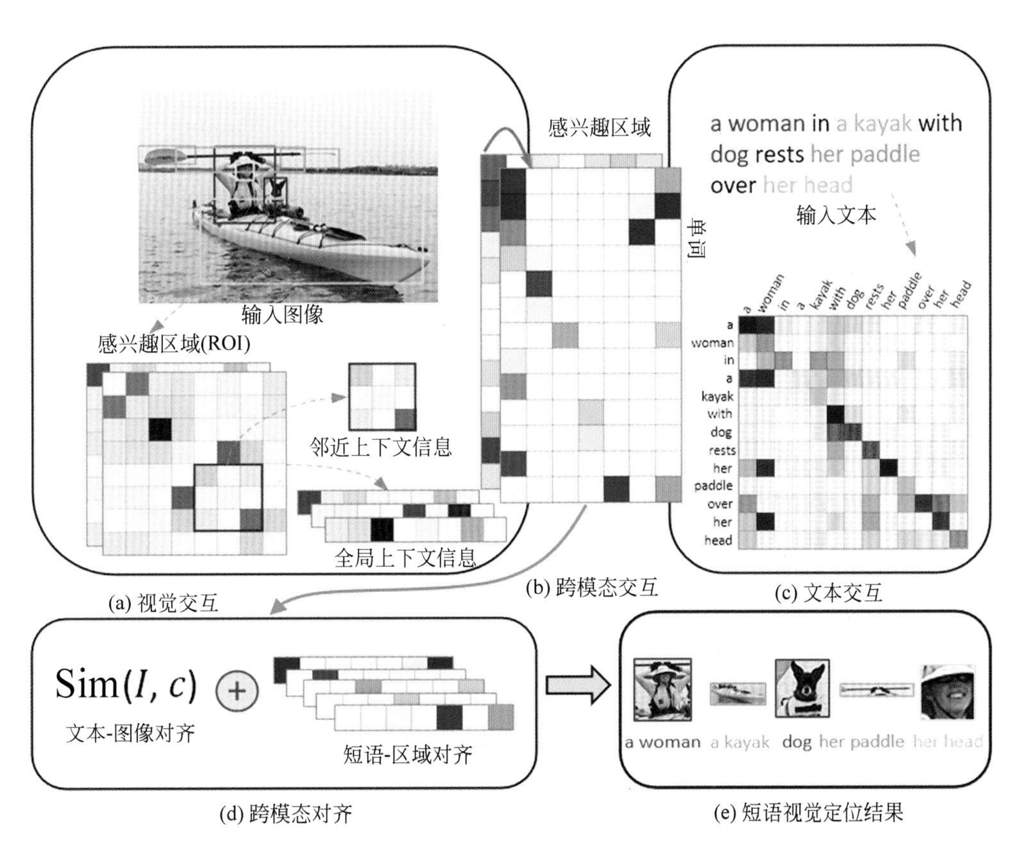

I 是图片的隐层表示；c 是从输入文本中提取的特征；Sim(I,c)表示它们之间的相似性。

图 16-1　跨模态全交互网络的说明

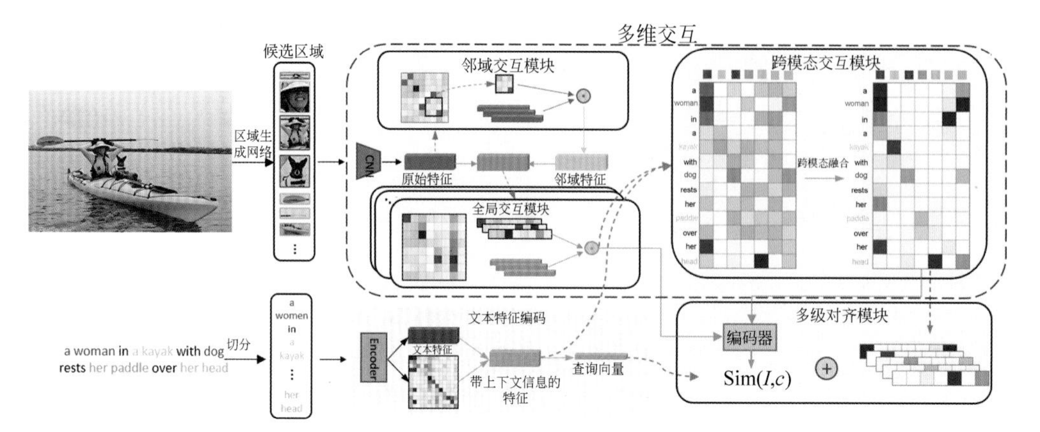

图 16-2　跨模态全交互网络的结构

(a) A man is playing a guitar for a little girl in a hospital.

(b) A man in orange pants and brown vest is playing tug-of-war with a dog.

(c) A young boy and a girl on a skateboard have fun in a parking lot.

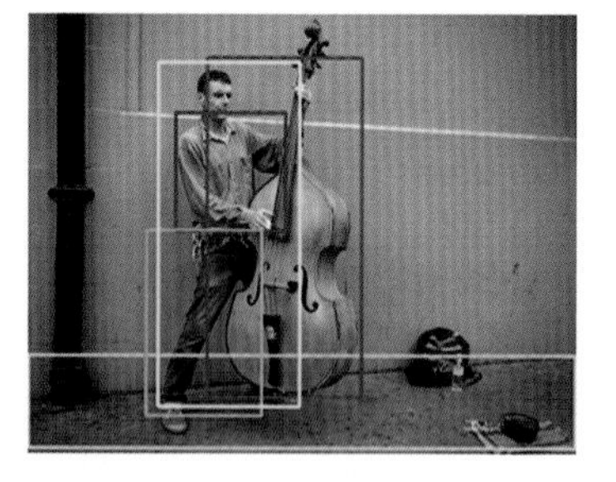

(d) A man in a blue shirt and jeans plays bass on the street.

图 16-3　部分预测案例

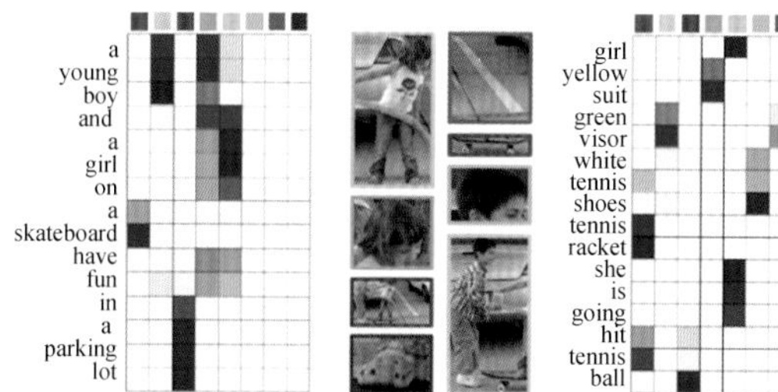

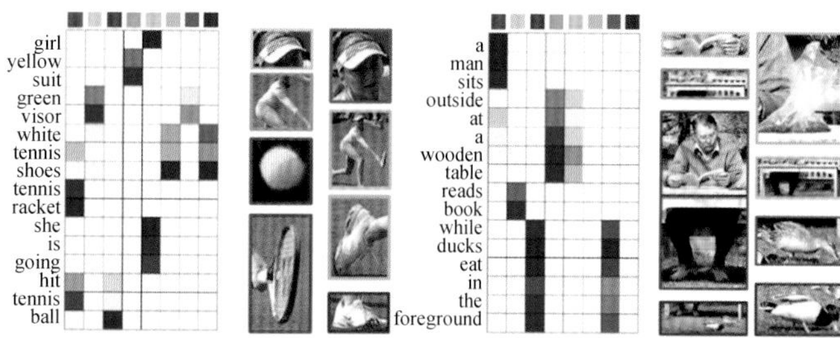

(a) A young boy and a girl on a skateboard have fun in a parking lot.

(b) A girl in a yellow tennis suit, green visor and white tennis shoes holding a tennis racket in a position where she is going to hit the tennis ball.

(c) A man sits outside at a wooden table and reads a book while ducks eat in the foreground.

图 16-4　部分预测案例的注意力热图

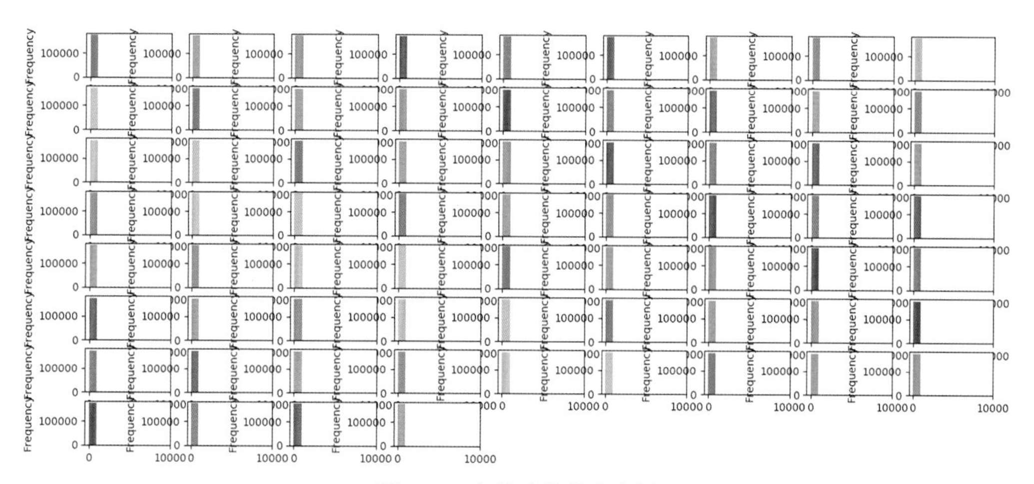

图 19-9　各维度数据直方图

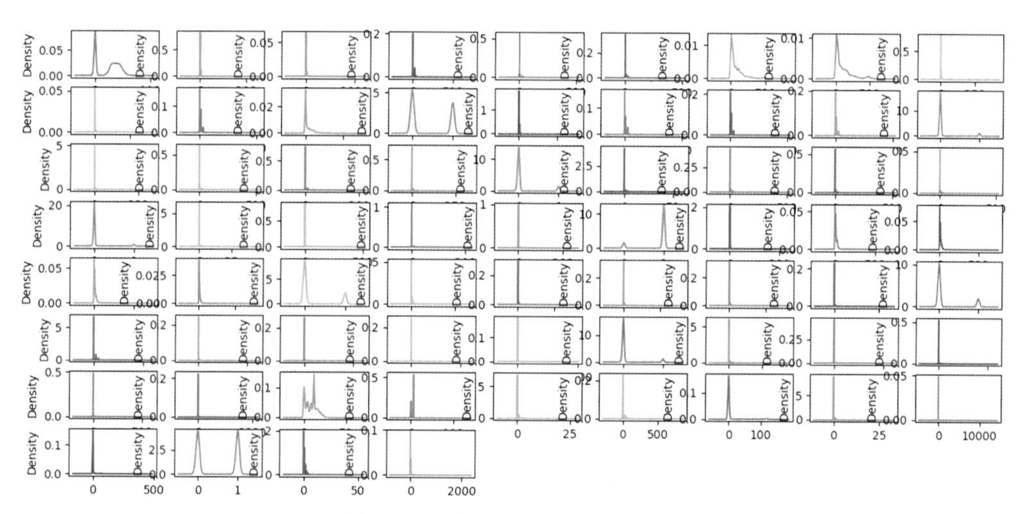

图 19-10　各维度数据密度分布图

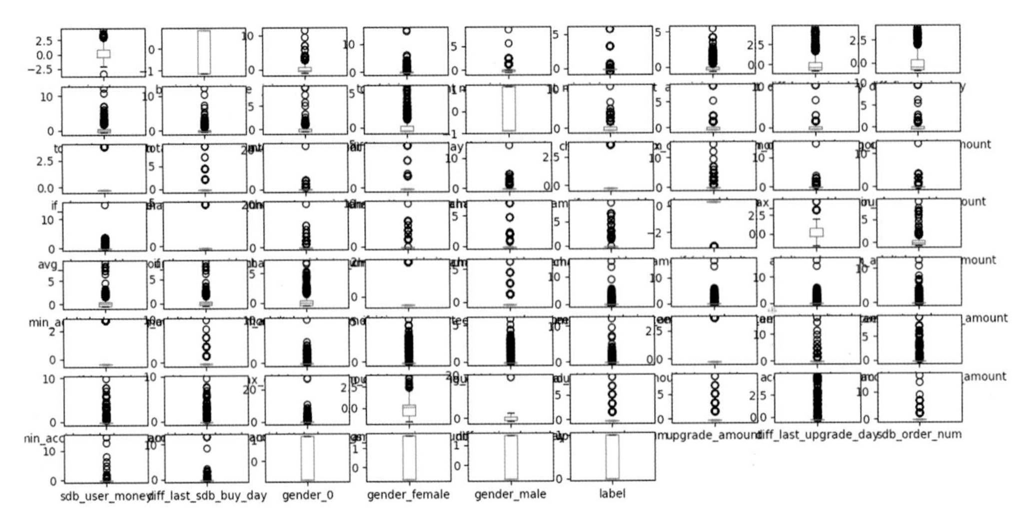

图 19-11　各维度数据偏态程度图

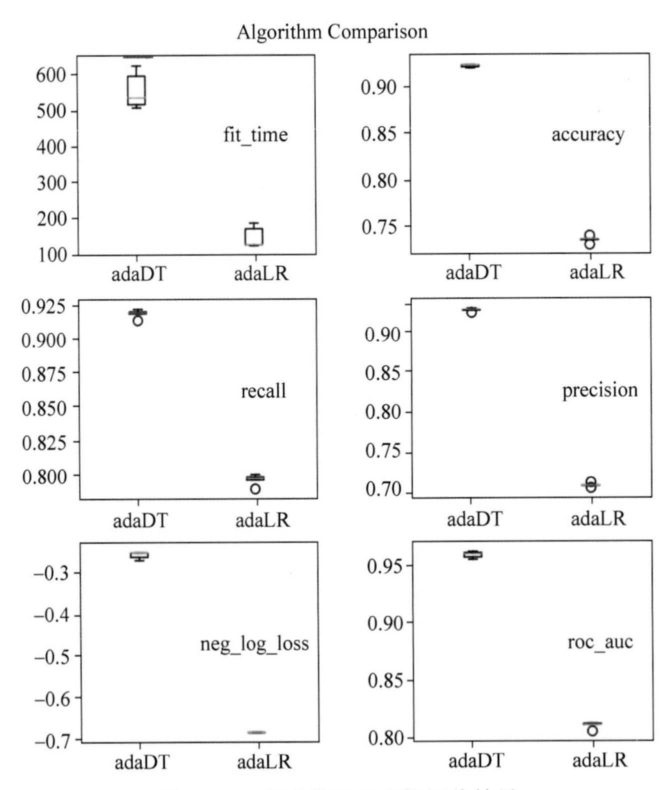

图 19-36　集成算法的指标评价结果

大数据与人工智能技术丛书

大数据与人工智能技术

微课视频版

吕云翔 钟巧灵 主 编

郭婉茹 王渌汀 韩雪婷 郭宇光 杜宸洋 副主编

仇善召 余志浩 杨卓谦 樊子康 李牧锴 刘卓然 袁 琪 关捷雄 华昱云 陈妙然 许鸿智 贺 祺 参 编

清華大學出版社

北京

内 容 简 介

本书将基础理论和实际案例相结合，循序渐进地介绍大数据与人工智能方面的知识，全面、系统地介绍大数据与人工智能的算法概念和适用范畴，并通过 11 个具体案例分别阐述人工智能和大数据技术在生产生活中的应用。全书共 20 章，第 1～9 章分别介绍大数据与人工智能的发展历史、数据工程、机器学习算法、深度学习与神经网络、大数据存储技术、Hadoop MapReduce 解析、Spark 解析、分布式数据挖掘算法和 PyTorch 解析等知识，第 10～20 章为大数据技术和机器学习技术相结合的一些案例。

本书主要面向广大数据工程与人工智能的初学者、高等院校的师生，以及相关领域的从业人员。

图书在版编目(CIP)数据

大数据与人工智能技术：微课视频版/吕云翔，钟巧灵主编．—北京：清华大学出版社，2022.9 (2025.1重印)
(大数据与人工智能技术丛书)
ISBN 978-7-302-60310-8

Ⅰ．①大… Ⅱ．①吕… ②钟… Ⅲ．①数据处理 ②人工智能 Ⅳ．①TP274 ②TP18

中国版本图书馆 CIP 数据核字(2022)第 039230 号

策划编辑：魏江江
责任编辑：王冰飞
封面设计：刘　键
责任校对：时翠兰
责任印制：刘海龙

出版发行：清华大学出版社
网　　址：https://www.tup.com.cn，https://www.wqxuetang.com
地　　址：北京清华大学学研大厦 A 座　　**邮　　编：**100084
社 总 机：010-83470000　　**邮　　购：**010-62786544
投稿与读者服务：010-62776969，c-service@tup.tsinghua.edu.cn
质量反馈：010-62772015，zhiliang@tup.tsinghua.edu.cn
课件下载：https://www.tup.com.cn，010-83470236
印 装 者：三河市天利华印刷装订有限公司
经　　销：全国新华书店
开　　本：185mm×260mm　　**印　张：**21.5　　**插　页：**4　　**字　　数：**510 千字
版　　次：2022 年 9 月第 1 版　　**印　　次：**2025 年 1 月第 4 次印刷
印　　数：3501～4500
定　　价：59.80 元

产品编号：090780-01

前言

随着近年来数据科学的发展，人们记录信息的方式和量级不断地发生改变，数据的数量逐渐增多，种类逐渐复杂化，大数据技术得到了广泛的应用。

同时，在大数据时代，人工智能相关技术也得到了越来越多的关注，市场对于人工智能产品的呼声也越来越高。人工智能作为大数据应用的重要出口，在与大数据应用结合的过程中将会得到更广泛的应用。

本书将大数据与人工智能基础理论和实际案例相结合，适合初学者学习。读者可以在短时间内学习本书介绍的知识和概念。作为一本关于大数据与人工智能的书籍，本书共有20章。其中，第1～9章为概念和一些理论知识的介绍，第10～20章为11个实际项目案例。各章的内容如下。

第1章主要阐述大数据与人工智能的概念和发展，并对大数据与人工智能的结合趋势进行预测。

第2章阐述数据工程的一般流程，其中包括数据获取、数据存储和数据预处理技术的详细内容。

第3章主要介绍机器学习的常用算法及其实现细节。算法包括线性回归、逻辑回归、线性判别分析、分类与回归树分析、朴素贝叶斯、k最近邻算法、学习矢量量化、支持向量机、Bagging、随机森林、Boosting和AdaBoost。

第4章主要介绍深度学习的相关知识，即神经网络的基础知识和算法理论。首先介绍神经网络的基础知识；其次讲解神经网络的训练过程，包括神经网络的参数、向量化、价值函数、梯度下降和反向传播；然后讲解神经网络的优化和改进方式，卷积神经网络的结构；最后讲解深度学习的优势及其框架。

第5章介绍大数据存储技术。首先介绍大数据存储技术的发展；其次介绍海量数据存储的关键技术，包括数据分片与路由，数据复制与一致性；再次介绍重要数据结构和算法；然后介绍分布式文件系统和分布式数据库NoSQL；最后讲解HBase数据库的搭建与使用。

第6章主要是对Hadoop MapReduce的解析。首先介绍Hadoop MapReduce架构；其次介绍MapReduce的工作机制，包括Map、Reduce、Combine、Shuffle、Speculative Task和任务容错；最后通过三个应用案例介绍MapReduce分布式计算框架在实际中的应用方式。

第7章是对Spark分布式计算框架的解析。首先介绍Spark RDD；其次对比了Spark和MapReduce；再次介绍Spark的工作机制，包括DAG、Partition、Lineage容错方法、内存管理和数据持久化；然后讲解Spark读取数据的方式；最后通过两个应用案例对Spark在实际中的应用进行解析。

第 8 章介绍分布式数据挖掘算法。首先介绍 K-Means 聚类算法,并对其并行化思路和分布式实现展开讲解;其次从并行化思路和分布式实现两方面介绍逻辑回归算法;最后讲解朴素贝叶斯分类算法的设计思路和实现方案。

第 9 章主要介绍 PyTorch 深度学习框架。首先介绍 PyTorch 的基础知识;其次阐述 Tensor 相关的 PyTorch 深度学习基本操作;最后通过在 Spark 上运行 PyTorch 模型和利用 PyTorch 手写数字识别的应用案例讲解 PyTorch 框架的使用方法。

第 10~20 章为 11 个实际应用中的实战案例。其中,第 10~13 章为大数据技术的实战案例;第 14~17 章为深度学习的案例;第 18~20 章包含三个大数据技术和机器学习、深度学习相结合的案例。

本书的主要特点如下。

(1) 结构清晰,理论阐述简洁明了,可读性强。

(2) 以案例为导向,对基础知识和算法理论点在实际中的应用进行详细讲解。

(3) 实战案例丰富,涵盖 9 个章节的小案例和 11 个完整项目案例。

(4) 11 个完整项目案例都有视频讲解。

(5) 代码详尽,避免对 API 的形式展示,规避重复代码。

(6) 各个数据库相对独立,数学原理相对容易理解。

为便于教学,本书配有源代码。获取源代码和数据集方式:先扫描本书封底的文泉云盘防盗码,再扫描下方二维码,即可获取。

本书的作者为吕云翔、钟巧灵、郭婉茹、王渌汀、韩雪婷、郭宇光、杜宸洋、仇善召、余志浩、杨卓谦、樊子康、李牧锴、刘卓然、袁琪、关捷雄、华昱云、陈妙然、许鸿智、贺祺,曾洪立参与了部分内容的编写及资料整理工作。

在本书的编写中参考了诸多相关资料,在此向资料的作者表示衷心的感谢。

限于作者水平和时间仓促,书中难免存在疏漏之处,欢迎读者批评指正。

作　者

2022 年 6 月

思维导图

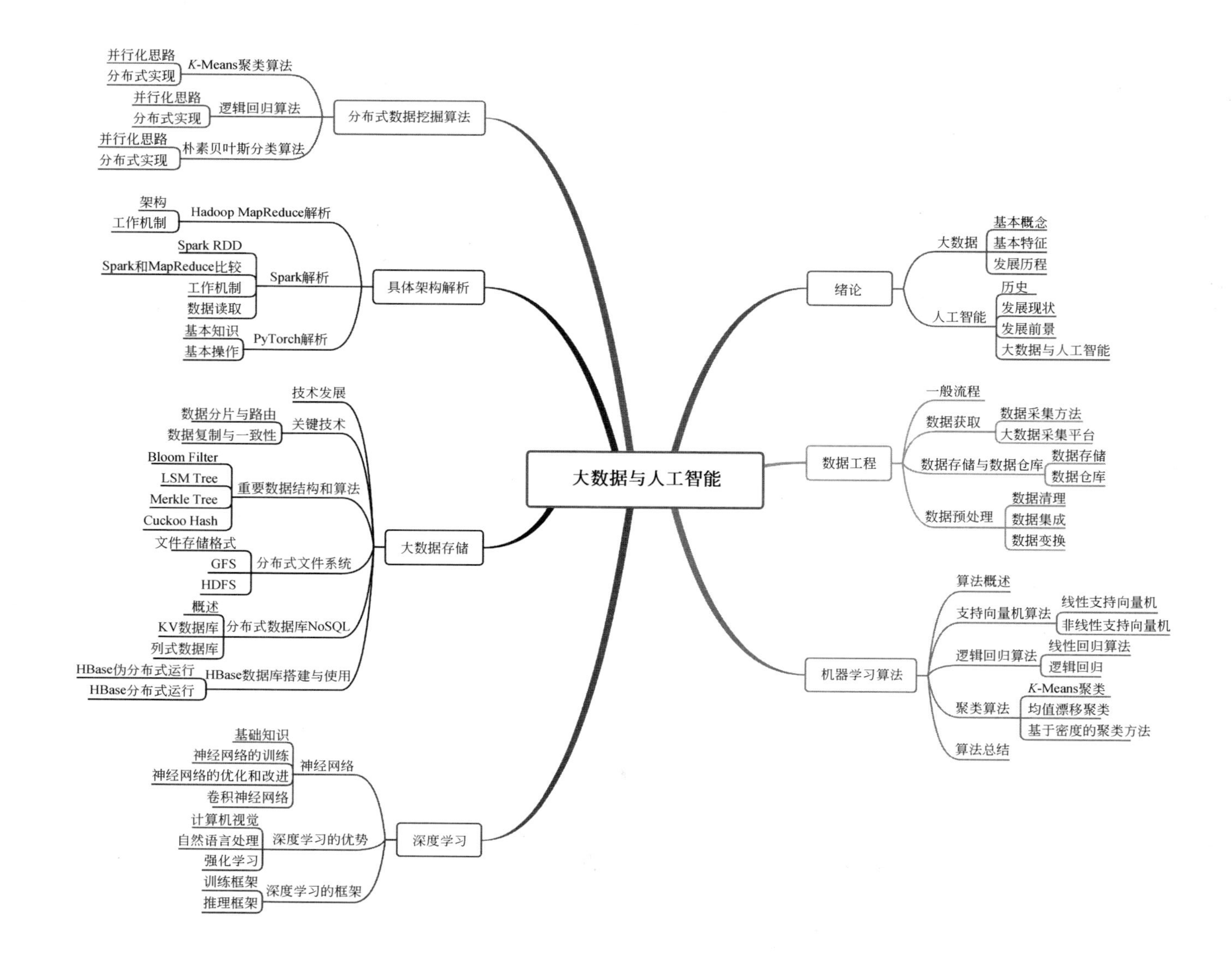

大数据与人工智能
绪论
大数据
基本概念
基本特征
发展历程
人工智能
历史
发展现状
发展前景
大数据与人工智能
数据工程
一般流程
数据获取
数据采集方法
大数据采集平台
数据存储与数据仓库
数据存储
数据仓库
数据预处理
数据清理
数据集成
数据变换
机器学习算法
算法概述
支持向量机算法
线性支持向量机
非线性支持向量机
逻辑回归算法
线性回归算法
逻辑回归
聚类算法
K-Means聚类
均值漂移聚类
基于密度的聚类方法
算法总结
分布式数据挖掘算法
K-Means聚类算法
并行化思路
分布式实现
逻辑回归算法
并行化思路
分布式实现
朴素贝叶斯分类算法
并行化思路
分布式实现
具体架构解析
Hadoop MapReduce解析
架构
工作机制
Spark解析
Spark RDD
Spark和MapReduce比较
工作机制
数据读取
PyTorch解析
基本知识
基本操作
大数据存储
技术发展
关键技术
数据分片与路由
数据复制与一致性
重要数据结构和算法
Bloom Filter
LSM Tree
Merkle Tree
Cuckoo Hash
分布式文件系统
文件存储格式
GFS
HDFS
分布式数据库NoSQL
概述
KV数据库
列式数据库
HBase数据库搭建与使用
HBase伪分布式运行
HBase分布式运行
深度学习
神经网络
基础知识
神经网络的训练
神经网络的优化和改进
卷积神经网络
深度学习的优势
计算机视觉
自然语言处理
强化学习
深度学习的框架
训练框架
推理框架

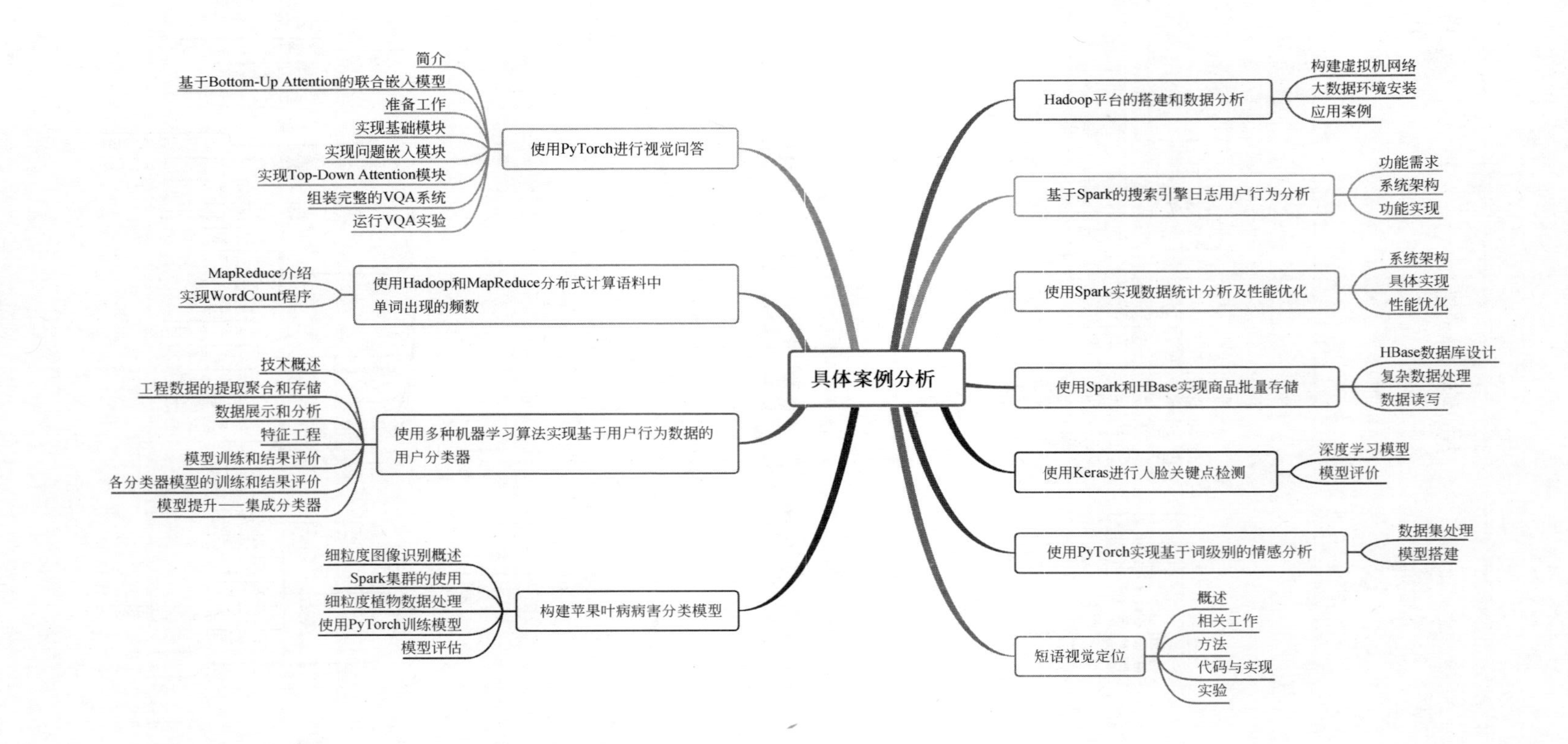
具体案例分析
Hadoop平台的搭建和数据分析
构建虚拟机网络
大数据环境安装
应用案例
基于Spark的搜索引擎日志用户行为分析
功能需求
系统架构
功能实现
使用Spark实现数据统计分析及性能优化
系统架构
具体实现
性能优化
使用Spark和HBase实现商品批量存储
HBase数据库设计
复杂数据处理
数据读写
使用Keras进行人脸关键点检测
深度学习模型
模型评价
使用PyTorch实现基于词级别的情感分析
数据集处理
模型搭建
短语视觉定位
概述
相关工作
方法
代码与实现
实验
使用PyTorch进行视觉问答
简介
基于Bottom-Up Attention的联合嵌入模型
准备工作
实现基础模块
实现问题嵌入模块
实现Top-Down Attention模块
组装完整的VQA系统
运行VQA实验
使用Hadoop和MapReduce分布式计算语料中单词出现的频数
MapReduce介绍
实现WordCount程序
使用多种机器学习算法实现基于用户行为数据的用户分类器
技术概述
工程数据的提取聚合和存储
数据展示和分析
特征工程
模型训练和结果评价
各分类器模型的训练和结果评价
模型提升——集成分类器
构建苹果叶病害分类模型
细粒度图像识别概述
Spark集群的使用
细粒度植物数据处理
使用PyTorch训练模型
模型评估

目录

随书资源

第1章 绪论

大数据是一个不断发展的概念，可以指任何体量或复杂性超出常规数据处理方法的数据。数据本身可以是结构化、半结构化甚至是非结构化的，随着物联网技术与可穿戴设备的飞速发展，数据规模变得越来越大，内容越来越复杂，更新速度越来越快，大数据研究和应用已成为产业升级与新产业崛起的重要推动力量。

现如今，人工智能已经渗透入生活的方方面面，人们享受着技术革新带来的便利生活的同时，也在技术发展的过程中不断遭遇挑战。本章将介绍大数据与人工智能的概念和发展历史。

1.1 日益增长的数据

1.1.1 大数据的基本概念

从狭义上讲，大数据主要指处理海量数据的关键技术及其在各个领域中的应用，即从各种组织形式和类型的数据中发掘有价值的信息的能力。一方面，狭义的大数据反映的是数据规模之大，以至于无法在一定时间内用常规数据处理软件和方法对其内容进行有效的抓取、管理和处理；另一方面，狭义的大数据主要指海量数据的获取、存储、管理、计算分析、挖掘与应用的全新技术体系。

从广义上讲，大数据包括大数据技术、大数据工程、大数据科学和大数据应用等与大数据相关的领域。大数据工程指大数据的规划、建设、运营和管理的系统工程；大数据科学主要关注大数据网络发展和运营过程中发现和验证大数据的规律及其与自然和社会活动之间的关系。

1.1.2 大数据的基本特征

学术界已经总结了许多大数据的特点,包括体量巨大、速度极快、模态多样和潜在价值大等。

IBM 公司使用 3V 描述大数据的特点。

(1) 体量(Volume):通过各种设备产生的海量数据体量巨大,远大于目前互联网上的信息流量。

(2) 多样(Variety):大数据类型繁多,在编码方式、数据格式和应用特征等多个方面存在差异,既包含传统的结构化数据,也包含类似 XML、JSON 等半结构化形式和更多的非结构化数据;既包含传统的文本数据,也包含更多的图片、音频和视频数据。

(3) 速率(Velocity):数据以非常高的速率到达系统内部,这就要求处理数据段的速度必须非常快。

后来,IBM 公司又在 3V 的基础上增加了价值(Value)维度来表述大数据的特点,即由于大数据的数据价值密度低,因此需要从海量原始数据中进行分析和挖掘,从形式各异的数据源中抽取富有价值的信息。

IDC 公司则更侧重从技术角度考虑:大数据处理技术代表了新一代的技术架构,这种架构能够高速获取和处理数据,并对其进行分析和深度挖掘,总结出具有高价值的数据。

大数据的"大"不仅仅是指数据量大,也包含大数据源的其他特征,如不断增加的速度和多样性。这意味着大数据正以更加复杂的形式从不同的数据源高速向我们涌来。

大数据有一些区别于传统数据源的重要特征,不是所有的大数据源都具备这些特征,但是大多数大数据源都会具备其中的一些特征。大数据通常是由机器自动生成的,并不涉及人工参与,如引擎中的传感器会自动生成关于周围环境的数据。大数据源通常设计得并不友好,甚至根本没有被设计过,如社交网站上的文本信息流,我们不可能要求用户使用标准的语法、语序等。因此,大数据很难从直观上看到蕴藏的价值大小,所以创新的分析方法对于挖掘大数据中的价值尤为重要,更是迫在眉睫。

1.1.3 大数据的发展历程

大数据技术是一种从各种超大规模的数据中提取价值,快速完成数据的采集、处理和分析的技术架构。大数据技术不断涌现和发展,使得海量数据的处理更加容易、便宜和迅速。大数据技术逐渐成为利用数据的好助手,甚至可以改变许多行业的商业模式。

在大数据时代,数据存储规模大,存储管理复杂,需要兼顾结构化、非结构化和半结构化的数据。分布式文件系统和分布式数据库相关技术得到发展。在大数据存储和管理方向中,尤其值得我们关注的是大数据索引和查询技术、实时及流式大数据存储与处理的发展。在数据量迅速增加的同时,深度的数据分析和挖掘是必不可少的,逐渐提高了对自动化分析的要求。越来越多的大数据分析工具和产品应运而生,如用于大数据挖掘的 RHadoop、基于 MapReduce 开发的数据挖掘算法等。

同时,海量数据也具有多样性。大规模数据的多源和多样性,导致数据的质量存在差异，严重影响数据的可用性，所以大数据技术在数据采集与预处理方向上有所发展。目前很多公司已经推出了多种数据清洗和质量控制工具（如 IBM 公司的 Data Stage）。基于大数据处理多样性的需求，目前出现了多种典型的计算模式，包括大数据查询分析计算（如 Hive）、批处理计算（如 Hadoop MapReduce）、流式计算（如 Storm）、迭代计算（如 Hadoop）、图计算（如 Pregel）和内存计算（如 HANA），这些计算模式的混合计算方法将成为满足多样性大数据处理和应用需求的有效手段。

当开发人员使用大数据分析和数据挖掘获取商业价值时，黑客很可能也在进行攻击，收集有用的信息。因此，大数据的安全一直是企业和学术界非常关注的研究方向。文件访问控制权限 ACL、基础设备加密、匿名化保护和加密保护等技术正在最大程度地保护数据安全。

大数据技术发展至今，其可视化分析方向也有所发展。通过可视化方式帮助人们探索和解释复杂的数据，有利于决策者挖掘数据的商业价值。可视化工具 Tableau 的成功上市反映了大数据可视化的需求。

1.2 人工智能初窥

1.2.1 人工智能的历史

人工智能正式的起源可追溯至 1950 年“人工智能之父”艾伦·图灵（Alan Mathison Turing）提出的“图灵测试”（Turing Test）。按照他的设想，如果一台计算机能够与人类开展对话而不被辨别出计算机身份，那么这台计算机就具有智能。同年，图灵大胆预言了真正具备智能的计算机的实现可行性。到目前为止，还没有任何一台计算机完全通过图灵测试。人工智能的概念虽然只有短短几十年历史，但其理论基础与支撑技术的发展经历了漫长的岁月，现在人工智能领域的繁荣是各学科共同发展、科学界数代积累的结果。人工智能的历史可以划分为以下 6 个阶段。

1. 萌芽期（1956 年以前）

人工智能最早的理论基础可追溯至公元前 4 世纪，著名的古希腊哲学家、科学家亚里士多德（Aristotle）提出了形式逻辑的理论。他提出的三段论至今仍是演绎推理不可或缺的重要基础。17 世纪，德国数学家戈特弗里德·威廉·莱布尼茨（Gottfried Wilhelm Leibniz）提出了万能符号和推理计算的思想，为数理逻辑的产生与发展奠定了基础。19 世纪，英国数学家乔治·布尔（George Boole）提出了布尔代数，为现代计算机的发明奠定了数学基础，已成为计算机的基本运算方式。英国发明家查尔斯·巴贝奇（Charles Babbage）在同一时期设计了差分机，这是第一台能计算二次多项式的计算机，只要提供手摇动力就能实现计算。虽然功能有限，但是这台计算机第一次在真正意义上减轻了人类大脑的计算压力。机械从此开始具有计算智能。

1946 年，“莫尔小组”的约翰·莫克利（John Mauchly）和约翰·埃克特（John Eckert）制造了世界上第一台通用电子计算机——ENIAC。虽然 ENIAC 是里程碑式的成就，但它仍然有许多致命的缺点：体积庞大、耗电量过大，需要人工参与命令的输入和调整。同年,美国生理学家沃伦·麦卡洛克(Warren McCulloch)建立了第一个神经网络模型。他对微观人工智能的研究工作,为之后神经网络的发展奠定了重要基础。1947年,计算机之父冯·诺依曼(Von Neumann)对ENIAC进行改造和升级,设计制造了真正意义上的现代电子计算机设备——MANIAC。1948年,信息论之父克劳德·艾尔伍德·香农(Claude Elwood Shannon)提出了"信息熵"的概念,他借鉴了热力学的概念,将信息中排除了冗余后的平均信息量定义为"信息熵"。这一概念产生了非常深远的影响,在非确定性推理、机器学习等领域起到了极为重要的作用。

1949年,唐纳德·赫布(Donald Olding Hebb)提出了一个神经心理学学习范式——Hebbian学习理论,它描述了突触可塑性的基本原理,即突触前神经元向突触后神经元的持续重复的刺激可以导致突触传递效能的增加。该原理为神经网络的模型建立提供了理论基础。

2. 第一次发展(1956—1974年)

1956年,在历时两个月的达特茅斯会议上,人工智能作为一门新兴的学科由麦卡锡正式提出,这是人工智能正式诞生的标志。此次会议后,美国形成了多个人工智能研究组织,如艾伦·纽厄尔(Allen Newell)和赫伯特·亚历山大·西蒙(Herbert Alexander Simon)的Carnegie RAND协作组,马文·李·明斯基(Marvin Lee Minsky,以下简称明斯基)和约翰·麦卡锡(John McCarthy,以下简称麦卡锡)的麻省理工学院(MIT)研究组、亚瑟·塞缪尔(Arthur Samuel,以下简称塞缪尔)的IBM工程研究组等。在之后的近二十年间,人工智能飞速发展,研究者以极大的热情研究人工智能技术,并不断拓展其应用领域,在机器学习、模式识别和模式匹配三方面取得了较大的突破。

(1) 机器学习:1956年,IBM公司的塞缪尔写出了著名的西洋棋程序,该程序可以通过棋盘状态学习一个隐式的模型来指导下一步走棋。塞缪尔和程序对战多局后,认为该程序经过一定时间的学习后可以达到很高的水平。通过使用这个程序,塞缪尔推翻了前人提出的"计算机无法超越人类,像人类一样写代码和学习"的论断。自此,他定义并解释了一个新词——机器学习。

(2) 模式识别:1957年,周绍康提出用统计决策理论方法求解模式识别问题,为模式识别研究工作的开展奠定了坚实基础。同年,弗兰克·罗森布拉特(Frank Rosenblatt)提出了一种基于模拟人脑的思想进行识别的数学模型——感知器(Perceptron),初步实现了通过给定类别的各个样本对识别系统进行训练,使系统在给定样本上学习完毕后具有对其他未知类别的模式进行正确分类的能力。

(3) 模式匹配:1966年,麻省理工学院的人工智能学院编写了第一个聊天程序——ELIZA。它能够根据设定的规则和用户的提问进行模式匹配,从预先编写好的答案库中选择合适的回答。ELIZA曾模拟心理治疗医生和患者交谈,许多人没能识别出它的真实身份。"对话就是模式匹配",这是计算机自然语言对话技术的开端。

此外,在人工智能第一次发展阶段,麦卡锡开发了LISP(List Processing),该语言成为之后几十年人工智能领域最主要的编程语言。明斯基对神经网络有了更深入的研究,发现了简单神经网络的不足。为了解决神经网络的局限性,多层神经网络、反向传播算法

(Back Propagation,BP)开始出现。专家系统也开始起步,第一台工业机器人走上了通用汽车的生产线,也出现了第一个能够自主动作的移动机器人。

相关领域的发展也极大促进了人工智能的进步,20 世纪 50 年代创立的仿生学激发了学者们的研究热情,模拟退火算法因此产生,它是一种启发式算法,是近年来热门的蚁群算法等搜索算法的研究基础。

3. 第一次寒冬(1974—1980 年)

人们高估了科学技术的发展速度,对人工智能的热情没有维持太长时间。太过乐观的承诺无法按时兑现,引发了全世界对人工智能技术的怀疑。

1957 年引起学术界轰动的感知器,在 1969 年遭遇了重大打击。当时,明斯基提出了著名的 XOR 问题,论证了感知器在类似 XOR 问题的线性不可分数据下的无力。对学术界来说,XOR 问题成为人工智能几乎不可逾越的鸿沟。

1973 年,人工智能遭遇科学界的拷问,很多科学家认为人工智能那些看上去宏伟的目标根本无法实现,研究已经完全失败。越来越多的怀疑使人工智能遭受了严厉的批评和对其实际价值的质疑。随后,各国政府和机构也停止或减少了资金投入,人工智能在 20 世纪 70 年代陷入第一次寒冬。

人工智能此次遇到的挫折并非偶然。受当时计算能力的限制,许多难题虽然理论上有解,但根本无法在实际中解决。举例来说,对机器视觉的研究在 20 世纪 60 年代就已经开始,美国科学家劳伦斯·罗伯茨(Lawrence Roberts)提出的边缘检测、轮廓线构成等方法十分经典,一直到现在还在被广泛使用。然而,有理论基础不代表有实际产出。当时有科学家计算得出,要用计算机模拟人类视网膜视觉至少需要每秒执行 10 亿次指令,而 1976 年世界上最快的计算机 Cray-1 造价数百万美元,但速度还不到每秒 1 亿次,普通计算机的计算速度还不到每秒 100 万次。硬件条件限制了人工智能的发展。此外,人工智能发展的另一大基础是庞大的数据,而当时计算机和互联网尚未普及,根本无法取得大规模数据。

在此阶段,人工智能的发展速度放缓,尽管反向传播的思想在 20 世纪 70 年代就被塞波·林纳因马(Seppo Linnainmaa)以"自动微分的翻转模式"提出来,但直到 1981 年才被保罗·韦伯斯(Paul Werbos)应用到多层感知器中。多层感知器和 BP 算法的出现,促成了神经网络第二次大发展。1986 年,大卫·鲁梅尔哈特(David Rumelhart)等成功地实现了用于训练多层感知器的有效 BP 算法,在人工智能领域产生了深远影响。

4. 第二次发展(1980—1987 年)

1980 年,卡耐基梅隆大学研发的 XCON 正式投入使用。XCON 是一个完善的专家系统,包含设定好的超过 2500 条规则,在后续几年处理了超过 8 万条订单,准确率超过 95%。这成为一个新时期的里程碑,专家系统开始在特定领域发挥威力,也带动整个人工智能技术进入了一个繁荣阶段。

专家系统往往聚焦单个专业领域,模拟人类专家回答问题或提供知识,帮助工作人员做出决策。它把自己限定在一个小的范围内,从而避免了通用人工智能的各种难题,同时充分利用现有专家的知识经验,解决特定工作领域的任务。

因为XCON取得的巨大商业成功,所以在20世纪80年代,60%的世界500强公司开始开发和部署各自领域的专家系统。据统计,从1980年到1985年,有超过10亿美元投入人工智能领域,大部分用于企业内的人工智能部门,很多人工智能软硬件公司在当时涌现。

1986年,慕尼黑联邦国防军大学在一辆奔驰面包车上安装了计算机和各种传感器,实现了自动控制方向盘、油门和刹车。它被称为VaMoRs,是真正意义上的第一辆自动驾驶汽车。

人工智能第二次发展阶段主要使用LISP。为了提高各种程序的运行效率,很多机构开始研发专门用来运行LISP程序的计算机芯片和存储设备。虽然LISP机器取得了一些进展,但同时PC也开始崛起,IBM公司和苹果公司的个人计算机快速占领整个计算机市场,它们的CPU频率和速度稳步提升,甚至变得比昂贵的LISP机器更强大。

5. 第二次寒冬(1987—1993年)

1987年,专用LISP机器硬件销售市场严重崩溃,人工智能领域再一次进入寒冬。硬件市场的崩溃加上各国政府和机构的撤资导致了该领域数年的低谷,但学术界在此阶段也取得了一些重要的成就。1988年,概率统计方法被引入人工智能的推理过程,这对后来人工智能的发展产生了重大影响。在第二次寒冬到来后的近28年中,人工智能技术逐渐与计算机和软件技术深入融合。由于人工智能算法理论进展缓慢,很多研究者只是基于以前的理论,因此,需要依赖更强大、更快速的计算机硬件取得突破性成果。

6. 稳健发展期(1993—2011年)

1995年,受到ELIZA的启发,理查德·华莱士(Richard Wallace)开发了新的聊天机器人程序Alice,它能够利用互联网不断增大自身的数据集,优化内容。1996年,IBM公司的深蓝计算机与人类世界的象棋冠军卡斯帕罗夫对战,但并没有取胜。卡斯帕罗夫认为计算机下棋永远不会战胜人类。之后,IBM公司对深蓝计算机进行了升级。改造后的深蓝计算机拥有480块专用的CPU,运算速度翻倍,每秒可以运算2亿次,可以预测未来8步或更多步的棋局,顺利战胜了卡斯帕罗夫。

但此次具有里程碑意义的对战,其实只是计算机依靠运算速度和枚举,在规则明确的游戏中取得的胜利,并不是真正意义上的人工智能。

1.2.2 人工智能的发展现状

2011年,同样来自IBM公司的沃森系统参与了综艺竞答类节目“危险边缘”,与真人一起抢答竞猜,沃森系统凭借出众的自然语言处理能力和强大的知识库战胜了两位人类冠军。计算机此时已经可以理解人类语言,这是人工智能领域的重大进步。在21世纪,随着移动互联网技术、云计算技术的爆发以及PC的广泛使用,各机构得以积累历史数据,为人工智能的后续发展提供了足够的素材和动力。

语义网(Semantic Web)于2011年被提出,它的概念来源于万维网,本质上是以Web

数据为核心、以机器能够理解和处理的方式链接形成的海量分布式数据库。语义网的出现极大地推进了知识表示领域技术的发展。2012 年,谷歌公司推出基于知识图谱的搜索服务,首次提出了知识图谱的概念。2016 年和 2017 年,谷歌公司发起了两场轰动世界的围棋人机之战,其人工智能程序 AlphaGo 连续战胜两位围棋世界冠军:韩国的李世石和中国的柯洁。

时至今日,人工智能渗透到人类生活的方方面面。以苹果公司 Siri 为代表的语音助手使用了自然语言处理(NLP)技术。在 NLP 技术的支撑下,计算机可以处理人类自然语言,并以越来越自然的方式将其与期望指令和响应进行匹配。在浏览购物网站时,用户常会收到由推荐算法(Recommendation Algorithm)产生的商品推荐。推荐算法通过分析用户此前的购物历史数据以及用户的各种偏好表达,就可以预测用户可能会购买的商品。

1.2.3 人工智能的发展前景

当前人工智能技术正处于飞速发展时期,大量的人工智能公司如雨后春笋般层出不穷,国际的大型 IT 企业不断收购新建立的公司,网络行业内的顶尖人才试图抢占行业制高点。人工智能技术发展过程中催生了许多新兴行业,例如智能机器人、手势控制、自然语言处理和虚拟私人助理等。人工智能相关技术得到越来越多的关注的同时,市场对于人工智能产品的呼声也越来越高,不少科技公司都陆续开始在人工智能领域实施战略布局,由于人工智能人才相对比较短缺,所以人才的争夺也比较激烈。另外,由于相关人才的数量比较少,而且培养周期比较长,所以人工智能人才在未来较长一段时间内依然会有一定的缺口。

未来人工智能的就业和发展前景都是非常值得期待的,原因有以下 3 点。

(1) 智能化是未来的重要趋势之一:随着互联网的发展,大数据、云计算和物联网等相关技术会陆续普及应用,在这个大背景下,智能化必然是发展趋势之一。同时,人工智能相关技术将首先在互联网行业开始应用,然后陆续普及到其他行业。所以从大的发展前景看,人工智能相关领域的发展前景还是非常广阔的。

(2) 产业互联网的发展必然会带动人工智能的发展:互联网当前正在从消费互联网向产业互联网发展,产业互联网将综合应用物联网、大数据和人工智能等相关技术赋能广大传统行业。而人工智能作为重要的技术之一,必然会在产业互联网发展的过程中释放大量的就业岗位。

(3) 人工智能技术将成为职场人的必备技能之一:随着智能体逐渐走进生产环境,未来职场人在工作过程中将会频繁地与大量的智能体进行交流和合作,这就对职场人提出了新的要求,即未来需要掌握人工智能的相关技术。从这个角度看,未来掌握人工智能技术将成为一个必然的趋势,相关技能的教育市场也会迎来巨大的发展机会。

1.2.4 大数据与人工智能

在大数据时代,人工智能相关技术得到越来越多的关注,市场对于人工智能产品的呼声也越来越高,不少科技公司都陆续开始在人工智能领域实施战略布局。例如阿尔法狗的棋步算法、洛天依的声音合成以及无人驾驶、人脸识别、网页搜索等高级应用中用到的神秘兮兮的“深度学习”“增强学习”,乃至最具潜力的“对抗学习”及其对应的“深度神经网络”“卷积神经网络”“对抗神经网络”等,都与大数据有关。

而大数据本身作为人工智能发展的三个重要基础(数据、算法、算力)之一,本身与人工智能就存在紧密的联系,正是基于大数据技术的发展,目前人工智能技术才在落地应用方面获得了诸多突破。

在当前大数据产业链逐渐成熟的大背景下,大数据与人工智能的结合也在向更全面的方向发展。从技术的角度看,大数据分析是大数据与人工智能的一个重要结合点,机器学习作为大数据分析的重要方式之一,正在被更多的大数据分析场景所采用。机器学习不仅是人工智能领域的六大主要研究方向之一,同时也是入门人工智能技术的常见方式,不少大数据研发人员就是通过机器学习转入了人工智能领域。

大数据本身不是目的,大数据应用才是最终的目的,而人工智能正是大数据应用的重要出口,所以未来大数据与人工智能的结合途径会越来越多。

第 2 章

数据工程

随着互联网、物联网、人工智能等计算机信息技术的发展,数据呈现爆炸式增长。随着社会的发展,社会的各个领域无时无刻都产生着大量的数据。社交网络、电商金融、游戏娱乐和交通电力等各个行业,分别以不同的形式、不同的作用产生行业内待处理的数据。手机、平板电脑、PC和传感器等各式各样的设备随处可见,随着网络技术的快速发展,现实世界快速虚拟化,数据的来源及数量正以前所未有的速度增长。这些数据中,约80%是非结构化或半结构化类型的数据,甚至更有一部分是不断变化的流数据。各种各样的数据从产生到使用一般都必须经过采集、处理、存储等过程。这些数据处理技术的发展进一步加速了大数据时代的到来。通过本章的介绍,读者可以了解数据工程的一般流程,其中包括数据获取、数据存储和数据预处理的详细内容。

2.1 数据工程的一般流程

1. 数据获取

从采用数据库作为数据管理的主要方式开始,人类社会的数据产生方式大致经历了3个阶段,而正是数据产生方式的巨大变化才最终导致大数据的产生。

(1) 运营式系统与数据库的产生:人类社会数据量第一次大的飞跃是在运营式系统开始广泛使用数据库时开始的。银行的交易记录系统、超市的销售记录系统和医院病人的医疗记录系统等都属于运营式系统。在早期的运营式系统中,人们使用数据库作为运行系统的子系统,降低数据管理的复杂度。这一阶段,数据的产生方式是被动的,数据的产生往往伴随着一定的运营活动;而且数据是记录在数据库中的,例如,商店每售出一件产品就会在数据库中产生一条相应的销售记录。

(2) 用户原创内容的增长：互联网的诞生促使人类社会数据量出现第二次大的飞跃，到 Web 2.0 阶段，数据呈现爆炸式增长。这一阶段的数据产生方式是主动的，其最重要标志就是用户原创内容。用户原创内容呈现爆炸式增长的主要原因有两方面：从硬件角度看，以智能手机、平板电脑为代表的新型移动设备的出现，这些易携带、全天候接入网络的移动设备使得人们在互联网上发表意见的途径更为便捷；从软件角度看，以博客、微博和微信为代表的新型社交网络的出现和快速发展，使得用户产生数据的意愿更加强烈。

(3) 感知式系统的发展：人类社会数据量第三次大的飞跃最终导致了大数据的产生，今天我们正处于这个阶段。这一阶段的数据产生方式是自动的。这次飞跃的根本原因在于感知式系统的广泛使用。随着技术的发展，人们已经有能力制造极其微小的带有处理功能的传感器，并开始将这些设备广泛地布置于社会的各个角落，通过这些设备对整个社会的运转进行监控。这些设备会源源不断地产生新数据。

简单来说，数据产生经历了被动、主动和自动 3 个阶段。这些被动、主动和自动的数据共同构成了大数据的数据来源，但其中自动式的数据才是大数据产生的最根本原因。

大数据的数据源主要有运营数据库、社交网络和感知设备三大类。人们使用数据采集技术收集这些数据源。针对不同的数据源，采用的数据采集方法也不相同。

2. 数据存储

随着人类社会的发展，人们对信息数据的管理和使用在不断改进和完善。早期人们使用人工的方式手动地管理信息数据，后来发展为使用文件的方式管理数据。20 世纪 60 年代，随着计算机技术的发展，数据库及数据库管理系统的概念相继出现，人们使用数据库管理系统记录信息数据。

随着互联网、物联网等概念的兴起，面对全新的数据应用场景，关系型数据库也逐渐暴露出新的问题。例如，难以应对日益增多的海量数据，横向的分布式扩展能力比较弱等。因此，有人通过打破关系型数据库的模式构建非关系型数据库，其目的是构建一种结构简单、分布式、易扩展、效率高且使用方便的新型数据库系统，这就是所谓的 NoSQL 数据库。如今 NoSQL 数据库在互联网、电信和金融等行业已经得到广泛应用，与关系型数据库形成了一种技术上的互补关系。

在大数据时代，从多渠道获得的原始数据常常缺乏一致性，数据结构混杂，并且数据不断增长，造成了单机系统的性能不断下降，即使不断提升硬件配置也难以跟上数据增长的速度。最终导致传统的处理和存储技术失去可行性。

大数据存储及管理技术重点研究复杂结构化、半结构化和非结构化大数据管理与处理技术，解决大数据的可存储、可表示、可处理、可靠性及有效传输等关键问题。具体来讲需要解决以下 4 个问题：海量文件的存储与管理，海量小文件的存储、索引和管理，海量大文件的分块与存储，系统可扩展性与可靠性。

面对海量的 Web 数据，为了满足大数据的存储和管理，Google 自行研发了一系列大数据技术和工具用于内部各种大数据应用，并将这些技术以论文的形式逐步公开，使得以 GFS、MapReduce 和 BigTable 为代表的一系列大数据处理技术被广泛了解、应用。同时，还催生出以 Hadoop 为代表的一系列大数据开源工具。从功能上划分，这些工具可以分为分布式文件系统、NoSQL 数据库系统和数据仓库系统。这三类系统分别用来存储和管理非结构化、半结构化和结构化数据。

3. 数据预处理

大数据预处理主要指完成对已接收数据的辨析、抽取、清洗、填补、平滑、合并、规格化及一致性检查等操作。因获取的数据可能具有多种结构和类型,数据抽取的主要目的是将这些复杂的数据转化为单一的或者便于处理的结构,以达到快速分析处理的目的。通常数据预处理包含 3 个部分:数据清理、数据集成和变换、数据规约。

2.2 数据获取

2.2.1 数据采集方法

大数据采集指从传感器和智能设备、企业在线系统、企业离线系统、社交网络和互联网平台等获取数据的过程。数据包括 RFID 数据、传感器数据、用户行为数据、社交网络交互数据及移动互联网数据等各种类型的结构化、半结构化及非结构化的海量数据。不但数据源的种类多,数据类型繁杂,数据量大,而且产生的速度快,传统的数据采集方法完全无法胜任。所以,大数据采集技术面临着许多技术挑战,一方面需要保证数据采集的可靠性和高效性,同时还要避免重复数据。

针对不同的数据源,大数据采集方法可分为以下几类。

1. 系统日志采集

许多公司的平台每天都会产生大量日志,一般为流式数据,如搜索引擎的 pv 和查询等。处理这些日志需要特定的日志系统,这些系统需要具有以下 3 个特征。

(1) 高可用性:构建应用系统和分析系统的桥梁,并将它们之间的关联解耦。

(2) 高可靠性:支持近实时的在线分析系统和分布式并发的离线分析系统。

(3) 高可扩展性:当数据量增加时,可以通过增加节点进行水平扩展。

系统日志采集工具均采用分布式架构,能够满足每秒数百 MB 的日志数据采集和传输需求。典型的系统日志采集系统如图 2-1 所示。

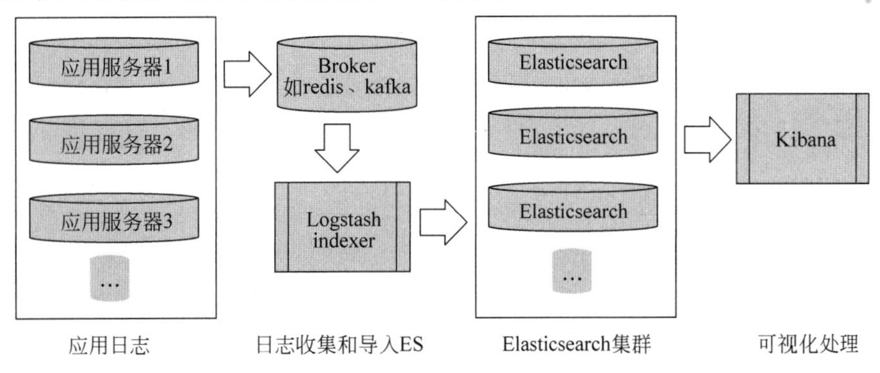

图 2-1 系统日志采集系统

2. 网络数据采集

网络数据采集指通过网络爬虫或网站公开 API 等方式从网站上获取数据信息的过程。该方法可以将非结构化数据从网页中抽取出来,以结构化的方式存储为统一的本地数据文件。它支持图片、音频和视频等文件或附件的采集,附件与正文可以自动关联。

在互联网时代,网络爬虫主要为搜索引擎提供最全面和最新的数据。在大数据时代,网络爬虫更是从互联网上采集数据的有力工具。目前已知的各种网络爬虫工具有上百个,网络爬虫工具基本可以分为三类。

(1) 分布式网络爬虫工具,如 Nutch。

(2) Java 网络爬虫工具,如 Crawler4j、WebMagic、WebCollector。

(3) 非 Java 网络爬虫工具,如 Scrapy(基于 Python 语言开发)。

下面首先对网络爬虫的原理和工作流程进行简单介绍,然后对网络爬虫抓取策略进行讨论,最后对典型的网络工具进行描述。

网络爬虫是一种按照一定的规则,自动地抓取 Web 信息的程序或者脚本。Web 网络爬虫可以自动采集所有能够访问的页面内容,为搜索引擎和大数据分析提供数据来源。从功能上讲,网络爬虫一般有数据采集、处理和存储三部分功能,如图 2-2 所示。

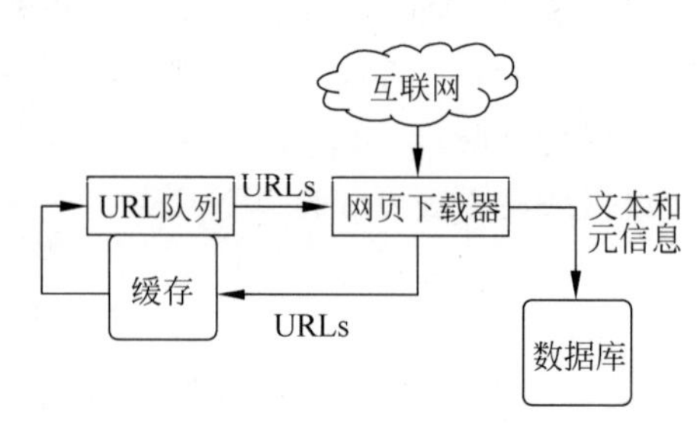

图 2-2　网络爬虫工作流程

网页中除了包含供用户阅读的文字信息外,还包含一些超链接信息。网络爬虫系统正是通过网页中的超链接信息不断获得网络上的其他网页。网络爬虫系统从一个或若干初始网页的 URL 开始,获得初始网页上的 URL,在抓取网页的过程中,不断从当前页面上抽取新的 URL 放入队列,直到满足系统的一定停止条件。

网络爬虫系统一般会选择一些比较重要的、出度(网页中链出的超链接数)较大的网站的 URL 作为种子 URL 集合。网络爬虫系统以这些种子集合作为初始 URL,开始数据的抓取。因为网页中含有链接信息,通过已有网页的 URL 会得到一些新的 URL。可以把网页之间的指向结构视为一个森林,每个种子 URL 对应的网页是森林中的一棵树的根节点,这样网络爬虫系统就可以根据广度优先搜索算法或者深度优先搜索算法遍历所有的网页。由于深度优先搜索算法可能会使爬虫系统陷入一个网站内部,不利于搜索比较靠近网站首页的网页信息,因此一般采用广度优先搜索算法采集网页。

首先,网络爬虫系统将种子 URL 放入下载队列,并简单地从队首取出一个 URL 下载其对应的网页,得到网页的内容并将其存储后,经过解析网页中的链接信息可以得到一些新的 URL。其次,根据一定的网页分析算法过滤掉与主题无关的链接,保留有用的链接并将其放入等待抓取的 URL 队列。最后，取出一个 URL，对其对应的网页进行下载，然后再解析，如此反复进行，直到遍历了整个网络或者满足某种条件后才会停止下来。

3. 感知设备数据采集

感知设备数据采集指通过传感器、摄像头和其他智能终端自动采集信号、图片或录像等数据。大数据智能感知系统需要实现对结构化、半结构化、非结构化的海量数据的智能化识别、定位、跟踪、接入、传输、信号转换、监控、初步处理和管理等。其关键技术包括针对大数据源的智能识别、感知、适配、传输和接入等。常见的感知设备数据采集的场景有社会安防系统、重要路口和场所的摄像头监控系统、交通领域的卡口监控系统、测速系统、智能农业中的温度与湿度等各种传感器系统。感知设备的数据是硬件设备自动产生的数据，此类数据结构较为固定，产生的数据量巨大，并且一般传感器均为 24 小时不间断工作，无时无刻不产生着数据。典型的感知设备数据采集平台架构如图 2-3 所示。

图 2-3　感知设备数据采集平台架构

4. 其他数据采集

对于企业生产经营数据上的客户数据、财务数据等保密性要求较高的数据，可以通过与数据技术服务商合作，使用特定系统接口等相关方式采集数据。

其他更通用的采集方式，会通过定制化接口将用户数据采集后，统一发送至消息队列中，再使用通用的采集方式读取消息队列中的数据，完成数据采集的过程。

2.2.2　大数据采集平台

目前使用最广泛、用于系统日志采集的海量数据采集工具有 Hadoop 的 Chukwa、Apache Flume、Facebook 的 Scribe 和 LinkedIn 的 Kafka 等。这些工具均采用分布式架构，能满足每秒数百 MB 的日志数据采集和传输需求。本节我们以 Flum 系统为例对系统日志采集方法进行介绍。

Flume 是一个高可用、高可靠、分布式的海量日志采集、聚合和传输系统。Flume 支持在日志系统中定制各类数据发送方，用于收集数据，同时，Flume 具备对数据进行简单处理并写入各类数据接收方(如文本、HDFS、HBase 等)的能力。

Flume 的核心是把数据从数据源(Source)收集过来，再将收集到的数据送到指定的目的地(Sink)。为了保证输送的过程一定成功,在送到目的地之前,会先缓存数据到管道(Channel),等数据真正到达目的地后,Flume 再删除缓存的数据。

Flume 的数据流由事件(Event)贯穿始终,事件是将传输的数据进行封装而得到的,是 Flume 传输数据的基本单位。如果是文本文件,事件通常是一行记录。事件携带日志数据和头信息,这些事件由 Agent 外部的数据源生成,当 Source 捕获事件后会进行特定的格式化,然后 Source 会把事件推入(单个或多个)Channel 中。Channel 可以看作一个缓冲区,它将保存事件直到 Sink 处理完该事件。Sink 负责持久化日志或者把事件推向另一个 Source。Flume 架构如图 2-4 所示。

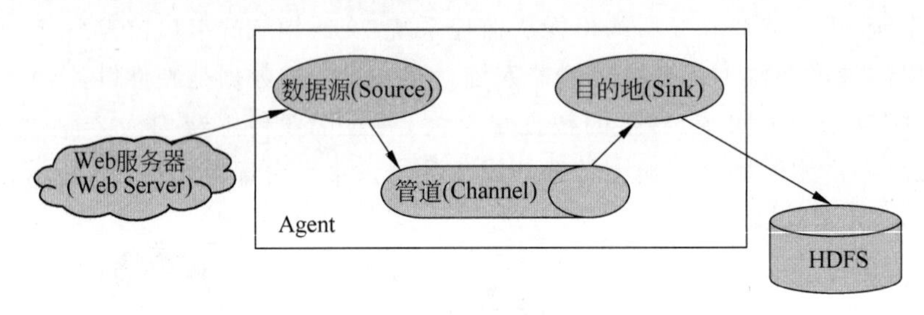

图 2-4 Flume 架构

2.3 数据存储与数据仓库

2.3.1 数据存储

数据存储是数据处理技术中最为重要的一个环节,如果没有数据存储,所有数据都将昙花一现,不能提供持续、稳定的可利用的价值。通过数据存储的功能,数据得以实现持久化,便于后期的数据分析和数据加工等各种操作。

早期人们使用人工的方式手动管理信息数据,后来发展为使用文件的方式管理数据。随着计算机技术的发展,数据库及数据库管理系统的概念相继出现,人们使用数据库管理系统记录信息数据。信息时代的到来、海量数据的产生使得传统的关系型数据库不能再支持现有的大量数据,从而产生了 NoSQL 技术。大数据时代到来,从多渠道获得的数据通常缺乏一致性,数据结构混杂,且数据不断增长,更何况任何机器都会有物理上的限制:内存容量、硬盘容量和处理器速度等。这就导致对于单机系统来说,即使及时不断提升硬件配置也很难跟上数据增长的速度,我们需要在硬件限制和性能之间做取舍。因此,对于那些希望在存在数据存储和使用的消耗的基础上获得数据价值的企业和组织来讲,有效的数据存储和管理变得比以往任何时候都更加重要。

1. 数据库系统

数据库系统是为适应数据处理的需要而发展起来的一种较为理想的数据处理的核心机构。计算机的高速处理能力和大容量存储器提供实现数据管理自动化的条件。

数据库的研究在理论层面、计算机应用层面和系统软件层面都有所发展。

(1) 理论层面:数据库技术的理论研究在计算机应用层面和系统软件层面都具有指

导作用。而计算机应用的发展推动了新系统的研究与开发，新系统又带来新的理论研究，三个领域的数据库发展相辅相成。

(2) 计算机应用层面：数据库系统的出现是计算机应用的一个里程碑。它使计算机应用从科学计算转向数据处理，进而推动了计算机在各行各业乃至家庭中的普及。

(3) 系统软件层面：在数据库出现之前，文件系统被应用于处理持久数据。其中的问题是，文件系统不提供对数据的快速访问，这对于数据量不断增加的应用程序来说，是一个致命的缺点。想要实现对任意部分数据的快速访问就需要大量烦琐的优化技术。这些优化技术往往非常复杂，普通用户很难实现，因此它们都是由系统软件(数据库管理系统)完成的，并为用户提供了简单易用的数据库语言。

数据的独立性和共享性是数据库系统的重要特征。由于对数据库的操作是由数据库管理系统完成的，因此数据库可以独立于特定应用程序而存在，可以由多个用户共享。数据共享节省了大量的人力物力，为数据库系统的广泛应用奠定了基础。

数据库系统的出现使得普通用户可以方便地将日常数据存储到计算机中，并在需要时快速访问，从而使计算机走出科研机构，进入各行各业，进入家庭。

数据库系统有大小之分，大型数据库系统有 SQL Server、Oracle 和 DB2 等，中小型数据库系统有 Foxpro、Access 和 MySQL。

2. NoSQL 数据库

传统关系型数据库无法处理数据密集型应用，主要表现在灵活性差、扩展性差和性能差等方面。为了摒弃关系型数据库管理系统设计思路带来的缺陷，新出现的非关系型数据库转而采用不同的解决方案满足可扩展性需求。这些没有固定数据模型且可以横向扩展的系统，现在统称为 NoSQL(Not Only SQL)，是对关系型 SQL 数据系统的补充。

NoSQL 数据库的第一个特点是具有简单的数据模型。在其数据模型中，每条记录都有一个唯一的键，系统只支持单条记录级别的原子性，不支持外键和交叉记录关系。这种一次获取单个记录的限制极大地增强了系统的可扩展性，数据操作可以在单台机器上进行，而没有分布式事务的开销。

NoSQL 数据管理系统需要维护两种数据：元数据和应用数据。元数据用于系统管理，例如将数据从数据分区映射到集群中的节点和副本。应用数据是用户存储在系统中的业务数据。系统之所以将元数据和应用数据分离是因为它们有不同的一致性要求。系统要正常运行，元数据必须一致且实时，应用数据的一致性要求因应用而异。因此，为了实现可扩展性，NoSQL 系统对两类数据的管理采用不同的策略。还有一些 NoSQL 系统没有元数据，以其他方式解决数据和节点映射的问题。NoSQL 系统通过复制应用数据实现一致性。这种设计使得更新数据时副本同步的开销非常大。为了降低这种同步成本，广泛使用了例如最终一致性和时间轴一致性等弱一致性模型。

一些互联网公司着手研发(或改进)新型的、非关系型的数据库，这些数据库被统称为 NoSQL，常见的 NoSQL 数据库，有 HBase、Cassandra 和 MongoDB 等。此类数据库及其模型有些早就存在，但是在互联网领域才获得了巨大的发展和关注度。

3. 分布式文件系统

在大数据时代,需要处理分析的数据集的大小已经远远超过单台计算机的存储能力,因此需要将数据集进行分区并存储到若干台独立的计算机中。但是,分区存储的数据不方便管理和维护,迫切需要一种文件系统管理多台机器上的文件,这就是分布式文件系统。分布式文件系统是一种允许文件通过网络在多台主机上进行共享的文件系统,可让多台机器上的多用户共享文件和存储空间。

HDFS是Hadoop的分布式文件系统。HDFS同个人计算机系统中的本地文件系统类似,都是用于存放数据的文件系统。它由多个同时存储文件和数据片段的伺服电机组成,适合批量处理,通过各种分布式数据库存储模型,为用户提供高可靠、扩充和高吞吐率的信息库数据。在Hadoop中,HDFS通过创建多个数据块的一些副本以方便MapReduce,并将这些副本都分配到Hadoop集群的每一个计算节点,从而实现可靠的高效计算。

HDFS采用分布式存储的基本设计思想使它能够在兼容低价硬件和设备的同时也能支持对大数据集的读写操作。数据节点把所有数据都保存到本地文档系统中也使HDFS能够支持简单的文件数据模型,保证其具有强大的跨平台兼容性。与其他数据仓库应用程序范围不同,HDFS无法有效保存多个小文件,因此HDFS通常用于存储大文件。HDFS不支持多用户写入和任意修改文件,使它被更广泛地应用于单用户海量数据处理。

HDFS是一种主/从架构。从最终用户的角度看,它就像一个传统的文件系统。可以通过目录路径对文件执行创建、读取、更新和删除等管理操作。HDFS架构中有两种节点:一种是NameNode,也叫"名称节点";另一个是DataNode,也叫"数据节点"。这两类节点分别负责执行Master和Worker的具体任务。由于分布式存储的特性,一个HDFS集群有一个NameNode和一些DataNode。NameNode管理文件系统的元数据,DataNode存储实际数据。客户端通过与NameNode和DataNode交互访问文件系统。客户端通过联系NameNode获取文件的元数据,实际的文件I/O操作直接与DataNode交互。HDFS的架构如图2-5所示。

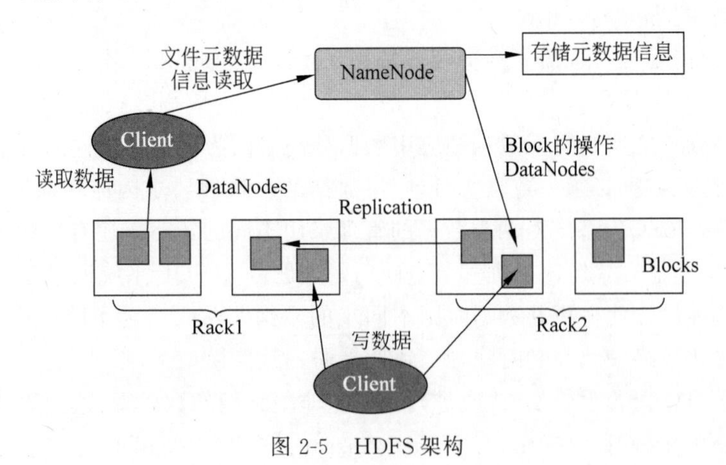

图2-5 HDFS架构

HDFS 主要针对“一次写入，多次读取”的应用场景，不适合实时交互性很强的应用场景，也不适合存储大量小文件。

2.3.2　数据仓库

数据仓库是信息的中央存储库。通常，数据会定期从事务系统、关系数据库和其他来源流入数据仓库。业务分析师、数据工程师、数据科学家和决策者通过商业智能(Business Intelligence，BI)工具、SQL 客户端和其他分析应用程序访问数据。

数据和分析已经成为各大企业保持竞争力不可或缺的一部分。业务用户依靠报告、控制面板和分析工具从数据中获得洞察力、监控企业绩效并做出更明智的决策。数据仓库通过高效存储数据，最大限度地减少数据输入输出(I/O)，同时快速向数千用户提供查询结果。这些报告、控制面板和分析工具由数据仓库支持提供。

一般会从企业各个数据源中进行数据采集，处理后，将数据统一存储在数据仓库中，上层数据分析统一使用数据仓库的数据。数据仓库的功能如图 2-6 所示。

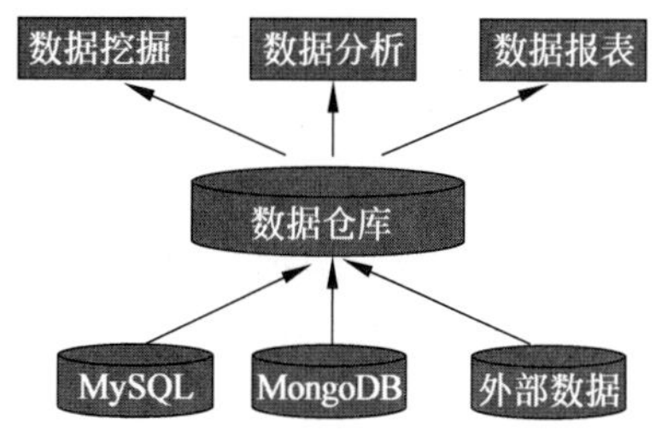

图 2-6　数据仓库功能

企业中最常用的数据仓库为 Hive。Hive 是基于 Hadoop 的一个数据仓库工具，用来进行数据提取、转化和加载，这是一种可以存储、查询和分析存储在 Hadoop 中的大规模数据的机制。Hive 数据仓库工具能将结构化的数据文件映射为一张数据库表，并提供 SQL 查询功能，能将 SQL 语句转变成 MapReduce 任务执行。Hive 的优点是学习成本低，可以通过类似 SQL 语句实现快速 MapReduce 统计，使 MapReduce 变得更加简单，而不必开发专门的 MapReduce 应用程序。Hive 十分适合对数据仓库进行统计分析。

2.4　数据预处理

数据预处理负责从分散和异构的数据源中提取数据，如关系数据、网络数据、日志数据和文件数据等，到临时中间层后进行清洗、转换和集成，最后加载到数据中仓库或数据库，通过数据分析、数据挖掘等方法成为提供决策支持的数据。数据预处理有助于提高数据质量，从而有助于提高数据挖掘过程的有效性和准确性。因此，数据预处理是整个数据挖掘和知识发现过程中的重要步骤。

数据预处理主要包括数据清洗(Data Cleaning)、数据集成(Data Integration)和数据转换(Data Transformation)。典型的数据预处理流程如图 2-7 所示。

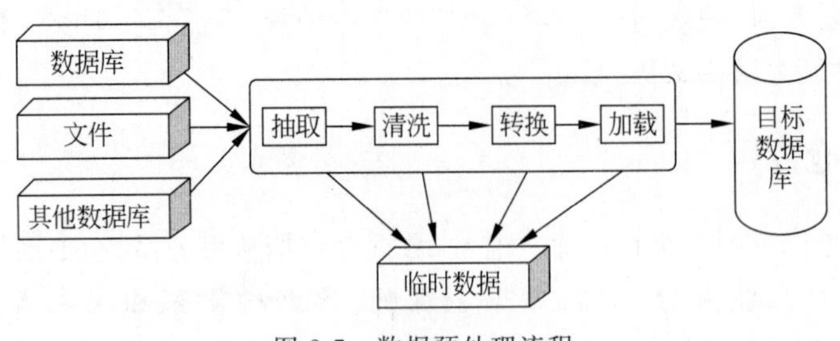

图 2-7 数据预处理流程

2.4.1 数据清理

现实世界的数据通常是不完整的、嘈杂的和不一致的。数据清洗主要包括缺失数据处理(缺失感兴趣的属性)、噪声数据处理(数据中有错误的数据或偏离预期值的数据)和不一致数据处理。缺失数据可以通过全局常量、属性平均值和可能值等方法处理,也可以直接忽略数据;可以对噪声数据进行分箱(对原始数据进行分组,然后对每组中的数据进行平滑处理)、聚类,并使用计算机手动检查和回归方法去除噪声;对于不一致数据,可以进行手动更正。

数据处理常常涉及数据集成操作,即将来自多个数据源的数据,如数据库、数据立方和普通文件等,结合在一起并形成一个统一数据集合,以便为数据处理工作的顺利完成提供完整的数据基础。

2.4.2 数据集成

数据集成指将来自多个数据源的数据集成并存储到一个一致的数据库中。在这个过程中需要解决三个问题:模式匹配、数据冗余、数据值冲突检测和处理。由于来自多个数据集的数据命名不同,等效实体通常具有不同的名称。匹配来自多个实体的不同数据是处理数据集成的首要问题。数据冗余可能来自数据属性命名的不一致,皮尔逊积矩可用于测量数值属性,对于离散数据可以使用卡方检验检测两个属性之间的关联。数据值冲突问题主要表现在不同来源的统一实体具有不同的数据值。

2.4.3 数据变换

数据变换就是将数据进行转换或归并,从而构成一个适合数据处理的描述形式。数据变换策略包括如下几种。

(1) 光滑(Smoothing):去掉数据中的噪声。这类技术包括分箱、回归和聚类。

(2) 属性构造:可以由给定的属性构造新的属性并添加到属性集中,以帮助挖掘过程。

(3) 聚集:对数据进行汇总或聚集。例如,可以聚集日销售数据计算月和年销售量。

(4) 规范化:把属性数据按比例缩放,使之落入一个特定的小区间(如 0.0~1.0)。

(5) 离散化:数值属性(如年龄)的原始值用区间标签(如 0~10、11~20 等)。

(6) 由标称数据产生概念分层:属性(如 street),可以泛化到较高的概念层(如 city 或 country)。

第 3 章

机器学习算法

机器学习是计算机科学与统计学结合的产物，主要研究如何选择统计学习模型，从大量已有数据中学习特定经验。机器学习中的经验称为模型，机器学习的过程即根据一定的性能度量准则对模型参数进行近似求解，使得模型在面对新数据时能够给出相应的经验指导。对于机器学习的准确定义，目前学术界尚未有统一的描述，比较常见的是 Mitchell 教授于 1997 年对机器学习的定义："对于某类任务 T 和性能度量 P，一个计算机程序被认为可以从经验 E 中学习是指：通过经验 E 改进后，它在任务 T 上的性能度量 P 有所提升。"

通过本章的学习，读者可以了解机器学习的常用算法及其实现细节。

3.1 算法概述

3.1.1 线性回归

线性回归是最基本的回归分析方法，有着广泛的应用。线性回归研究的是自变量与因变量之间的线性关系。对于特征 $\boldsymbol{x}=(x^1,x^2,\cdots,x^n)$ 及其对应的标签 y，线性回归假设二者之间存在线性映射：

$$y \approx f(x)=\omega_1 x^1+\omega_2 x^2+\cdots+\omega_n x^n+b=\sum_{i=1}^{n}\omega_i x^i+b=\boldsymbol{\omega}^{\mathrm{T}}\boldsymbol{x}+b \tag{3-1}$$

其中，$\boldsymbol{\omega}=(\omega_1,\omega_2,\cdots,\omega_n)$ 和 b 分别表示待学习的权重及偏置。直观上，权重 $\boldsymbol{\omega}$ 的各个分量反映每个特征变量的重要程度。权重越大，对应的随机变量的重要程度越大，反之则越小。

线性回归的目标是求解 $\boldsymbol{\omega}$ 和 b，使得 $f(\boldsymbol{x})$ 与 y 尽可能接近。求解线性回归模型的基本方法是最小二乘法。最小二乘法是一个不带条件的最优化问题，优化目标是让整个样本集合上的预测值与真实值之间的欧氏距离之和最小。

1. 一元线性回归

式(3-1)描述的是多元线性回归。为简化讨论,首先以一元线性回归为例进行说明:

$$y \approx f(x) = \omega x + b \tag{3-2}$$

给定空间中的一组样本点 $D=\{(x_1,y_1),(x_2,y_2),\cdots,(x_m,y_m)\}$,目标函数为

$$\min J(\omega,b) = \min\sum_{i=1}^{m}(y_i - f(x_i))^2 = \min\sum_{i=1}^{m}(y_i - \omega x_i - b)^2 \tag{3-3}$$

令目标函数对 ω 和 b 的偏导数为 0:

$$\begin{cases}\dfrac{\partial J(\omega,b)}{\partial \omega} = \displaystyle\sum_{i=1}^{m}2\omega x_i^2 + \sum_{i=1}^{m}2(b-y_i)x_i \\ \dfrac{\partial J(\omega,b)}{\partial b} = \displaystyle\sum_{i=1}^{m}2(\omega x_i - y_i) + 2mb\end{cases} \tag{3-4}$$

则可得到 ω 和 b 的估计值:

$$\begin{cases}\omega = \dfrac{m\displaystyle\sum_{i=1}^{m}x_i y_i - \sum_{i=1}^{m}x_i\sum_{i=1}^{m}y_i}{m\displaystyle\sum_{i=1}^{m}x_i^2 - \left(\sum_{i=1}^{m}x_i\right)^2} = \dfrac{\overline{xy} - \bar{x}\cdot\bar{y}}{\overline{x^2} - \bar{x}^2} \\ b = \dfrac{1}{m}\left(\displaystyle\sum_{i=1}^{m}y_i - \omega\sum_{i=1}^{m}x_i\right) = \bar{y} - \omega\bar{x}\end{cases} \tag{3-5}$$

其中,短横线“-”表示求均值运算。

2. 多元线性回归

对于多元线性回归,本书仅做简单介绍。为了简化说明,可以将 b 同样看作权重,即令

$$\begin{cases}\boldsymbol{\omega} = (\omega_1,\omega_2,\cdots,\omega_n,b) \\ \boldsymbol{x} = (x^1,x^2,\cdots,x^n,l)\end{cases} \tag{3-6}$$

此时式(3-1)可表示为

$$y \approx f(x) = \boldsymbol{\omega}^{\mathrm{T}}\boldsymbol{x} \tag{3-7}$$

给定空间中的一组样本点 $D=\{(x_1,y_1),(x_2,y_2),\cdots,(x_m,y_m)\}$,优化目标为

$$\min J(\boldsymbol{\omega}) = \min(\boldsymbol{Y} - \boldsymbol{X}\boldsymbol{\omega})^{\mathrm{T}}(\boldsymbol{Y} - \boldsymbol{X}\boldsymbol{\omega}) \tag{3-8}$$

其中,$\boldsymbol{X}$ 为样本矩阵的增广矩阵:

$$\boldsymbol{X} = \begin{bmatrix} x_1^1 & x_1^2 & \cdots & x_1^n & 1 \\ x_2^1 & x_2^2 & \cdots & x_2^n & 1 \\ \vdots & \vdots & \ddots & \vdots & \vdots \\ x_m^1 & x_m^2 & \cdots & x_m^n & 1 \end{bmatrix} \tag{3-9}$$

$\boldsymbol{Y}$ 为对应的标签向量:

$$\boldsymbol{Y} = (y_1,y_2,\cdots,y_n)^{\mathrm{T}} \tag{3-10}$$

求解式(3-8)可得

$$\boldsymbol{\omega}=(\boldsymbol{X}^{\mathrm{T}}\boldsymbol{X})^{-1}\boldsymbol{X}^{\mathrm{T}}\boldsymbol{Y} \tag{3-11}$$

当 $\boldsymbol{XX}^{\mathrm{T}}$ 可逆时,线性回归模型存在唯一解。当样本集合中的样本太少或者存在大量线性相关的维度,则可能会出现多个解的情况。奥卡姆剃刀原则指出,当模型存在多个解时,选择最简单的那个。因此可以在原始线性回归模型的基础上增加正则化项以降低模型的复杂度,使得模型变得简单。若加入 L2 正则化,则优化目标可写作

$$\min J(\boldsymbol{\omega})=\min(\boldsymbol{Y}-\boldsymbol{X}\boldsymbol{\omega})^{\mathrm{T}}(\boldsymbol{Y}-\boldsymbol{X}\boldsymbol{\omega})+\lambda\|\boldsymbol{\omega}\|_2 \tag{3-12}$$

此时,线性回归又称为岭(Ridge)回归。求解式(3-12)有

$$\boldsymbol{\omega}=(\boldsymbol{X}^{\mathrm{T}}\boldsymbol{X}+\lambda\boldsymbol{I})^{-1}\boldsymbol{X}^{\mathrm{T}}\boldsymbol{Y} \tag{3-13}$$

$\boldsymbol{X}^{\mathrm{T}}\boldsymbol{X}+\lambda\boldsymbol{I}$ 在 $\boldsymbol{X}^{\mathrm{T}}\boldsymbol{X}$ 的基础上增加了一个扰动项 $\lambda\boldsymbol{I}$。此时不仅能够降低模型的复杂度,防止过拟合,而且能够使 $\boldsymbol{X}^{\mathrm{T}}\boldsymbol{X}+\lambda\boldsymbol{I}$ 可逆,$\boldsymbol{\omega}$ 有唯一解。

当正则化项为 L1 正则化时,线性回归模型又称为 Lasso(Least Absolute Shrinkage and Selection Operator)回归,此时优化目标可写作

$$\min J(\boldsymbol{\omega})=\min(\boldsymbol{Y}-\boldsymbol{X}\boldsymbol{\omega})^{\mathrm{T}}(\boldsymbol{Y}-\boldsymbol{X}\boldsymbol{\omega})+\lambda|\boldsymbol{\omega}| \tag{3-14}$$

L1 正则化能够得到比 L2 正则化更为稀疏的解。所谓稀疏是指 $\boldsymbol{\omega}=(\omega_1,\omega_2,\cdots,\omega_n)$ 中会存在多个值为 0 的元素,从而起到特征选择的作用。由于 L1 范数使用绝对值表示,所以目标函数 $J(\boldsymbol{\omega})$ 不是连续可导,此时不能再使用最小二乘法进行求解。

3.1.2 逻辑回归

逻辑回归是一种广义线性回归,通过回归对数概率(Logits)的方式将线性回归应用于分类任务。对于一个二分类问题,令 $Y\in\{0,1\}$ 表示样本 x 对应的类别变量。设 x 属于类别 1 的概率为 $P(Y=1|x)=p$,则自然有 $P(Y=0|x)=1-p$。比值 $\frac{p}{1-p}$ 称为概率(Odds),概率的对数即为对数概率:

$$\ln\frac{p}{1-p} \tag{3-15}$$

逻辑回归通过回归式(3-15)间接得到 p 的值,即

$$\ln\frac{p}{1-p}=\boldsymbol{\omega}^{\mathrm{T}}\boldsymbol{x}+b \tag{3-16}$$

解得

$$p=\frac{1}{1+\mathrm{e}^{-(\boldsymbol{\omega}^{\mathrm{T}}\boldsymbol{x}+b)}} \tag{3-17}$$

为方便描述,令

$$\begin{cases}\boldsymbol{\omega}=(\omega_1,\omega_2,\cdots,\omega_n,b)^{\mathrm{T}}\\ \boldsymbol{x}=(x^1,x^2,\cdots,x^n,1)^{\mathrm{T}}\end{cases} \tag{3-18}$$

则有

$$p=\frac{1}{1+\mathrm{e}^{-\boldsymbol{\omega}^{\mathrm{T}}\boldsymbol{x}}} \tag{3-19}$$

由于样本集合给定的样本属于类别 1 的概率非 0 即 1,所以式(3-19)无法用最小二乘法求解。此时可以考虑使用极大似然估计进行求解。

给定样本集合 $D=\{(\boldsymbol{x}_1,y_1),(\boldsymbol{x}_2,y_2),\cdots,(\boldsymbol{x}_m,y_m)\}$,似然函数为

$$L(\boldsymbol{\omega})=\prod_{i=1}^{m}p^{y_i}(1-p)^{(1-y_i)} \tag{3-20}$$

对数似然函数为

$$\begin{aligned} l(\boldsymbol{\omega}) &= \sum_{i=1}^{m}(y_i\ln p+(1-y_i)\ln(1-p)) \\ &= \sum_{i=1}^{m}(y_i\boldsymbol{\omega}^{\mathrm{T}}\boldsymbol{x}_i-\ln(1+\mathrm{e}^{\boldsymbol{\omega}^{\mathrm{T}}\boldsymbol{x}_i})) \end{aligned} \tag{3-21}$$

之后可用经典的启发式最优化算法梯度下降法求解式(3-21)。

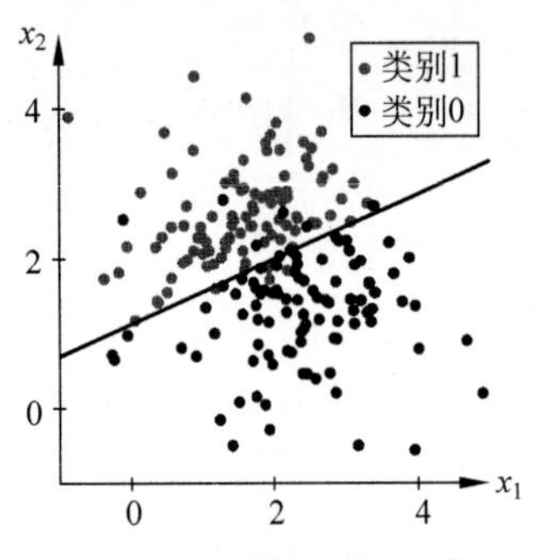

图 3-1 逻辑回归示例(见彩插)

图 3-1 是二维空间中使用逻辑回归进行二分类的示例。图中样本存在一定的噪声(正类中混合有部分负类样本、负类中混合有部分正类样本)。可以看到逻辑回归能够抵御一定的噪声干扰。

3.1.3 线性判别分析

线性判别分析(Linear Discriminant Analysis, LDA)是对 Fisher 线性判别方法的归纳,这种方法使用统计学、模式识别和机器学习方法,试图找到两类物体或事件的特征的一个线性组合,以能够特征化或区分它们。

1. 二类线性判别分析原理

首先从比较简单的二类 LDA 入手,严谨地分析 LDA 的原理。假设数据集 $D=\{(x_1,y_1),(x_2,y_2),\cdots,(x_m,y_m)\}$,其中任意样本 $\boldsymbol{x}_i$ 为 n 维向量,$y_i\in\{0,1\}$,定义 $N_j(j=0,1)$为第 j 类样本的个数,$X_j(j=0,1)$为第 j 类样本的集合,$\boldsymbol{\mu}_j(j=0,1)$为第 j 类样本的均值向量,$\boldsymbol{\Sigma}_j(j=0,1)$为第 j 类样本的协方差矩阵。$\boldsymbol{\mu}_j$ 的表达式为

$$\boldsymbol{\mu}_j=\frac{1}{N_j}\Sigma_{x\in X_j}x,\quad j=0,1 \tag{3-22}$$

$\boldsymbol{\Sigma}_j$ 的表达式为

$$\boldsymbol{\Sigma}_j=\Sigma_{x\in X_j}(x-\boldsymbol{\mu}_j)(x-\boldsymbol{\mu}_j)^{\mathrm{T}},\quad j=0,1 \tag{3-23}$$

由于有两种类型的数据,所以只需要将数据投影到一条直线上即可。假设投影直线是向量 $\boldsymbol{w}$,则对任意一个样本 x_i,它在直线 $\boldsymbol{w}$ 的投影为 $\boldsymbol{w}^{\mathrm{T}}x_i$,对于两个类别的中心点 μ_0 和 μ_1,在直线 $\boldsymbol{w}$ 的投影为 $\boldsymbol{w}^{\mathrm{T}}\mu_0$ 和 $\boldsymbol{w}^{\mathrm{T}}\mu_1$。因为 LDA 需要使不同类别数据的类别中心之间的距离尽可能大,而我们希望同一类别数据的投影点尽可能接近,即投影点的协方差 $\boldsymbol{w}^{\mathrm{T}}\Sigma_0\boldsymbol{w}$ 和 $\boldsymbol{w}^{\mathrm{T}}\Sigma_1\boldsymbol{w}$ 尽可能小,即最小化 $\boldsymbol{w}^{\mathrm{T}}\Sigma_0\boldsymbol{w}+\boldsymbol{w}^{\mathrm{T}}\Sigma_1\boldsymbol{w}$。定义类内散度矩阵 $\boldsymbol{S}_w$ 和类间散度矩阵 $\boldsymbol{S}_b$。这样优化重写的目标为

$$\underbrace{\operatorname{argmax}}_{w} J(\boldsymbol{w})=\frac{\boldsymbol{w}^{\mathrm{T}}\boldsymbol{S}_b\boldsymbol{w}}{\boldsymbol{w}^{\mathrm{T}}\boldsymbol{S}_w\boldsymbol{w}} \tag{3-24}$$

由式(3-24)可知,只要求出原始二类样本的均值和方差就可以确定最佳的投影方向 w。

2. 多类 LDA 原理

以二类 LDA 的原理为基础,下面介绍多类别 LDA 的原理。假设数据集 $D=\{(x_1,y_1),(x_2,y_2),\cdots,(x_m,y_m)\}$,其中,任意样本 $\boldsymbol{x}_i$ 为 n 维向量,$y_i\in\{C_1,C_2,\cdots,C_k\}$,定义 $N_j(j=1,2,\cdots,k)$为第 j 类样本的个数,$X_j(j=1,2,\cdots,k)$为第 j 类样本的集合,$\boldsymbol{\mu}_j(j=1,2,\cdots,k)$为第 j 类样本的均值向量,$\boldsymbol{\Sigma}_j(j=1,2,\cdots,k)$为第 j 类样本的协方差矩阵。在二类 LDA 中定义的公式可以很容易地类推到多类 LDA。由于是多类向低维投影,所以此时投影到的低维空间就不是一条直线,而是一个超平面。假设投影到的低维空间的维度为 d,对应的基向量为$(\boldsymbol{w}_1,\boldsymbol{w}_2,\cdots,\boldsymbol{w}_d)$,基向量组成的矩阵为 $\boldsymbol{W}$,是一个 $n\times d$ 的矩阵。优化目标变为

$$\frac{\boldsymbol{W}^{\mathrm{T}}\boldsymbol{S}_b\boldsymbol{W}}{\boldsymbol{W}^{\mathrm{T}}\boldsymbol{S}_w\boldsymbol{W}} \tag{3-25}$$

3.1.4 分类与回归树分析

分类与回归树(Classification And Regression Tree,CART)是在给定输入随机变量 $\boldsymbol{X}$ 的条件下输出随机变量 $\boldsymbol{Y}$ 的条件概率分布的学习方法。CART 假设决策树是二叉树,内部节点特征的取值为“是”和“否”,左分支是取值为“是”的分支,右分支是取值为“否”的分支。这样的决策树等价于递归地二分每个特征,将输入空间即特征空间划分为有限个单元,并在这些单元上确定预测的概率分布,也就是在输入给定的条件下输出的条件概率分布。

1. 回归树生成

假设 $\boldsymbol{X}$ 与 $\boldsymbol{Y}$ 分别是输入和输出向量,并且 $\boldsymbol{Y}$ 是连续变量。给定训练数据集 $D=\{(x_1,y_1),(x_2,y_2),\cdots,(x_N,y_N)\}$,考虑如何生成回归树。

一个回归树对应输入空间(即特征空间)的一个划分以及在划分的单元上的输出值。假设已将输入空间划分为 M 个单元 $R_1,R_2,\cdots,R_m$,并且在每个单元 R_m 上有一个固定的输出值 c_m,则回归树模型可表示为

$$f(x)=\sum_{m=1}^{M}c_m I,\quad x\in R_m \tag{3-26}$$

当输入空间的划分确定时,可以用平方误差表示回归树对于训练数据的预测误差,用平方误差最小的准则求解每个单元上的最优输出值。易知,单元 R_m 上的 c_m 的最优值是 R_m 上所有输入实例 x_i 对应的输出 y_i 的均值,即 $\operatorname{ave}(y_i\mid x_i\in R_m)$。之后采用启发式的方法对输入空间进行划分。选择第 j 个变量 x_j 和它的取值 s 作为切分变量和切分点定义两个区域,以此寻找最优切分变量 k 和最优切分点 s。遍历所有输入变量,找到最优切

分变量 j 和最优切分点 s,构成一个对(j,s)依次将输入空间划分为两个区域。接着,对每个区域重复上述划分过程,直到满足停止条件为止。这样就生成一棵回归树,这样的回归树通常被称为最小二乘树。

2. 分类树生成

在分类过程中,假设有 k 个类,样本点属于第 k 个类的概率为 p_k,则概率分布的基尼指数定义为

$$\mathrm{Gini}(p)=\sum_{k=1}^{K}p_k(1-p_k)=1-\sum_{k=1}^{K}p_k^2 \tag{3-27}$$

对于二类分类问题,若样本点属于第 1 个类的概率是 p,则概率分布的基尼指数为

$$\mathrm{Gini}(p)=2p(1-p) \tag{3-28}$$

对于给定的样本集合 D,其基尼指数为

$$\mathrm{Gini}(D)=1-\sum_{k=1}^{K}\left(\frac{|C_k|}{|D|}\right)^2 \tag{3-29}$$

其中,C_k 是 D 中属于第 k 类的样本子集,K 是类的个数。

如果样本集合 D 根据特征 A 是否取某个可能值 a 被分割成 D_1 和 D_2 两部分,即

$$D_1=\{(x,y)\in D\mid A(x)=a\},\quad D_2=D-D_1 \tag{3-30}$$

则在特征 A 的条件下,集合 D 的基尼指数定义为

$$\mathrm{Gini}(D,A)=\frac{|D_1|}{|D|}\mathrm{Gini}(D_1)+\frac{|D_2|}{|D|}\mathrm{Gini}(D_2) \tag{3-31}$$

基尼指数 $\mathrm{Gini}(D)$表示集合 D 的不确定性,基尼指数 $\mathrm{Gini}(D,A)$表示经 $A=a$ 分割后集合 D 的不确定性。基尼指数越大,样本集合的不确定性越大,这一点与熵相似。

3.1.5 朴素贝叶斯

朴素贝叶斯分类器(Naive Bayes Classifier,NBC)发源于古典数学理论,有着坚实的数学基础以及稳定的分类效率。同时,朴素贝叶斯分类器模型所需估计的参数很少,对缺失数据不太敏感,算法也比较简单。

设有样本数据集 $D=\{d_1,d_2,\cdots,d_n\}$,对应样本数据的特征属性集为 $X=\{x_1,x_2,\cdots,x_d\}$,类变量为 $Y=\{y_1,y_2,\cdots,y_m\}$,即 D 可以分为 y_m 类别。其中 $x_1,x_2,\cdots,x_d$ 相互独立且随机,则 Y 的先验概率 $P_{\text{prior}}=P(Y)$,Y 的后验概率 $P_{\text{post}}=P(Y|X)$,由朴素贝叶斯算法可得,后验概率可以由先验概率 $P_{\text{prior}}=P(Y)$、证据 $P(X)$和类条件概率 $P(X|Y)$计算得

$$P(Y\mid X)=\frac{P(Y)P(X\mid Y)}{P(X)} \tag{3-32}$$

朴素贝叶斯基于各特征之间相互独立,在给定类别为 y 的情况下,式(3-32)可以进一步表示为式(3-33):

$$P(X\mid Y=y)=\prod_{i=1}^{d}P(x_i\mid Y=y) \tag{3-33}$$

由式(3-32)、式(3-33)可以计算出后验概率为

$$P_{\text{post}}=P(Y\mid X)=\frac{P(Y)\prod_{i=1}^{d}P(x_i\mid Y)}{P(X)} \tag{3-34}$$

由于 $P(X)$ 的大小是固定不变的，因此在比较后验概率时，只比较式(3-34)的分子部分即可。可以得到一个样本数据属于类别 y_i 的朴素贝叶斯计算：

$$P(y_i\mid x_1,x_2,\cdots,x_d)=\frac{P(y_i)\prod_{j=1}^{d}P(x_j\mid y_i)}{\prod_{j=1}^{d}P(x_j)} \tag{3-35}$$

朴素贝叶斯算法假设数据集的属性是相互独立的，因此算法逻辑非常简单，算法相对稳定。当数据呈现不同的特征时，朴素贝叶斯的分类性能不会有太大区别。换句话说，朴素贝叶斯算法的鲁棒性更好，对于不同类型的数据集不会表现出太大的差异。当数据集的属性之间的关系相对独立时，朴素贝叶斯分类算法会有更好的结果。属性独立的条件也是朴素贝叶斯分类器的缺点。数据集属性的独立性在很多情况下很难满足，因为数据集的属性往往是相互关联的。如果在分类过程中出现这类问题，则分类的效果就会大打折扣。

3.1.6　*k* 最近邻算法

k 最近邻(*k*-Nearest Neighbor，KNN)算法是最简单的机器学习算法之一。该方法的思路是在特征空间中，如果一个样本附近的 k 个最近(即特征空间中最邻近)样本的大多数属于某一个类别，则该样本也属于这个类别。

3.1.7　学习矢量量化

学习矢量量化(Learning Vector Quantization，LVQ)是 1988 年由 Kohonen 提出的一类用于模式分类的有监督学习算法，是一种结构简单、功能强大的有监督式神经网络分类方法。根据训练样本是否有监督，学习矢量量化算法可分为两种：一种是有监督学习矢量量化，如 LVQ1、LVQ2.1 和 LVQ3，它是对有类别属性的样本进行聚类；另一种是无监督学习矢量量化，如序贯硬 C 均值，它是对无类别属性的样本进行聚类。

传统的学习矢量量化算法虽然性能优越且应用广泛，但仍存在一些不足。首先，权重向量在训练过程中可能不会收敛。原因是在寻找最优贝叶斯边界时，没有充分考虑权向量更新的趋势。同时，学习矢量量化算法并没有充分利用输入样本各个维度属性的信息，也没有体现出各个维度属性在分类过程中重要性的差异。原因是在寻找获胜神经元的过程中使用的欧氏距离测量方法没有考虑输入样本每个维度属性的重要性差异，即假设每个维度属性的对分类的“贡献”是一样的。

3.1.8　支持向量机

支持向量机(Support Vector Machine，SVM)是一类按监督学习方式对数据进行二

元分类的广义线性分类器,其决策边界是对学习样本求解的最大边距超平面。支持向量机使用铰链损失函数计算经验风险并在求解系统中加入正则化项以优化结构风险,是一个具有稀疏性和稳健性的分类器。

支持向量机于1964年被提出,在20世纪90年代后得到快速发展并衍生出一系列改进和扩展算法,在人像识别、文本分类等模式识别问题中应用广泛。

3.1.9 Bagging和随机森林

随机森林和梯度提升树(GBDT)是集成学习中应用得最多的算法,尤其是随机森林可以很方便地进行并行训练,在如今大数据大样本的时代很有诱惑力。

Bagging的特点是随机抽样。随机抽样就是从训练集中采集固定数量的样本,但是每采集完一个样本,就返回样本。也就是说,之前采集的样本放回后可以继续采集。Bagging算法一般会随机采集与训练集样本数m相同数量的样本。这样得到的样本集与训练集的样本数相同,但样本内容不同。如果我们用m个样本随机抽取训练集T次,则由于随机性T个样本集是不同的。这与GBDT子采样不同GBDT的子抽样是无放回抽样,而Bagging的子抽样是有放回抽样。由于Bagging算法每次都采样训练模型,因此它的泛化能力很强,对于降低模型的方差非常有用。当然,训练集的拟合会更差,也就是模型的偏差会更大。

随机森林(Random Forest)算法是Bagging算法的进化版本。随机森林算法使用CART决策树作为弱学习器。随机森林在使用决策树的基础上改进了决策树的建立。对于普通的决策树,我们会使用节点上的所有n个样本特征,选择一个最优特征划分决策树的左右子树。但是随机森林随机选择节点上的一部分样本特征,这个数小于n,然后从这些随机选择的样本特征中选择一个最优特征做决策树的左右子树划分,进一步增强了模型的泛化能力。

3.1.10 Boosting和AdaBoost

Boosting是一种组合弱分离器形成强分类器的算法框架。它把很多分类准确率很低的分类器通过更新对数据的权重,集成起来形成一个分类效果好的分类器,所以也是集成方法(Ensemble Method)的一种。一般而言,Boosting算法有以下三个要素。

(1) 函数模型:Boosting的函数模型是叠加型的。

(2) 目标函数:选定某种损失函数作为优化目标。

(3) 优化算法:逐步优化。

AdaBoost是Boosting算法框架中的一种实现。它在Boosting的基础上,每一个样本给定相同的初始权重,分类错误的样本权重上升,分类正确的样本权重下降,即它是在前一个分类器训练的基础上训练得到新的分类器,分类器的权重由其分类的准确率决定,组合弱分类器形成强分类器,不容易过拟合。AdaBoost通过更改训练样本的权重,让每个弱分类器之间能互补从而使不能很好分类的数据得到重视。

3.2 支持向量机算法

3.2.1 线性支持向量机

在支持向量机的最小优化目标函数中加入松弛因子可以实现软间隔，松弛系数 C 越小，间隔越宽，分割超平面越硬。相反松弛系数 C 越大，间隔越窄，分割超平面越软，会更多地拟合训练样本。需要注意当 C 太大时，容易过拟合。

给定输入数据和学习目标 $\boldsymbol{X}_i=(X_1,X_2,\cdots,X_N)$，$y_i=(y_1,y_2,\cdots,y_N)$，硬边界支持向量机是一种求解线性可分问题中最大边距超平面的算法。约束条件是采样点到决策边界的距离大于或等于 1，可以转化为等价的二次凸优化问题求解，即

$$\begin{aligned}&\max_{w,b}\ \frac{2}{\|\boldsymbol{w}\|} &&\Leftrightarrow\quad \min_{w,b}\ \frac{1}{2}\|\boldsymbol{w}\|^2\\ &\text{s.t.}\quad y_i(\boldsymbol{w}^{\mathrm{T}}\boldsymbol{X}_i+b)\geqslant 1 &&\qquad\ \text{s.t.}\quad y_i(\boldsymbol{w}^{\mathrm{T}}\boldsymbol{X}_i+b)\geqslant 1\end{aligned}\tag{3-36}$$

由式(3-36)得到的决策边界可以对任意样本进行分类：

$$\operatorname{sign}[y_i(\boldsymbol{w}^{\mathrm{T}}\boldsymbol{X}_i+b)]\tag{3-37}$$

在线性不可分问题中使用硬边界支持向量机会产生分类错误。因此，可以在最大化边际的基础上引入损失函数，构造新的优化问题。支持向量机使用铰链损失函数，遵循硬边界支持向量机的优化问题形式。软间隔支持向量机的优化问题表示如下：

$$\begin{aligned}&\min_{w,b}\ \frac{1}{2}\|\boldsymbol{w}\|^2+C\sum_{i=1}^{N}L_i,\quad L_i=\max[0,1-y_i(\boldsymbol{w}^{\mathrm{T}}\boldsymbol{X}_i+b)]\\ &\text{s.t.}\quad y_i(\boldsymbol{w}^{\mathrm{T}}\boldsymbol{X}_i+b)\geqslant 1-L_i,\quad L_i\geqslant 0\end{aligned}\tag{3-38}$$

由式(3-38)可知，软边距 SVM 是一个 L_2 正则化分类器，其中，L_i 表示铰链损失函数。使用松弛变量 $\zeta\geqslant 0$ 处理铰链损失函数的分段取值后，式(3-38)可化为

$$\begin{aligned}&\min_{w,b}\ \frac{1}{2}\|\boldsymbol{w}\|^2+C\sum_{i=1}^{N}\xi_i\\ &\text{s.t.}\quad y_i(\boldsymbol{w}^{\mathrm{T}}\boldsymbol{X}_i+b)\geqslant 1-\xi_i,\quad \xi_i\geqslant 0\end{aligned}\tag{3-39}$$

求解上述软边距支持向量机通常利用其优化问题的对偶性(Duality)。定义软边距支持向量机的优化问题为原问题，可得到其拉格朗日函数：

$$\mathcal{L}(\boldsymbol{w},b,\xi,\alpha,\mu)=\frac{1}{2}\|\boldsymbol{w}\|^2+C\sum_{i=1}^{N}\xi_i+\sum_{i=1}^{N}\alpha_i[1-\xi_i-y_i(\boldsymbol{w}^{\mathrm{T}}\boldsymbol{X}_i+b)]-\sum_{i=1}^{N}\mu_i\xi_i\tag{3-40}$$

令拉格朗日函数对优化目标 ω,b,ξ 的偏导数为 0，可得到一系列包含拉格朗日乘子的表达式：

$$\frac{\partial\mathcal{L}}{\partial\boldsymbol{w}}=0\rightarrow\boldsymbol{w}=\sum_{i=1}^{N}\alpha_i y_i\boldsymbol{X}_i,\quad \frac{\partial\mathcal{L}}{\partial b}=0\rightarrow\sum_{i=1}^{N}\alpha_i y_i=0,\quad \frac{\partial\mathcal{L}}{\partial\xi}=0\rightarrow C=\alpha_i+\mu_i\tag{3-41}$$

将式(3-41)代入拉格朗日函数后可得原问题的对偶问题：

$$\begin{aligned} \max_{\alpha} \quad & \sum_{i=1}^{N}\alpha_i - \frac{1}{2}\sum_{i=1}^{N}\sum_{j=1}^{N}[\alpha_i y_i (\boldsymbol{X}_i)^{\mathrm{T}}(\boldsymbol{X}_j) y_j \alpha_j] \\ \text{s.t.} \quad & \sum_{i=1}^{N}\alpha_i y_i = 0, \quad 0 \leqslant \alpha_i \leqslant C \end{aligned} \tag{3-42}$$

对偶问题的约束条件中包含不等关系,因此其存在局部最优的条件是拉格朗日乘子满足 KTT 条件(Karush-Kuhn-Tucker Condition):

$$\begin{cases} \alpha_i \geqslant 0, \quad \mu_i \geqslant 0 \\ \xi_i \geqslant 0, \quad \mu_i \xi_i = 0 \\ y_i(\boldsymbol{w}^{\mathrm{T}}\boldsymbol{X}_i + b) - 1 + L_i \geqslant 0 \\ \alpha_i[y_i(\boldsymbol{w}^{\mathrm{T}}\boldsymbol{X}_i + b) - 1 + L_i] = 0 \end{cases} \tag{3-43}$$

由式(3-43)的条件可知,决策边界的确定仅与支持向量有关,软边距支持向量机利用铰链损失函数使得支持向量机具有稀疏性。

3.2.2 非线性支持向量机

使用非线性函数将输入数据映射至高维空间后应用线性支持向量机可得到非线性支持向量机。非线性支持向量机可以类比线性支持向量机的算法,有如下优化问题:

$$\begin{aligned} \min_{\boldsymbol{w},b} \quad & \frac{1}{2}\|\boldsymbol{w}\|^2 + C\sum_{i=1}^{N}\xi_i \\ \text{s.t.} \quad & y_i[\boldsymbol{w}^{\mathrm{T}}\phi(\boldsymbol{X}_i) + b] \geqslant 1 - \xi_i, \quad \xi_i \geqslant 0 \end{aligned} \tag{3-44}$$

类比软边距支持向量机,非线性支持向量机有如下对偶问题:

$$\begin{aligned} \max_{\alpha} \quad & \sum_{i=1}^{N}\alpha_i - \frac{1}{2}\sum_{i=1}^{N}\sum_{j=1}^{N}[\alpha_i y_i \phi(\boldsymbol{X}_i)^{\mathrm{T}}\phi(\boldsymbol{X}_j) y_j \alpha_j] \\ \text{s.t.} \quad & \sum_{i=1}^{N}\alpha_i y_i = 0, \quad 0 \leqslant \alpha_i \leqslant C \end{aligned} \tag{3-45}$$

注意到式(3-45)中存在映射函数内积,因此可以使用核方法,即直接选取核函数。

3.2.3 支持向量机算法求解

支持向量机算法的求解可以使用二次凸优化问题的数值方法,例如内点法和序列最小优化算法。

(1) 内点法(Interior Point Method,IPM):以软边距支持向量机为例,内点法使用对数阻挡函数将支持向量机的对偶问题由极大值问题转化为极小值问题,并将其优化目标和约束条件近似表示。

(2) 序列最小优化(Sequential Minimal Optimization,SMO)是一种坐标下降法,以迭代方式求解支持向量机的对偶问题,其设计是在每个迭代步选择拉格朗日乘子中的两个变量并固定其他参数,将原优化问题化简至一维子可行域。

(3) 随机梯度下降(Stochastic Gradient Descent,SGD)是机器学习问题中常见的优化算法,适用于样本充足的学习问题。随机梯度下降每次迭代都随机选择学习样本更新模型参数,以减少一次性处理所有样本带来的内存开销。

3.3 逻辑回归算法

3.3.1 线性回归算法

线性回归模型指 $f(\cdot)$采用线性组合形式的回归模型，在线性回归问题中，因变量和自变量之间是线性关系。对于第 i 个因变量 x_i，乘以权重系数 w_i，取 y 为因变量的线性组合：

$$y = f(\boldsymbol{x}) = w_1 x_1 + \cdots + w_n x_n + b \tag{3-46}$$

其中，b 为常数项。若令 $\boldsymbol{w}=(w_1, w_2, \cdots, w_n)$，则式(3-46)可以写成向量形式：

$$y = f(\boldsymbol{x}) = \boldsymbol{w}^{\mathrm{T}} \boldsymbol{x} + b \tag{3-47}$$

可以看到 $\boldsymbol{w}$ 和 b 决定了回归模型 $f(\cdot)$的行为。由数据样本得到 $\boldsymbol{w}$ 和 b 有许多方法，例如最小二乘法和梯度下降法。在这里我们介绍最小二乘法求解线性回归中参数估计的问题。

直觉上，希望找到这样的 $\boldsymbol{w}$ 和 b，使得对于训练数据中每个样本点$(\boldsymbol{x}^{(n)}, y^{(n)})$，预测值 $f(\boldsymbol{x}^{(n)})$与真实值 $y^{(n)}$ 尽可能接近。于是我们需要定义一种“接近”程度的度量，即误差函数。在这里我们采用平均平方误差(Mean Square Error)作为误差函数：

$$E = \Sigma_n [y^{(n)} - (\boldsymbol{w}^{\mathrm{T}} \boldsymbol{x}^{(n)} + b)]^2 \tag{3-48}$$

为什么要选择这样一个误差函数呢？这是因为我们做出了这样的假设：给定 $\boldsymbol{x}$，则 y 的分布服从如下高斯分布：

$$p(y \mid \boldsymbol{x}) \sim N(\boldsymbol{w}^{\mathrm{T}} \boldsymbol{x} + b, \sigma^2) \tag{3-49}$$

具体分布如图 3-2 所示。直观上，这意味着在自变量 $\boldsymbol{x}$ 取某个确定值时，数据样本点以回归模型预测的因变量 y 为中心，以 σ^2 为方差呈高斯分布。

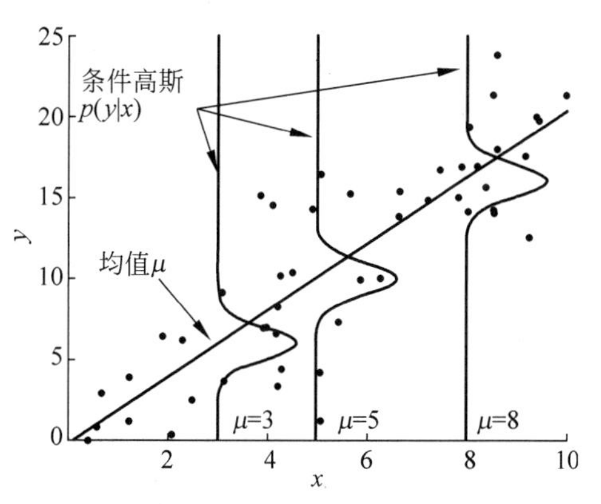

图 3-2 条件概率服从高斯分布

基于高斯分布的假设，我们得到条件概率 $p(y \mid \boldsymbol{x})$的对数似然函数：

$$\boldsymbol{L}(\boldsymbol{w}, b) = \log\left(\prod\nolimits_n \exp\left(-\frac{1}{2\sigma^2}(y^{(n)} - \boldsymbol{w}^{\mathrm{T}} \boldsymbol{x}^{(n)} - b)^2\right)\right) \tag{3-50}$$

即

$$\boldsymbol{L}(\boldsymbol{w}, b) = -\frac{1}{2\sigma^2} \Sigma_n (y^{(n)} - \boldsymbol{w}^{\mathrm{T}} \boldsymbol{x}^{(n)} - b)^2 \tag{3-51}$$

做极大似然估计：

$$\boldsymbol{w}, b = \underset{\boldsymbol{w}, b}{\operatorname{argmax}} \boldsymbol{L}(\boldsymbol{w}, b) \tag{3-52}$$

由于对数似然函数中 σ 为常数，因此极大似然估计可以转化为

$$\boldsymbol{w}, b = \underset{\boldsymbol{w}, b}{\operatorname{argmin}} \Sigma_n (y^{(n)} - \boldsymbol{w}^{\mathrm{T}} \boldsymbol{x}^{(n)} - b)^2 \tag{3-53}$$

这就是选择平方平均误差函数作为误差函数的概率解释。

我们的目标就是要最小化这样一个误差函数 E，具体做法可以令 E 对于参数 $\boldsymbol{w}$ 和 b 的偏导数为 0。由于问题变成了最小化平均平方误差，因此这种通过解析方法直接求解参数的做法习惯上被称为最小二乘法。

为了方便矩阵运算，我们将 E 表示成向量形式。令

$$\boldsymbol{Y} = \begin{bmatrix} y^{(1)} \\ y^{(2)} \\ \vdots \\ y^{(n)} \end{bmatrix} \tag{3-54}$$

$$\boldsymbol{X} = \begin{bmatrix} x^{(1)} \\ x^{(2)} \\ \vdots \\ x^{(n)} \end{bmatrix} = \begin{bmatrix} x_1^{(1)} & \cdots & x_m^{(1)} \\ x_1^{(2)} & \cdots & x_m^{(2)} \\ \vdots & & \vdots \\ x_1^{(n)} & \cdots & x_m^{(n)} \end{bmatrix} \tag{3-55}$$

$$\boldsymbol{b} = \begin{bmatrix} b_1 \\ b_2 \\ \vdots \\ b_n \end{bmatrix}, \quad b_1 = b_2 = \cdots = b_n \tag{3-56}$$

则 E 可表示为

$$E = (\boldsymbol{Y} - \boldsymbol{X}\boldsymbol{w}^{\mathrm{T}} - \boldsymbol{b})^{\mathrm{T}} (\boldsymbol{Y} - \boldsymbol{X}\boldsymbol{w}^{\mathrm{T}} - \boldsymbol{b}) \tag{3-57}$$

由于 $\boldsymbol{b}$ 的表示较为烦琐，我们不妨更改一下 $\boldsymbol{w}$ 的表示，将 b 视为常数 1 的权重，令

$$\boldsymbol{w} = (w_1, w_2, \cdots, w_n, b) \tag{3-58}$$

相应地，对 $\boldsymbol{X}$ 做如下更改：

$$\boldsymbol{X} = \begin{bmatrix} \boldsymbol{x}^{(1)};\ 1 \\ \boldsymbol{x}^{(2)};\ 1 \\ \vdots \\ \boldsymbol{x}^{(n)};\ 1 \end{bmatrix} = \begin{bmatrix} x_1^{(1)} & \cdots & x_m^{(1)} & 1 \\ x_1^{(2)} & \cdots & x_m^{(2)} & 1 \\ \vdots & & \vdots & \\ x_1^{(n)} & \cdots & x_m^{(n)} & 1 \end{bmatrix} \tag{3-59}$$

则 E 可表示为

$$E = (\boldsymbol{Y} - \boldsymbol{X}\boldsymbol{w}^{\mathrm{T}})^{\mathrm{T}} (\boldsymbol{Y} - \boldsymbol{X}\boldsymbol{w}^{\mathrm{T}}) \tag{3-60}$$

对误差函数 E 求参数 $\boldsymbol{w}$ 的偏导数得

$$\frac{\partial E}{\partial \boldsymbol{w}} = 2\boldsymbol{X}^{\mathrm{T}} (\boldsymbol{X}\boldsymbol{w}^{\mathrm{T}} - \boldsymbol{Y}) \tag{3-61}$$

令偏导为 0，得

$$\boldsymbol{w} = (\boldsymbol{X}^{\mathrm{T}}\boldsymbol{X})^{-1} \boldsymbol{X}^{\mathrm{T}} \boldsymbol{Y} \tag{3-62}$$

因此，对于测试向量 $\boldsymbol{x}$，根据线性回归模型预测的结果为

$$y=\boldsymbol{x}((\boldsymbol{X}^{\mathrm{T}}\boldsymbol{X})^{-1}\boldsymbol{X}^{\mathrm{T}}\boldsymbol{Y})^{\mathrm{T}} \tag{3-63}$$

3.3.2 逻辑回归

在 3.3.1 节中，我们假设随机变量 $x_1,x_2,\cdots,x_n$ 与 y 之间的关系是线性的。但在实际中，我们通常会遇到非线性关系。此时，可以利用非线性变换 $g(\cdot)$使得线性回归模型 $f(\cdot)$实际上对 $g(y)$而非 y 进行拟合，即

$$y=g^{-1}(f(\boldsymbol{x})) \tag{3-64}$$

其中，$f(\cdot)$仍为

$$f(\boldsymbol{x})=\boldsymbol{w}^{\mathrm{T}}\boldsymbol{x}+b \tag{3-65}$$

因此，这样的回归模型称为广义线性回归模型。

广义线性回归模型使用非常广泛。例如在二元分类任务中，我们的目标是拟合一个分离超平面 $f(\boldsymbol{x})=\boldsymbol{w}^{\mathrm{T}}\boldsymbol{x}+b$，使得目标分类 y 可表示为以下阶跃函数：

$$y=\begin{cases}0, & f(\boldsymbol{x})<0\\ 1, & f(\boldsymbol{x})>0\end{cases} \tag{3-66}$$

在分类问题中，由于 y 取离散值，因此这个阶跃判别函数是不可导的。不可导的性质使得许多数学方法不能使用。我们考虑使用一个函数 $\sigma(\cdot)$近似这个离散的阶跃函数，通常可以使用 Logistic 函数或 tanh 函数。Logistic 函数如图 3-3 所示。这里就 Logistic 函数情况进行讨论。令

$$\sigma(\boldsymbol{x})=\frac{1}{1+\exp(-x)} \tag{3-67}$$

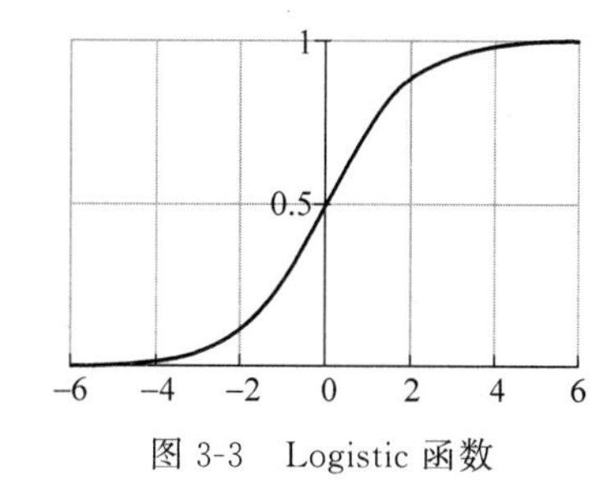

图 3-3 Logistic 函数

使用 Logistic 函数代替阶跃函数：

$$\sigma(f(\boldsymbol{x}))=\frac{1}{1+\exp(-\boldsymbol{w}^{\mathrm{T}}\boldsymbol{x}-b)} \tag{3-68}$$

并定义条件概率：

$$\begin{cases}p(y=1\mid\boldsymbol{x})=\sigma(f(\boldsymbol{x}))\\ p(y=0\mid\boldsymbol{x})=1-\sigma(f(\boldsymbol{x}))\end{cases} \tag{3-69}$$

这样就可以把离散取值的分类问题近似地表示为连续取值的回归问题，这样的回归模型称为逻辑回归模型。

在 Logistic 函数中 $g^{-1}(x)=\sigma(x)$，若将 $g(\cdot)$还原为 $g(y)=\log\dfrac{y}{1-y}$的形式并移到等式一侧，则可以得到

$$\log\frac{p(y=1\mid\boldsymbol{x})}{p(y=0\mid\boldsymbol{x})}=\boldsymbol{w}^{\mathrm{T}}\boldsymbol{x}+b \tag{3-70}$$

为了求得逻辑回归模型中的参数 $\boldsymbol{w}$ 和 b，下面对条件概率 $p(y|\boldsymbol{x};\boldsymbol{w},b)$做极大似然估计。

$p(y|\boldsymbol{x};\boldsymbol{w},b)$的对数似然函数为

$$L(\boldsymbol{w},b)=\log\left(\prod_n [\sigma(f(\boldsymbol{x}^{(n)}))]^{y^{(n)}}[1-\sigma(f(\boldsymbol{x}^{(n)}))]^{1-y^{(n)}}\right) \tag{3-71}$$

即

$$\boldsymbol{L}(\boldsymbol{w},b)=\Sigma_n [y^{(n)}\log(\sigma(f(\boldsymbol{x}^{(n)})))+(1-y^{(n)})\log(1-\sigma(f(\boldsymbol{x}^{(n)})))] \tag{3-72}$$

这就是常用的交叉熵误差函数的二元形式。

直接求解似然函数$\boldsymbol{L}(\boldsymbol{w},b)$的最大化问题比较困难,我们可以采用数值方法。常用的方法有牛顿迭代法、梯度下降法等。

3.3.3 用 PyTorch 实现逻辑回归算法

后文给出的代码依赖例 3-1。

【例 3-1】 代码依赖模块。

```
1   import torch
2   from torch import nn
3   from matplotlib import pyplot as plt
4   % matplotlib inline
```

1. 数据准备

逻辑回归常用于解决二分类问题,为了便于描述,我们分别从两个多元高斯分布$\mathcal{N}_1(\mu_1,\Sigma_1)$和$\mathcal{N}_2(\mu_2,\Sigma_2)$中生成数据 X_1 和 X_2,这两个多元高斯分布表示两个类别,分别设置其标签为 y_1 和 y_2。

如例 3-2 所示,PyTorch 的 torch. distributions 提供了 MultivariateNormal 构建多元高斯分布。第 5~8 行设置两组不同的均值向量和协方差矩阵,$\boldsymbol{\mu}_1$和$\boldsymbol{\mu}_2$是二维均值向量,$\boldsymbol{\Sigma}_1$ 和$\boldsymbol{\Sigma}_2$是 2×2 维的协方差矩阵。第 11~12 行前面定义的均值向量和协方差矩阵作为参数传入 MultivariateNormal,就实例化了两个二元高斯分布 m_1 和 m_2。第 13~14 行调用 m_1 和 m_2 的 sample 方法分别生成 100 个样本。第 17~18 行设置样本对应的标签 y,分别用 0 和 1 表示不同高斯分布的数据,也就是正样本和负样本。第 21 行使用 cat 函数将 x_1 和 x_2 组合在一起,第 22~24 行打乱样本和标签的顺序,将数据重新随机排列是十分重要的步骤,否则算法的每次迭代只会学习同一个类别的信息,容易造成模型过拟合。

【例 3-2】 构建多元高斯分布。

```
1   import numpy as np
2   from torch.distributions import MultivariateNormal
3
4   # 设置两个高斯分布的均值向量和协方差矩阵
5   mu1 = -3 * torch.ones(2)
6   mu2 = 3 * torch.ones(2)
7   sigma1 = torch.eye(2) * 0.5
8   sigma2 = torch.eye(2) * 2
9
10  # 各从两个多元高斯分布中生成 100 个样本
11  m1 = MultivariateNormal(mu1, sigma1)
```

```
12  m2 = MultivariateNormal(mu2, sigma2)
13  x1 = m1.sample((100,))
14  x2 = m2.sample((100,))
15
16  # 设置正负样本的标签
17  y = torch.zeros((200, 1))
18  y[100:] = 1
19
20  # 组合、打乱样本
21  x = torch.cat([x1, x2], dim = 0)
22  idx = np.random.permutation(len(x))
23  x = x[idx]
24  y = y[idx]
25
26  # 绘制样本
27  plt.scatter(x1.numpy()[:,0], x1.numpy()[:,1])
28  plt.scatter(x2.numpy()[:,0], x2.numpy()[:,1])
```

例 3-2 的第 27～28 行将生成的样本用 plt.scatter 绘制出来，绘制的结果如图 3-4 所示。可以很明显地看出多元高斯分布生成的样本聚成两个簇，并且簇的中心分别处于不同的位置（多元高斯分布的均值向量决定其位置）。右上角簇的样本分布更加稀疏而左下角簇的样本分布紧凑（多元高斯分布的协方差矩阵决定分布形状）。读者可自行调整例 3-2 第 5～6 行的参数，观察其变化。

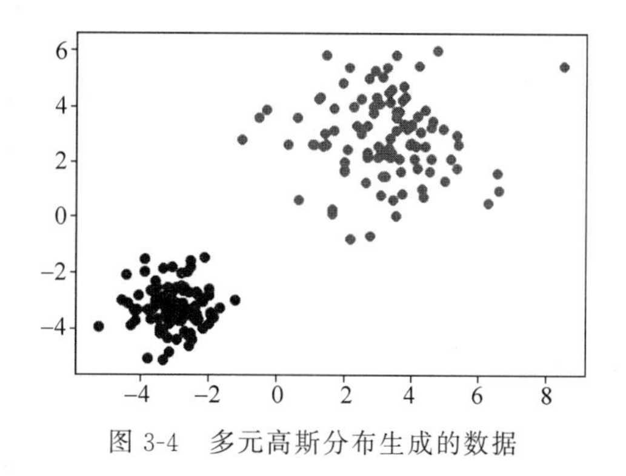

图 3-4　多元高斯分布生成的数据

2. 线性方程

逻辑回归用输入变量 X 的线性函数表示样本为正类的对数概率。torch.nn 中的 Linear 实现了 $y=x\boldsymbol{A}^{\mathrm{T}}+b$，我们可以直接调用它实现逻辑回归的线性部分。具体代码如例 3-3 所示。

【例 3-3】 Linear。

```
1  D_in, D_out = 2, 1
2  linear = nn.Linear(D_in, D_out, bias = True)
```

```
3   output = linear(x)
4
5   print(x.shape, linear.weight.shape, linear.bias.shape, output.shape)
6
7   def my_linear(x, w, b):
8   return torch.mm(x, w.t()) + b
9
10  torch.sum((output - my_linear(x, linear.weight, linear.bias)))
    >>> torch.Size([200, 2]) torch.Size([1, 2]) torch.Size([1]) torch.Size([200, 1])
```

例 3-3 第 1 行定义线性模型的输入维度 D_in 和输出维度 D_out，因为前面定义的二维高斯分布 m_1 和 m_2 产生的变量是二维的，所以线性模型的输入维度应该定义为 D_in=2，而 logistic regression 是二分类模型，预测的是变量为正类的概率，所以输出的维度应该定义为 D_in=1。第 2～3 行实例化了 nn. Linear，将线性模型应用到数据 x 上，得到计算结果 output。

Linear 的初始参数是随机设置的，可以调用 Linear. weight 和 Linear. bias 获取线性模型的参数，第 5 行打印了输入变量 x、模型参数 weight 和 bias，计算结果 output 的维度。第 7～8 行定义我们实现的线性模型 my_linear，第 10 行将 my_linear 的计算结果和 PyTorch 的计算结果 output 做比较，可以发现其结果一致。

3. 激活函数

前文介绍了 torch. nn. Linear 可用于实现线性模型，除此之外，它还提供了机器学习中常用的激活函数，逻辑回归用于二分类问题时，使用 Sigmoid 函数将线性模型的计算结果映射到 0 和 1 之间，得到的计算结果作为样本为正类的置信概率。torch. nn. Sigmoid()提供了这一函数的计算，在使用时，将 Sigmoid 类实例化，再将需要计算的变量作为参数传递给实例化的对象。具体代码如例 3-4 所示。

【例 3-4】 Sigmoid 函数。

```
1   sigmoid = nn.Sigmoid()
2   scores = sigmoid(output)
3
4   def my_sigmoid(x):
5       x = 1 / (1 + torch.exp(-x))
6       return x
7
8   torch.sum(sigmoid(output) - sigmoid_(output))
    >>> tensor(1.1190e-08, grad_fn=<SumBackward0>)
```

作为练习，第 4～6 行手动实现 Sigmoid 函数，第 8 行通过 PyTorch 验证我们的实现结果，其结果一致。

4. 损失函数

逻辑回归使用交叉熵作为损失函数。PyTorch 的 torch. nn 提供了许多标准的损失函数，我们可以直接使用 torch. nn. BCELoss 计算二值交叉熵损失。第 1～2 行调用了 BCELoss 计算 logistic regression 模型的输出结果 sigmoid(output)和数据的标签 y，同样地，第 4～6 行自定义二值交叉熵函数，第 8 行将 my_loss 和 PyTorch 的 BCELoss 做比较，发现结果无差异。损失函数部分具体代码如例 3-5 所示。

【例 3-5】 损失函数。

```
1   loss = nn.BCELoss()
2   loss(sigmoid(output), y)
3
4   def my_loss(x, y):
5       loss = - torch.mean(torch.log(x) * y + torch.log(1 - x) * (1 - y))
6       return loss
7
8   loss(sigmoid(output), y) - my_loss(sigmoid_(output), y)
    >>> tensor(5.9605e-08, grad_fn=<SubBackward0>)
```

在前面的代码中，我们使用了 torch. nn 包中的线性模型 nn. Linear、激活函数 nn. Softmax()、损失函数 nn. BCELoss，它们都继承于 nn. Module 类，在 PyTorch 中，我们通过继承 nn. Module 构建自己的模型。接下来的例 3-6 用 nn. Module 实现逻辑回归。

【例 3-6】 用 nn. Module 实现逻辑回归。

```
1   import torch.nn as nn
2
3   class LogisticRegression(nn.Module):
4       def __init__(self, D_in):
5           super(LogisticRegression, self).__init__()
6           self.linear = nn.Linear(D_in, 1)
7           self.sigmoid = nn.Sigmoid()
8       def forward(self, x):
9           x = self.linear(x)
10          output = self.sigmoid(x)
11          return output
12
13  lr_model = LogisticRegression(2)
14  loss = nn.BCELoss()
15  loss(lr_model(x), y)
    >>> tensor(0.8890, grad_fn=<BinaryCrossEntropyBackward>)
```

通过继承 nn. Module 实现自己的模型时，forward()方法必须被子类覆写，在 forward 内部应当定义每次调用模型时执行的计算。从前面的应用可以看出，nn. Module 类的主要作用就是接收 Tensor 然后计算并返回结果。

在一个 Module 中，还可以嵌套其他的 Module，被嵌套的 Module 的属性就可以被自动获取。如例 3-7 所示，调用 nn. Module. parameters()方法获取 Module 所有保留的参数，调用 nn. Module. to()方法将模型的参数放置到 GPU 上等。

【例 3-7】 嵌套 Module。

```
1   class MyModel(nn.Module):
2       def __init__(self):
3           super(MyModel, self).__init__()
4           self.linear1 = nn.Linear(1, 1, bias = False)
5           self.linear2 = nn.Linear(1, 1, bias = False)
6       def forward(self):
7           pass
8
9   for param in MyModel().parameters():
10      print(param)
    >>> Parameter containing:
        tensor([[0.3908]], requires_grad = True)
        Parameter containing:
        tensor([[ - 0.8967]], requires_grad = True)
```

5. 优化算法

逻辑回归通常采用梯度下降法优化目标函数。PyTorch 的 torch.optim 包实现了大多数常用的优化算法,使用起来非常简单。具体步骤如下。

(1) 构建一个优化器。在构建时,需要将待学习的参数传入,然后传入优化器需要的参数,例如例 3-8 的学习率。

【例 3-8】 构建优化器。

```
1   from torch import optim
2   optimizer = optim.SGD(lr_model.parameters(), lr = 0.03)
```

(2) 迭代地对模型进行训练。首先调用损失函数的 backward()方法计算模型的梯度,然后再调用优化器的 step()方法更新模型的参数。需要注意的是,应当调用优化器的 zero_grad()方法清空参数的梯度。具体代码如例 3-9 所示。

【例 3-9】 模型训练。

```
1   batch_size = 10
2   iters = 10
3   # for input, target in dataset:
4   for _ in range(iters):
5       for i in range(int(len(x)/batch_size)):
6           input = x[i * batch_size:(i + 1) * batch_size]
7           target = y[i * batch_size:(i + 1) * batch_size]
8           optimizer.zero_grad()
9           output = lr_model(input)
10          l = loss(output, target)
11          l.backward()
12          optimizer.step()
    >>> 模型准确率为: 1.0
```

6. 模型可视化

逻辑回归模型的判决边界在高维空间是一个超平面，而我们的数据集是二维的，所以判决边界只是平面内的一条直线，在线的一侧被预测为正类，另一侧则被预测为负类。下面的例 3-10 实现了 draw_decision_boundary 函数。

【例 3-10】 draw_decision_boundary 函数。

```
1   pred_neg = (output <= 0.5).view(-1)
2   pred_pos = (output > 0.5).view(-1)
3   plt.scatter(x[pred_neg, 0], x[pred_neg, 1])
4   plt.scatter(x[pred_pos, 0], x[pred_pos, 1])
5
6   w = lr_model.linear.weight[0]
7   b = lr_model.linear.bias[0]
8
9   def draw_decision_boundary(w, b, x0):
10      x1 = (-b - w[0] * x0) / w[1]
11      plt.plot(x0.detach().numpy(), x1.detach().numpy(), 'r')
12
13  draw_decision_boundary(w, b, torch.linspace(x.min(), x.max(), 50))
```

例 3-10 的 draw_decision_boundary 函数接收线性模型的参数 w、b 以及数据集 x，绘制判决边界的方法十分简单，如第 10 行，只需要计算一些数据在线性模型的映射值，即 $x_1=(-b-w_0x_0)/w_1$，然后调用 plt. plot 绘制线条即可。绘制的结果如图 3-5 所示。

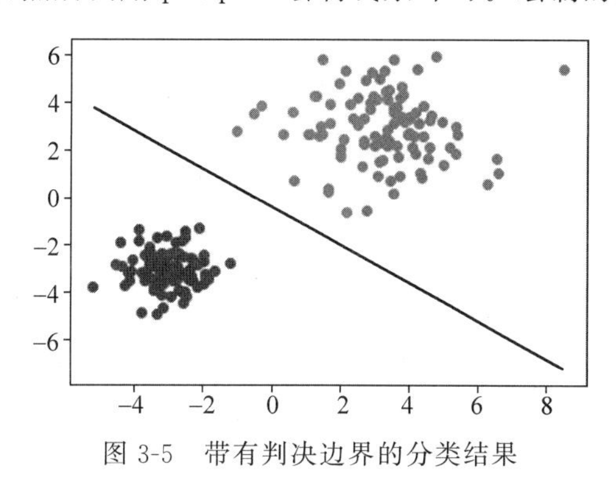

图 3-5 带有判决边界的分类结果

3.4 聚类算法

3.4.1 *K*-Means 聚类

聚类是将数据集中在某些方面相似的数据成员进行分类组织的过程，聚类就是一种发现这种内在结构的技术，聚类技术经常被称为无监督学习。*K*-Means 聚类是最著名的划分聚类算法，由于简洁和效率高使得它成为所有聚类算法中最广泛使用的。给定一个数据点集合和需要的聚类数目 *K*，*K* 由用户指定，*K*-Means 聚类算法根据某个距离函数

反复把数据分入 K 个聚类中。

K-Means 聚类算法(K-Means Clustering Algorithm)是一种迭代求解的聚类分析算法,其步骤如下:

(1) 预将数据分为 K 组,则随机选取 K 个对象作为初始的聚类中心。

(2) 计算每个对象与各个种子聚类中心之间的距离,把每个对象分配给距离它最近的聚类中心,聚类中心以及分配给它们的对象就代表一个聚类。

(3) 每分配一个样本,聚类的聚类中心会根据聚类中现有的对象被重新计算。

(4) 重复步骤(2)、(3)直到满足某个终止条件。终止条件可以是没有(或最小数目)对象被重新分配给不同的聚类,没有(或最小数目)聚类中心再发生变化,误差平方和局部最小。

3.4.2 均值漂移聚类

均值漂移(Meanshift)的基本思想是沿着密度上升方向寻找聚簇点。

假设在一个有 N 个样本点的特征空间,初始确定一个中心点 center,计算在设置的半径为 D 的圆形空间内所有的点与中心点 center 的向量。这时想要计算整个圆形空间内所有向量的平均值,得到一个偏移均值,就需要将中心点 center 移动到偏移均值位置。之后重复移动,直到满足一定条件结束。

均值漂移运算包括以下几步。

(1) 在未被分类的数据点中随机选择一个点作为中心点。

(2) 找出离中心点距离在带宽内的所有点,记作集合 M,认为这些点属于簇 c。

(3) 计算从中心点开始到集合 M 中每个元素的向量,将这些向量相加,得到偏移向量。

(4) 中心点沿着 shift 的方向移动,移动距离是偏移向量的模。

(5) 重复步骤(2)、(3)、(4),直到偏移向量的大小满足设定的阈值要求,记录此时的中心点。

(6) 重复步骤(1)、(2)、(3)、(4)、(5),直到所有的点都被归类。

(7) 分类:根据每个类对每个点的访问频率,取访问频率最高的那个类作为当前点集的所属类。

3.4.3 基于密度的聚类方法

与其他聚类方法相比,基于密度的聚类方法可以在嘈杂的数据中找到不同形状、不同大小的聚类。DBSCAN(Ester 等,1996) 是这类方法中最典型的代表算法之一(2014 年 DBSCAN 获得了 SIGKDD Test of Time Award)。核心思想是先找到密度更高的点,然后逐渐将相似的高密度点连接成一块,最后生成各种簇。算法实现的一般过程:首先,以每个数据点为中心,以 eps 为半径画一个圆(称为 eps-neighborhood,即邻域),统计这个圆中有多少个点,这个数字就是点密度值。其次,我们可以选择一个密度阈值 MinPts。例如,小于 MinPts 的圆心点为低密度点,大于或等于 MinPts 的圆心点为高密度点(Core Point)。如果在另一个高密度点的圆中有一个高密度点,我们将这两个点连接起来,这样就可以连续串联许多点。最后，如果低密度点也在高密度点的圆内，则将其连接到最近的高密度点，称为边界点。这样，所有可以连接在一起的点就形成了一个簇，不在任何高密度点圆内的低密度点都是异常点。由于 DBSCAN 通过不断连接邻域内的高密度点发现簇，因此只需要定义邻域大小和密度阈值，就可以发现不同形状、不同大小的簇。

3.5 机器学习算法总结

3.5.1 逻辑回归和朴素贝叶斯

逻辑回归和朴素贝叶斯本质上都是线性分类模型。不同点在于逻辑回归基于损失函数最小化，而朴素贝叶斯基于贝叶斯定理和条件独立性假设；逻辑回归是判别模型而朴素贝叶斯是生成模型；朴素贝叶斯可应用于垃圾邮件过滤、文本分类等。

3.5.2 逻辑回归和支持向量机

逻辑回归和支持向量机都是有监督学习，本质都是线性分类判别模型。但它们的原理不同，主要有以下几点。

(1) 逻辑回归基于损失函数最小化，也可以说是经验风险最小化，而支持向量机基于最大化间隔，也就是结构风险最小化。

(2) 逻辑回归的分类决策面由所有样本决定，而支持向量机的决策面即分割超平面只由少数样本即支撑向量决定。

(3) 支持向量机算法在使用过程中涉及核函数，而逻辑回归一般不使用核函数。

(4) 逻辑回归使用正则化抑制过拟合，而支持向量机自带正则化。

(5) 支持向量机算法只给出结果属于哪一类，而逻辑回归算法在给出类别的同时，还给出了后验概率，使得逻辑回归可解释性更强，特征可控性更高。因此，其适用范围更广泛，可以用于医疗诊断、CTR 点击率预估和推荐系统等多种场合。

3.5.3 Bagging、随机森林和 Boosting

Bagging 和随机森林算法都是在所有样本中有放回地随机选取 n 个样本。不同的是，Bagging 算法使用所有样本特征训练得到一个分类器，重复 m 次得到 m 个分类器，最后采用投票的方式得到决策结果，各分类器权重一样。而随机森林算法在所有样本特征中随机选取 k 个特征，训练得到一个分类器，重复 m 次得到 m 个分类器，最后采用投票的方式得到决策结果，各分类器权重一样。

相对于 Bagging 算法而言，Boosting 算法各分类器的权重由其分类的准确率决定。

第 4 章

深度学习

深度学习是一种基于神经网络的学习方法。与传统的机器学习方法相比，深度学习模型一般需要更丰富的数据和更强大的计算资源，同时也能达到更高的准确率。目前，深度学习方法被广泛应用于计算机视觉、自然语言处理和强化学习等领域。本章将依次进行介绍。

4.1 神经网络基础知识

4.1.1 深度神经网络

2006 年，Hinton 利用预训练方法缓解了局部最优解问题，将隐藏层发展到 7 层[1]，神经网络真正意义上有了“深度”，由此揭开了深度学习的热潮。这里的“深度”并没有固定的定义——在语音识别中 4 层网络就能够被认为是“较深的”，而在图像识别中 20 层以上的网络屡见不鲜。为了克服梯度消失，ReLU 和 Maxout 等传输函数代替了 Sigmoid，形成了如今 DNN 的基本形式。从结构上看，全连接的 DNN 和图 4-1 的多层感知机是没有任何区别的。值得一提的是，2015 年出现的高速公路网络（Highway Network）和深度残差学习(Deep Residual Learning)进一步避免了梯度弥散问题，网络层数达到了前所未有的一百多层。图 4-1 为一个基础的多层感知机结构。

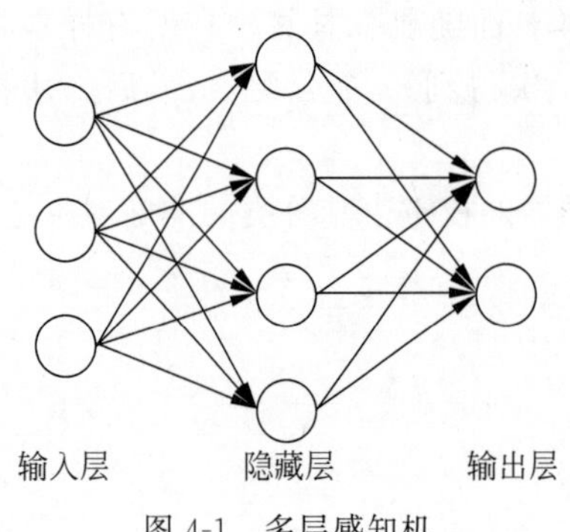

图 4-1 多层感知机

神经网络是一个有向图，以神经元为顶点，神经元的输入为顶点的入边，神经元的输出为顶点的出边。因此神经网络实际上是一个计算图(Computational Graph),直观地展示了一系列对数据进行计算操作的过程。

神经网络是一个端到端(End-to-end)的系统,这个系统接收一定形式的数据作为输入,经过系统内的一系列计算操作后,给出一定形式的数据作为输出。由于神经网络内部进行的各种操作与中间计算结果的意义通常难以进行直观的解释,因此系统内的运算可以被视为一个黑箱子,这与人类的认知在一定程度上具有相似性:人类总是可以接收外界的信息(视、听),并向外界输出一些信息(言、行),而医学界对信息输入大脑后是如何进行处理的则知之甚少。

通常地,为了直观起见,人们对神经网络中的各顶点进行了层次划分,如图 4-2 所示。

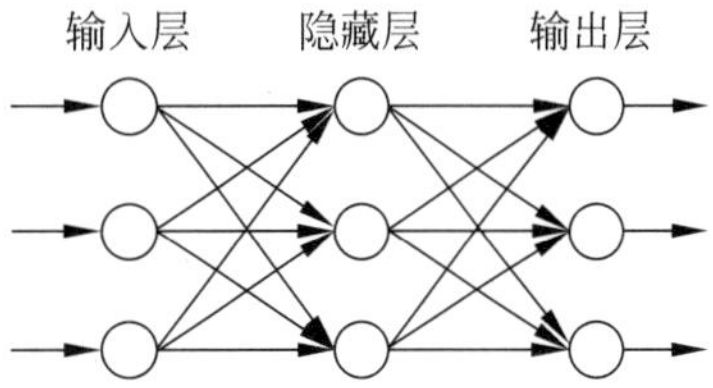

输入层　隐藏层　输出层

图 4-2　神经网络

从图 4-2 中可以看到,神经网络的顶点可以分为以下三层。

(1) 输入层:接收来自网络外部数据的顶点,组成输入层。

(2) 输出层:向网络外部输出数据的顶点,组成输出层。

(3) 隐藏层:除输入层和输出层以外的其他层,均为隐藏层。

4.1.2　正向传播

正向传播(Forward-propagation)指对神经网络沿着从输入层到输出层的顺序,依次计算并存储模型的中间变量(包括输出)。正向传播算法,也称为前向传播算法,顾名思义,是由前往后进行的一个算法。

4.1.3　激活函数

激活函数 $f(\cdot)$被施加到输入加权和 sum 上,产生神经元的输出;这里,若 sum 为大于 1 阶的张量,则 $f(\cdot)$被施加到 sum 的每一个元素上:

$$o = f(\text{sum}) \tag{4-1}$$

常用的激活函数有如下几种。

1. Softmax

如图 4-3 所示,Softmax 函数适用于多元分类问题,其作用是将分别代表 n 个类的 n 个标量归一化,得到这 n 个类的概率分布。Softmax 函数可定义为

$$\text{Softmax}(x_i) = \frac{\exp(x_i)}{\Sigma_j \exp(x_j)} \tag{4-2}$$

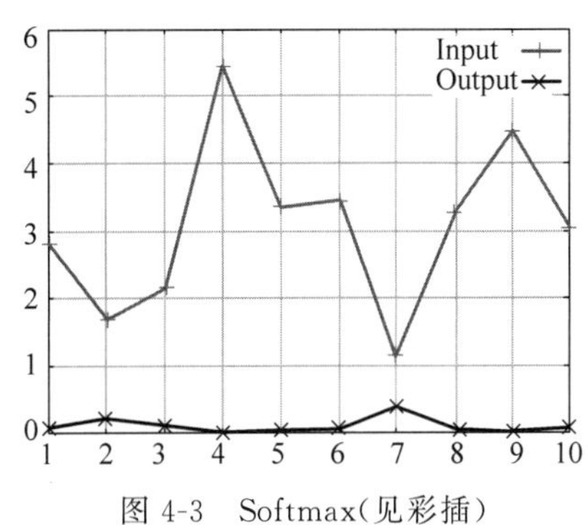

图 4-3　Softmax(见彩插)

2. Sigmoid

Sigmoid 函数如图 4-4 所示,通常为 Logistic 函数。它适用于二元分类问题,是

Softmax 的二元版本。Sigmoid 函数可定义为

$$\sigma(x)=\frac{1}{1+\exp(-x)} \tag{4-3}$$

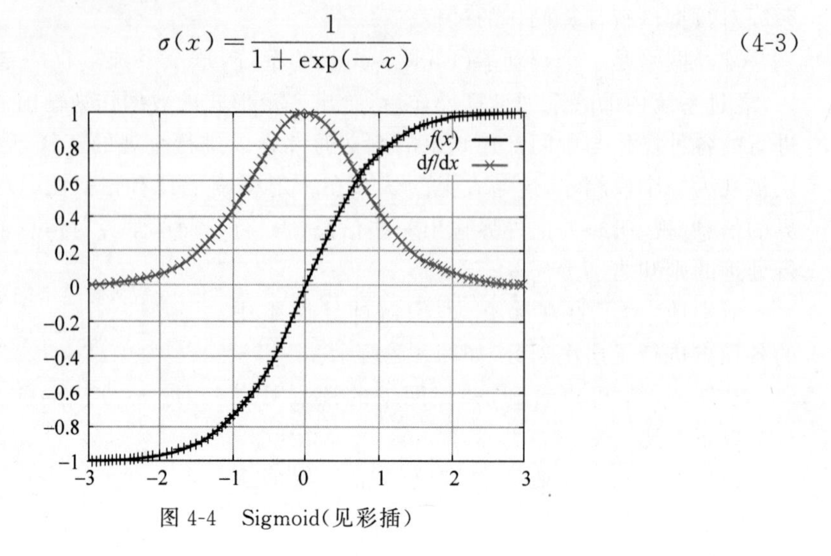

图 4-4 Sigmoid(见彩插)

3. Tanh

Tanh 函数如图 4-5 所示,为 Logistic 函数的变体。Tanh 函数可定义为

$$\text{Tanh}(x)=\frac{2\sigma(x)-1}{2\sigma^2(x)-2\sigma(x)+1} \tag{4-4}$$

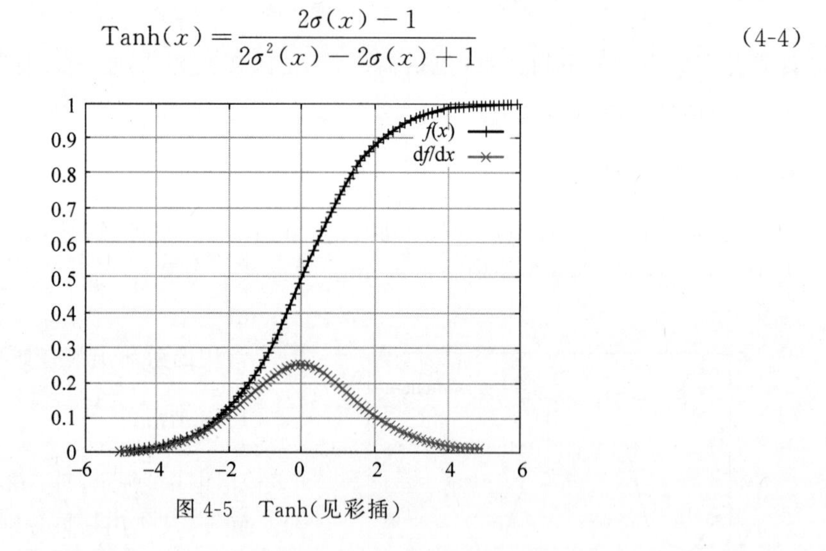

图 4-5 Tanh(见彩插)

4. ReLU

ReLU 函数如图 4-6 所示,是修正线性单元(Rectified Linear Unit)。ReLU 具备引导适度稀疏的能力,因为随机初始化的网络只有一半处于激活状态,并且不会像 Sigmoid 那样出现梯度消失(vanishing gradient)问题。ReLU 函数可定义为

$$\text{ReLU}(x)=\max(0,x) \tag{4-5}$$

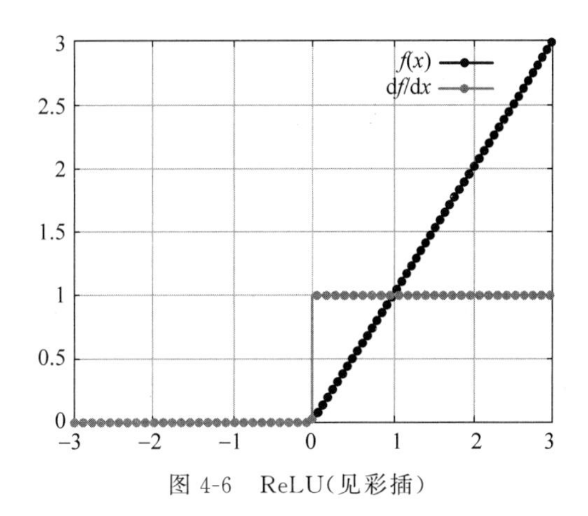

图 4-6 ReLU(见彩插)

4.2 神经网络的训练

4.2.1 神经网络的参数

神经网络中经常提及参数和超参数。参数是通过模型的训练得到的,一般指神经网络模型的权重和偏置、支持向量机中的支持向量、线性回归或逻辑回归中的系数等。超参数是人为手动设置的,一般指神经网络模型的学习率、模型的层数、每层的节点数、支持向量机的 C 和 sigma 超参数等。

首先介绍神经网络的参数概念。神经网络被预定义的部分是计算操作,而要使得输入数据通过这些操作后得到预期的输出,就需要根据一些实例对神经网络内部的参数进行调整与修正。调整与修正内部参数的过程称为训练,训练中使用的实例称为训练样例。

在监督训练中,训练样本包含神经网络的输入与预期输出;在监督训练中,对于一个训练样本 $\langle X, Y\rangle$,将 X 输入神经网络,得到输出 Y';通过一定的标准计算 Y' 与 Y 之间的训练误差,并将这种误差反馈给神经网络,以便神经网络调整连接权重及偏置。在非监督训练中,训练样本仅包含神经网络的输入。

感知器的概念由 Rosenblatt Frank 在 1957 年提出,是一种监督训练的二元分类器。考虑一个只包含一个神经元的神经网络。这个神经元有两个输入 x_1 和 x_2,权值为 w_1 和 w_2。其激活函数为符号函数,可定义为

$$f(x)=\text{sgn}(x)=\begin{cases}-1, & x<0\\ 1, & x\geqslant 0\end{cases} \tag{4-6}$$

根据感知器训练算法,在训练过程中,若实际输出的激活状态 o 与预期输出的激活状态 y 不一致,则权值按以下方式更新

$$w' \leftarrow w+\alpha\cdot(y-o)\cdot x \tag{4-7}$$

其中,w' 为更新后的权值,w 为原权值,y 为预期输出,x 为输入;α 称为学习率,学习率可以为固定值,也可以在训练中适应地调整。

例如,我们设定学习率 $\alpha=0.01$,把权值初始化为 $w_1=-0.2$,$w_2=0.3$,若有训练样

例 $x_1=5, x_2=2, y=1$,则实际输出与期望输出不一致:

$$o=\operatorname{sgn}(-0.2\times 5+0.3\times 2)=-1 \tag{4-8}$$

因此对权值进行调整:

$$\begin{aligned} w_1&=-0.2+0.01\times 2\times 5=-0.1\\ w_2&=0.3+0.01\times 2\times 2=0.34 \end{aligned} \tag{4-9}$$

直观上来说,权值更新向着损失减小的方向进行,即网络的实际输出 o 越来越接近预期的输出 y,在这个例子中我们看到,经过以上一次权值更新之后,这个样例输入的实际输出 $o=\operatorname{sgn}(-0.1\times 5+0.34\times 2)=1$,已经与正确的输出一致。我们只需要对所有的训练样例重复以上的步骤,直到所有样本都得到正确的输出即可。

接下来介绍超参数,每个神经网络都会有最佳超参数组合,这组参数能够得到最大的准确率。对每个神经网络而言,并没有确定最佳超参数组合的直接方法,通常都是经过反复试验得到的。机器学习过程中,需要关注以下几种超参数的取值。

(1) 学习率:选择最优学习率是很重要的,因为它决定了神经网络是否可以收敛到全局最小值。选择较高的学习率几乎从来不能到达全局最小值,因为我们很可能跳过它。所以,实践过程中会在全局最小值附近,而不能收敛到全局最小值。选择较小的学习率有助于神经网络收敛到全局最小值,但是会花费很多时间,必须用更多的时间训练神经网络。较小的学习率也更可能使神经网络困在局部极小值中,也就是说,神经网络会收敛到一个局部极小值,而且因为学习率比较小,它无法跳出局部极小值。所以,设置学习率时必须非常谨慎。

(2) 神经网络架构:并不存在能够在所有的测试集中带来高准确率的标准网络架构。必须进行实验,尝试不同的架构,从实验结果进行推断,然后再尝试。建议使用已经得到验证的架构,而不是构建自己的网络架构。例如,对于图像识别任务,有 VGGNet、ResNet 和谷歌的 InceptionNet 等,这些都是开源的,而且已经被证明具有较高的准确率。所以可以把这些架构复制过来,然后根据自己的目的做一些调整。

(3) 优化器:常用的优化器有 RMSprop、随机梯度下降和 Adam。这些优化器貌似在很多用例中都可以起作用。

(4) 损失函数:损失函数可以自定义,其选择有很多。例如,执行分类任务时通常会使用类别交叉熵;执行回归任务时最常用的损失函数是均方差。

(5) 批大小和 Epoch:通常没有适用于所有用例的批大小和 Epoch 次数的标准值。需要在实践过程中进行实验和尝试。在通常的实验中,批大小被设置为 8、16 和 32 等,Epoch 次数则取决于开发者的偏好以及其所拥有的计算资源。

(6) 激活函数:激活函数映射非线性函数输入和输出。激活函数是特别重要的,选择合适的激活函数有助于模型学习得更好。Sigmoid 函数和 Tanh 函数都是最常用的激活函数。但是它们都会遇到梯度消失的问题,即在反向传播中,梯度在到达初始层的过程中,值在变小,趋向于 0。这不利于神经网络向具有更深层的结构扩展。整流线性单元(ReLU)克服了这一问题,成为最广泛使用的激活函数。它解决了梯度消失的问题,因此也就可以允许神经网络扩展到更深的层。

4.2.2 向量化

向量化运算指在同一时间进行多次操作，通常对不同的数据执行同样一个或者一批指令，或者说把指令应用于一个数组/向量。使用向量化可以充分利用计算机的并行性，提高机器学习的效率。例如，在梯度下降过程中我们需要不断地调整 θ 的值完成梯度下降，可是使用循环会很慢，因为现在的计算机大部分都是 SIMD 也就是单指令流多数据流。如果使用 for 循环，那么一条指令的数据流就是 for 循环中所规定的，没有进行并行运算和充分运用计算机资源。然而，在深度学习中，我们常常需要进行很多的梯度下降等需要循环的操作，使用显式的循环会让运算速度十分缓慢。

在向量化计算的代码编写中应尽量避免编写显式的 for 循环，同时不应过早进行优化。

4.2.3 价值函数

几乎所有深度学习问题都涉及对价值函数的评估。机器在进行学习的过程中会遵循一定的行为模式，这种行为上的固定选择被称为策略，而价值函数正与这种策略相关。通过价值函数，我们可以得到当前状态下学习所能够获得的期望回报和其后继状态之间存在的关联。机器通过所得的概率分布选择合适的状态进行学习，这就是学习的策略。

4.2.4 梯度下降和反向传播

单层感知器可以拟合一个超平面 $y=ax_1+bx_2$，适用于线性可分问题，而对于线性不可分问题则无能为力。考虑异或函数作为激活函数的情况：

$$f(x_1,x_2)=\begin{cases}0, & x_1=x_2\\1, & x_1\neq x_2\end{cases} \tag{4-10}$$

异或函数需要两个超平面才能进行划分。由于单层感知器无法克服线性不可分问题，人们后来引入多层感知器（Multi-Layer Perceptron，MLP）实现了异或运算。多层感知器的结构如图 4-7 所示。

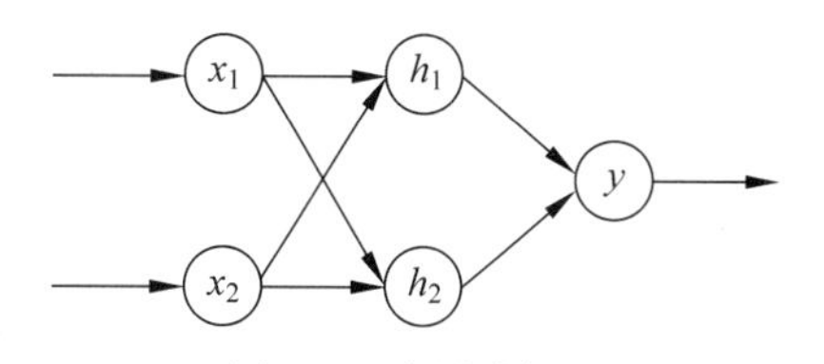

图 4-7 多层感知器

图 4-7 中的隐藏层神经元 h_1 和 h_2 相当于两个感知器，分别构造两个超平面中的一个。

在多层感知器被引入的同时，也引入了一个新的问题：由于隐藏层的预期输出并没有在训练样例中给出，隐藏层节点的误差无法像单层感知器那样直接计算得到。为了解决这个问题，反向传播（Backpropagation，BP）算法被引入，其核心思想是将误差由输出层向前层反向传播，利用后一层的误差估计前一层的误差。反向传播算法由 Henry J. Kelley 在 1960 年和 Arthur E. Bryson 在 1961 年分别提出。使用反向传播算法训练的网络称为 BP 神经网络。

1. 梯度下降

为了使得误差可以反向传播，梯度下降（Gradient Descent）的算法被采用，其思想是在权值空间中朝着误差最速下降的方向搜索,找到局部的最小值,如图4-8所示。

$$w \leftarrow w + \Delta w$$

$$\Delta w = -\alpha \, \nabla \text{Loss}(w) = -\alpha \, \frac{\partial \text{Loss}}{\partial w} \tag{4-11}$$

其中,w 为权值,α 为学习率,Loss(·)为损失函数。损失函数的作用是计算实际输出与期望输出之间的误差。

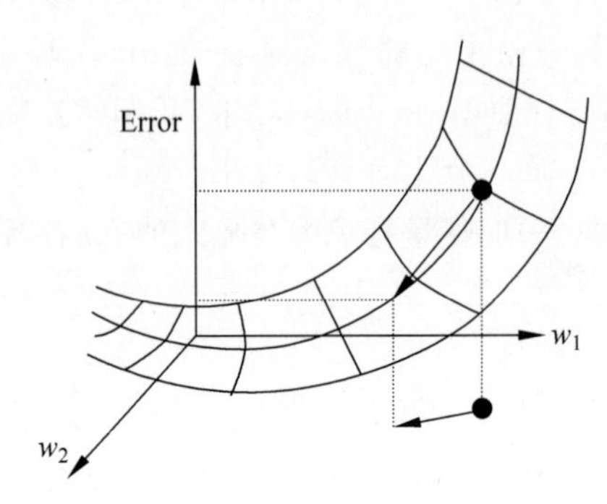

图4-8 梯度下降

(图片来源:http://pages.cs.wisc.edu/~dpage/cs760/ANNs.pdf)

常用的损失函数有以下两种。

(1) 平均平方误差(Mean Squared Error,MSE),实际输出为 o_i,预期输出为 y_i。

$$\text{Loss}(o, y) = \frac{1}{n} \sum_{i=1}^{n} |o_i - y_i|^2 \tag{4-12}$$

(2) 交叉熵(Cross Entropy,CE)。

$$\text{Loss}(x_i) = -\log\left(\frac{\exp(x_i)}{\sum_j \exp(x_j)}\right) \tag{4-13}$$

由于求偏导需要激活函数是连续的,而符号函数不满足连续的要求,因此通常使用连续可微的函数,如Sigmoid作为激活函数。特别地,Sigmoid具有良好的求导性质:

$$\sigma' = \sigma(1 - \sigma) \tag{4-14}$$

使得计算偏导时较为方便,因此被广泛应用。

2. 反向传播

误差反向传播的关键在于利用求偏导的链式法则。神经网络是直观展示的一系列计算操作,每个节点可以用一个函数 $f_i(\cdot)$ 表示。

图4-9所示的神经网络则可表达为一个以 $w_1, w_2, \cdots, w_6$ 为参量,$i_1, i_2, \cdots, i_4$ 为变量的函数:

$$o = f_3(w_6 \cdot f_2(w_5 \cdot f_1(w_1 \cdot i_1 + w_2 \cdot i_2) + w_3 \cdot i_3) + w_4 \cdot i_4) \tag{4-15}$$

在梯度下降中,为了求得 Δw_k,我们需要用链式规则求 $\frac{\partial \text{Loss}}{\partial w_k}$,例如求 $\frac{\partial \text{Loss}}{\partial w_1}$:

$$\frac{\partial \text{Loss}}{\partial w_1} = \frac{\partial \text{Loss}}{\partial f_3} \cdot \frac{\partial f_3}{\partial f_2} \cdot \frac{\partial f_2}{\partial f_1} \cdot \frac{\partial f_1}{\partial w_1} \tag{4-16}$$

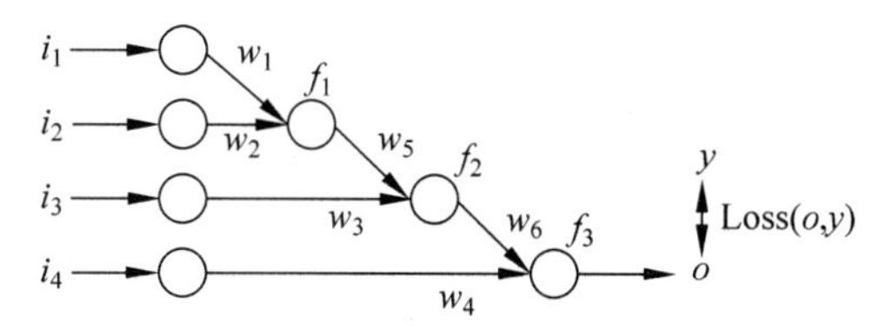

图 4-9　链式法则与后向传播

通过这种方式，误差能够反向传播并用于更新每一个连接权值，使得神经网络在整体上逼近损失函数的局部最小值，从而达到训练目的。

4.3　神经网络的优化和改进

4.3.1　神经网络的优化策略

如何评估一些训练好的模型并从中选择最优的模型参数？对于给定的输入 x，若某个模型的输出 $\hat{y}=f(x)$偏离真实目标值 y，那么就说明模型存在误差；$\hat{y}$ 偏离 y 的程度可以用关于 $\hat{y}$ 和 y 的某个函数 $L(y,\hat{y})$表示。作为误差的度量标准，这样的函数 $L(y,\hat{y})$称为损失函数。

在某种损失函数度量下，训练集上的平均误差被称为训练误差，测试集上的误差称为泛化误差。由于训练模型最终的目的是在未知的数据上得到尽可能准确的结果，因此泛化误差是衡量模型泛化能力的重要标准。

之所以不能把训练误差作为模型参数选择的标准，是因为训练集可能存在以下问题。

(1) 训练集样本太少，缺乏代表性。

(2) 训练集中本身存在错误的样本，即噪声。如果片面地追求训练误差的最小化，就会导致模型参数复杂度增加，使得模型过拟合(Overfitting)，如图 4-10 所示。

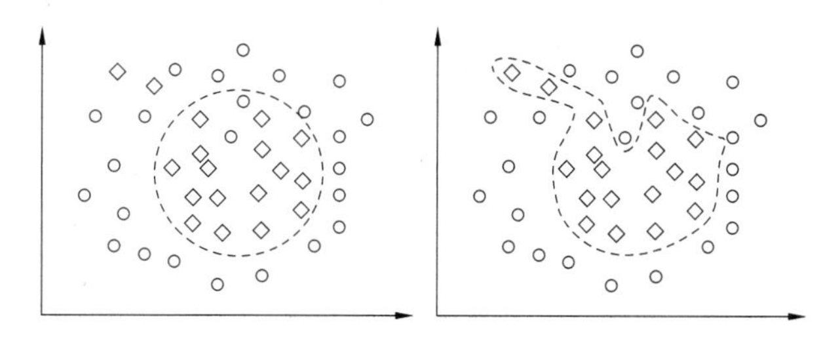

图 4-10　拟合与过拟合

为了选择效果最佳的模型，防止过拟合的问题，通常可以采取的方法有使用验证集调参和对损失函数进行正则化。

4.3.2　交叉验证

模型不能过拟合于训练集，否则将不能在测试集上得到最优结果；但是否能直接以测试集上的表现选择模型参数呢？答案是否定的。因为这样的模型参数将会是针对某个特定测试集的,得出的评价标准会失去其公平性,失去了与其他同类或不同类模型相比较的意义。

这就好比要证明某一个学生学习某门课程的能力比别人强(模型算法的有效性),那么就要让他和其他学生听一样的课,做一样的练习(相同的训练集),然后以这些学生没做过的题目考他们(测试集与训练集不能交叉);但是如果我们直接在测试集上调参,那就相当于让这个学生针对考试题目复习,这样与其他学生的比较显然是不公平的。

因此参数的选择(即调参)必须在一个独立于训练集和测试集的数据集上进行,这样的用于模型调参的数据集被称为开发集或验证集。

然而很多时候我们能得到的数据量非常有限。这个时候可以不显式地使用验证集,而是重复使用训练集和测试集,这种方法称为交叉验证。常用的交叉验证方法有以下两种。

(1) 简单交叉验证。在训练集上使用不同超参数训练,使用测试集选出最佳的一组超参数设置。

(2) K-fold 交叉验证(K-fold Cross Validation)。将数据集划分成 K 等份,每次使用其中一份作为测试集,剩余的作为训练集;如此进行 K 次之后,选择最佳的模型。

4.3.3 正则化方法

为了避免过拟合,需要选择参数复杂度最小的模型。这是因为如果有两个效果相同的模型,而它们的参数复杂度不相同,那么冗余的复杂度一定是过拟合导致的。为了选择复杂度最小的模型,一种策略是在优化目标中加入正则化项以惩罚冗余的复杂度:

$$\min_{\theta} L(y,\hat{y};\theta)+\lambda \cdot J(\theta) \tag{4-17}$$

其中,θ 为模型参数,$L(y,\hat{y};\theta)$为原来的损失函数,$J(\theta)$是正则化项,λ 用于调整正则化项的权重。正则化项通常为 θ 的某阶向量范数。

Dropout 是一种正则化技术,通过防止特征的协同适应(co-adaptations)减少神经网络中的过拟合。Dropout 的效果非常好,由于实现简单且不会降低网络速度,因此被广泛使用。

特征的协同适应指在训练模型时,共同训练的神经元为了相互弥补错误,而相互关联的现象。在神经网络中这种现象会变得尤其复杂,协同适应会转而导致模型的过度拟合,因为协同适应的现象并不会泛化未曾见过的数据。Dropout 从解决特征间的协同适应入手,有效地控制了神经网络的过拟合。

Dropout 在每次训练中,按照一定概率 p 随机地抑制一些神经元的更新,相应地,按照概率 $1-p$ 保留一些神经元的更新。当神经元被抑制时,它的前向结果被置为 0,而不管相应的权重和输入数据的数值大小。被抑制的神经元在反向传播中,也不会更新相应权重,也就是说被抑制的神经元在前向和反向中都不起任何作用。通过随机地抑制一部分神经元,可以有效防止特征的相互适应。

Dropout 的实现方法非常简单,参考例 4-1 的代码,第 3 行生成了一个随机数矩阵 activations,表示神经网络中隐藏层的激活值,第 4~5 行构建了一个参数 $p=0.5$ 伯努利分布,并从中采样一个由伯努利变量组成的掩码矩阵 mask,伯努利变量是只有 0 和 1 两种取值可能性的离散变量。第 6 行将 mask 和 activations 逐元素相乘,mask 中数值为 0 的变量会将相应的激活值置为 0,从而这一激活值无论它本来的数值多大都不会参与到当前网络中更深层的计算,而 mask 中数值为 1 的变量则会保留相应的激活值。

【例 4-1】 Dropout 的实现。

```
1   from torch.distributions import Bernoulli
2
3   activations = torch.rand((5, 5))
4   m = Bernoulli(0.5)
5   mask = m.sample(activations.shape)
6   activations * = mask
7   print(activations)
    >>> tensor([[0.0000, 0.5935, 0.0975, 0.0000, 0.5066],
             [0.0000, 0.6437, 0.1462, 0.9188, 0.0000],
             [0.8829, 0.6852, 0.0000, 0.0000, 0.5704],
             [0.0000, 0.6003, 0.0000, 0.4777, 0.0000],
             [0.0000, 0.9796, 0.0000, 0.1457, 0.0000]])
```

因为 Dropout 对神经元的抑制是按照 p 的概率随机发生的，所以使用了 Dropout 的神经网络在每次训练中，学习的几乎都是一个新的网络。另外的一种解释是 Dropout 在训练一个共享部分参数的集成模型。为了模拟集成模型的方法，使用了 Dropout 的网络需要使用所有的神经元，所以在测试时，Dropout 将激活值乘上一个尺度缩放系数 $1-p$ 以恢复在训练时按概率 p 随机地丢弃神经元所造成的尺度变换，其中的 p 就是在训练时抑制神经元的概率。在实践中(同时也是 PyTorch 的实现方式)，通常采用 Inverted Dropout 的方式。在训练时对激活值乘上尺度缩放系数$\frac{1}{1-p}$，而在测试时则什么都不需要做。

Dropout 会在训练和测试时做出不同的行为，PyTorch 的 torch.nn.Module 提供了 train 方法和 eval 方法，通过调用这两个方法就可以将网络设置为训练模式或测试模式，这两个方法只对 Dropout 这种训练和测试不一致的网络层起作用，而不影响其他的网络层，后面介绍的 BatchNormalization 也是训练和测试步骤不同的网络层。

下面通过例 4-2 的两个实验说明 Dropout 在训练模式和测试模式下的区别，第 5～8 行执行了统计 Dropout 影响的神经元数量，注意因为 PyTorch 的 Dropout 采用了 Inverted Dropout，所以在第 8 行对 activations 乘上了 $1/(1-p)$，以对应 Dropout 的尺度变换。结果发现它大约影响了 50%的神经元，这一数值和我们设置的 $p=0.5$ 基本一致，换句话说，p 的数值越高，训练中的模型就越精简。第 14～17 行统计了 Dropout 在测试时影响的神经元数量，结果发现它并没有影响任何神经元，也就是说 Dropout 在测试时并不改变网络的结构。

【例 4-2】 Dropout 在训练模式和测试模式下的区别。

```
1   p, count, iters, shape = 0.5, 0, 50, (5,5)
2   dropout = nn.Dropout(p)
3   dropout.train()
4
5   for _ in range(iters):
6       activations = torch.rand(shape) + 1e - 5
7       output = dropout(activations)
8       count += torch.sum(output == activations * (1/(1 - p)))
```

```
9
10 print("train 模式 Dropout 影响了{}的神经元".format(1 -
   float(count)/(activations.nelement() * iters)))
11
12 count = 0
13 dropout.eval()
14 for _ in range(iters):
15     activations = torch.rand(shape) + 1e-5
16     output = dropout(activations)
17     count += torch.sum(output == activations)
18 print("eval 模式 Dropout 影响了{}的神经元".format(1 -
   float(count)/(activations.nelement() * iters)))
   >>> train 模式 Dropout 影响了 0.49119999999999997 的神经元
   >>> eval 模式 Dropout 影响了 0.0 的神经元
```

4.4 卷积神经网络

一般来说,卷积神经网络(Convolutional Neural Network,CNN)由一个卷积层、一个池化层和一个非线性激活函数层组成,如图 4-11 所示。

在图像分类中表现良好的深度神经网络往往由许多"卷积层+池化层"的组合堆叠而成,通常多达数十乃至上百层,如图 4-12 所示。

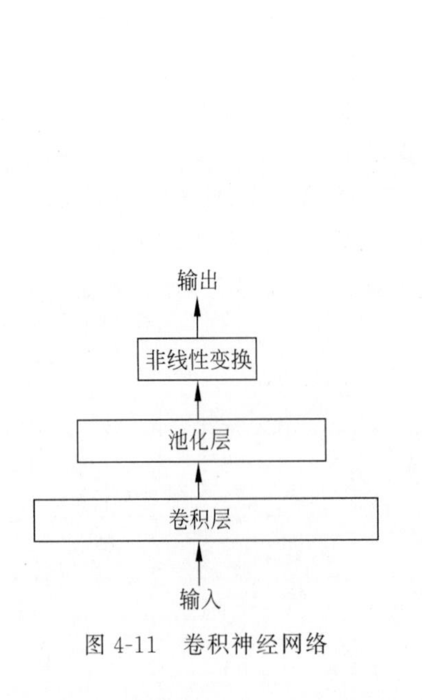

图 4-11 卷积神经网络

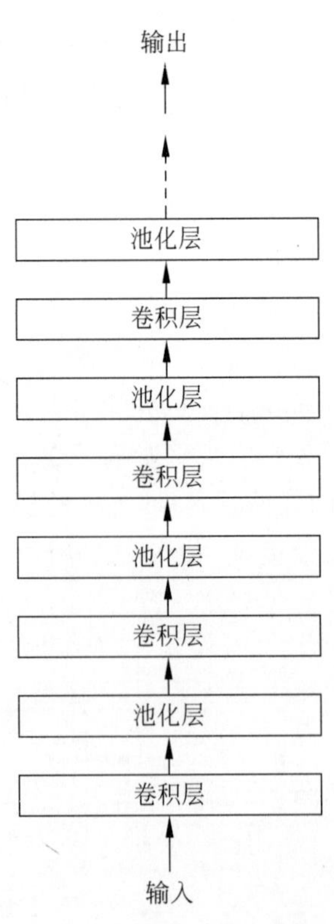

图 4-12 深层卷积神经网络

4.4.1 卷积运算

卷积神经网络由 Yann LeCun 等在 1989 年提出，是最初取得成功的深度神经网络之一。它的基本思想如下。

1. 局部连接

如图 4-13 所示，传统的 BP 神经网络，例如多层感知器，前一层的某个节点与后一层的所有节点都有连接，后一层的某一个节点与前一层的所有节点也有连接，这种连接方式称为全局连接。如果前一层有 M 个节点，后一层有 N 个节点，就会有 $M\times N$ 个连接权值，每一轮反向传播更新权值时都要对这些权值进行重新计算，造成 $O(M\times N)=O(n^2)$ 的计算与内存开销。

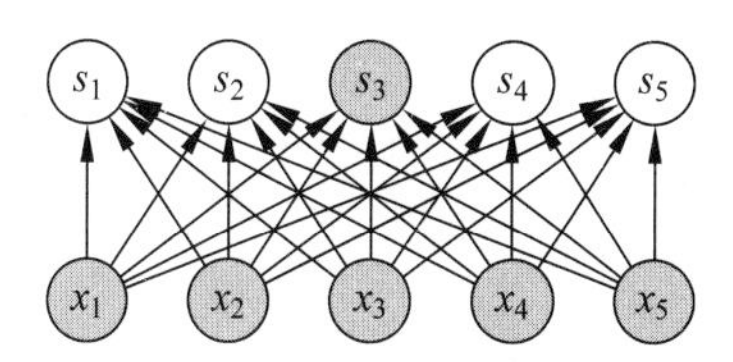

图 4-13 全局连接的神经网络

（图片来源：Goodfellow et al. *Deep Learning*，MIT Press）

而局部连接的思想就是使得两层之间只有相邻的节点才进行连接，即连接都是"局部"的，如图 4-14 所示。以图像处理为例，直觉上，图像的某一个局部的像素点组合在一起共同呈现一些特征，而图像中距离比较远的像素点组合起来则没有什么实际意义，因此这种局部连接的方式可以在图像处理的问题上有较好的表现。如果把连接限制在空间中相邻的 c 个节点，就把连接权值降低到 $c\times N$，计算与内存开销就降低到 $O(c\times N)=O(n)$。

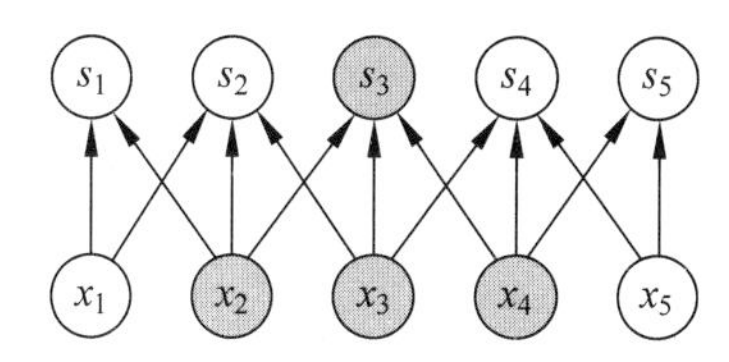

图 4-14 局部连接的神经网络

（图片来源：Goodfellow et al. *Deep Learning*，MIT Press）

2. 参数共享

既然在图像处理中，我们认为图像的特征具有局部性，那么对于每一个局部使用不同的特征抽取方式（即不同的连接权值）是否合理呢？由于不同的图像在结构上相差甚远，同一个局部位置的特征并不具有共性，因此对于某一个局部使用特定的连接权值不能让我们得到更好的结果。我们考虑让空间中不同位置的节点连接权值进行共享：例如在图 4-14 中，属于节点 s_2 的连接权值：

$$\boldsymbol{w}=\{w_1,w_2,w_3 \mid w_1: x_1\rightarrow s_2;\ w_2: x_2\rightarrow s_2;\ w_3: x_3\rightarrow s_2\} \tag{4-18}$$

可以被节点 s_3 以

$$w=\{w_1,w_2,w_3 \mid w_1: x_2 \rightarrow s_3; w_2: x_3 \rightarrow s_3; w_3: x_4 \rightarrow s_3\} \tag{4-19}$$

的方式共享。其他节点的权值共享类似。

这样一来,两层之间的连接权值就减少到 c 个。虽然在前向传播和反向传播的过程中,计算开销仍为 $O(n)$,但内存开销被减少到常数级别 $O(c)$。

离散的卷积操作正是这样一种操作,它满足了以上局部连接和参数共享的性质。代表卷积操作的节点层称为卷积层。

在泛函分析中,卷积通过 $\boldsymbol{f} * \boldsymbol{g}$ 被定义为

$$(\boldsymbol{f} * \boldsymbol{g})(t)=\int_{-\infty}^{\infty} \boldsymbol{f}(\tau)\boldsymbol{g}(t-\tau)\mathrm{d}\tau \tag{4-20}$$

则一维离散的卷积操作可以被定义为

$$(\boldsymbol{f} * \boldsymbol{g})(x)=\sum_i \boldsymbol{f}(i)\boldsymbol{g}(x-i) \tag{4-21}$$

现在,假设 $\boldsymbol{f}$ 与 $\boldsymbol{g}$ 分别代表一个从向量下标到向量元素值的映射,令 $\boldsymbol{f}$ 表示输入向量,$\boldsymbol{g}$ 表示的向量称为卷积核(Kernel),则卷积核施加于输入向量上的操作类似一个权值向量在输入向量上移动,每移动一步进行一次加权求和操作;每一步移动的距离称为步长(Stride)。例如,我们取输入向量大小为 5,卷积核大小为 3,步长为 1,则卷积操作过程如图 4-15 和图 4-16 所示。

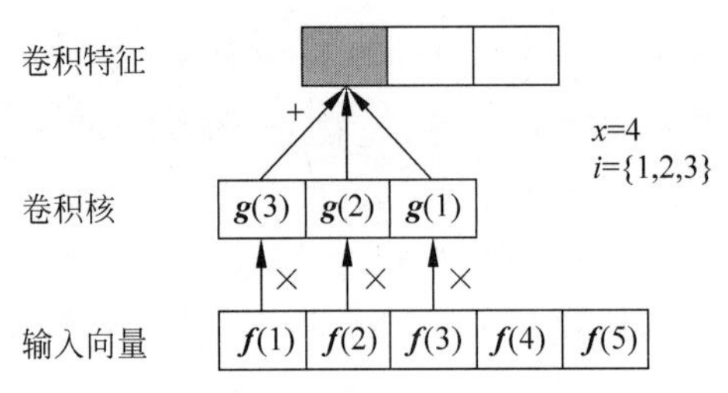

图 4-15 卷积操作(1)

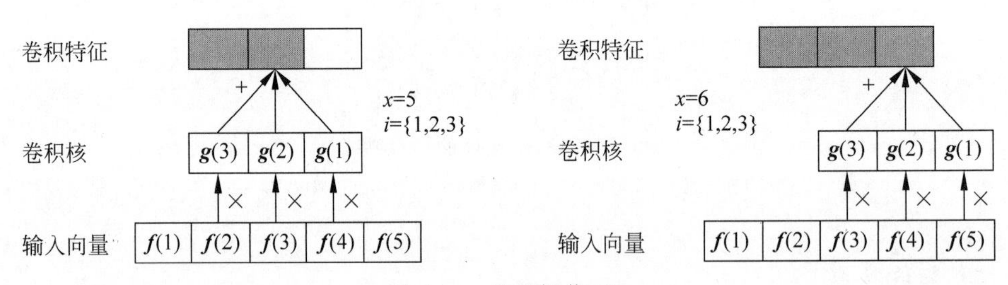

图 4-16 卷积操作(2)

卷积核从输入向量左边开始扫描,权值在第一个位置分别与对应输入值相乘求和,得到卷积特征值向量的第一个值,接下来,移动 1 个步长,到达第二个位置,进行相同操作;以此类推。

这样就实现了从前一层的输入向量提取特征到后一层的操作,这种操作具有局部连接(每个节点只和与其相邻的 3 个节点有连接)以及参数共享(所用的卷积核为同一个向量)的特性。类似地,我们可以拓展到二维以及更高维度的卷积操作。具体如图 4-17 所示。

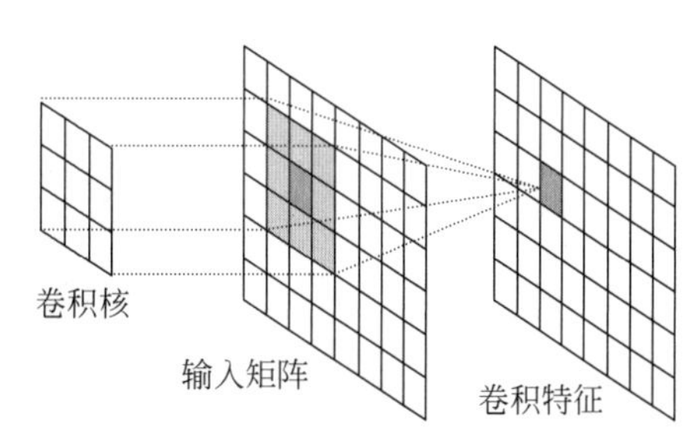

图 4-17 二维卷积操作

(图片来源：http://colah.github.io/posts/2014-07-Understanding-Convolutions/)

3. 多个卷积核

利用一个卷积核进行卷积抽取特征是不充分的，因此在实践中，通常使用多个卷积核提升特征提取的效果，之后将不同卷积核卷积所得特征张量沿第一维拼接形成更高一个维度的特征张量。

4. 多通道卷积

在处理彩色图像时，输入的图像有 R、G、B 三个通道的数值，这个时候分别使用不同的卷积核对每一个通道进行卷积，然后使用线性或非线性的激活函数将相同位置的卷积特征合并为一个。

5. 边界填充

注意，在图 4-16 中，卷积核的中心 $\boldsymbol{g}(2)$ 并不是从边界 $\boldsymbol{f}(1)$ 上开始扫描的。以一维卷积为例，大小为 m 的卷积核在大小为 n 的输入向量上进行操作后所得卷积特征向量大小会缩小为 $n-m+1$。当卷积层数增加时，特征向量大小就会以 $m-1$ 的速度坍缩，这使得更深的神经网络变得不可能，因为在叠加到第 $\left|\frac{n}{m-1}\right|$ 个卷积层后卷积特征将坍缩为标量。为了解决这一问题，人们通常采用在输入张量的边界上填充 0 的方式，使得卷积核的中心可以从边界上开始扫描，从而保持卷积操作输入张量和输出张量的大小不变。

4.4.2 池化层

池化(Pooling)的目的是降低特征空间的维度，只抽取局部最显著的特征，同时这些特征出现的具体位置也被忽略。这样做是符合直觉的：以图像处理为例，我们通常关注的是一个特征是否出现，而不太关心它们出现在哪里，这被称为图像的静态性。通过池化降低空间维度的做法不但降低了计算开销，还使得卷积神经网络对于噪声具有鲁棒性。

常见的池化类型有最大池化和平均池化。最大池化指在池化区域中取卷积特征值最大的作为所得池化特征值；平均池化指在池化区域中取所有卷积特征值的平均作为池化特征值。如图 4-18 所示，在二维的卷积操作之后得到一个 20×20 的卷积特征矩阵，池化区域大小为 10×10，这样得到的就是一个 4×4 的池化特征矩阵。需要注意的是，与卷积核在重叠的区域进行卷积操作不同,池化区域是互不重叠的。

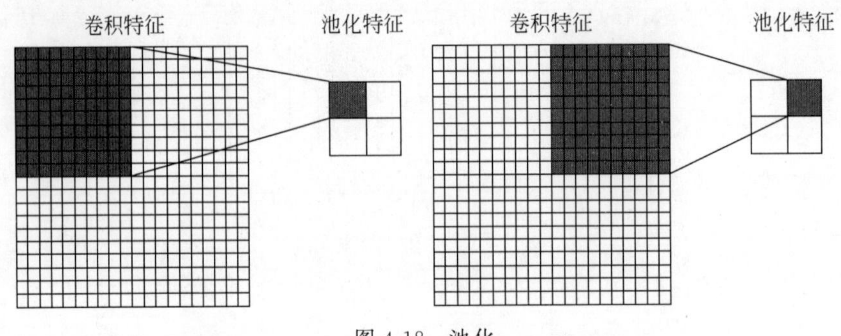

图 4-18 池化

4.4.3 CNN 实例

计算机视觉是一门研究如何使计算机识别图片的科学,也是深度学习的主要应用领域之一。在众多深度模型中,卷积神经网络独领风骚,已经成为计算机视觉的主要研究工具之一。

VGGNet、InceptionNet 和 ResNet 等 CNN 网络是在大规模图像数据集上训练的用于图像分类的网络。ImageNet 从 2010 年起每年都举办图像分类的竞赛,为了公平起见,它为每位参赛者提供来自 1000 个类别的 120 万张图像。在如此巨大的数据集中训练出的深度学习模型特征具有非常良好的泛化能力,在迁移学习后,可以被用于除图像分类之外的其他任务,例如目标检测和图像分割。PyTorch 的 torchvision. models 提供了大量的模型实现以及模型的预训练权重文件,其中就包括本节介绍的 VGGNet、InceptionNet 和 ResNet。

1. VGGNet

VGGNet 的特点是用 3×3 的小卷积核代替先前网络(如 AlexNet)的大卷积核。例如,3 个步长为 1 的 3×3 的卷积核和一个 7×7 的卷积核的感受是一致的,2 个步长为 1 的 3×3 的卷积核和一个 5×5 的卷积核的感受是一致的。这样,感受是相同的,但是却加深了网络的深度,提升了网络的拟合能力。

除此之外,VGGNet 的全 3×3 卷积核结构降低了参数量,例如一个 7×7 卷积核,其参数量为 $7\times7\times C_{in}\times C_{out}$,而具有相同感受野的全 3×3 卷积核的参数量为 $3\times3\times3\times C_{in}\times C_{out}$。VGGNet 和 AlexNet 的整体结构一致,都是先用 5 层卷积层提取图像特征,再用 3 层全连接层作为分类器。VGGNet 的网络结构如图 4-19 所示。不过 VGGNet 的“层”(在 VGGNet 中称为 Stage)是由几个 3×3 的卷积层叠加起来的,而 AlexNet 是 1 个大卷积层为 1 层。所以 AlexNet 只有 8 层,而 VGGNet 则可多达 19 层,VGGNet 在 ImageNet 上的 top-5 准确率达到了 92.3%。VGGNet 的主要问题是最后 3 层全连接层的参数量过于庞大。

ConvNet Configuration					
A	A-LRN	B	C	D	E
11 weight layers	11 weight layers	13 weight layers	16 weight layers	16 weight layers	19 weight layers
input(224×224 RGB image)					
conv3-64	conv3-64 **LRN**	conv3-64 **conv3-64**	conv3-64 conv3-64	conv3-64 conv3-64	conv3-64 conv3-64
maxpool					
conv3-128	conv3-128	conv3-128 **conv3-128**	conv3-128 conv3-128	conv3-128 conv3-128	conv3-128 conv3-128
maxpool					
conv3-256 conv3-256	conv3-256 conv3-256	conv3-256 conv3-256	conv3-256 conv3-256 **conv1-256**	conv3-256 conv3-256 **conv3-256**	conv3-256 conv3-256 conv3-256 **conv3-256**
maxpool					
conv3-512 conv3-512	conv3-512 conv3-512	conv3-512 conv3-512	conv3-512 conv3-512 **conv1-512**	conv3-512 conv3-512 **conv3-512**	conv3-512 conv3-512 conv3-512 **conv3-512**
maxpool					
conv3-512 conv3-512	conv3-512 conv3-512	conv3-512 conv3-512	conv3-512 conv3-512 **conv1-512**	conv3-512 conv3-512 **conv3-512**	conv3-512 conv3-512 conv3-512 **conv3-512**
maxpool					
FC-4096					
FC-4096					
FC-1000					
soft-max					

图 4-19　VGGNet 网络结构

2. InceptionNet

InceptionNet(GoogLeNet)主要是由多个 Inception 模块实现的，Inception 模块的基本结构如图 4-20 所示，它是一个分支结构，一共有四个分支：第一个分支是 1×1 卷积；第二个分支是先 1×1 卷积，然后再 3×3 卷积；第三个分支同样先 1×1 卷积，然后再 5×5 卷积；第 4 个分支先是 3×3 的最大池化层，然后再 1×1 卷积。最后，四个通道计算过的特征映射用沿通道维度拼接的方式组合到一起。

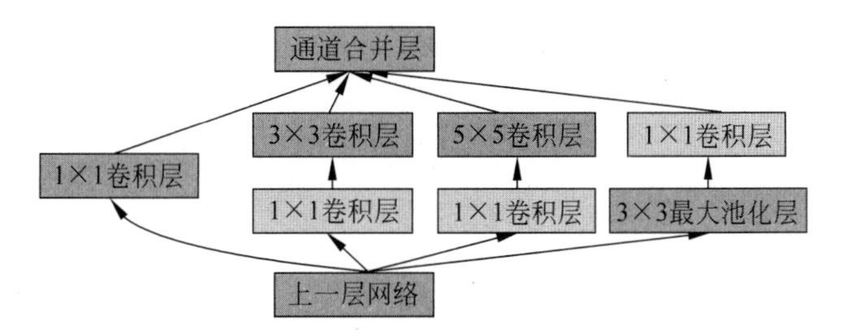

图 4-20　Inception 模块的基本结构

图 4-20 的中间层可以分为四列，其中第一列的 1×1 卷积、第二列的 3×3 卷积和第三列的 5×5 卷积主要用于提取特征。不同大小的卷积层拼接到一起，使得这一结构具有

多尺度的表达能力。右侧三列的 1×1 卷积用于特征降维,可以减少计算量。第四列最大池化层的使用是因为实验表明池化层往往有比较好的效果。这样设计的 Inception 模块具有相当大的宽度,计算量却更低。前面提到 VGGNet 的主要问题是最后 3 层全连接层参数量过于庞大,在 InceptionNet 中弃用了这一结构,取而代之的是一层全局平均池化层和单层的全连接层。这样减少了参数量并且加快了模型的推断速度。

InceptionNet 的网络结构达到了 22 层,为了让如此深又如此大的网络能够稳定地训练,InceptionNet 在网络中间添加了两个额外的分类损失函数,在训练中这些损失函数相加为一个最终的损失,在验证过程中这两个额外的损失函数不再使用。InceptionNet 在 ImageNet 上的 top-5 准确率为 93.3%,不仅准确率高于 VGGNet,推断速度还更胜一筹。

3. ResNet

神经网络越深,对复杂特征的表示能力就越强。但是单纯提升网络的深度会导致反向传播算法在传递梯度时,发生梯度消失现象,使得网络的训练无效。通过一些权重初始化方法和 BatchNormalization 可以解决这一问题,但是,即便使用了这些方法,网络在达到一定深度之后,模型训练的准确率不会再提升,甚至会开始下降,这种现象称为训练准确率的退化(Degradation)问题。退化问题表明,深层模型的训练是非常困难的。ResNet 提出残差学习的方法,用于解决深度学习模型的退化问题。

假设输入数据是 x,常规的神经网络是通过几个堆叠的层学习一个映射 $H(x)$,而 ResNet 学习的是映射和输入的残差 $F(x)=H(x)-x$,相应地,原有的表示就变成 $H(x)=F(x)+x$。尽管两种表示是等价的,而实验表明,残差学习更容易训练。ResNet 是由几个堆叠的残差模块表示的,可以将残差结构形式化为

$$y=F(x,\{W_i\})+x \tag{4-22}$$

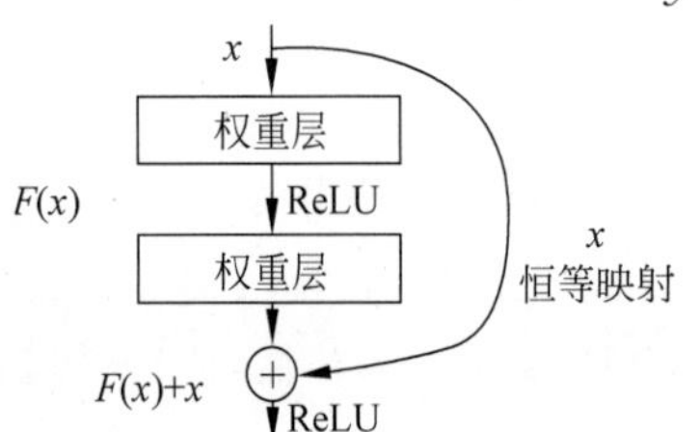

图 4-21 残差模块的基本结构

其中,$F(x,\{W_i\})$表示要学习的残差映射,残差模块的基本结构如图 4-21 所示。在图 4-21 中残差映射一共有两层,可表示为 $y=W_2\delta(W_1x+b_1)+b_2$,其中 δ 表示 ReLU 激活函数,ResNet 的实现大量采用了两层或三层的残差结构,而实际这个数量并没有限制,当它仅为一层时,残差结构就相当于一个线性层,所以就没有必要采用单层的残差结构了。

$F(x)+x$ 在 ResNet 中用 shortcut 连接和逐元素相加实现,相加后的结果作为下一个 ReLU 激活函数的输入。shortcut 连接相当于对输入 x 做了一个恒等映射(Identity Map),在非常极端的情况下,残差 $F(x)$会等于 0,而使得整个残差模块仅做了一次恒等映射,这完全是由网络自主决定的,只要它自身认为这是更好的选择。如果 $F(x)$和 x 的维度并不相同,那么可以采用如下结构使得其维度相同:

$$y=F(x,\{W_i\})+\{W_s\}x \tag{4-23}$$

但是,ResNet 的实验表明使用恒等映射就能够很好地解决退化问题,并且足够简单,计算量足够小。ResNet 的残差结构解决了深度学习模型的退化问题,在 ImageNet 的数据集上,最深的 ResNet 模型的网络结构达到了 152 层,其 top-5 准确率达到了 95.51%。

4.5　深度学习的优势

4.5.1　计算机视觉

计算机视觉是使用计算机及相关设备对生物视觉的一种模拟。它的主要任务是通过对采集的图片或视频进行处理以获得相应场景的三维信息。计算机视觉是一门关于如何运用照相机和计算机获取所需的被拍摄对象的数据与信息的学问。形象地说，就是给计算机安装上眼睛（照相机）和大脑（算法），让计算机能够感知环境。

计算机视觉的基本任务包括图像处理、模式识别、图像识别、景物分析和图像理解等。除了图像处理和模式识别之外，它还包括空间形状的描述、几何建模以及认识过程。实现图像理解是计算机视觉的终极目标。下面举例说明图像处理、模式识别和图像理解。

图像处理可以把输入图像转换成具有所希望特性的另一幅图像。例如，可通过处理使输出图像有较高的信噪比，或通过增强处理突出图像的细节，以便于操作员的检验。在计算机视觉研究中经常利用图像处理进行预处理和特征抽取。

模式识别根据从图像中抽取的统计特性或结构信息，把图像分成预定的类别。例如文字识别或指纹识别。在计算机视觉中模式识别经常用于图像中的某些部分，例如分割区域的识别和分类。

图像理解是对图像内容信息的理解。给定一幅图像，图像理解程序不仅描述图像本身，而且描述和解释图像所代表的景物，以便对图像代表的内容做出决定。在人工智能研究的初期经常使用景物分析这个术语，以强调二维图像与三维景物之间的区别。图像理解除了需要复杂的图像处理以外，还需要具有关于景物成像的物理规律的知识以及与景物内容有关的知识。

在深度学习算法出现之前，对于视觉算法来说，大致可以分为以下 5 个步骤：特征感知、图像预处理、特征提取、特征筛选和推理预测与识别。早期的机器学习中，占优势的统计机器学习群体中，对特征的重视是不够的。

何为图片特征？通俗来说，即是最能表现图像特点的一组参数，常用的特征类型有颜色特征、纹理特征、形状特征和空间关系特征。为了让机器尽可能完整且准确地理解图片，需要将包含庞杂信息的图像简化抽象为若干个特征量，以便于后续计算。在深度学习算法没有出现的时候，图像特征需要研究人员手动提取，这是一个繁杂且冗长的工作，因为很多时候研究人员并不能确定什么样的特征组合是有效的，而且常常需要研究人员手动设计新的特征。在深度学习算法出现后，问题显著简化了许多，各式各样的特征提取器以人脑视觉系统为理论基础，尝试直接从大量数据中提取出图像特征。我们知道，图像是由多个像素拼接组成的，每个像素点在计算机中存储的信息是其对应的 RGB 数值，一张图片包含的数据量大小可想而知。

过去的算法主要依赖特征算子，例如最著名的 SIFT 算子，即所谓的对尺度旋转保持不变的算子。它被广泛应用于图像比对，特别是三维重建应用中，有一些成功的应用例子。另一个是 HoG 算子，它对于提取物体边缘信息具有较好的鲁棒性，在物体检测中扮演着重要的角色。

这些算子还包括 Textons、Spin image、RIFT 和 GLOH，都是在深度学习诞生之前或者深度学习真正流行起来之前，占据视觉算法的主流。

这些特征和一些特定的分类器组合取得了一些成功或半成功的例子，基本达到了商业化的要求但还没有完全商业化。一是 20 世纪八九十年代的指纹识别算法，它已经非常成熟，一般是在指纹的图案上寻找一些关键点(具有特殊几何特征的点)，然后把两个指纹的关键点进行比对，判断是否匹配。二是 2001 年基于 Haar 的人脸检测算法，在当时的硬件条件下已经能够达到实时人脸检测，我们现在所有手机相机中的人脸检测，都是基于它的变种。三是基于 HoG 特征的物体检测，它和对应的 SVM 分类器组合就是著名的 DPM 算法。DPM 算法在物体检测上超过了所有的算法，取得了不错的成绩。但这种成功例子太少，一个难点在于手工设计特征需要研究人员有大量的经验并对这个领域和数据特别了解，同时，在设计出特征后还需要大量的调试工作。另一个难点在于研究人员不只需要手工设计特征，还要在此基础上有一个比较合适的分类器算法，先设计特征再选择一个分类器，这两者合并达到最优的效果，几乎是不可能完成的任务。

在计算机视觉中，卷积神经网络经常被用作对人脑的更准确模拟。在识别一张图片的过程中，人脑并不是同时识别整张图片，而是感知图片中的局部特征，然后对局部特征进行合成，得到整张图片的全局信息。卷积神经网络模拟了这个过程。

卷积层通常是堆叠的。低层卷积层可以提取图片的局部特征，如角点、边缘和线条等，高层卷积层可以从低层卷积层中，学习更复杂的特征，从而实现图片的分类识别。

卷积指两个函数之间的关系，在计算机视觉中，可以看作一个抽象的过程，就是在一个小区域内抽象信息统计。例如一张爱因斯坦的照片，可以学习 n 个不同的卷积和函数，然后对这个区域进行统计。可以使用不同的统计方法，例如关注中心或周围的统计，这导致了各式各样统计求和函数的出现，为了达到目标可以同时学习多个统计量的累积总和。

如图 4-22 所示，输入图像经过卷积生成输出特征图。首先使用学习到的卷积核扫描图像，然后每次卷积都会生成一个扫描的响应图，称为特征图(Feature Map)。如果有多个卷积核，则有多个 Feature Map。换句话说，可以从第一个输入图像(R、G、B 三个通道)得到一个 256 个通道的 Feature Map，因为有 256 个卷积核，每个卷积核代表一个统计抽象。

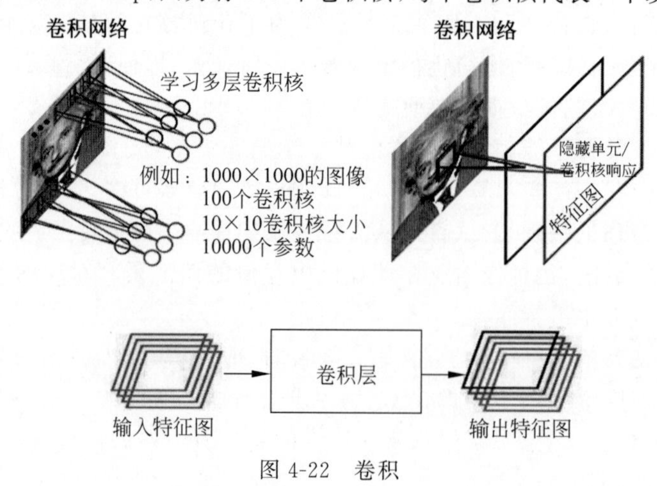

图 4-22 卷积

在卷积神经网络中，除了卷积层，还有一个操作称为池化。池化操作的统计概念比较明确，是在小范围内求平均值或最大值的统计操作。

结果就是如果前面的输入有 2 个通道或者 256 个通道的 Feature Map，每个 Feature Map 都会经过一个最大池化层，会得到一个比原来的 Feature Map 更小的 256 个通道 Feature Map 的 Feature Map。

如图 4-23 所示，池化层对每一个大小为 2×2 的区域求最大值，然后把最大值赋给生成的 Feature Map 的对应位置。如果输入图像的大小是 100×100，那么输出图像的大小就会变成 50×50，Feature Map 变成了一半。同时保留的信息是原来 2×2 区域中最大的信息。

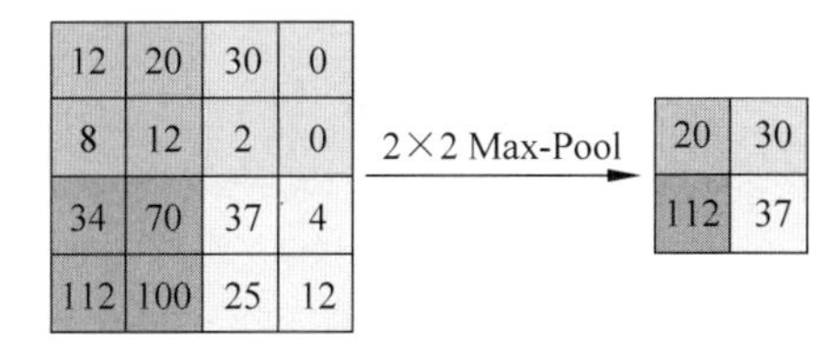

图 4-23　池化(见彩插)

LeNet 如图 4-24 所示，Le 是人工智能领域先驱 LeCun 名字的简写。LeNet 是许多深度学习网络的原型和基础。在 LeNet 之前，人工神经网络层数都相对较少，而 LeNet 五层网络突破了这一限制。LeNet 在 1998 年被提出，LeCun 用这一网络进行字母识别，达到了非常好的效果。

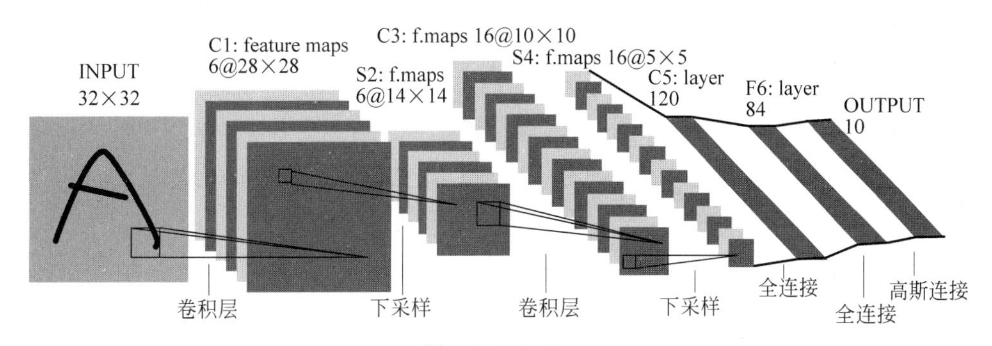

图 4-24　LeNet

LeNet 输入图像是大小为 32×32 的灰度图，经过第一个卷积层，生成 6 个 28×28 的 Feature Map，然后经过一个池化层，生成 6 个 14×14 的 Feature Map，然后再经过一个卷积层，生成 16 个 10×10 的卷积层，最后经过一个池化层生成 16 个 5×5 的 Feature Map。

这 16 个 5×5 的 Feature Map 再经过 2 个全连接层和 1 个高斯连接层，即可得到最后的输出结果。由于设计的是对 0～9 进行识别，所以输出空间是 10，如果对 10 个数字和 26 个英文大小写字母进行识别，输出空间就是 62。向量各维度的值代表“图像中元素即为该维度对应标签的概率”。62 维向量中，如果某个维度上的值最大，则它对应的标签便是预测的结果。

从 1998 年开始的 15 年间，深度学习算法在众多专家学者的带领下不断发展成熟。

遗憾的是在此过程中,深度学习没有产生足以轰动世人的成果,导致深度学习的研究一度被边缘化。2012 年,深度学习算法在部分领域取得了不错的成绩,其中 AlexNet 做出了突出贡献。

AlexNet 由多伦多大学提出,在 ImageNet 比赛上取得了非常好的效果。AlexNet 识别效果超过了当时所有浅层的方法。经此一役,AlexNet 在此后被不断改进和应用。同时,学术界和工业界认识到了深度学习的无限可能。

AlexNet 是基于 LeNet 的改进,它可以被看作 LeNet 的放大版,如图 4-25 所示。AlexNet 的输入是一个大小为 224×224 的图片,输入图像在经过若干卷积层和池化层后,再经过两个全连接层泛化特征,最后得到预测结果。

2015 年,特征可视化工具开始盛行。那么 AlexNet 学习的特征是什么样子?第一层学习一些填充的块状物和边界等特征;中间的层开始学习一些纹理特征;在接近分类器的高层可以明显看到物体形状的特征;最后的一层即分类层,不同物体的主要特征已经被完全提取出来。

可以说,不论是对人脸、车辆、大象还是对椅子进行识别,特征提取器提取特征的过程都是渐进的。特征提取器最开始提取的是物体的边缘特征,继而是物体的各部分信息,然后在更高层级才能抽象到物体的整体特征。整个卷积神经网络模拟人的抽象和迭代的过程。

卷积神经网络的设计思路非常简洁明了且很早就被提出。那为什么时隔 20 年,卷积神经网络才能占据主流?这一问题与卷积神经网络本身的技术关系不太大,而与其他一些客观因素有关。

一个条件是识别能力。如果卷积神经网络的深度太浅,其识别能力往往不如一般的浅层模型,例如 SVM 或者 Boosting。但如果神经网络深度过大,就需要大量数据进行训练避免过拟合。而 2006 年和 2007 年,恰好是互联网开始产生大量的图片数据的时候。

另外一个条件是运算能力。卷积神经网络对计算机的运算要求比较高,需要大量重复可并行化的计算。在 1998 年 CPU 只有单核且运算能力比较低的情况下,不可能进行很深的卷积神经网络的训练。随着 GPU 计算能力的增长,卷积神经网络结合大数据的训练才成为可能。

总而言之,卷积神经网络的兴起与近年来技术的发展是密切相关的,而这一领域的革新则不断推动了计算机视觉的发展与应用。

4.5.2 自然语言处理

自然语言区别于计算机所使用的机器语言和程序语言,是指人类用于日常交流的语言。而自然语言处理的目的是让计算机理解和处理人类的语言。

让计算机理解和处理人类的语言不是一件容易的事情,因为语言对于感知的抽象很多时候并不是直观的、完整的。我们的视觉感知到一个物体,就是实实在在地接收到了代表这个物体的所有像素。但是,自然语言的一个句子背后往往包含着不直接表述出来的常识和逻辑。这使得计算机在试图处理自然语言时不能从字面上获取所有的信息。因此自然语言处理的难度更大,它的发展与应用相比于计算机视觉也往往呈现滞后的情况。

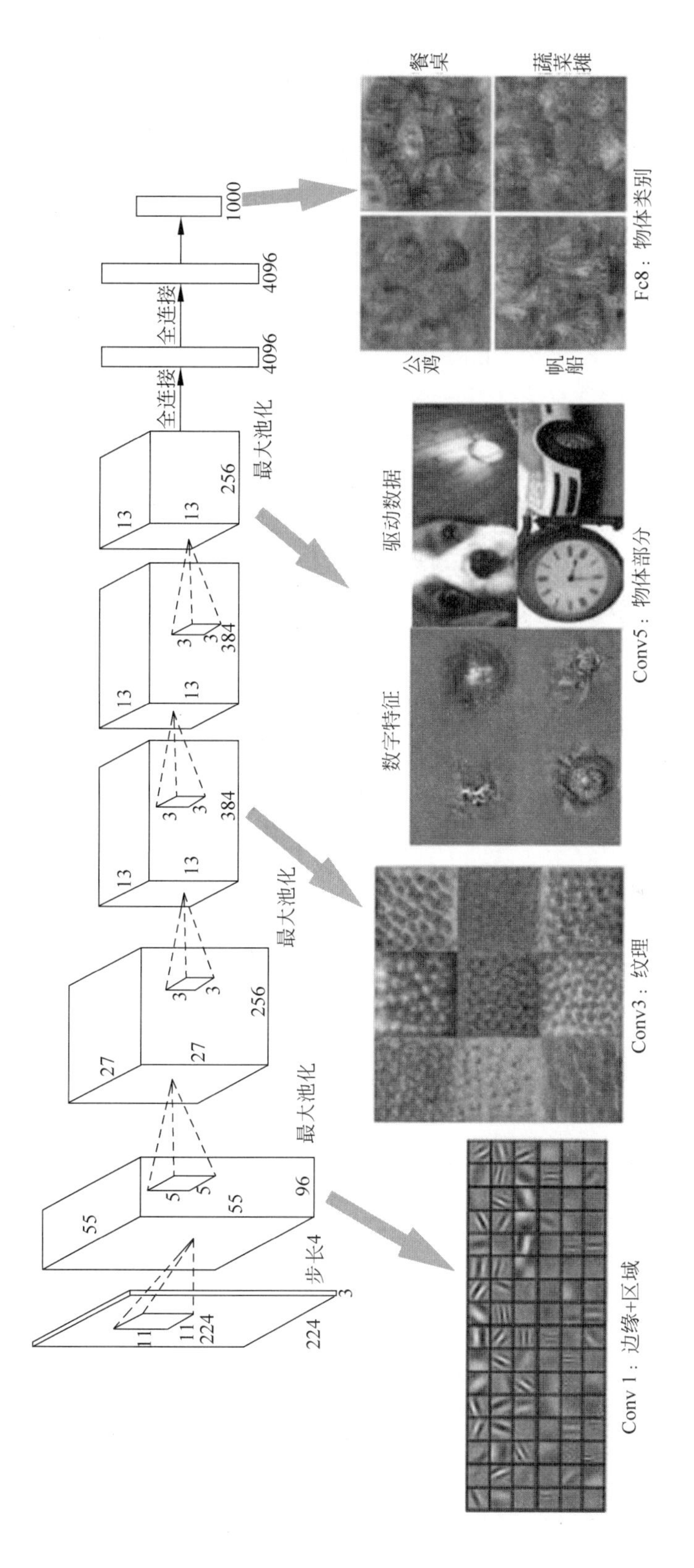

图 4-25 AlexNet(见彩插)

深度学习在自然语言处理上的应用也是如此。为了将深度学习引入这个领域,研究者尝试了许多方法表示和处理自然语言的表层信息(如词向量、更高层次和带上下文信息的特征表示等),也尝试过许多方法结合常识与直接感知(如知识图谱、多模态信息等)。这些研究都富有成果,其中有许多都已应用于现实中,甚至用于社会管理、商业和军事。

自然语言处理主要研究能实现人与计算机之间用自然语言进行有效通信的各种理论和方法,其主要任务有以下7个。

(1) 语言建模:计算一个句子在一个语言中出现的概率。这是一个高度抽象的问题,它的一种常见形式是,给出句子的前几个词,预测下一个词是什么。

(2) 词性标注:句子都是由单独的词汇构成的,自然语言处理有时需要标注句子中每一个词的词性。需要注意的是,句子中的词汇并不是独立的,在研究过程中通常需要考虑词汇的上下文。

(3) 中文分词:中文的自然最小单位是字,但单个字的意义往往不明确或者含义较多,并且在多语言的任务中与其他以词为基本单位的语言不对等。因此不论是从语言学特性还是从模型设计的角度来说,都需要将中文句子恰当地切分为单个的词。

(4) 句法分析:由于人类表达时只能逐词地按顺序说,因此自然语言的句子也是扁平的序列。但这并不代表着一个句子中不相邻的词之间就没有关系,也不代表着整个句子中的词只有前后关系。它们之间的关系是复杂的,需要用树状结构或图才能表示清楚。句法分析中,人们希望通过明确句子内两个或多个词的关系了解整个句子的结构。最终句法分析的结果是一棵句法树。

(5) 情感分类:给出一个句子,我们希望知道这个句子表达了什么情感:有时候是正面/负面的二元分类,有时候是更细粒度的分类;有时候是仅仅给出一个句子,有时候是指定对于特定对象的态度/情感。

(6) 机器翻译:最常见的是把源语言的一个句子翻译成目标语言的一个句子。与语言建模相似,给定目标语言一个句子的前几个词,预测下一个词是什么,但最终预测的整个目标语言句子必须与给定的源语言句子具有完全相同的含义。

(7) 阅读理解:有许多形式。有时候是输入一个段落、一个问题,生成一个回答(类似问答),或者在原文中标定一个范围作为回答(类似从原文中找对应句子),有时候是输出一个分类(类似选择题)。

本书主要从以下三方面将传统方法与人工智能方法进行比较。

1. 人工参与程度

传统的自然语言处理方法中,人参与得非常多。例如基于规则的方法就是由人完全控制,人们用自己的专业知识完成了对一个具体任务的抽象和建立模型,对模型中一切可能出现的案例提出解决方案,定义和设计了整个系统的所有行为。这种人工过度参与的现象在基于传统统计学方法出现以后略有改善,人们开始让出对系统行为的控制;被显式构建的是对任务的建模和对特征的定义,然后系统的行为就由概率模型决定了,而概率模型中的参数估计则依赖所使用的数据和特征工程中所设计的输入特征。到了深度学习的时代,特征工程也不需要了,人们只需要构建一个合理的概率模型,特征抽取就由精心设计的神经网络架构完成；甚至当前人们已经在探索神经网络架构搜索的方法，这意味着人们对于概率模型的设计也部分地交给了深度学习代劳。

总而言之，人工参与程度越来越低，但系统的效果越来越好。这是合乎直觉的，因为人们对于世界的认识和建模总是片面的、有局限性的。如果可以将自然语言处理系统的构建自动化，那么基于世界的观测点（即数据集）所建立的模型和方法一定会比人类的认知更加符合真实的世界。

2. 数据量

随着自然语言处理系统中人工参与程度越来越低，就需要更多的信息决定系统的细节，这些信息只能来自更多的数据。现如今当我们提到神经网络方法，都喜欢把它描述为"数据驱动的方法"。

从人们使用传统的统计学方法开始，如何取得大量的标注数据就已经是一个难题。随着神经网络架构日益复杂，网络中的参数也呈现爆炸式增长。近年来深度学习的硬件算力获得突飞猛进的发展，人们对于使用巨量的参数更加肆无忌惮，这就显得数据量日益捉襟见肘。特别是一些低资源的语言和领域中，数据短缺问题更加严重。这种数据的短缺，迫使人们研究各种方法提高数据利用效率。

3. 可解释性

人工参与程度的降低带来的另一个问题是模型的可解释性越来越低。在理想状况下，如果系统非常有效，人们根本不需要关心黑盒系统的内部构造。但事实是自然语言处理系统的状态离完美还有一定的差距，因此当模型出现问题的时候，人们总是希望知道问题的原因，并且找到相应的办法避免或修补。

一个模型允许人们检查它的运行机制和问题成因并对问题进行干预和修补，要做到这一点是非常重要的，尤其是对于一些商用生产的系统来说。传统基于规则的方法中，一切规则都是由人工手动规定的，要更改系统的行为非常容易；而在传统的统计学方法中，许多参数和特征都有明确的语言学含义，要想定位或者修复问题通常也可以做到。

然而现在主流的神经网络模型都不具备这种能力，它们就像黑箱子，你可以知道它有问题，或者有时候可以通过改变它的设定大致猜测问题的成因；但要想控制和修复问题则往往无法在模型中直接完成，而要在后处理（Post-processing）的阶段重新拾起旧武器——基于规则的方法。

这种隐忧使得人们开始探索如何提高模型的可解释性这一领域。主要的做法包括试图解释现有的模型和试图建立透明度较高的新模型。然而要做到完全理解一个神经网络的行为并控制它，还有很长的路要走。

从传统方法和神经网络方法的对比中可以看出，自然语言处理的模型和系统构建是向着更自动化、更通用的趋势发展的。

一开始，人们试图减少和去除人类专家知识的参与。因此就有了大量的网络参数和复杂的架构设计，这些都是通过在概率模型中提供潜在变量，使得模型具有捕捉和表达复杂规则的能力。这一阶段，人们渐渐地摆脱了人工制定的规则和特征工程，同一种网络架构可以被许多自然语言任务通用。

之后,人们觉得每一次为新的自然语言处理任务设计一个新的模型架构并从头训练的过程过于烦琐,于是试图开发利用这些任务底层所共享的语言特征。在这一背景下,迁移学习逐渐发展,从前神经网络时代的 LDA、Brown Clusters,到早期深度学习中的预训练词向量 word2vec、GloVe 等,再到今天家喻户晓的预训练语言模型 ELMo、BERT。这使得不仅仅是模型架构可以通用,连训练好的模型参数也可以通用了。

现在人们希望神经网络的架构都可以不需要设计,而是根据具体的任务和数据搜索得到。这一新兴领域方兴未艾,可以预见随着研究的深入,自然语言处理的自动化程度一定会得到极大提高。

4.5.3 强化学习

强化学习是机器学习的一个重要分支,它与非监督学习、监督学习并列为机器学习的三类主要学习方法。强化学习强调如何基于环境行动,以取得最大化的预期利益,所以强化学习可以被理解为决策问题。它是多学科多领域交叉的产物,其灵感来自心理学的行为主义理论,即有机体如何在环境给予的奖励或惩罚的刺激下,逐步形成对刺激的预期,产生能获得最大利益的习惯性行为。强化学习的应用范围非常广泛,各领域对它的研究重点各有不同,本书不对这些分支展开讨论,而专注于强化学习的通用概念。

强化学习主要可以分为无模型(Model-Free)的算法和有模型(Model-Based)的算法两大类。无模型的算法又分成基于概率的算法和基于价值的算法。

1. 无模型的算法和有模型的算法

如果 Agent 不需要理解或计算环境模型,算法就是无模型的;相应地,如果需要计算环境模型,那么算法就是有模型的。实际应用中,研究者通常用如下方法进行判断:在 Agent 执行动作之前,它是否能对下一步的状态和反馈做出预测。如果可以,那么就是有模型方法;如果不能,即为无模型方法。

两种方法各有优劣。有模型方法中,Agent 可以根据模型预测下一步的结果,并提前规划行动路径。但真实模型和学习到的模型是有误差的,这种误差会导致 Agent 虽然在模型中表现很好,但是在真实环境中可能达不到预期结果。无模型的算法看似随意,但这恰好更易于研究者实现和调整。

2. 基于概率的算法和基于价值的算法

基于概率的算法的代表算法为 Policy-gradient,基于价值的算法的代表算法为 Q-Learning。基于概率的算法直接输出下一步要采取的各种动作的概率,然后根据概率采取行动,每种动作都有可能被选中,只是可能性不同。而基于价值的算法输出的则是所有动作的价值,然后根据最高价值选择动作。相比基于概率的算法,基于价值的算法决策部分更为死板——只选价值最高的,而在基于概率的算法中,即使某个动作的概率最高,但还是不一定会选到它。

4.6 深度学习训练与推理框架

一个完整的深度框架应该包含两个主要部分，即训练(Training)和推理(Inference)。

4.6.1 训练框架

深度学习采用的是一种“端到端”的学习模式，从而在很大程度上减轻了研究人员的负担。但是随着神经网络的发展，模型的复杂度也在不断提升。即使是在一个最简单的卷积神经网络中也会包含卷积层、池化层、激活层、Flatten层和全连接层等。如果每次搭建一个新的网络之前都需要重新实现这些层，势必会占用许多时间，因此各大深度学习框架应运而生。框架存在的意义就是屏蔽底层的细节，使研究者可以专注于模型结构。目前较为流行的深度学习训练框架有Caffe、TensorFlow以及PyTorch等。接下来对这三种训练框架依次进行介绍。

1. Caffe

Caffe(Convolutional Architecture for Fast Feature Embedding)是一种常用的深度学习框架，主要应用于视频和图像处理方面。Caffe是一个清晰、可读性高、快速的深度学习框架。作者是贾扬清，在加州大学伯克利分校获得博士学位。

Caffe是第一个主流的工业级深度学习工具，专精于图像处理。它有很多扩展，但是由于一些遗留的架构问题，因此不够灵活且对递归网络和语言建模的支持很差。对于基于层的网络结构，Caffe扩展性不好；而用户如果想要增加层，则需要自己实现Forward和Backward。

Caffe的基本工作流程是设计建立在神经网络中的一个简单假设，所有的计算以层的形式表示，网络层所做的事情就是输入数据，然后输出计算结果。例如卷积就是输入一幅图像，然后和这一层的参数(Filter)做卷积，最终输出卷积结果。每层需要两种函数计算，一种是Forward，从输入计算到输出；另一种是Backward，从上层给的Gradient计算相对于输入层的Gradient。这两个函数实现之后，我们就可以把许多层连接成一个网络，这个网络输入数据(图像、语音或其他原始数据)，然后计算需要的输出(例如识别的标签)。在训练时可以根据已有的标签计算Loss和Gradient，然后用Gradient更新网络中的参数。

Caffe是一个清晰而高效的深度学习框架，它基于纯粹的C++/CUDA架构，支持命令行、Python和MATLAB接口，可以在CPU和GPU之间直接无缝切换。它的模型与优化都是通过配置文件设置，无需代码。Caffe设计之初就做到了尽可能模块化，允许对数据格式、网络层和损失函数进行扩展。Caffe的模型定义是以任意有向无环图的形式用协议缓冲区(Protocol Buffer)语言写进配置文件的。Caffe会根据网络需要正确占用内存，通过一个函数调用实现CPU和GPU之间的切换。Caffe每一个单一的模块都对应一个测试，使得测试的覆盖非常方便，同时提供Python和Matlab接口，用这两种语法进行调用都是可行的。

2. TensorFlow

TensorFlow是一个将数据流图(Data Flow Graphs)用于数值计算的开源软件库。数据流图中的节点(Nodes)表示数学操作,线(Edges)则表示在节点间相互联系的多维数据数组,即张量(Tensor)。它灵活的架构可以在多种平台上展开计算,例如台式机中的一个或多个CPU(或GPU)、服务器和移动设备等。TensorFlow最初由Google大脑小组(隶属于Google机器智能研究机构)的研究员和工程师开发出来,用于机器学习和深度神经网络方面的研究,但这个系统的通用性使其也可广泛用于其他计算领域。

TensorFlow不是一个严格的"神经网络"库。只要用户可以将计算表示为一个数据流图就可以使用TensorFlow。用户负责构建图,描写驱动计算的内部循环。TensorFlow提供有用的工具帮助用户组装"子图",当然用户也可以在TensorFlow基础上写自己的"上层库"。定义新复合操作和写一个Python函数一样容易。TensorFlow的可扩展性相当强,如果用户找不到想要的底层数据操作,也可以自己写一些C++代码丰富底层的操作。

TensorFlow在CPU和GPU上运行,例如运行在台式机、服务器和手机移动设备等。TensorFlow支持将训练模型自动在多个CPU上规模化运算以及将模型迁移到移动端后台。

基于梯度的机器学习算法会受益于TensorFlow自动求微分的能力。作为TensorFlow用户,只需要定义预测模型的结构,将这个结构和目标函数(Objective Function)结合在一起,并添加数据,TensorFlow将自动为用户计算相关的微分导数。计算某个变量相对于其他变量的导数仅仅是通过扩展图完成的,所以用户能一直清楚看到究竟在发生什么。

TensorFlow还有一个合理的C++使用界面,也有一个易用的Python使用界面构建和执行Graphs。可以直接写Python/C++程序,也可以在交互式的IPython界面中使用TensorFlow,它可以帮用户将笔记、代码和可视化等有条理地整理好。

TensorFlow中的Flow,也就是流,是其完成运算的基本方式。流指一个计算图或简单的一个图,图不能形成环路,图中的每个节点代表一个操作,如加法、减法等。每个操作都会导致新的张量形成。

TensorFlow允许用户使用并行计算设备更快地执行操作。计算的节点或操作自动调度进行并行计算。

3. PyTorch

2017年1月,Facebook人工智能研究院(Facebook AI Research,FAIR)团队在GitHub上开源了PyTorch,并迅速占领GitHub热度榜榜首。

作为一个2017年发布,具有先进设计理念的框架,PyTorch的历史可追溯到2002年诞生于纽约大学的Torch。Torch使用了一种小众语言Lua作为接口。Lua简洁高效,但由于其过于小众,以至于很多人听说要掌握Torch必须新学一门语言就望而却步(其实Lua是一门比Python还简单的语言)。

考虑到 Python 在计算科学领域的领先地位以及其具有生态完整性和接口易用性，几乎任何框架都不可避免地要提供 Python 接口。终于，2017 年 Torch 的幕后团队推出了 PyTorch。PyTorch 不是简单地封装 Lua Torch 提供 Python 接口，而是对 Tensor 上的所有模块进行了重构，并新增了最先进的自动求导系统，成为当时最流行的动态图框架。

PyTorch 自发布起关注度就在不断上升，截至 2017 年 10 月 18 日，PyTorch 的热度已然超越了其他三个框架（Caffe、MXNet 和 Theano），并且其热度还在持续上升中。PyTorch 可以看作加入了 GPU 支持的 Numpy。TensorFlow 与 Caffe 都是命令式编程语言，而且是静态的，即首先必须构建一个神经网络，然后一次又一次使用同样的结构；如果想要改变网络结构，就必须从头开始。但是 PyTorch 通过一种反向自动求导的技术，可以让用户零延迟地任意改变神经网络的行为，尽管这项技术不是 PyTorch 独有的，但目前为止它实现是最快的，这也是 PyTorch 对比 TensorFlow 最大的优势。

PyTorch 的设计思路是线性、直观且易于使用的，当用户执行一行代码时，它会忠实地执行，所以当用户的代码出现 Bug 时，可以通过这些信息轻松快捷地找到出错的代码，不会让用户在调试时因为错误的指向或者异步和不透明的引擎浪费太多的时间。

PyTorch 的代码相对于 TensorFlow 而言，更加简洁直观，同时对于 TensorFlow 高度工业化且很难看懂的底层代码，PyTorch 的源代码就要友好得多，更容易看懂。深入 API，理解 PyTorch 底层肯定是一件令人高兴的事。

4.6.2 推理框架

训练好了一个模型，在训练数据集中表现良好，但在实际应用中可能就没有良好稳定的表现。我们使用训练好的模型进行测试评估的过程，称为推理。

推理框架包括模型优化器和推理引擎两部分。在选择时需要注意以下几点。

(1) 带 GPU 的桌面系统。

(2) 手机上选择 Tvm、Ncnn 等 Arm Opencl 的优化成果。移动端上选择阿里腾讯的产品，需要附加量化工具。

(3) MAC 、Windows、Linux 等没有 GPU 桌面系统，用 OpenVino 在 Intel x86 上优化，有量化。

(4) 原生 libtensorflow libtorch 都不使用。

第 5 章

大数据存储

随着结构化数据量和非结构化数据量的不断增长以及分析数据来源的多样化，之前的存储系统设计已无法满足大数据应用的需求。对于大数据的存储，存在以下几个不容忽视的问题。

(1) 容量：大数据时代存在的第一个问题就是“大容量”。“大容量”通常指可达 PB 级的数据规模，因此海量数据存储系统的扩展能力也要得到相应等级的提升，同时其扩展还必须渐变，为此，通过增加磁盘柜或模块增加存储容量，这样可以不需要停机。

(2) 延迟：大数据应用不可避免地存在实时性的问题，大数据应用环境通常需要较高的 IOPS 性能。为了迎接这些挑战，小到简单的在服务器内用作高速缓存的产品，大到全固态介质可扩展存储系统，各种模式的固态存储设备应运而生。

(3) 安全：大数据分析往往需要对多种数据混合访问，这就催生出了一些新的、需要重新考虑的安全性问题。

(4) 成本：成本控制是企业的关键问题之一，只有让每一台设备都实现更高的“效率”，才能控制住成本。目前进入存储市场的重复数据删除和多数据类型处理等技术都可为大数据存储带来更大的价值，提升存储效率。

(5) 灵活性：通常大数据存储系统的基础设施规模都很大，为了保证存储系统的灵活性，使其能够随时扩容及扩展，必须经过详细的设计。

由于传统关系型数据库的局限性，传统的数据库已经不能很好地解决这些问题。在这种情况下，一些主要针对非结构化数据的管理系统开始出现。这些系统为了保障系统的可用性和并发性，通常采用多副本的方式进行数据存储。为了在保证低延时的用户响应时间的同时维持副本之间的一致状态，采用较弱的一致性模型，而且这些系统也普遍提供了良好的负载平衡策略和容错机制。

5.1 大数据存储技术发展

20 世纪 50 年代中期以前,计算机主要用于科学计算,这个时候存储的数据规模不大,数据管理采用的是人工管理的方式;20 世纪 50 年代后期至 60 年代后期,为了更加方便管理和操作数据,出现了文件系统;从 20 世纪 60 年代后期开始,出现了大量结构化数据,数据库技术蓬勃发展,开始出现了各种数据库,其中关系型数据库备受人们喜爱。

在科学研究过程中,为了存储大量的科学计算,有 Beowulf 集群的并行文件系统 PVFS 做数据存储,在超级计算机上有 Lustre 并行文件系统存储大量数据,IBM 公司在分布式文件系统领域研制了 GPFS 分布式文件系统,这些都是针对高端计算采用的分布式存储系统。

进入 21 世纪以后,互联网技术不断发展,其中以互联网为代表企业产生大量数据,为了解决这些存储问题,互联网公司针对业务需求和成本开始设计自己的存储系统,典型代表是 Google 公司于 2003 年发表的论文[2],其建立在廉价的机器上,提供了高可靠、容错的功能。为了适应 Google 的业务发展,Google 推出了一种 NoSQL 非关系型数据库系统——BigTable,用于存储海量网页数据,数据存储格式为行、列簇、列和值的方式;与此同时亚马逊公司公布了他们开发的另外一种 NoSQL 系统——DynamoDB。后续大量的 NoSQL 系统不断涌现,为了满足互联网中大规模网络数据的存储需求,Facebook 结合 BigTable 和 DynamoDB 的优点推出了 Cassandra 非关系型数据库系统。

开源社区对于大数据存储技术的发展更是贡献重大,其中包括底层的操作系统层面的存储技术,例如文件系统 Btrfs 和 XFS 等。为了适应当前大数据技术的发展,支持高并发、多核以及动态扩展等,Linux 开源社区针对技术发展需求开发了下一代操作系统的文件系统 Btrfs,该文件系统在不断完善;同时也包括分布式系统存储技术,功不可没的是 Apache 开源社区,其贡献和发展了 HDFS、HBase 等大数据存储系统。

总体来讲,结合公司的业务需求以及开源社区的蓬勃发展,当前大数据存储系统不断涌现。

5.2 海量数据存储的关键技术

大数据处理面临的首要问题是如何有效地存储规模巨大的数据。无论是从容量还是从数据传输速度,依靠集中式的物理服务器保存数据是不现实的,即使存在一台设备可以存储所有的信息,用户在一台服务器上进行数据的索引查询也会使处理器变得不堪重负,因此分布式成为这种情况下很好的解决方案。要实现大数据存储,需要使用几十台、几百台甚至更多的分布式服务器节点。为保证高可用、高可靠和经济性,海量数据多采用分布式存储的方式存储数据,采用冗余存储的方式保证存储数据的可靠性,即为同一份数据存储多个副本。

数据分片与数据复制的关系如图 5-1 所示。

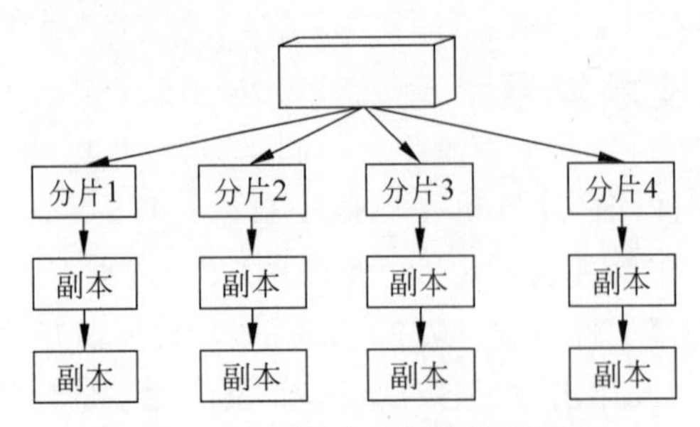

图 5-1 数据分片与数据复制

5.2.1 数据分片与路由

传统数据库采用纵向扩展方式,通过改善单机硬件资源配置解决问题;主流大数据存储与计算系统采用横向扩展方式,支持系统可扩展性,即通过增加机器获得水平扩展能力。

对于海量数据,将数据进行切分并分配到各个机器中的过程叫分片(Shared/Partition),即将不同数据存放在不同节点。数据分片后,找到某条记录的存储位置称为数据路由(Routing)。数据分片与路由的抽象模型如图 5-2 所示。

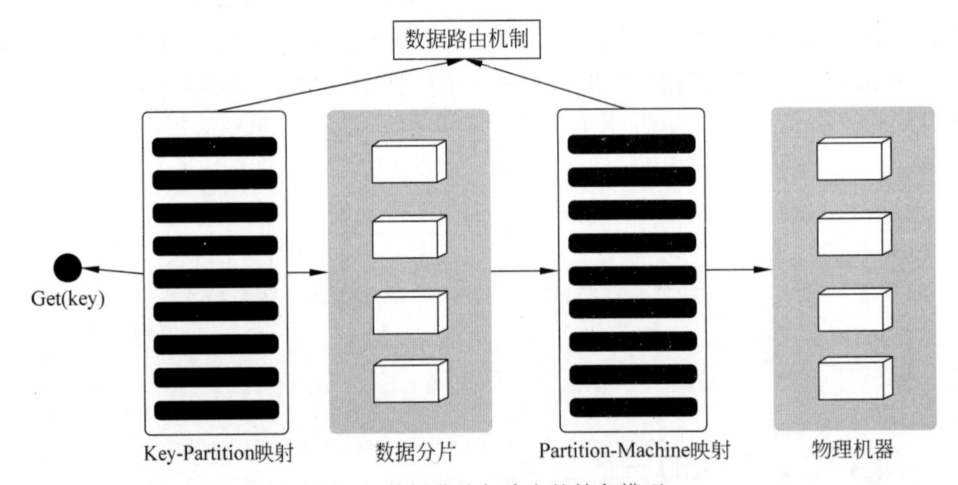

图 5-2 数据分片与路由的抽象模型

首先要介绍的是数据分片。

一般来说,数据库的繁忙体现在不同用户需要访问数据集中的不同部分。在这种情况下,把数据的各个部分存放在不同的服务器/节点中,每个服务器/节点负责自身数据的读取与写入操作,以此实现横向扩展,这种技术称为分片。

用户必须考虑以下两点。

一是如何存放数据。解决了这一点就可以实现用户从一个逻辑节点(实际多个物理节点的方式)获取数据,并且不用担心数据的存放位置。面向聚合的数据库可以很容易地解决这个问题。聚合结构指把经常需要同时访问的数据存放在一起,因此可以把聚合作为分布数据的单元。

二是如何保证负载平衡，即如何把聚合数据均匀地分布在各个节点中，让它们需要处理的负载量相等。负载分布情况可能会随着时间变化，因此需要一些领域特定的规则。例如有的需要按字典顺序，有的需要按逆域名序列等。

下面介绍的是分片类型。

1. 哈希分片

采用哈希函数建立 Key-Partition 映射，其只支持点查询，不支持范围查询，主要有 Round Robin、虚拟桶和一致性哈希 3 种算法。

1）Round Robin

其俗称哈希取模算法，这是最常用的数据分片方法。若有 k 台机器，分片算法如下：

```
1    H(key) = hash(key) mod k
```

对物理机进行编号（0～$k-1$），根据以上哈希函数，对于以 key 为主键的某个记录，H(key)的数值即是物理机在集群中的放置位置（编号）。这种算法的优点是实现简单。其缺点是缺乏灵活性，若有新机器加入，之前所有数据与机器之间的映射关系都被打乱，需要重新计算。

2）虚拟桶

虚拟桶算法在 Round Robin 的基础上加入一个虚拟桶层形成两级映射。具体以 Membase 为例，如图 5-3 所示。

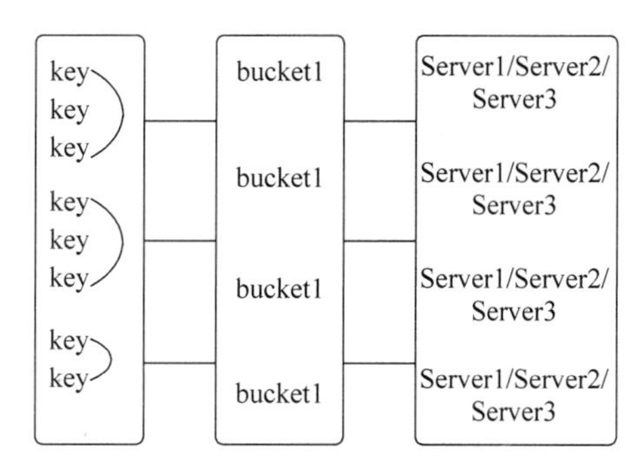

图 5-3　Membase 虚拟桶的运行

Membase 在待存储记录的物理机之间引入了虚拟桶层，所有记录首先通过哈希函数映射到对应的虚拟桶，记录和虚拟桶是多对一的关系，即一个虚拟桶包含多条记录信息；第二层映射是虚拟桶和物理机之间的映射关系，同样也是多对一映射，一个物理机可以容纳多个虚拟桶，具体是通过查找表实现的，即 Membase 通过内存表管理这些映射关系。

对照抽象模型可以看出，Membase 的虚拟桶层对应数据分片层，一个虚拟桶就是一个数据分片。Key-Partition 映射采用映射函数。

与 Round Robin 相比，Membase 引入了虚拟桶层，这样将原先由记录直接到物理机的单层映射解耦成两级映射。当新加入机器时，将某些虚拟桶从原先分配的机器重新分配到各机器,只需要修改 Partition-Machine 映射表中受影响的个别条目就能实现扩展。这种做法增加了系统扩展的灵活性,但实现相对麻烦。

3）一致性哈希

一致性哈希是分布式哈希表的一种实现算法,将哈希数值空间按照大小组成一个首尾相接的环状序列。对于每台机器,可以根据 IP 和端口号经过哈希函数映射到哈希数值空间内,通过有向环顺序或路由表查找。对于一致性哈希可能造成的各个节点负载不均衡的情况,可以采用虚拟节点的方式解决。一个物理机节点虚拟成若干虚拟节点,映射到环状结构的不同位置。图 5-4 为哈希空间长度为 5 的二进制数值($m=5$)的一致性哈希算法示意图。

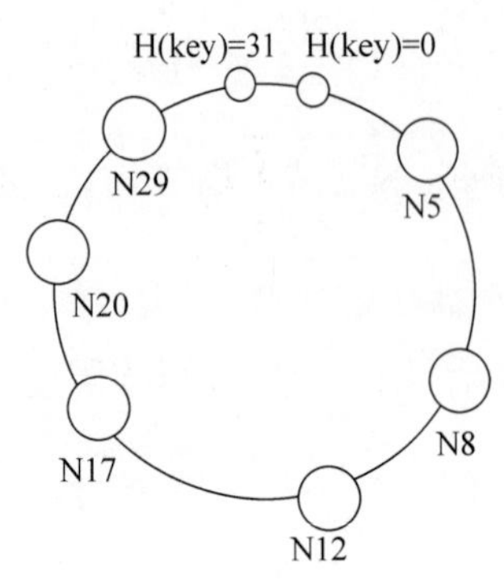

图 5-4　一致性哈希算法

在哈希空间可容纳长度为 32 的二进制数值($m=32$)空间内,每个机器根据 IP 地址或者端口号经过哈希函数映射到环内(图 5-4 中 6 个大圆代表机器,后面的数字代表哈希值,即根据 IP 地址或者端口号经过哈希函数计算得出在环状空间内的具体位置),而这台机器负责存储落在一段有序哈希空间内的数据,例如 N12 节点存储哈希值在 9～12 的数据,而 N5 负责存储哈希值落在 30～31 和 0～5 的数据。同时,每台机器还记录着自己的前驱和后继节点,成为一个真正意义上的有向环。

2. 范围分片

范围分片首先将所有记录的主键进行排序,然后在排好序的主键空间内将记录划分成数据分片,每个数据分片存储有序的主键空间片段内的所有记录。

支持范围查询即给定记录主键的范围而一次读取多条记录,范围分片既支持点查询,也支持范围查询。

分片可以极大地提高读取性能,但对于频繁写的应用帮助不大。同时,分片也可减少故障范围,只有访问故障节点的用户才会受影响,访问其他节点的用户不会受到故障节点的影响。

那么如何根据收到的请求找到存储的值呢?这就涉及路由的知识。下面介绍 3 种路由的方法。

1）直接查找法

如果哈希值落在自身管辖的范围内,则在此节点上查询,否则继续往后找,一直找到节点 Nx,x 是大于或等于待查节点值的最小编号,这样一圈下来肯定能找到结果。

以图 5-4 为例,若有一个请求向 N5 查询的主键为 H(key)＝6,因为此哈希值落在 N5 和 N8 之间,所以该请求的值存储在 N8 的节点上,即如果哈希值落在自身管辖的范围内,则在此节点上查询,否则继续往后找,一直找到节点 Nx。

2）路由表法

直接查找法缺乏效率,为了加快查找速度,可以在每个机器节点配置路由表,路由表存储每个节点到每个除自身节点的距离，具体示例见表 5-1。

表 5-1 机器节点的路由表

距离	1	2	4	8	16
机器节点	N17	N17	N17	N20	N29

在表 5-1 中，第 3 项代表与 N12 的节点距离为 4 的哈希值(12+4=16)落在 N17 节点上，同理第 5 项代表与 N12 的节点距离为 16 的哈希值落在 N29 节点上，这样找起来非常快速。

3）一致性哈希路由算法

同样如图 5-4 所示，若请求 N5 节点查询，则 N5 节点的路由表如表 5-2 所示。

表 5-2 N5 节点的路由表

距离	1	2	4	8	16
机器节点	N8	N8	N12	N17	N29

假如请求的主键哈希值为 H(key)=24，首先查询是否在 N5 的后继节点上，发现后继节点 N8 小于主键哈希值，则根据 N5 节点的路由表查询，发现大于 24 的最小节点为 N29(只有 29，因为 5+16=21<24)，因此哈希值落在 N29 节点上。

5.2.2 数据复制与一致性

将同一份数据放置到多个节点的过程称为复制，例如主从(Master-Slave)复制和对等(Peer-to-Peer)复制，数据复制可以保证数据的高可用性。

1. 主从复制

主从复制中有一个 Master 节点用于存放重要数据，通常负责数据的更新，其余节点都叫 Slave 节点，复制操作就是让 Slave 节点的数据与 Master 节点的数据同步。其优点有两点：①在频繁读取的情况下有助于提升数据的访问(读取 Slave 节点分担压力)，还可以增加多个 Slave 节点进行水平扩展，同时处理更多的读取请求。②可以增强读取操作的故障恢复能力。一个 Slave 节点出故障，还有其他 Slave 节点保证访问的正常进行。它的缺点是如果数据更新没有通知全部的 Slave 节点，则会导致数据不一致。

2. 对等复制

主从复制有助于增强读取操作的故障恢复能力，对写操作频繁的应用没有帮助。它所提供的故障恢复能力只有在 Slave 节点出错时才能体现出来，Master 节点仍然是系统的瓶颈。对等复制是指两个节点相互为各自的副本，没有主从的概念。其优点是丢失其中一个节点不影响整个数据库的访问。但因为同时接受写入请求，容易出现数据不一致问题。在实际使用中，通常只有一个节点接受写入请求，另一个 Master 节点作为候补，只有当对等的 Master 节点出故障时才会自动承担写操作请求。

3. 数据一致性

分布式存储系统的一致性问题总随着数据复制而产生,一致性模型的定义如下。

(1) 强一致性。按照某一顺序串行执行存储对象的I/O操作,更新存储对象之后,后续访问总是读取最新值。假如进程A先更新了存储对象,存储系统保证后续A、B、C的读取操作都将返回最新值。

(2) 弱一致性。更新存储对象之后,后续访问可能无法读取最新值。假如进程A先更新了存储对象,存储系统不能保证后续A、B、C的读取操作能读取最新值。从更新成功这一刻开始算起,到所有访问者都能读取修改后的对象为止,这段时间称为"不一致性窗口",在该窗口内访问存储时无法保证一致性。

(3) 最终一致性。最终一致性是弱一致性的特例,存储系统保证所有访问将最终读取对象的最新值。例如,进程A写入一个存储对象,如果存储对象后续没有更新操作,那么最终A、B、C的读取操作都会读取A写入的值。"不一致性窗口"的大小依赖交互延迟、系统的负载以及副本个数等。

5.3 重要数据结构和算法

分布式存储系统中存储大量数据,同时需要支持大量上层I/O操作,为了实现高吞吐量,设计和实现一个良好的数据结构能起到重要作用。典型的如LSM树结构,为NoSQL系统对外实现高吞吐量提供了更大的可能。在大规模分布式系统中需要查找到具体的数据,设计一个良好的数据结构,以支持快速的数据查找,如MemC3中的Cuckoo Hash,为MemC3在读多写少的负载情况下极大地减少了访问延迟;HBase中的Bloom Filter结构,用于在海量数据中快速确定数据是否存在,减少了大量数据访问操作,从而提高了总体数据访问速度。

因此,一个良好的数据结构和算法对于分布式系统来说有着很大的作用。下面讲述当前大数据存储领域中一些比较重要的数据结构。

5.3.1 Bloom Filter

Bloom Filter用于在海量数据中快速查找给定的数据是否在某个集合内。

如果想判断一个元素是不是在一个集合内,一般想到的是将集合中的所有元素保存起来,然后通过比较确定,链表、树和散列表(又叫哈希表,Hash Table)等数据结构都是这种思路。但是随着集合中元素的增加,需要的存储空间越来越大,同时检索速度也越来越慢,上述3种结构的检索时间复杂度分别为$O(n)$、$O(\log n)$和$O(n/k)$。

Bloom Filter的原理是当一个元素被加入集合时,通过k个散列函数将这个元素映射成一个位数组中的k个点,把它们置为1。检索时,用户只要观察这些点是不是都是1就大约知道集合中有没有被检元素了:如果这些点有任何一个0,则被检元素一定不在;如果都是1,则被检元素很可能在。

Bloom Filter的高效是有一定代价的:在判断一个元素是否属于某个集合时,有可能会把不属于这个集合的元素误认为属于这个集合。因此,Bloom Filter 不适合那些“零错误”的应用场合。在能容忍低错误率的应用场合下,Bloom Filter 通过极少的错误换取了存储空间的极大节省。

下面具体看 Bloom Filter 是如何用位数组表示集合的。初始状态如图 5-5 所示,Bloom Filter 是一个包含 m 位的位数组,每一位都置为 0。

0	0	0	0	0	0	0	0	0	0	0	0

图 5-5 Bloom Filter 初始位数组

为了表达 $S=\{x_1,x_2,\cdots,x_n\}$这样一个有 n 个元素的集合,Bloom Filter 使用k 个相互独立的哈希函数(Hash Function),它们分别将集合中的每个元素映射到$\{1,2,\cdots,m\}$的范围中。对任意一个元素 x,第 i 个哈希函数映射的位置$h_i(x)$会被置为 $1(1\leqslant i\leqslant k)$。注意,如果一个位置多次被置为 1,那么只有第一次会起作用,后面几次将没有任何效果。在图 5-6 中,$k=3$,且有两个哈希函数选中同一个位置(从左边数第 5 位,即第 2 个“1”处)。

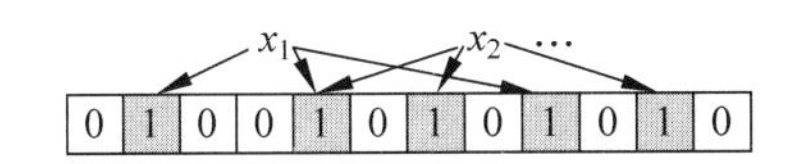

图 5-6 Bloom Filter 哈希函数

在判断 y 是否属于这个集合时,对 y 应用k 次哈希函数,如果所有 $h_i(y)$的位置都是 $1(1\leqslant i\leqslant k)$,那么就认为 y 是集合中的元素,否则就认为 y 不是集合中的元素。图 5-7 中的 y_1 就不是集合中的元素(因为 y_1 有一处指向了 0 位),y_2 属于这个集合或者不属于这个集合。

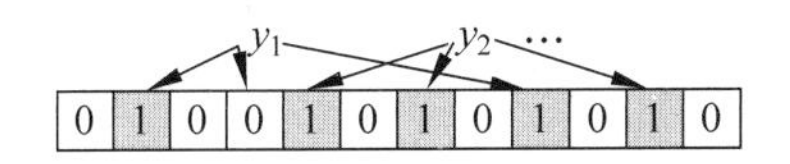

图 5-7 Bloom Filter 查找

这里举一个例子。有 A、B 两个文件,各存放 50 亿条 URL,每条 URL 占用 64 字节,内存限制是 4GB,试找出 A、B 文件共同的 URL。如果是 3 个或者 n 个文件呢?

根据这个问题计算一下内存的占用,$4\text{GB}=2^{32}\text{B}$,大概是 43 亿,乘以 8 大概是 340 亿 b,$n=50$ 亿,如果按出错率为 0.01,则大概需要 650 亿 b。现在可用的是 340 亿 b,相差并不多,这样可能会使出错率上升一些。另外,如果这些 URL 和 IP 是一一对应的,就可以转换成 IP,这样就简单许多了。

5.3.2 LSM Tree

LSM Tree 存储引擎和 B Tree 存储引擎一样,同样支持增、删、读、改和顺序扫描操作,而且可通过批量存储技术规避磁盘随机写入问题。与 B+Tree 相比,LSM Tree 牺牲了部分读性能以换取写性能的大幅度提高。

LSM Tree 的原理是把一棵大树拆分成 n 棵小树,它首先写入内存中,随着小树越来越大,内存中的小树会通过 FFlush 方式写入磁盘中,磁盘中的树定期可以做 Merge 操作,合并成一棵大树,以优化读性能。

对于最简单的二层 LSM Tree 而言,内存中的数据和磁盘中的数据做 Merge 操作,如图 5-8 所示。

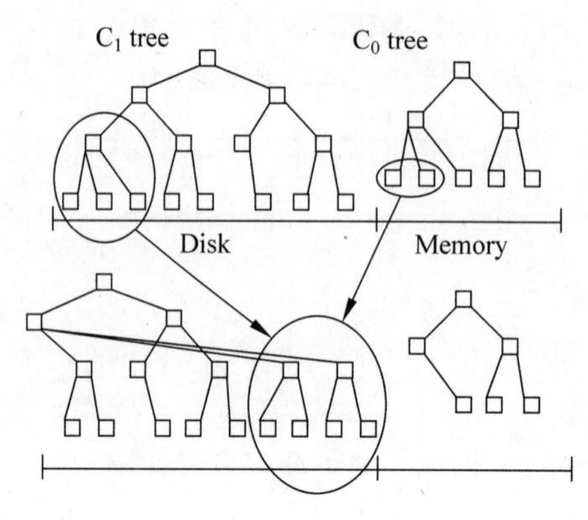

图 5-8 二层 LSM Tree

之前存在于磁盘的叶子节点被合并后,旧的数据并不会被删除,这些数据会复制一份和内存中的数据一起顺序写入磁盘中。这样操作会有一些空间的浪费,但是 LSM Tree 提供了一些机制回收这些空间。磁盘中的树的非叶子节点数据也被缓存在内存中。数据查找会首先查找内存中的树,如果没有查到结果,则会转而查找磁盘中的树。

为什么 LSM Tree 插入数据的速度比较快呢?首先插入操作会作用于内存,由于内存中的树不会很大,因此速度快。同时,合并操作会顺序写入一个或多个磁盘页,比随机写入快得多。

5.3.3 Merkle Tree

Merkle Tree 是由计算机科学家 Ralph Merkle 提出的,并以他本人的名字来命名。因为 Merkle Tree 的所有节点都是 Hash 值,所以又被称为 Hash Tree。本书将从数据“完整性校验”(检查数据是否有损坏)的角度介绍 Merkle Tree。

1. 哈希(Hash)

要实现完整性校验,最简单的方法就是对要校验的整个数据文件做哈希运算,将得到的哈希值发布在网上,当把数据下载后再次运算一下哈希值,如果运算结果相等,就表示下载过程中文件没有任何损坏。因为哈希的最大特点是,如果输入数据稍微变了一点,那么经过哈希运算,得到的哈希值将会变得完全不一样。构成的哈希拓扑结构如图 5-9 所示。

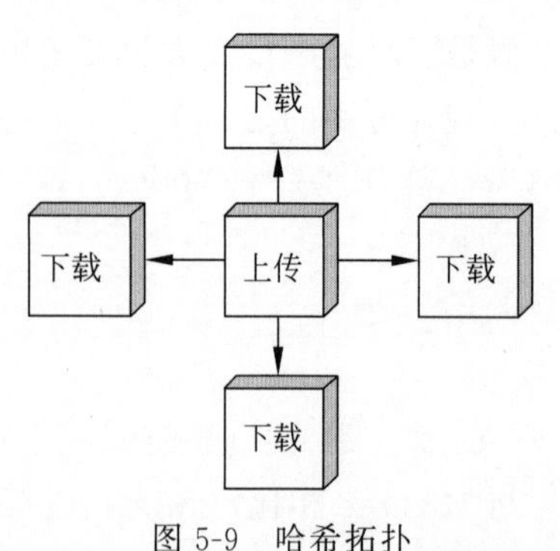

图 5-9 哈希拓扑

如果从一个稳定的服务器上进行下载,那么采用单个哈希进行校验的形式是可以接受的。

2. 哈希列表(Hash List)

在点对点网络中进行数据传输时,如图 5-10 所示,我们会同时从多个机器上下载数据,而其中很多机器可以认为是不稳定或者是不可信的,这时需要有更加巧妙的做法。在实际中,点对点网络在传输数据时都是把一个比较大的文件切成小数据块。这样的好处是如果有一小块数据在传输过程中损坏了,只要重新下载这个数据块,不用重新下载整个文件。当然,这要求每个数据块都拥有自己的哈希值。这样,系统在执行下载任务时,会先下载一个哈希列表,之后完成真实数据的下载。这时有一个问题出现了,如此多的哈希,我们怎么保证它们本身都是正确的呢?

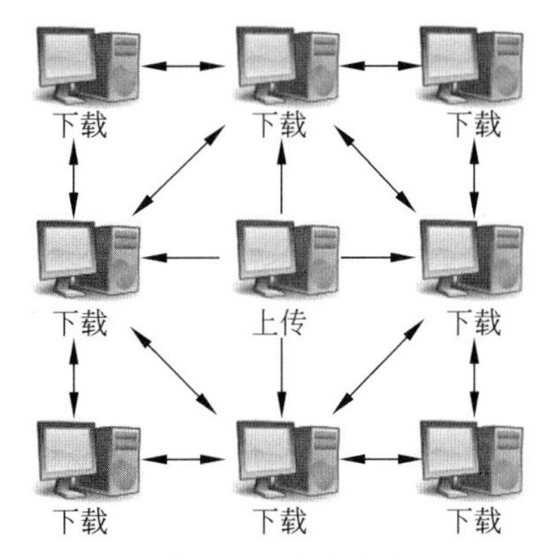

图 5-10　哈希列表

答案是我们需要一个根哈希,如图 5-11 所示,把每个小块的哈希值拼到一起,然后对这个长长的字符串再做一次哈希运算,最终的结果就是哈希列表的根哈希。如果我们能够保证从一个绝对可信的网站拿到一个正确的根哈希,就可以用它校验哈希列表中的每一个哈希是否都是正确的,进而可以保证下载的每一个数据块的正确性。

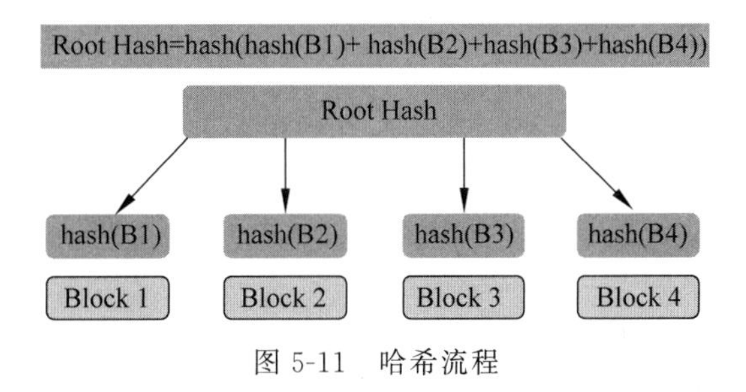

图 5-11　哈希流程

3. Merkle Tree 结构

在最底层,和哈希列表一样,我们把数据分成小数据块,有相应的哈希与它对应。但是往上走,并不是直接运算根哈希,而是把相邻的两个哈希合并成一个字符串,然后运算这个字符串的哈希,这样每两个哈希组合得到了一个“子哈希”。如果最底层的哈希总数是单数,那么到最后必然出现一个单哈希,对于这种情况直接对它进行哈希运算,所以也能得到它的子哈希。于是往上推,依然是一样的方式,可以得到数目更少的新一级哈希,最终必然形成一棵倒着的树,到了树根的这个位置就剩下一个根哈希了,我们把它称为Merkle Root,Merkle Tree结构如图5-12所示。

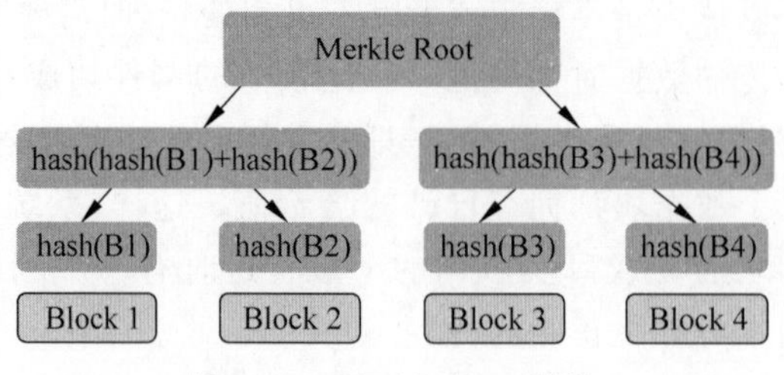

图5-12 Merkle Tree结构

与哈希列表相比,Merkle Tree明显的一个好处是可以单独拿出一个分支对部分数据进行校验,这是哈希列表所不能比拟的方便和高效。

5.3.4 Cuckoo Hash

Cuckoo Hash是一种解决Hash冲突的方法,其目的是使用简易的Hash函数提高Hash Table的利用率,保证$O(1)$的查询时间也能够实现Hash Key的均匀分布。

基本思想是利用两个Hash函数处理碰撞,从而使每个Key都对应到两个位置。

插入操作如下。

(1) 对Key值哈希,生成两个Hash Key值:hash k1和hash k2,如果对应的两个位置上有一个为空,直接把Key值插入即可。

(2) 否则,任选一个位置,把Key值插入,把已经在那个位置的Key值剔除。

(3) 被剔除的Key值需要重新插入,直到没有Key值被剔除为止。

其查找思路与一般哈希一致。

Cuckoo Hash在读多写少的负载情况下能够快速实现数据的查找。

5.4 分布式文件系统

5.4.1 文件存储格式

文件系统最后都需要以一定的格式存储数据文件,常见的文件系统存储布局有行式存储、列式存储以及混合式存储3种,不同的类别各有其优缺点和适用的场景。在目前的大数据分析系统中,列式存储和混合式存储因有诸多优点被广泛采用。

1. 行式存储

在传统关系型数据库中,行式存储被主流关系数据库广泛采用,HDFS文件系统也采用行式存储。在行式存储中,每条记录的各个字段连续地存储在一起,而对于文件中的各个记录也是连续地存储在数据块中,图5-13是HDFS的行式存储布局,每个数据块除了存储一些管理元数据外,每条记录都以行的方式进行数据压缩后连续地存储在一起。

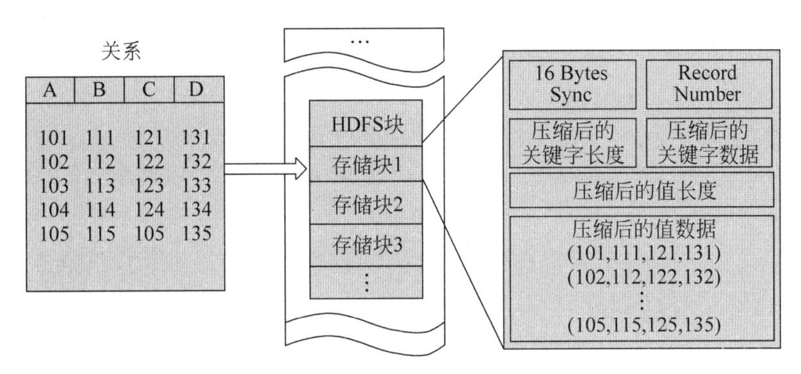

图 5-13　HDFS 的行式存储布局

行式存储对于大数据系统的需求已经不能很好地满足，主要体现在以下几方面。

（1）快速访问海量数据的能力被束缚。行的值由相应的列的值定位，这种访问模型会影响快速访问的能力，因为在数据访问的过程中引入了耗时的输入/输出。在行式存储中，为了提高数据处理能力，一般通过分区技术减少查询过程中数据输入/输出的次数，从而缩短响应时间。但是这种分区技术对海量数据规模下的性能改善效果并不明显。

（2）扩展性差。在海量规模下，扩展性差是传统数据存储的一个致命的弱点。一般通过向上扩展（Scale Up）和向外扩展（Scale Out）解决数据库扩展性差的问题。向上扩展是通过升级硬件提升速度，从而缓解压力；向外扩展则是按照一定的规则将海量数据进行划分，再将原来集中存储的数据分散到不同的数据服务器上。但由于数据被表示成关系模型，从而难以被划分到不同的分片中，这种解决方案仍然存在一定的局限性。

2. 列式存储

与行式存储布局对应，列式存储布局实际存储数据时按照列对所有记录进行垂直划分，将同一列的内容连续存放在一起。简单的记录数据格式类似传统数据库的平面型数据结构，一般采取列组（Column Group/Column Family）的方式。列式存储布局有两个好处：①对于上层的大数据分析系统来说，如果查询操作只涉及记录的个别列，则只需读取对应的列内容即可，其他字段不需要进行读取操作；②因为数据按列存储，所以可以针对每列数据采取具有针对性的数据压缩算法，从而提升压缩率。但是列式存储的缺陷也很明显，对于 HDFS 这种按块存储的模式而言，有可能不同列分布在不同的数据块中，所以为了拼合出完整的记录内容，可能需要大量的网络传输，导致效率低下。

采用列组方式存储布局可以在一定程度上缓解这个问题，也就是将记录的列进行分组，将经常使用的列分为一组，这样即使是列式存储数据，也可以将经常联合使用的列存储在一个数据块中，避免通过不必要的网络传输获取多列数据，对于某些场景而言会较大地提升系统性能。

在 HDFS 场景下，采用列组方式存储数据如图 5-14 所示，列被分为 3 组，A 和 B 分为一组，C 和 D 各自一组，即将列划分为 3 个列组并存储在不同的数据块中。

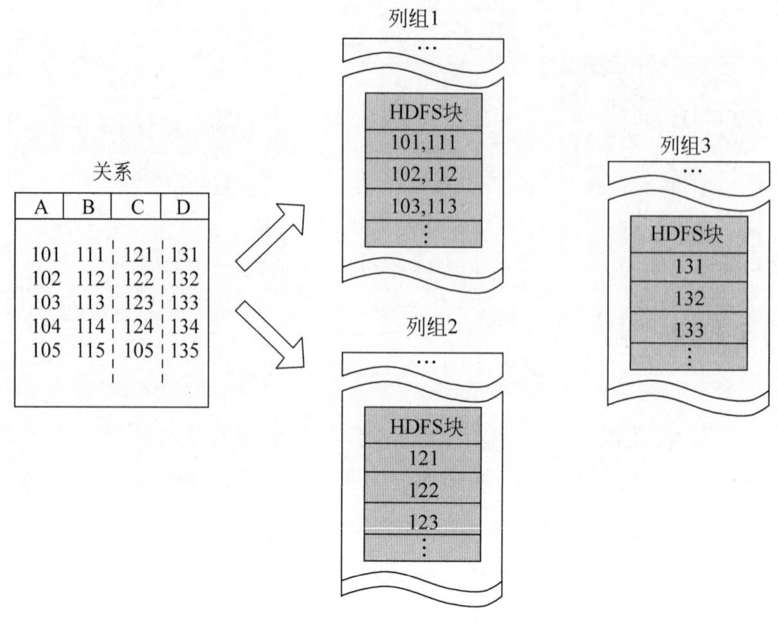

图 5-14 HDFS 列式存储布局

3. 混合式存储

尽管列式存储布局可以在一定程度上缓解上述的记录拼合问题,但是并不能彻底解决。混合式存储布局融合了行式和列式存储布局的优点,能比较有效地解决这一问题。

混合式存储布局首先将记录表按照行进行分组,若干行划分为一组,而对于每组内的所有记录,在实际存储时按照列将同一列内容连续存储在一起。

5.4.2 GFS

GFS(Google File System)是 Google 公司为了存储以百亿计的海量网页信息而专门开发的文件系统。在 Google 的整个大数据存储与处理技术框架中,GFS 是其他相关技术的基石,既提供了海量非结构化数据的存储平台,又提供了数据的冗余备份、成千台服务器的自动负载均衡以及失效服务器检测等各种完备的分布式存储功能。

考虑到 GFS 是在搜索引擎这个应用场景下开发的,在设计之初就定下了几个基本的设计原则。

首先,GFS 采用大量商业 PC 构建存储集群。PC 的稳定性并没有很高的保障,尤其是大规模集群,每天都会发生服务器宕机或者硬盘故障,这是 PC 集群的常态。因此,数据冗余备份、故障自动检测和故障机器自动恢复等都列在 GFS 的设计目标中。

其次,GFS 中存储的文件绝大多数是大文件,文件大小集中在 100MB 到几 GB,所以系统设计应该对大文件的 I/O 操作做出有针对性的优化。

再次,系统中存在大量的“追加”写操作,即在已有文件的末尾追加内容,已经写入的内容不做更改;而很少有“随机”写行为,即在文件的某个特定位置之后写入数据。

最后，对于数据读取操作来说，绝大多数操作都是“顺序”读，少量的操作是“随机”读，即按照数据在文件中的顺序一次读入大量数据，而不是不断在文件中定位到指定位置读取少量数据。

在下面的介绍中可以看到，GFS的大部分技术思路都是围绕以上几个设计目标提出的。

在了解GFS整体架构之前首先了解一下GFS中的文件和文件系统。在应用开发者看来，GFS文件系统类似Linux文件系统中的目录和目录下的文件构成的树形结构。这个树形结构在GFS中被称为“GFS命名空间”，同时，GFS提供了文件的创建、删除、读取和写入等常见的操作接口。

GFS中大量存储的是大文件，文件大小超过几GB是很常见的。虽然文件大小各异，但GFS在实际存储时首先将不同大小的文件切割成固定大小的数据块，每一个块称为一个Chunk。通常一个Chunk的大小设定为64MB，这样每个文件就是由若干个固定大小的Chunk构成的。

GFS以Chunk为基本存储单位，同一个文件的不同Chunk可能存储在不同的数据块服务器(ChunkServer)上，每个ChunkServer可以存储来自不同文件的Chunk。另外，在ChunkServer内部会对Chunk进一步切割，将其切割为更小的数据块，每一块被称为一个Block。Block是文件读取的基本单位，即每次读取至少读一个Block。

图5-15显示了GFS的整体架构，在这个架构中，主节点主要用于管理工作，负责维护GFS命名空间和Chunk命名空间。在GFS系统内部，为了能识别不同的Chunk，每个Chunk都被赋予一个唯一的编号，所有Chunk编号构成了Chunk命名空间。由于GFS文件被切割成了Chunk，因此主节点还记录了每个Chunk存储在哪台ChunkServer上以及文件和Chunk之间的映射关系。

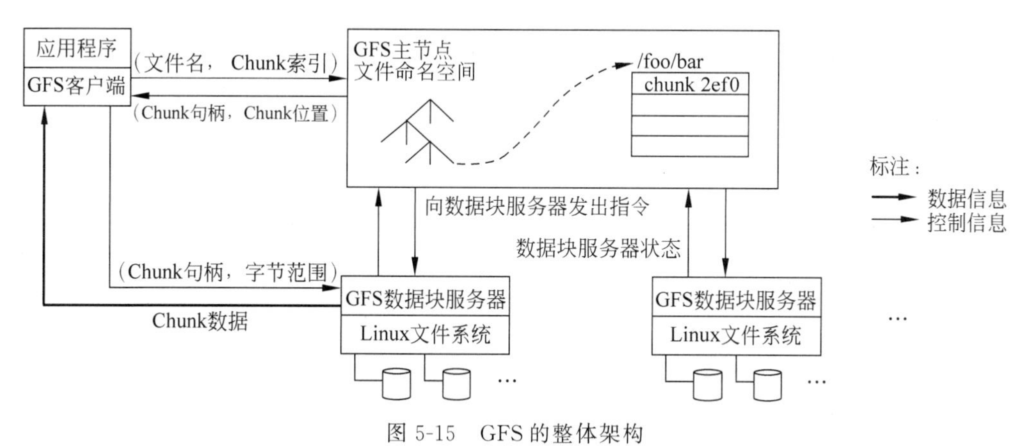

图5-15　GFS的整体架构

在GFS架构下，下面介绍GFS客户端是如何读取数据的。

对于GFS客户端来说，应用开发者提交的数据请求是从文件(file)中的位置P开始读取大小为L的数据。GFS系统在收到这种请求后会在内部做转换，因为Chunk的大小是固定的，所以从位置P和大小L可以计算出要读的数据位于文件的第几个Chunk中，请求被转换为file，Chunk序号的形式。随后，这个请求被发送到GFS主节点，通过主服务器可以知道要读的数据在哪台 ChunkServer 上,同时可以将 Chunk 序号转换为系统内唯一的 Chunk 编号,并将这两个信息传回 GFS 客户端。

GFS 客户端知道了应该去哪台 ChunkServer 读取数据后会和 ChunkServer 建立连接,并发送要读取的 Chunk 编号以及读取范围,ChunkServer 接收请求后将请求的数据发送给 GFS 客户端,如此就完成了一次数据读取的工作。

5.4.3 HDFS

Hadoop 分布式文件系统(HDFS)被设计成适合运行在商业硬件(Commodity Hardware)上的分布式文件系统。HDFS 和现有的分布式文件系统有很多共同点,但它和其他的分布式文件系统的区别也是很明显的。HDFS 是一个高度容错性的系统,适合部署在廉价的机器上;HDFS 能提供高吞吐量的数据访问,非常适合大规模数据集上的应用;HDFS 在最开始是作为 Apache Nutch 搜索引擎项目的基础架构开发的;HDFS 是 Apache Hadoop Core 项目的一部分。

HDFS 采用 Master/Slave 架构。一个 HDFS 集群由一个 NameNode 和一定数目的 DataNode 组成。NameNode 是一个中心服务器,负责管理文件系统的名字空间(Namespace)以及客户端对文件的访问。集群中的 DataNode 一般是一个服务器,负责管理它所在节点上的存储。HDFS 呈现了文件系统的名字空间,用户能够以文件的形式在上面存储数据。从内部看,一个文件其实被分成一个或多个数据块,这些块存储在一组 DataNode 上。NameNode 执行文件系统的名字空间操作,例如打开、关闭、重命名文件或目录。它也负责确定数据块到具体 DataNode 节点的映射。DataNode 负责处理文件系统客户端的 I/O 请求,在 NameNode 的统一调度下进行数据块的创建、删除和复制。HDFS 架构如图 5-16 所示。

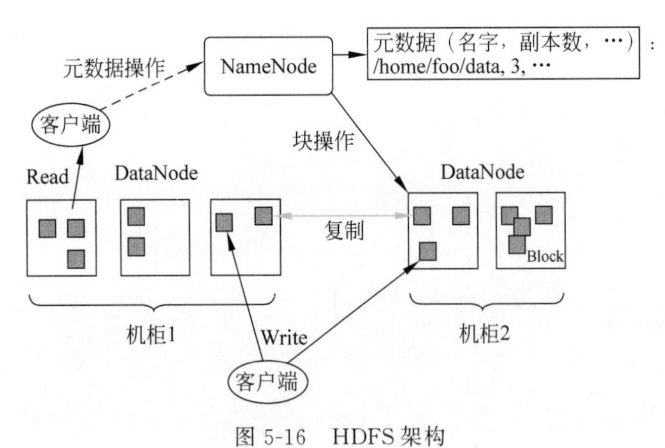

图 5-16 HDFS 架构

NameNode 和 DataNode 被设计成可以在普通的商用机器上运行,这些机器一般运行 GNU/Linux 操作系统。

HDFS 采用 Java 语言开发,因此任何支持 Java 的机器都可以部署 NameNode 或 DataNode。由于采用了可移植性极强的 Java 语言,使得 HDFS 可以部署到多种类型的机器上。一个典型的部署场景是一台机器上只运行一个 NameNode 实例,而集群中的其他机器分别运行一个 DataNode 实例。这种架构并不排斥在一台机器上运行多个 DataNode,但是这样的情况比较少见。

客户端访问 HDFS 中文件的流程如下。

(1) 从 NameNode 获得组成这个文件的数据块位置列表。

(2) 根据位置列表得到储存数据块的 DataNode。

(3) 访问 DataNode 获取数据。

HDFS 保证数据存储可靠性的机理如下。

(1) 冗余副本策略:所有数据都有副本,对于副本的数目可以在 hdfs-site. xml 中设置相应的副本因子。

(2) 机架策略:采用一种"机架感知"相关策略,一般在本机架存放一个副本,在其他机架再存放别的副本,这样可以防止机架失效时丢失数据,也可以提高带宽利用率。

(3) 心跳机制:NameNode 周期性地从 DataNode 接收心跳信号和块报告,没有按时发送心跳的 DataNode 会被标记为宕机,不会再给任何 I/O 请求,若是 DataNode 失效造成副本数量下降,并且低于预先设置的阈值,NameNode 会检测出这些数据块,并在合适的时机进行重新复制。

(4) 安全模式:NameNode 启动时会先经过一个"安全模式"阶段。

(5) 校验和:客户端获取数据通过检查校验和发现数据块是否损坏,从而确定是否要读取副本。

(6) 回收站:删除文件会先到回收站,其里面的文件可以快速恢复。

(7) 元数据保护:映像文件和事务日志是 NameNode 的核心数据,可以配置为拥有多个副本。

(8) 快照:支持存储某个时间点的映像,需要时可以使数据重返这个时间点的状态。

5.5 分布式数据库 NoSQL

5.5.1 NoSQL 数据库概述

NoSQL 泛指非关系型数据库,相对于传统关系型数据库,NoSQL 有着更复杂的分类,包括 KV 数据库、文档数据库、列式数据库以及图数据库等。这些类型的数据库能够更好地适应复杂类型的海量数据存储。

一个 NoSQL 数据库提供了一种存储和检索数据的方法,该方法不同于传统关系型数据库的表格形式。NoSQL 形式的数据库从 20 世纪 60 年代后期开始出现,直到 21 世纪早期,伴随着 Web 2.0 技术的不断发展,其中以互联网公司为代表,如 Google、Amazon 和 Facebook 等公司,带动了 NoSQL 这个名字的出现。目前 NoSQL 在大数据领域的应用非常广泛,例如实时 Web 应用。

促进 NoSQL 发展的因素如下。

(1) 简单设计原则可以更简单地水平扩展到多机器集群。

(2) 更细粒度地控制有效性。

每一种 NoSQL 数据库的有效性取决于该类型 NoSQL 所能解决的问题。而大多数

NoSQL 数据库系统为了提高系统的有效性、分区容忍性和操作速度都选择降低系统一致性。

较低的系统一致性就意味着标准接口的匮乏和查询语句的原始。这制约了当前 NoSQL 数据库系统的发展。这与传统关系型数据库系统的完整和体系化形成了对比。

目前大多数 NoSQL 提供了最终一致性，也就是数据库的更改最终会传递到所有节点上。表 5-3 是常用的 NoSQL 列表。

表 5-3 常用的 NoSQL 列表

类 型	实 例
Key-Value Cache	Infinispan、Memcached、Repcached、Terracotta、Velocity
Key-Value Store	Flare、Keyspace、RAMCloud、SchemaFree、Hyperdex、Aerospike
Data-Structures Server	Redis
Document Store	Clusterpoint、Couchbase、CouchDB、DocumentDB、Lotus Notes、MarkLogic、MongoDB
Object Database	DB4O、Objectivity/DB、Perst、Shoal、ZopeDB

5.5.2 KV 数据库

KV 数据库是最常见的 NoSQL 数据库形式，其优势是处理速度非常快，缺点是只能通过完全一致的键(Key)查询获取数据。根据数据的保存形式，键值存储可以分为临时性和永久性，下面介绍两者兼具的 KV 数据库 Redis。

Redis 是著名的内存 KV 数据库，在工业界得到了广泛的使用。它不仅支持基本的数据类型，也支持列表和集合等复杂的数据结构，因此拥有较强的表达能力，同时又有非常高的 I/O 效率。Redis 支持主从同步，数据可以从主服务器向任意数量的从服务器上同步，从服务器可以是关联其他从服务器的主服务器，这使得 Redis 可以执行单层树复制。由于完全实现了发布/订阅机制，使得从数据库在任何地方同步树时可订阅一个频道并接收主服务器完整的消息发布记录。同步对读取操作的可扩展性和数据冗余很有帮助。

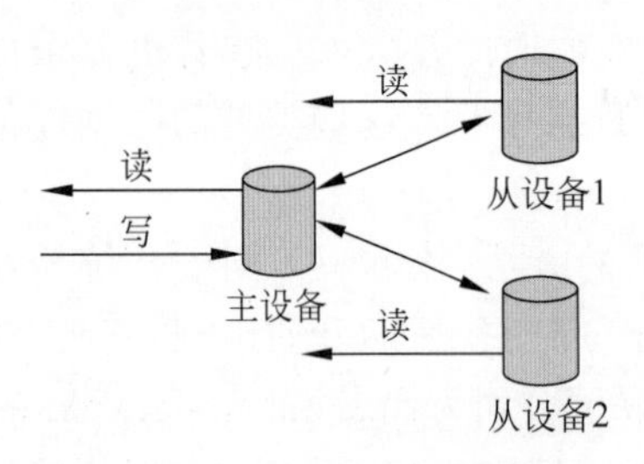

图 5-17 Redis 的副本维护策略

对于内存数据库而言，最为关键的一点是如何保证数据的高可用性，应该说 Redis 在发展过程中更强调系统的 I/O 性能和使用便捷性，在高可用性方面一直不太理想。

如图 5-17 所示，系统中有唯一的主设备(Master)负责数据的 I/O 操作，可以有多个从设备(Slave)保存数据副本，数据副本只能读取不能更新。Slave 初次启动时从 Master 获取数据，在数据复制过程中 Master 是非阻塞的，即可以同时支持 I/O 操作。Master 采取快照结合增量的方式记录即时起新增的数据操作，在 Slave 就绪之后以命令流的形式传给 Slave，Slave 顺序执行命令流，这样就达到 Slave 和 Master 的数据同步。

由于 Redis 采用这种异步的主从复制方式，所以 Master 接收数据更新操作到 Slave

更新数据副本有一个时间差，如果 Master 发生故障可能导致数据丢失。而且 Redis 并未支持主从自动切换，如果 Master 故障，此时系统表现为只读，不能写入。由此可以看出 Redis 的数据可用性保障还是有缺陷的，那么在现版本下如何实现系统的高可用呢？一种常见的思路是使用 Keepalived 结合虚拟 IP 实现 Redis 的高可用(High Availability，HA)方案。Keepalived 是软件路由系统，主要目的是为应用系统提供简洁强壮的负载均衡方案和通用的高可用方案。使用 Keepalived 实现 Redis 的 HA 方案如下。

(1) 在两台(或多台)服务器上分别安装 Redis 并设置主从。

(2) Keepalived 配置虚拟 IP 和两台 Redis 服务器的 IP 的映射关系，这样对外统一采用虚拟 IP，而虚拟 IP 和真实 IP 的映射关系及故障切换由 Keepalived 负责。有 3 种情况：当 Redis 服务器都正常时，数据请求由 Master 负责，Slave 只需要从 Master 复制数据；当 Master 发生故障时，Slave 接管数据请求并关闭主从复制功能，以避免 Master 再次启动后 Slave 数据被清掉；当 Master 恢复正常后，首先从 Slave 同步数据以获取最新的数据情况，关闭主从复制并恢复 Master 身份，与此同时 Slave 恢复其 Slave 身份。

5.5.3　列式数据库

列式数据库基于列式存储的文件存储格局，兼具 NoSQL 和传统数据库的一些优点，具有很强的水平扩展能力、极强的容错性以及极高的数据承载能力，同时也有接近传统关系型数据库的数据模型，在数据表达能力上强于简单的 KV 数据库。

下面以 BigTable 和 HBase 为例介绍列式数据库的功能和应用。

BigTable 是 Google 公司设计的分布式数据存储系统，针对海量结构化或半结构化的数据，以 GFS 为基础，建立了数据的结构化解释，其数据模型与应用更贴近。目前 BigTable 已经在超过 60 个 Google 产品和项目中得到应用，其中包括 Google Analysis、Google Finance、Orkut 和 Google Earth 等。

BigTable 的数据模型本质上是一个三维映射表，其最基础的存储单元由行主键、列主键和时间构成的三维主键唯一确定。BigTable 中的列主键包含两级，其中第一级被称为列簇(Column Families)，第二级被称为列限定符(Column Qualifier)，两者共同构成一个列的主键。

在 BigTable 内可以保留随着时间变化的不同版本的同一信息，这个不同版本由时间戳维度进行区分和表达。

HBase 是一个开源的非关系型分布式数据库，它参考了 Google 的 BigTable 模型，实现的编程语言为 Java。它是 Apache 软件基金会的 Hadoop 项目的一部分，运行在 HDFS 文件系统上，为 Hadoop 提供类似 BigTable 规模的服务。因此，它可以容错地存储海量稀疏的数据。HBase 在列上实现了 BigTable 论文提到的压缩算法、内存操作和布隆过滤器(Bloom Filter)。HBase 的表能够作为 MapReduce 任务的输入和输出，可以通过 Java API 访问数据，也可以通过 REST、Avro 或者 Thrift 的 API 访问。HBase 的整体架构如图 5-18 所示。

HBase 以表的形式存储数据。表由行和列组成，每个列属于某个列簇，由行和列确定的存储单元称为元素，每个元素保存同一份数据的多个版本，由时间戳标识区分，如表 5-4 所示。

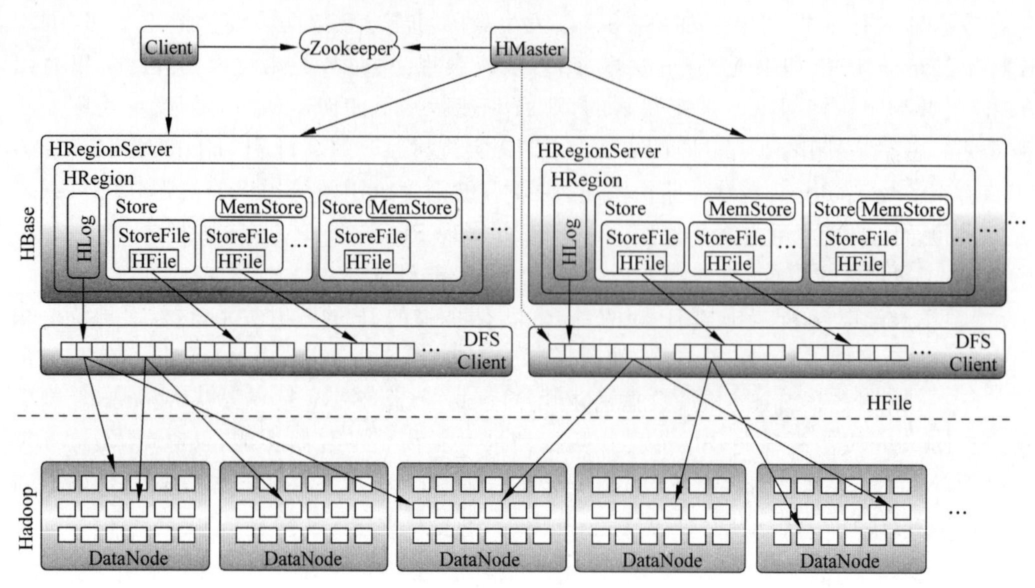

图 5-18 HBase 存储架构图

表 5-4 HBase 存储结构

行键	时间戳	列"contents:"	列"anchor:"		列"mine:"
"com.cnn.www"	t9		"anchor:cnnsi.com"	"CNN"	
	t8		"anchor:my.look.ca"	"CNN.com"	
	t6	"<html>..."			"text/html"
	t5	"<html>..."			
	t3	"<html>..."			

5.6 HBase 数据库搭建与使用

HBase 是分布式 NoSQL 系统中可扩展的列式数据库,支持随机读写和实时访问,能够存储非常大的数据库表(例如表可以有数十亿行和上百万列)。下面简要介绍 HBase 的搭建与使用。

5.6.1 HBase 伪分布式运行

因为 HBase 是运行在 HDFS 的基础上的,所以需要先启动 HDFS 集群。这里首先运行的是 HBase 伪分布式版本,所以 HDFS 也采用伪分布式版本。

1. HDFS 集群启动

HDFS 的核心配置文件 hdfs-site.xml 配置文件如图 5-19 所示。

格式化 HDFS 文件系统,输入如下命令:

```
<configuration>
<property>
        <name>dfs.replication</name>
        <value>1</value>
    </property>
</configuration>
```

图 5-19　hdfs-site. xml 配置文件

```
1    ./bin/hdfs namenode - format
```

启动 HDFS 文件系统，输入如下命令：

```
1    ./sbin/start - dfs. sh
```

通过网页形式查看，若显示页面如图 5-20 所示则表明启动成功。

Hadoop　Overview　Datanodes　Datanode Volume Failures　Snapshot　Startup Progress　Utilities

Overview 'localhost:9000' (active)

Started:	Tue May 30 10:48:20 EDT 2017
Version:	2.7.3, rbaa91f7c6bc9cb92be5982de4719c1c8af91ccff
Compiled:	2016-08-18T01:41Z by root from branch-2.7.3
Cluster ID:	CID-50fd8bab-9503-4b0f-a834-f7ad212e70ee
Block Pool ID:	BP-1290462913-10.61.2.119-1496155529613

图 5-20　HDFS 集群显示页面

2. Zookeeper 启动

HBase 启动需要 Zookeeper 支持，使用最简单的 Zookeeper 配置，下载 Zookeeper 的运行包，下载地址为 http://www-us. apache. org/dist/zookeeper/zookeeper-3. 4. 9/。

配置 Zookeeper，执行如下命令：

```
1    cp conf/zoo_sample. cfg conf/zoo. cfg
```

启动 Zookeeper，执行如下命令：

```
1    /bin/zkServer. sh start
```

3. HBase 集群启动

下载 HBase 运行 jar 包，HBase 需要与 Hadoop 兼容，这里 Hadoop 的版本是 2. 7. 3，HBase 的版本是 1. 2. 4，下载地址是 http://archive. apache. org/dist/hbase/1. 2. 4/。

hbase-site. xml 配置文件如图 5-21 所示。

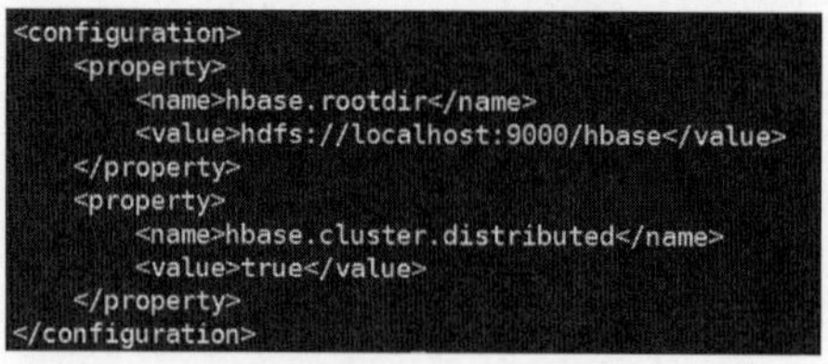

```
<configuration>
    <property>
        <name>hbase.rootdir</name>
        <value>hdfs://localhost:9000/hbase</value>
    </property>
    <property>
        <name>hbase.cluster.distributed</name>
        <value>true</value>
    </property>
</configuration>
```

图 5-21　hbase-site. xml 配置文件

启动如下命令,运行 HBase 集群:

```
1    ./bin/start - hbase.sh
```

利用 HBase 的页面显示,查看运行状态,在浏览器中输入服务器 IP 地址加上端口号 16010,显示如图 5-22 所示。

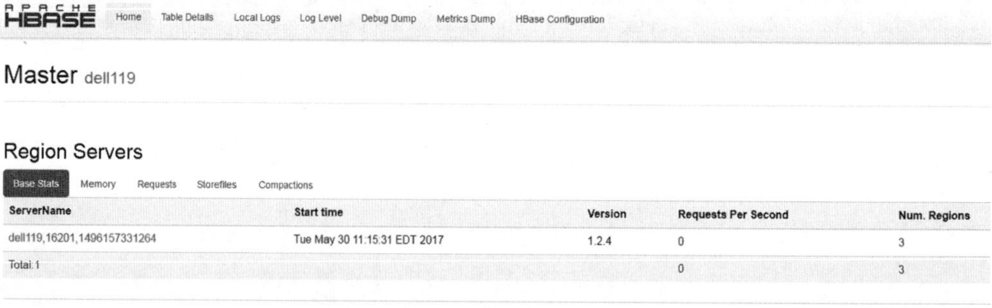

APACHE HBASE　Home　Table Details　Local Logs　Log Level　Debug Dump　Metrics Dump　HBase Configuration

Master dell119

Region Servers

Base Stats　Memory　Requests　Storefiles　Compactions

ServerName	Start time	Version	Requests Per Second	Num. Regions
dell119,16201,1496157331264	Tue May 30 11:15:31 EDT 2017	1.2.4	0	3
Total:1			0	3

图 5-22　HBase 伪分布式运行状态

5.6.2　HBase 分布式运行

HBase 分布式版本与伪分布式版本配置过程差不多,也是分为 HDFS 集群启动、Zookeeper 启动和 HBase 集群启动三部分。

1. HDFS 集群启动

这里用作 HDFS 集群的机器数目一共为 4 台,1 台当作 NameNode 节点,其他 3 台当作 DataNode 节点。

如图 5-23 所示,是 HDFS 集群的 hdfs-site. xml 配置文件。图中 Hadoop 文件的路径名称由于包含个人信息,所以进行了遮盖。读者应填写个人系统中 Hadoop 文件的存储路径。

启动 HDFS 集群,输入如下命令:

```
1    ./sbin/start - dfs.sh
```

利用 Web 界面查看 HDFS 运行状态,如图 5-24 所示。

```
<configuration>
<property>
        <name>dfs.replication</name>
        <value>3</value>
    </property>
    <property>
        <name>dfs.namenode.secondary.http-address</name>
        <value>dell118:50090</value>
    </property>
    <property>
        <name>dfs.namenode.name.dir</name>
        <value>file:/home/[illegible]/opt/hadoop/tmp/dfs/name</value>
    </property>
    <property>
        <name>dfs.datanode.data.dir</name>
        <value>file:/home/[illegible]/opt/hadoop/tmp/dfs/data</value>
    </property>

</configuration>
```

图 5-23　hdfs-site.xml 配置文件

Hadoop　Overview　Datanodes　Datanode Volume Failures　Snapshot　Startup Progress　Utilities

Datanode Information

In operation

Node	Last contact	Admin State	Capacity	Used	Non DFS Used	Remaining	Blocks	Block pool used	Failed Volumes	Version
dell121:50010 (10.61.2.121:50010)	1	In Service	1007.8 GB	1.27 GB	892.99 GB	113.54 GB	69	1.27 GB (0.13%)	0	2.7.3
dell120:50010 (10.61.2.120:50010)	0	In Service	1023.5 GB	6.69 GB	327.58 GB	689.23 GB	113	6.69 GB (0.65%)	0	2.7.3
dell119:50010 (10.61.2.119:50010)	1	In Service	1023.5 GB	6.69 GB	396.57 GB	620.24 GB	113	6.69 GB (0.65%)	0	2.7.3

图 5-24　HDFS 集群运行状态

2. Zookeeper 启动

HBase 启动需要 Zookeeper 支持，配置 Zookeeper，修改 zoo.cfg 文件，具体配置如图 5-25 所示。

```
# the port at which the clients will connect
clientPort=2181
server.1=dell118:2888:3888
server.2=dell119:2888:3888
server.3=dell120:2888:3888
```

图 5-25　Zookeeper 集群配置

启动 Zookeeper，执行如下命令：

```
1    ./bin/zkServer.sh start
```

3. HBase 集群启动

hbase-site.xml 配置文件如图 5-26 所示。

启动如下命令，运行 HBase 集群：

```
        <property>
  <name>hbase.cluster.distributed</name>
  <value>true</value>
</property>
<property>
  <name>hbase.zookeeper.quorum</name>
  <value>dell118,dell119,dell120</value>
</property>
<property>
    <name>hbase.regionserver.lease.period</name>
    <value>240000</value>
</property>
<property>
    <name>hbase.rpc.timeout</name>
    <value>280000</value>
</property>
<property>
        <name>zookeeper.session.timeout</name>
        <value>120000</value>
</property>
```

图 5-26　hbase-site.xml 配置文件

```
1    /bin/start-hbase.sh
```

利用 HBase 的页面显示，查看运行状态，在浏览器中输入服务器 IP 地址加上端口号 16010，显示如图 5-27 所示。

APACHE HBASE　Home　Table Details　Local Logs　Log Level　Debug Dump　Metrics Dump　HBase Configuration

Master dell118

Region Servers

Base Stats　Memory　Requests　Storefiles　Compactions

ServerName	Start time	Version	Requests Per Second	Num. Regions
dell119,16020,1496160355649	Wed May 31 00:05:55 CST 2017	1.2.4	0	2
dell120,16020,1496160355883	Wed May 31 00:05:55 CST 2017	1.2.4	0	0
Total:2			0	2

图 5-27　HBase 集群运行状态

第 6 章

Hadoop MapReduce解析

Hadoop 是一个能够对大量数据进行分布式处理的软件架构。它被公认为是大数据行业的标准开源软件，几乎所有主流厂商（如谷歌、雅虎、微软、思科和淘宝等）都围绕 Hadoop 提供开发工具、开源软件、商业化工具和技术服务。使用 Hadoop 构建的应用程序可在分布在商用计算机群集上的大型数据集上运行。它具有跨平台的特性，这使得性能较低但更便宜的商品计算机得以在大数据中被充分利用。

MapReduce 是一种具有可靠性和容错能力的分布式计算框架，能够处理大量数据以及运行部署在大规模计算集群中。

本章主要介绍 Hadoop MapReduce 的实现细节，并通过一个具体应用案例详细讲解 MapReduce 分布式计算框架在实例中的应用。

6.1 Hadoop MapReduce 架构

MapReduce 计算框架采用主从架构，由 Client、JobTracker 和 TaskTracker 组成，如图 6-1 所示。

1. Client

用户编写 MapReduce 程序，通过 Client 提交到 JobTracker，由 JobTracker 执行具体的任务分发。Client 可以在 Job 执行过程中查看具体的任务执行状态以及进度。在 MapReduce 中，每个 Job 对应一个具体的 MapReduce 程序。

2. JobTracker

JobTracker 负责管理运行的 TaskTracker 节点，包括 TaskTracker 节点的加入和退

出；负责 Job 的调度与分发，每一个提交的 MapReduce Job 由 JobTracker 安排到多个 TaskTracker 节点上执行；负责资源管理，在当前 MapReduce 框架中每个资源抽象成一个 Slot，利用 Slot 资源管理执行任务分发。

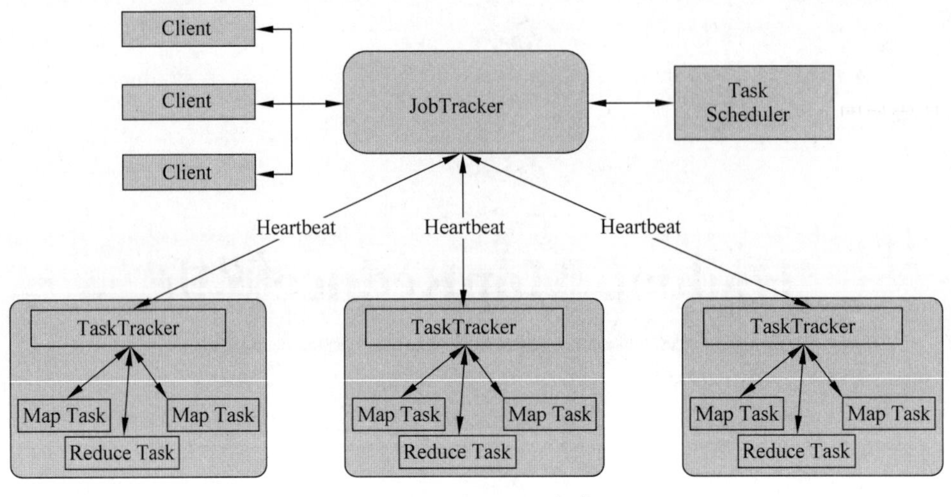

图 6-1 MapReduce 架构

3. TaskTracker

TaskTracker 节点定期发送心跳信息（Heartbeat）给 JobTracker 节点，表明该 TaskTracker 节点运行正常。JobTracker 发送具体的任务给 TaskTracker 节点执行。TaskTracker 通过 Slot 资源抽象模型，汇报给 JobTracker 节点该 TaskTracker 节点上的资源使用情况，具体分成了 Map Slot 和 Reduce slot 两种类型的资源。

在 MapReduce 框架中，所有的程序执行最后都转换成 Task 执行。Task 分成了 Map Task 和 Reduce Task，这些 Task 都是在 TaskTracker 上启动。图 6-2 显示了 HDFS 作为

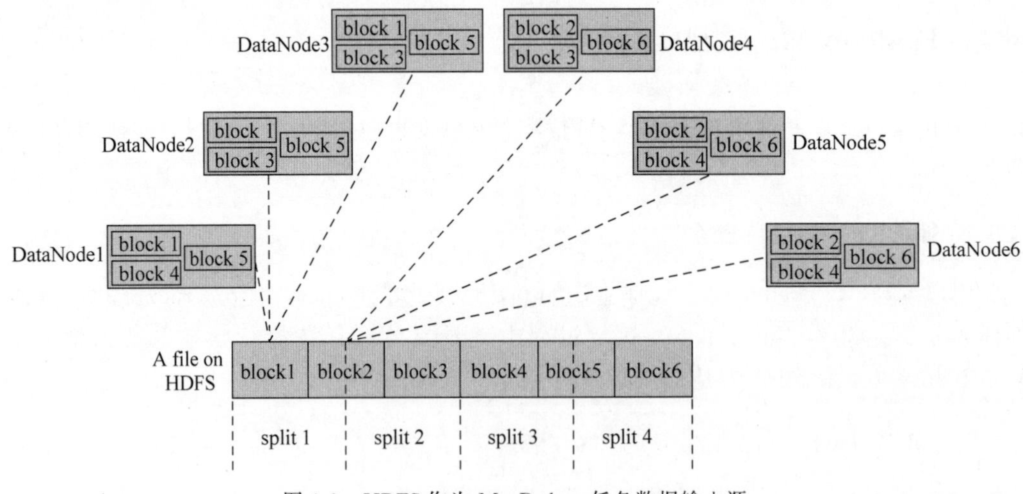

图 6-2 HDFS 作为 MapReduce 任务数据输入源

MapReduce 任务的数据输入源，每个 HDFS 文件切分成多个 Block，以每个 Block 为单位同时兼顾 Block 的位置信息，将其作为 MapReduce 任务的数据输入源执行计算任务。

6.2　MapReduce 工作机制

MapReduce 计算模式的工作原理是把计算任务拆解成 Map 和 Reduce 两个过程执行，具体如图 6-3 所示。

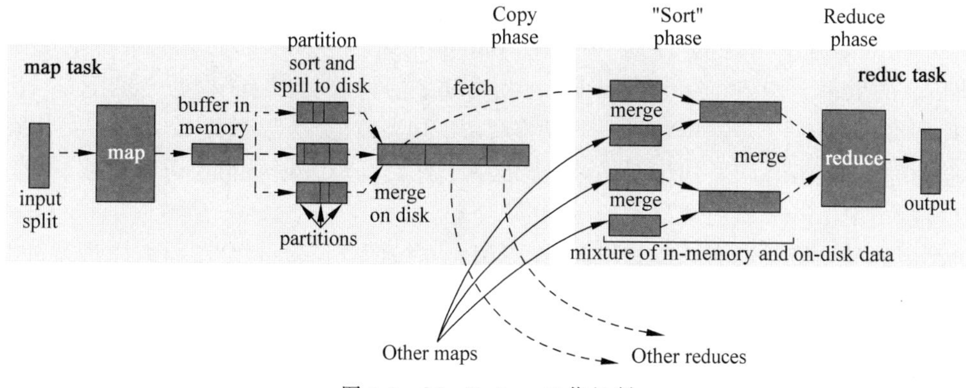

图 6-3　MapReduce 工作机制

整体而言，一个 MapReduce 程序一般分成 Map 和 Reduce 两个阶段，中间可能会有 Combine。数据被分割后通过 Map 函数的程序将数据映射成不同的区块，分配给计算机集群处理达到分布式运算的效果，再通过 Reduce 函数的程序将结果汇整，最后输出运行计算结果。

6.2.1　Map

在进行 Map 计算之前，MapReduce 会根据输入文件计算输入分片(input split)，每个输入分片针对一个 Map 任务，输入分片存储的并非数据本身，而是一个分片长度和一个记录数据位置的数组，输入分片往往和 HDFS 的 Block 的关系很密切。假设 HDFS 的块的大小是 64MB，如果我们输入 3 个文件，大小分别是 3MB、65MB 和 127MB，那么 MapReduce 会把 3MB 文件分为一个输入分片，65MB 文件分为两个输入分片，127MB 文件也分为两个输入分片。换句话说，如果在 Map 计算前做输入分片调整，例如合并小文件，那么将会执行 5 个 Map 任务，而且每个 Map 执行的数据大小不均，这也是 MapReduce 优化计算的一个关键点。

接着是执行 Map 函数，Map 操作一般由用户指定。Map 函数产生输出结果时并不是直接写入磁盘中，而是采用缓冲方式写入内存中，并对数据按关键字进行预排序。每个 Map 任务都有一个环形内存缓冲，用于存储 Map 操作结果，在默认情况下缓冲区大小为 100MB，该值可以用 io. sort. mb 属性修改。当内存中的数据增长到一定比例时，可以通过 io. sort. spill. percent 调整参数大小，后台线程会写入(spill)磁盘中。在写磁盘的过程中，数据会继续写入内存缓冲区中。

6.2.2 Reduce

Reduce过程执行用户指定的Reduce函数,输出计算结果到HDFS集群上。Reduce执行数据的归并,数据以< key,list(value1,value2…)>的方式存储。这里以WordCount的例子来说明,此时的记录应该是< hadoop,list(1)>、< hello,list(1,1)>、< word,list(1)>,那么结果应该是< hadoop,list(1)>、< hello,list(2)>、< word,list(1)>。

6.2.3 Combine

Combine是在本地进行的一个在Map端做的Reduce的过程,其目的是提高Hadoop的效率。例如存在两个以hello为关键字的记录,直接将数据交给下一个步骤处理,所以在下一个步骤中需要处理两条< hello,1 >的记录,如果先做一次Combine,则只需处理一次< hello,2 >的记录,这样做的一个好处是当数据量很大时可以减少很多开销(直接将Partition后的结果交给Reduce处理,由于TaskTracker并不一定分布在本节点,过多的冗余记录会影响I/O,与其在Reduce时进行处理,不如在本地先进行一些优化以提高效率)。

6.2.4 Shuffle

Shuffle描述数据从Map Task输出到Reduce Task输入的过程。

Map端的所有工作结束之后,最终生成的文件也存放在TaskTracker节点的本地文件系统中。每个Reduce Task不断通过RPC从JobTracker中获取Map Task是否完成的信息,如果Reduce Task得到通知,获知某个TaskTracker上的Map Task执行完成。Reduce Task在执行之前的工作就是不断拉取当前Job中每个Map Task的最终结果,然后对从不同地方拉取过来的数据不断做Merge,最终形成一个文件作为Reduce Task的输入文件,如图6-4所示。

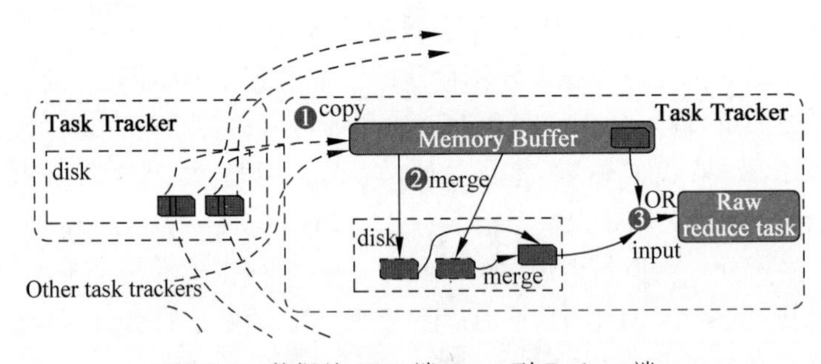

图6-4 数据从Map端Copy到Reduce端

Reducer真正运行之前,所有的时间都是在拉取数据不断重复地做Merge。下面描述Reduce端的Shuffle细节。

(1) Copy过程:用于简单地拉取数据。Reduce进程启动一些数据Copy线程(如Fetcher线程),通过HTTP方式请求Map Task所在的TaskTracker获取Map Task的输出文件。因为Map Task早已结束,这些文件就归TaskTracker管理在本地磁盘中。

(2) Merge阶段：这里的Merge如Map端的Merge动作，只是数组中存放的从不同Map端Copy的数据。Copy的数据会先放入内存缓冲区中，这里的缓冲区大小要比Map端的更为灵活，它基于JVM的heap size设置，因为在Shuffle阶段Reducer不运行，所以应该把绝大部分的内存都给Shuffle使用。这里需要强调的是，Merge有三种方式，即内存到内存、内存到磁盘和磁盘到磁盘。在默认情况下第一种Merge方式不启用，当内存中的数据量达到一定阈值时就启动内存到磁盘的Merge。与Map端类似，这也是溢写的过程，在这个过程中如果设置有Combiner，也是会启用的，然后在磁盘中生成了众多的溢写文件。第二种Merge方式一直在运行，直到没有Map端的数据时才结束，然后启动第三种Merge方式生成最终的文件。

(3) Reducer的输入文件：不断地Merge，最后会生成一个"最终文件"。那么这里为什么加引号？因为这个文件可能存放于磁盘中，也可能存放于内存中。对用户来说，当然希望将它存放于内存中，直接作为Reducer的输入，但默认情况下这个文件是存放于磁盘中的。当Reducer的输入文件确定时整个Shuffle才最终结束。

6.2.5　Speculative Task

MapReduce模型把作业拆分成任务，然后并行运行任务以减少运行时间。存在这样的计算任务，它的运行时间远远长于其他任务的计算任务，减少该任务的运行时间就可以提高整体作业的运行速度，这种任务也称为"拖后腿"任务。导致任务执行缓慢的原因有很多种，包括软件和硬件原因，例如硬件配置更新迭代，MapReduce任务运行在新旧硬件设备上，负载不均衡，任务调度的局限导致每个计算节点上的任务负载差异较大。

为了解决上述"拖后腿"任务导致的系统性能下降问题，Hadoop为该Task启动Speculative Task，与原始的Task同时运行，以最快运行结束的结果返回，加快Job的执行。当为一个Task启动多个重复的Task时，必然导致系统资源的消耗，因此采用Speculative Task的方式是一种以空间换时间的方式。

同时启动多个重复的Task会加速系统资源的竞争，导致Speculative Task无法执行。所以启动一个Speculative Task需要在一个Job的所有Task都启动完成之后才启动，并且针对那些运行时间比平均运行时间慢的任务。当一个Task任务完成之后，任何正在运行的重复的任务都会停止。总体来讲，Speculative Task是优化MapReduce计算过程的一个方法。

在Hadoop中启动Speculative Task的配置方法如例6-1所示。

【例6-1】　在Hadoop中启动Speculative Task的配置方法。

```
1  <property>
2      <name>mapred.map.tasks.speculative.execution</name>
3      <value>false</value>
4  </property>
5  <property>
6      <name>mapred.reduce.tasks.speculative.execution</name>
```

```
7        <value>false</value>
8    </property>
```

在实际中应该根据具体的情况选择是否需要启动 Speculative Task，因为启动 Speculative Task 是一种加剧资源消耗的过程，会造成系统的性能下降。使用 Speculative Task 的目的是缩短时间，但是以牺牲集群效率为代价。

6.2.6 任务容错

MapReduce 是一种通用的计算框架，有着非常健壮的容错机制，容错粒度包括 JobTracker、TaskTracker、Job、Task 和 Record 等级别。由于目前 Hadoop 还是单 Master 设计，在一个集群中只有一个 JobTracker，一旦 JobTracker 出现错误往往需要人工介入，但是用户可以通过一些参数进行控制，从而让所有作业恢复运行。TaskTracker 的容错则通过心跳检测、黑名单和灰名单机制对失效的 TaskTracker 节点进行及时处理达到容错效果。同时 Hadoop 还可以通过不同的参数配置保证 Job、Task 以及 Record 等级别的容错。

用户的一个 MapReduce 作业往往由很多任务组成，只有所有的任务执行完毕才算是整个作业成功。对于任务的容错机制，MapReduce 采用最简单的方法进行处理，即"再执行"，也就是说对于失败的任务重新调度执行一次。一般有以下两种情况需要再执行。

第一种情况：如果是一个 Map 任务或 Reduce 任务失败了，那么调度器会将这个失败的任务分配到其他节点重新执行。

第二种情况：如果是一个节点死机了，那么在这台死机的节点上已经完成运行的 Map 任务及正在运行中的 Map 和 Reduce 任务都将被调度重新执行，同时在其他机器上正在运行的 Reduce 任务也将被重新执行，这是由于这些 Reduce 任务所需要的 Map 的中间结果数据因为那台失效的机器而丢失了。

6.3 应用案例

下面通过 WordCount 和 WordMean 等几个例子讲解 MapReduce 的实际应用，编程环境都是以 Hadoop MapReduce 为基础。

6.3.1 WordCount

WordCount 用于计算文件中每个单词出现的次数，非常适合采用 MapReduce 进行处理。处理单词计数问题的思路简单，在 Map 阶段处理每个文本 Split 中的数据，产生 <word,1>这样的键-值对，然后在 Reduce 阶段对相同的关键字求和，最后生成所有的单词计数。对应的 Map 端代码如例 6-2 所示，对应的 Reduce 端代码如例 6-3 所示，详细的可运行代码可以从 GitHub 上下载(https://github.com/alibook/alibook-bigdata.git)。

【例 6-2】 Map 端代码。

```
1   public static class TokenizerMapper extends Mapper<Object, Text, Text, IntWritable> {
2   private final static IntWritable one = new IntWritable(1);
3   private Text word = new Text();
4           public void map(Object key, Text value, Context context)
5           throws IOException, InterruptedException {
6               StringTokenizer itr = new StringTokenizer(value.toString());
7               while (itr.hasMoreTokens()) {
8                   word.set(itr.nextToken());
9                   context.write(word, one);
10              }
11          }
12  }
```

【例 6-3】 Reduce 端代码。

```
1   public static class IntSumReducer extends Reducer<Text, IntWritable, Text, IntWritable> {
2       public void reduce(Text key, Iterable<IntWritable> values,
3       Context context) throws IOException, InterruptedException{
4           int sum = 0;
5           for (IntWritable val : values) {
6               sum += val.get();
7           }
8           context.write(key, new IntWritable(sum));
9           }
10  }
```

在主函数中设置该 WordCount Job 的相关环境,包括输入和输出、Map 类和 Reduce 类,如例 6-4 所示。

【例 6-4】 WordCount Job 的相关环境设置。

```
1   Configuration conf = new Configuration();
2   Job job = Job.getInstance(conf, "word count");
3
4   job.setJarByClass(WordCount.class);
5   job.setMapperClass(TokenizerMapper.class);
6   job.setReducerClass(IntSumReducer.class);
7   job.setCombinerClass(IntSumReducer.class);
8
9   job.setOutputKeyClass(Text.class);
10  job.setOutputValueClass(IntWritable.class);
11
12  FileInputFormat.addInputPath(job, new Path(args[0]));
13  FileOutputFormat.setOutputPath(job, new Path(args[1]));
14
15  System.exit(job.waitForCompletion(true) ? 0 : 1);
```

WordCount 运行示意图如图 6-5 所示。

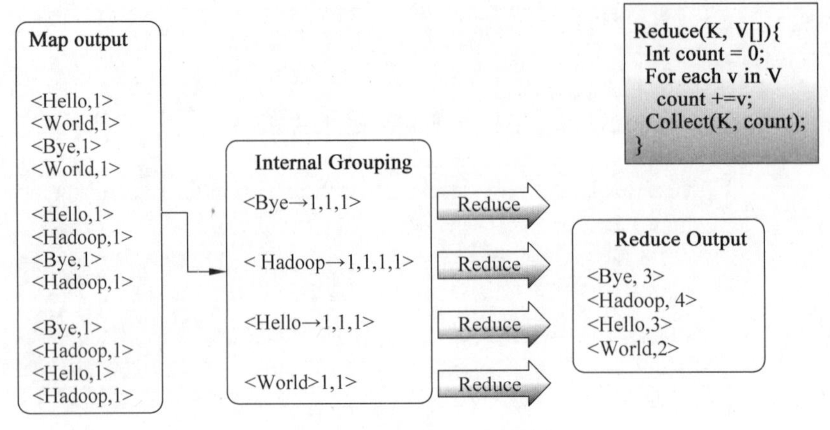

图 6-5 WordCount 运行过程

在终端环境中运行以下命令：

```
1    bin/hadoop jar /home/user/hadoop-0.0.1.jar alibook.hadoop.WordCount
     /user/hadoop/input /user/hadoop/output
```

WordCount 运行结果如图 6-6 所示，运行结果产生了一个 part-r-00000 文件，保存运行结果。

```
16/11/20 23:14:02 INFO client.RMProxy: Connecting to ResourceManager at dell122/10.61.2.122:8832
16/11/20 23:14:02 WARN mapreduce.JobResourceUploader: Hadoop command-line option parsing not performed. Implement the Tool interface and execute your application
with ToolRunner to remedy this.
16/11/20 23:14:03 INFO input.FileInputFormat: Total input paths to process : 33
16/11/20 23:14:03 INFO mapreduce.JobSubmitter: number of splits:33
16/11/20 23:14:03 INFO mapreduce.JobSubmitter:Submitting tokens for job: job_1477880581089_0019
16/11/20 23:14:03 INFO impl.YarnClientImpl: Submitted application application_1477880581089_0019
16/11/20 23:14:03 INFO mapreduce.Job: The url to track the job: http://dell112:8088/proxy/application_1477880581089_0019/
16/11/20 23:14:03 INFO mapreduce.Job: Running job: job_1477880581089_0019
16/11/20 23:14:07 INFO mapreduce.Job: job job_1477880581089_0019 running in uber mode : false
16/11/20 23:14:07 INFO mapreduce.Job: map 0% reduce 0%
16/11/20 23:14:11 INFO mapreduce.Job: map 15% reduce 0%
16/11/20 23:14:12 INFO mapreduce.Job: map 91% reduce 0%
16/11/20 23:14:14 INFO mapreduce.Job: map 100% reduce 0%
16/11/20 23:14:16 INFO mapreduce.Job: map 100% reduce 100%
16/11/20 23:14:16 INFO mapreduce.Job: job job_1477880581089_0019 completed successfully
16/11/20 23:14:16 INFO mapreduce.Job: Counters: 51
```

图 6-6 WordCount 运行结果

6.3.2 WordMean

下面对 WordCount 稍做修改，改为计算所有文件中单词的平均长度，单词长度的定义是单词的字符个数。现在 HDFS 集群中有大量文件，需要统计所有文件中所出现单词的平均长度。

其处理也可以采用 MapReduce 方式，计算结果最后以 HDFS 文件的方式保存，保存内容格式为两行数据：第一行是< count，个数>键-值对，为统计出现的所有单词个数；第二行是< length，总长度>键-值对，为统计文件中所有单词长度。然后从 HDFS 文件中读取 MapReduce 计算结果，求取单词长度的平均值。在 MapReduce 计算过程中，Map 阶段读取每个文件的 Split 数据，生成< Count，1 >和< Length，单词长度>键-值对；Reduce 阶段对相同的 Count 关键字和 Length 关键字对进行求和。对应的 Map 端代码如例 6-5 所示，对应的 Reduce 端代码如例 6-6 所示，详细的代码可以从 GitHub 上下载（https://github.com/alibook/alibook-bigdata.git）。

【例 6-5】 Map 端代码。

```
1   /**
2    * Maps words from line of text into 2 key-value pairs;
3    * one key-value pair for
4    * counting the word, another for counting its length.
5    */
6   public static class WordMeanMapper extends Mapper<Object, Text, Text, LongWritable> {
7           private LongWritable wordlen = new LongWritable();
8
9       /**
10   * Emits 2 key-value pairs for counting the word and its
11   * length. Outputs are (Text, LongWritable).
12        *
13        * @param value
14        * This will be a line of text coming in from our input file.
15        */
16       public void map(Object key, Text value, Context context)
17               throws IOException, InterruptedException {
18           StringTokenizer iter = new StringTokenizer(value.toString());
19           while (iter.hasMoreTokens()) {
20               wordlen.set(iter.nextToken().length());
21               context.write(LENGTH, wordlen);
22               context.write(COUNT, ONE);
23            }
24       }
```

【例 6-6】 Reduce 端代码。

```
1   /**
2    * Performs integer summation of all the values for each key.
3    */
4   public static class WordMeanReducer extends Reducer<Text, LongWritable, Text,
    LongWritable> {
5       private LongWritable sum = new LongWritable(0);
6
7       /**
8        * Sums all the individual values within the iterator and writes
9        * them to the same key.
10       *
11       * @param key
12       * This will be one of 2 constants: LENGTH_STR or COUNT_STR.
13       * @param values
```

```
14        * This will be an iterator of all the values associated with that
15        * key.
16        */
17  public void reduce(Text key, Iterable<LongWritable> values, Context context)
18          throws IOException, InterruptedException {
19            int theSum = 0;
20            for (LongWritable value : values) {
21                theSum += value.get();
22            }
23            sum.set(theSum);
24            context.write(key, sum);
25          }
26  }
```

在终端运行如下命令:

```
1   bin/hadoop jar /home/user/wordmean-0.0.1.jar \ alibook.wordmean.WordMean
    /user/hadoop/input  \ /user/hadoop/wordmeanoutput
```

上述命令表示在文件中计算单词的平均长度,计算结果输出到/user/hadoop/wordmeanoutput 中。在该实验中采用和 WordCount 同样的实验数据,运行结果如下:

```
1   The mean length is: 8.360264105642257
```

6.3.3 Grep

进行大规模文本中单词的相关操作,现在希望提供类似 Linux 系统中 Grep 命令的功能,找出匹配目标串的所有文件,并统计每个文件中出现目标字符串的个数。

仍然采用 MapReduce 的计算方法提取出匹配目标字符串的所有文件。思路很简单,在 Map 阶段根据提供的文件 Split 信息,给定的每个字符串输出< Filename,1 >这样的键-值对信息;在 Reduce 阶段根据 Filename 对 Map 阶段产生的结果进行合并,最后得出匹配目标串的所有文件 Grep 信息。

对应的 Map 端代码如例 6-7 所示,对应的 Reduce 端代码如例 6-8 所示,详细的可运行代码可以从 GitHub 上下载(https://github.com/alibook/alibook-bigdata.git)。

【例 6-7】 Map 端代码。

```
1   public static class GrepMapper extends Mapper<Object, Text, Text, IntWritable>{
2   public void map(Object obj, Text text, Context context)
3                 throws IOException, InterruptedException {
4       String pattern = context.getConfiguration().get("grep");
5
6       String str = text.toString();
7       Pattern r = Pattern.compile(pattern);
8       Matcher matcher = r.matcher(str);
```

```
9
10      while (matcher.find()) {
11          FileSplit split = (FileSplit)context.getInputSplit();
12          String filename = split.getPath().getName();
13          context.write(new Text(filename), new IntWritable(1));
14      }
15  }
```

【例 6-8】 Reduce 端代码。

```
1   public static class GrepReducer extends Reducer<Text, IntWritable, Text, IntWritable>{
2       public void reduce(Text text, Iterable<IntWritable> values, Context
  context) throws IOException, InterruptedException{
3           int sum = 0;
4           Iterator<IntWritable> iterator = values.iterator();
5           while (iterator.hasNext()) {
6               sum += iterator.next().get();
7           }
8           context.write(text, new IntWritable(sum));
9       }
10  }
```

在终端运行如下命令：

```
1   bin/hadoop jar /home/user/grep-0.0.1.jar alibook.grep.Grep hadoop /user/hadoop/input
    /user/hadoop/grepoutput
```

上述命令是在所有输入文件中找出匹配 Hadoop 字符串的所有文件，并将计算结果输出到/user/hadoop/grepoutput 目录中。

该命令的运行结果如图 6-7 所示。

```
capacity-scheduler.xml  1
core-site.xml   6
hadoop-env.cmd  5
hadoop-env.sh   7
hadoop-metrics.properties       20
hadoop-metrics2.properties      6
hdfs-site.xml   4
httpfs-log4j.properties 2
httpfs-signature.secret 1
kms-acls.xml    9
kms-log4j.properties    2
kms-site.xml    19
log4j.properties        82
mapred-env.sh   1
yarn-env.cmd    5
yarn-env.sh     4
yarn-site.xml   1
```

图 6-7 Grep 运行结果

第7章

Spark解析

Spark 是一个高性能的内存分布式计算框架，具备可扩展性和任务容错性。每个 Spark 应用都由一个 Driver Program 构成，该程序运行用户的 main 函数，同时在一个集群中的节点上运行多个并行操作。

本章对 Spark 的功能进行分析，并通过应用案例讲解 Spark 在实际中的使用方法。

7.1 Spark RDD

Spark 提供的一个主要抽象概念就是 RDD(Resilient Distributed Datasets)，它是分布在集群中多节点上的数据集合，利用内存和磁盘作为存储介质，其中内存为主要数据存储对象，支持对该数据集合的并发操作。用户可以使用 HDFS 中的一个文件创建一个 RDD，可以控制 RDD 存放于内存中还是存储于磁盘等永久性存储介质中。

RDD 的设计目标是针对迭代式机器学习。由于迭代式机器学习本身的特点，每个 RDD 是只读的和不可更改的。根据记录的操作信息，丢失的 RDD 数据信息可以从上游的 RDD 或者其他数据集(Datasets)创建，因此 RDD 提供容错功能。

创建一个 RDD 有两种方式：①在 Driver Program 中并行化一个当前的数据集合；②利用一个外部存储系统中的数据集合创建，例如共享文件系统 HDFS、HBase 以及其他任何提供了 Hadoop InputFormat 格式的外部数据存储。

1. 并行化数据集合(Parallelized Collection)

并行化数据集合可以在 Driver Program 中调用 JavaSparkContext's Parallelize 方法创建，复制集合中的元素到集群中形成一个分布式数据集(Distributed Datasets)。例 7-1 是创建并行化数据集合的例子，包含数字 1～5。

【例 7-1】 创建并行化数据集合的例子。

```
1    List<Integer> data = Arrays.asList(1, 2, 3, 4, 5);
2    JavaRDD<Integer> distData = sc.parallelize(data);
```

一旦上述的 RDD 创建,分布式数据集 RDD 就可以并行操作了。例如可以调用 distData.reduce((a, b)—a+b)对列表中的所有元素求和。

2. 外部数据集(External Datasets)

Spark 可以从任何 Hadoop 支持的外部数据源创建 RDD,包括本地文件系统、HDFS、Cassandra、HBase 和 Amazon S3 等。例 7-2 是从文本文件中创建 RDD 的例子。

【例 7-2】 从文本文件中创建 RDD 的例子。

```
1    JavaRDD<String> distFile = sc.textFile("data.txt");
```

一旦创建,distFile 就可以执行所有的数据集操作。

RDD 支持多种操作,分为以下两种类型。

(1) Transformation:从以前的数据集中创建一个新的数据集。

(2) Action:返回一个计算结果给 Driver Program。

在 Spark 中所有的 Transformation 都是懒惰的,因为 Spark 并不会立即计算结果,Spark 仅仅记录所有对 File 文件的 Transformation。例 7-3 是简单的 Transformation 的例子。

【例 7-3】 Transformation 的例子。

```
1    JavaRDD<String> lines = sc.textFile("data.txt");
2    JavaRDD<Integer> lineLengths = lines.map(s -> s.length());
3    int totalLength = lineLengths.reduce((a, b) -> a + b);
```

利用文本文件 data.txt 创建一个 RDD,然后利用 Lines 执行 Map 操作,这里 Lines 其实是一个指针,Map 操作计算每个 String 的长度,最后执行 Reduce Action,这时返回整个文件的长度给 Driver Program。

7.2 Spark 与 MapReduce 的比较

Spark 作为新一代的大数据计算框架,针对的是迭代式计算和实时数据处理,要求处理的时间更少。Spark 与 MapReduce 的比较如下。

(1) 中间计算结果方面。Spark 要求计算结果快速返回,处理任务低延迟,因此 Spark 基本把数据存放在内存中,只有在内存资源不够时才写入磁盘等存储介质中,同时用户可以指定数据是否缓存在内存中;而 MapReduce 计算过程中 Map 任务产生的计算结果存放在本地磁盘中,由后面需要计算的 Reduce 任务 fetch。

(2) 计算模型方面。Spark 采用 DAG 描述计算任务,所有的 RDD 操作最后都采用 DAG 描述,然后优化分发到各个计算节点上运行,因此 Spark 拥有更丰富的功能;

MapReduce 则只采用 Map 和 Reduce 两个函数,计算功能比较简单。

(3) 计算速度方面。Spark 采用内存作为计算结果主要存储介质,而 MapReduce 采用本地磁盘作为中间结果存储介质,因此 Spark 的计算速度更快。

(4) 容错方面。Spark 采用和 MapReduce 类似的方式,针对丢失和无法引用的 RDD,Spark 利用记录的 Transformation,重新做已做过的 Transformation。

(5) 计算成本方面。Spark 把 RDD 主要存放在内存存储介质中,如果需要快速地处理大规模数据,则需要提供高容量的内存;而 MapReduce 是面向磁盘的分布式计算框架,因此在成本考虑方面,Spark 的计算成本高于 MapReduce。

(6) 简单易管理方面。目前 Spark 在同一个集群上运行流处理、批处理和机器学习,同时也可以管理不同类型的负载。这些都是 MapReduce 做不到的。

7.3 Spark 工作机制

下面开始深入探讨 Spark 的内部工作原理,具体包括 DAG、Partition、容错机制、内存管理以及数据持久化。

7.3.1 DAG

应用程序提交给 Spark 运行,通过生成 RDD DAG 的方式描述 Spark 应用程序的逻辑。

根据图论中的概念,DAG 是有向无环图,可以用图 $G=(V,E)$ 描述,E 中的边都是有向边,顶点之间构成依赖关系,并且不能形成环路。当用户运行 Action 操作时,Spark 调度器检查 RDD 的 Lineage 图,生成一个 DAG,最后根据这个 DAG 分配任务执行。

为了使 Spark 更加高效地调度和计算,RDD DAG 中还包括宽依赖和窄依赖。窄依赖是父节点 RDD 中的分区最多只被子节点 RDD 中的一个分区使用;而宽依赖是父节点 RDD 中的分区被子节点 RDD 中的多个子分区使用,如图 7-1 所示。

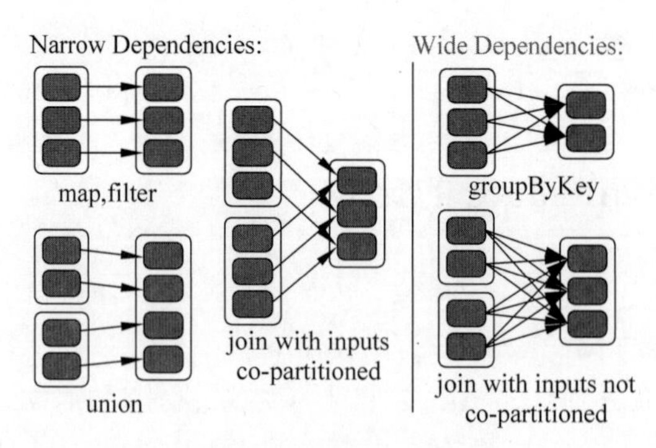

图 7-1　窄依赖和宽依赖

Map 建立的 RDD 中的每个分区 Partition 只被子节点 RDD 中的一个子分区使用,所以是窄依赖;而 groupByKey 建立的 RDD 多个子分区 Partition 引用一个父节点 RDD 中的分区。

Spark 集群中一个应用程序的执行如图 7-2 所示，生成了一个 DAG。

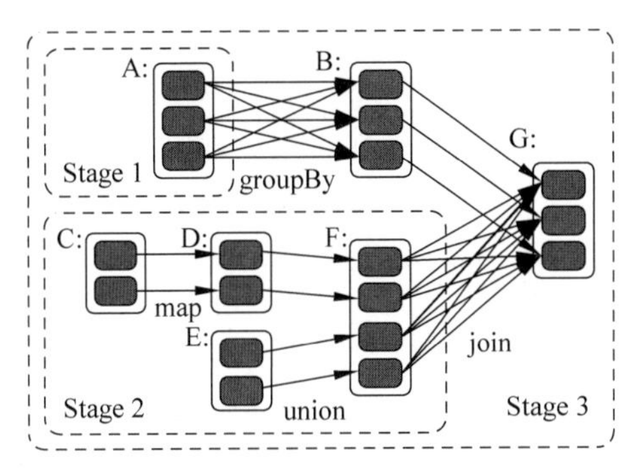

图 7-2 Spark 应用程序执行

Spark 调度器根据 RDD 中的宽依赖和窄依赖形成 Stage 的 DAG，每个 Stage 是包含尽可能多的窄依赖的流水线 Transformation。采用 DAG 方式描述运行逻辑，可以描述更加复杂的运算功能，也有利于 Spark 调度器调度。

7.3.2 Partition

Spark 执行每次操作 Transformation 都会产生一个新的 RDD，每个 RDD 是 Partition 分区的集合。在 Spark 中，操作的粒度是 Partition 分区，所有针对 RDD 的 Map 和 Filter 等操作，最后都转换成对 Partition 的操作，每个 Partition 对应一个 Spark Task。

目前支持的分区方式有 Hash 分区和范围(Range)分区。

7.3.3 容错机制

在容错方面有多种方式，包括数据复制和记录修改日志。但是由于 Spark 采用 DAG 描述 Driver Program 的运算逻辑，因此 Spark RDD 采用一种称为 Lineage 的容错方法。

RDD 本身是一个不可更改的数据集，Spark 根据 Transformation 和 Action 构建它的 DAG，因此当执行任务的 Worker 失败时完全可以通过 DAG 获得之前执行的操作，进行重新计算。由于无须采用 Replication 方式支持容错，因此很好地降低了跨网络的数据传输成本。

不过，在某些场景下 Spark 也需要利用记录修改日志的方式支持容错。针对 RDD 的 Wide Dependency，最有效的容错方式同样是采用 Checkpoint 机制。目前，Spark 并没有引入 Auto Checkpointing 机制。

7.3.4 内存管理

旧版本 Spark(1.6 之前)的内存空间被分成了 Execution、Storage 和 Other 三块独立的区域，每块区域的内存容量是按照 JVM 堆大小的固定比例进行分配的。

(1) Execution：在执行 shuffle、join、sort 和 aggregation 时，Execution 用于缓存中间数据，通过 spark. shuffle. memoryFraction 进行配置，默认为 0.2。

(2) Storage：主要用于缓存数据块以提高性能，同时也用于连续不断地广播或发送大的任务结果，通过 spark.storage.memoryFraction 进行配置，默认为 0.6。

(3) Other：用于存储运行 Spark 系统本身需要加载的代码与元数据，默认为 0.2。

无论是哪个区域的内存，只要内存的使用量达到了上限，内存中存储的数据就会被放入硬盘中，从而清理出足够的内存空间。这样，由于和执行或存储相关的数据在内存中不存在，就会影响整个系统的性能，导致 I/O 增长或者重复计算。

1. Execution 内存管理

Execution 内存进一步为多个运行在 JVM 中的任务分配内存。与整个内存分配的方式不同，这块内存的再分配是动态分配的。在同一个 JVM 下，如果当前仅有一个任务正在执行，则它可以使用当前可用的所有 Execution 内存。

Spark 提供了以下几种 Manager 对这块内存进行管理。

(1) ShuffleMemoryManager：扮演了中央决策者的角色，负责决定分配多少内存给哪些任务。一个 JVM 对应一个 ShuffleMemoryManager。

(2) TaskMemoryManager：记录和管理每个任务的内存分配，实现为一个 Page Table，用于跟踪堆(Heap)中的块，侦测异常抛出时可能导致的内存泄漏。在其内部调用 ExecutorMemoryManager 执行实际的内存分配与内存释放。一个 JVM 对应一个 TaskMemoryManager。

(3) ExecutorMemoryManager：用于处理 on-heap 和 off-heap 的分配，弱引用的池中允许被释放的 page 可以跨任务重用。一个 JVM 对应一个 ExecutorMemeoryManager。

内存管理的执行流程大致如下。

当一个任务需要分配一块大容量的内存用于存储数据时，首先会请求 ShuffleMemoryManager，告知“我想要 X 字节的内存空间”。如果请求可以被满足，则任务就会要求 TaskMemoryManager 分配 X 字节的空间。一旦 TaskMemoryManager 更新了它内部的 Page Table，就会要求 ExecutorMemoryManager 执行内存空间的实际分配。

这里有一个内存分配的策略。假定当前的 Active Task 数据为 N，那么每个任务可以从 ShuffleMemoryManager 获得多达 $1/N$ 的执行内存。分配内存的请求并不能完全得到保证，例如内存不足，这时任务就会将它自身的内存数据释放。根据操作的不同，任务可能重新发出请求，又或者尝试申请小一点的内存块。

2. Storage 内存管理

Storage 内存由更加通用的 BlockManager 管理。如前所说，Storage 内存的主要功能是用于缓存 RDD Partitions，也用于将容量大的任务结果传播和发送给 Driver。

Spark 提供了 Storage Level 指定块的存放位置：Memory、Disk 或者 Off-Heap。Storage Level 还可以指定存储时是否按照序列化的格式。当 Storage Level 被设置为 MEMORY_AND_DISK_SER 时，内存中的数据以字节数组形式存储，当这些数据被存储到硬盘中时，不再需要进行序列化。若设置为该 Level，则 Evict 数据会更加高效。

到了1.6版本，Execution Memory和Storage Memory之间支持跨界使用。当执行内存不够时可以借用存储内存，反之亦然。

7.3.5 数据持久化

Spark最重要的一个功能是可以通过各种操作(Operation)持久化(或称为缓存)一个集合到内存中。当用户持久化一个RDD时，每一个节点都将参与计算的所有分区数据存储到内存中，并且这些数据可以被这个集合(以及这个集合衍生的其他集合)的动作(Action)重复利用。持久化的目的是提高后续的动作速度(通常快10倍以上)，对迭代算法和快速的交互使用来说，它是一个关键的工具。

用户能通过persist()方法或cache()方法持久化一个RDD。首先在Action中计算得到RDD，然后将其保存在每个节点的内存中。Spark持久化是自动容错的，如果RDD的任何一个分区丢失，它可以通过原有的转换(Transformation)操作自动地重复计算并且创建出这个分区。

此外，用户可以利用不同的存储级别存储每一个被持久化的RDD。

7.4 数据读取

Spark支持多种外部数据源创建RDD，对于Hadoop支持的所有格式，Spark都支持。

1. HDFS

HDFS是一个分布式文件系统，其目标就是运行在廉价的服务器上。HDFS和Hadoop MapReduce构成了一整套的运行环境。Spark可以很好地支持HDFS。在Spark下要使用HDFS集群中的文件需要更改对应的配置文件，把Hadoop中的hdfs-site.xml和core-site.xml复制到Spark的conf目录下，这样就可以像使用普通的本地文件系统中的文件一样使用HDFS中的文件了。

2. Amazon S3

Amazon S3(以下简称S3)提供了对象存储服务，目前使用广泛。Spark提供了针对S3的文件输入服务支持。为了可以在Spark应用中读取和存储数据到S3中，可以使用Hadoop文件API(SparkContext.hadoopFile、JavaHadoopRDD.saveAsHadoopFile、SparkContext.newAPIHadoopRDD和JavaHadoopRDD.saveAsNewAPIHadoopFile)读和写RDD。用户可以采用例7-4的方式实现WordCount应用。

【例7-4】 实现WordCount应用的方法。

```
1   scala> val sonnets = sc.textFile("s3a://s3-to-ec2/sonnets.txt")
2   scala> val counts = sonnets.flatMap(line => line.split(" ")).map(word => (word,
    1)).reduceByKey(_ + _)
3   scala> counts.saveAsTextFile("s3a://s3-to-ec2/output")
```

3. HBase

HBase 列式数据库是一种具有容错、高可用、高可扩展以及高吞吐量等特点的 NoSQL 数据库，支持 CRUD 操作。Spark 也支持 HBase 的读取和写入操作。在采用 Spark 写入 HBase 的过程中需要用到 PairRDDFunctions. saveAsHadoopDataset；在采用 Spark 读取 HBase 中的数据时需要用到 SparkContext 提供的 newAPIHadoopRDD 将表的内容以 RDDs 的形式加载到 Spark 中。

7.5 应用案例

7.5.1 日志挖掘

采用 Spark 针对日志文件进行数据分析。根据 Tomcat 日志计算 URL 访问情况，区别于统计 GET 和 POST URL 访问量，其要求输出结果(访问方式、URL 和访问量)。以下是简单的测试数据集样例：

```
1   196.168.2.1 - - [03/Jul/2014:23:57:42 +0800] "GET
    /html/notes/20140620/872.html HTTP/1.0" 200 52373 0.034
2   196.168.2.1 - - [03/Jul/2014:23:58:17 +0800] "POST
    /service/notes/addViewTimes_900.htm HTTP/1.0" 200 2 0.003
3   196.168.2.1 - - [03/Jul/2014:23:58:51 +0800] "GET
    /html/notes/20140617/888.html HTTP/1.0" 200 70044 0.057
```

为了达到对应的日志分析结果，编写例 7-5 的 Spark 代码。

【例 7-5】 Spark 代码。

```
1   //textFile() 加载数据
2   val data = sc.textFile("/spark/seven.txt")
3
4   //filter 过滤长度小于 0, 过滤不包含 GET 与 POST 的 URL
5   val filtered = data.filter(_.length()>0).filter( line =>
    (line.indexOf("GET")>0 || line.indexOf("POST")>0) )
6
7   //转换成键-值对操作
8   val res = filtered.map( line =>{
9   if(line.indexOf("GET")>0){       //截取 GET 到 URL 的字符串
10  (line.substring(line.indexOf("GET"),line.indexOf("HTTP/1.0")).trim,1)
11  }else{                           //截取 POST 到 URL 的字符串
12  (line.substring(line.indexOf("POST"),line.indexOf("HTTP/1.0")).trim,1)
13  }//最后通过 reduceByKey 求 sum
14  }).reduceByKey(_+_)
15
16  //触发 action 事件执行
17  res.collect()
```

运行结果输出样例如下：

```
1   (POST /service/notes/addViewTimes_779.htm,1),
2   (GET /service/notes/addViewTimes_900.htm,1),
3   (POST /service/notes/addViewTimes_900.htm,1),
4   (GET /notes/index-top-3.htm,1),
5   (GET /html/notes/20140318/24.html,1),
6   (GET /html/notes/20140609/544.html,1),
7   (POST /service/notes/addViewTimes_542.htm,2)
```

7.5.2 判别西瓜好坏

西瓜是一种人们都很喜欢的水果，也是盛夏季节的一种解暑物品。西瓜分为好瓜和坏瓜，我们都希望购买到的西瓜是好的。这里给出判断西瓜好坏的两个特征，一个特征是西瓜的糖度，另一个特征是西瓜的密度，这两个数值都是0～1的小数。每个西瓜的好坏用数值表示，1表示好瓜，0表示坏瓜。基于西瓜的测试数据集判断西瓜的好坏。

Spark提供了MLib机器学习库，使用MLib机器学习库中的例子，采用GBT模型训练参数，最后利用测试集测试GBT模型的准确度，判断西瓜的好坏。

详细的代码可以从GitHub上下载(https://github.com/alibook/alibook-bigdata.git)，例7-6是利用Spark GBT模型的代码。

【例7-6】 利用Spark GBT模型的代码。

```
1  object SparkGBT {
2       def main (args: Array[String]) {
3         if (args.length < 0) {
4             println("Usage:FilePath")
5             sys.exit(1)
6         }
7         //Initialization
8         val conf = new SparkConf().setAppName("Spark MLlib Exercise: GradientBoostedTree")
9         val sc = new SparkContext(conf)
10
11        // Load and parse the data file.
12         val data = MLUtils.loadLibSVMFile(sc, "/home/user/workplace/scala_GBT/GBT_
           data.txt")
13        // Split the data into training and test sets (30% held out for testing)
14        val splits = data.randomSplit(Array(0.7, 0.3))
15        val (trainingData, testData) = (splits(0), splits(1))
16
17        // Train a GradientBoostedTrees model.
18        // The defaultParams for Classification use LogLoss by default.
19        val boostingStrategy = BoostingStrategy.defaultParams("Classification")
20        boostingStrategy.numIterations = 10 // Note: Use more iterations in practice.
21        boostingStrategy.treeStrategy.numClasses = 2
22        boostingStrategy.treeStrategy.maxDepth = 3
23        // Empty categoricalFeaturesInfo indicates all features are continuous.
```

```
24          boostingStrategy.treeStrategy.categoricalFeaturesInfo = Map[Int, Int]()
25
26          val model = GradientBoostedTrees.train(trainingData, boostingStrategy)
27
28          // Evaluate model on test instances and compute test error
29          val labelAndPreds = testData.map { point =>
30            val prediction = model.predict(point.features)
31            (point.label, prediction)
32          }
33          val testErr = labelAndPreds.filter(r => r._1 != r._2).count.toDouble
            / testData.count()
34          println("Test Error = " + testErr)
35          println("Learned classification GBT model:\n" + model.toDebugString)
36          labelAndPreds.collect().foreach(x =>
37             println("Lable and Prediction: " + x._1.toString + " " + x._2.toString))
38  trainingData.saveAsTextFile("/home/user/workplace/scala_GBT/trainingData")
39          testData.saveAsTextFile("/home/user /workplace/scala_GBT/testData")
40      }
41    }
```

在终端上运行以下命令,在具体的环境中需要修改对应的文件路径名字:

```
1   build.sbt              // 设置好 sbt
2   sbt package exit       //运用 sbt 将文件打包
3   spark-2.0.0-bin-hadoop2.6/bin/spark-submit --master local --class
    SparkClustering target/scala-2.11/sparkclustering_2.11-1.0.jar
    /home/user/workplace/scala_Clustering/cluster
4   // 最后提交到 spark 集群上运行
```

GBT 测试结果如图 7-3 所示,GBT 运行数据如图 7-4 所示。

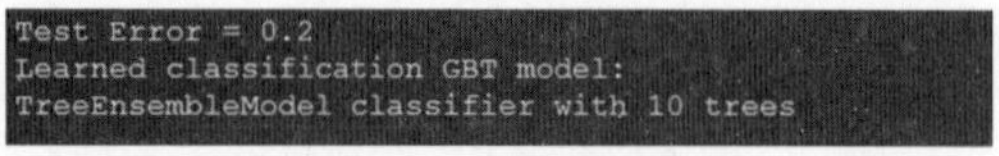

```
Test Error = 0.2
Learned classification GBT model:
TreeEnsembleModel classifier with 10 trees
```

图 7-3 GBT 测试结果

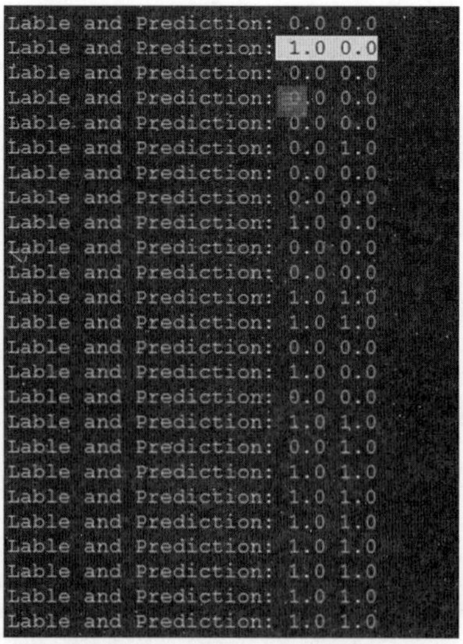

```
Lable and Prediction: 0.0 0.0
Lable and Prediction: 1.0 0.0
Lable and Prediction: 0.0 0.0
Lable and Prediction: 0.0 0.0
Lable and Prediction: 0.0 0.0
Lable and Prediction: 0.0 1.0
Lable and Prediction: 0.0 0.0
Lable and Prediction: 0.0 0.0
Lable and Prediction: 1.0 0.0
Lable and Prediction: 0.0 0.0
Lable and Prediction: 0.0 0.0
Lable and Prediction: 1.0 1.0
Lable and Prediction: 1.0 1.0
Lable and Prediction: 0.0 0.0
Lable and Prediction: 1.0 0.0
Lable and Prediction: 0.0 0.0
Lable and Prediction: 1.0 1.0
Lable and Prediction: 0.0 1.0
Lable and Prediction: 1.0 1.0
Lable and Prediction: 1.0 1.0
Lable and Prediction: 1.0 1.0
Lable and Prediction: 1.0 1.0
Lable and Prediction: 1.0 1.0
Lable and Prediction: 1.0 1.0
Lable and Prediction: 1.0 1.0
```

图 7-4 GBT 运行数据

第 8 章

分布式数据挖掘算法

8.1 *K*-Means 聚类算法

K-Means 聚类算法（*K*-Means Clustering Algorithm）是一种无监督的聚类分析算法，又称为 *K*-均值聚类算法，因实现较为简单，聚类效果出色，有着十分广泛的应用。

8.1.1 *K*-Means 并行化思路

K-Means 的步骤是预先选取 *K* 个中心点，每个数据点划分到最近的中心点所在的组中，将所有数据点按照离中心点的距离划分成 *K* 组。然后重新计算每个组中的中心点，重复以上操作，直至中心点不再发生变化，就将所有数据按相似度分成了 *K* 组。

在这里，我们用二维平面上的点作为示例，将一幅散点图上的点划分成 4 个不同的组。数据如下所示，第一列为序号，第二、三列分别表示平面上的坐标。

```
1     14  0
2     17  0
3     9   1
4     35  1
5     38  1
6     41  1
⋮     ⋮   ⋮
311   64  59
```

可视化后的待分类数据如图 8-1 所示。

最终，我们希望得到 4 个中心点，并将所有点分成 4 个组。

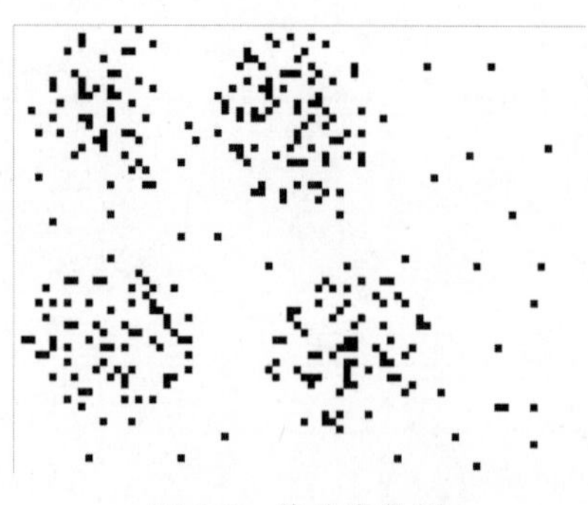

图 8-1　待分类数据

1. 并行化

在 K-Means 聚类算法中,计算量最大也最便于并行化的部分就是在每次迭代得到 K 个中心点之后,计算每个数据点到每个中心点的距离。若数据有 n 条,则这 n 个数据的处理步骤互不影响,可以分成 n 个单独的程序处理。重新计算每个组的中心点时,k 个组的计算互不影响,可以并行处理。

2. MapReduce

在大数据时代,单台计算机可能已经无法存储并处理大规模数据。分布式计算可以很好地处理大数据的许多问题。Hadoop 就是一个大数据开发所使用的分布式系统基础架构,由 Apache 软件基金会开发,主要用于海量数据的分布式处理。其核心是 HDFS 和 MapReduce,二者分别用于大数据的存储和处理。HDFS 即 Hadoop 分布式文件系统,可用于廉价计算机搭建的服务器集群,也可用于存储大量数据,使得整个系统具备高吞吐率、高容错性和高扩展性。MapReduce 是面向大数据并行处理的计算模型,可以将大作业拆分成小作业进行作业调度和容错管理,适用于数据的批量处理。MapReduce 将复杂的分布式计算方式高度抽象成 Map 函数和 Reduce 函数,屏蔽了复杂的分布式系统底层实现,大大方便了分布式程序的开发。

MapReduce 的处理过程如图 8-2 所示,大致分为 5 个步骤:输入及数据分片、Map 过程、Shuffle 过程、Reduce 过程和输出。

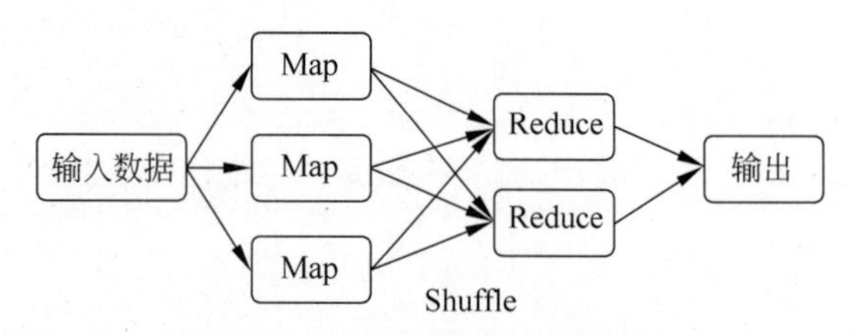

图 8-2　MapReduce 的处理过程

其中,输入数据会被处理成形如< key1,value1 >的若干分片,经过 Map 过程被处理成形如< key2,value2 >的分片。经过 Shuffle 过程的整合,会将相同的 key2 合并为

< key2,list(value2)>的分片移交给 Reduce 过程，最后 Reduce 过程会输出形如< key3,value3 >的结果。

3. 执行过程

在本案例中，我们将数据按行分片，如图 8-3 所示，其中 key1 为数据的偏移量，value1 为数据本身的内容。

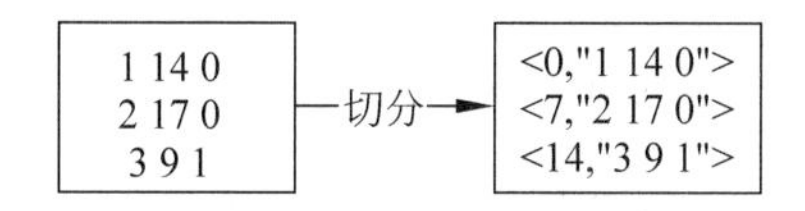

图 8-3　处理输入

如图 8-4 所示，在 Map 过程中，map()函数会收到< key1,value1 >形式的数据，将 value1 中的数据切分之后即可得到平面上的点坐标。计算距离该坐标最近的中心点(closest)，然后将 closest 作为新的 key2，原来的 value1 作为 value2 输出。

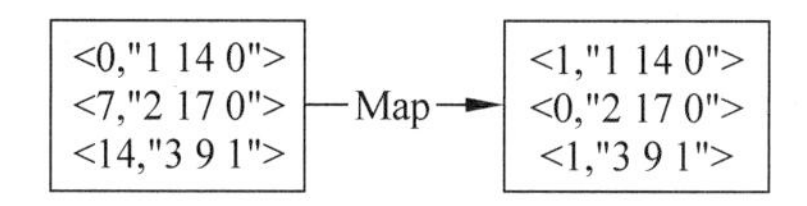

图 8-4　Map 过程，这里假设三个点距离最近的中心点编号分别是 1、0、1

Shuffle 过程如图 8-5 所示，在这里我们不需要修改，只需了解 Shuffle 过程会对 Map 过程处理的分片进行合并，相同的 key2 合并之后将 value2 作为列表传给 Reduce。其中，key2 作为中心点的编号，value2 列表就是每个组中所有点的集合。

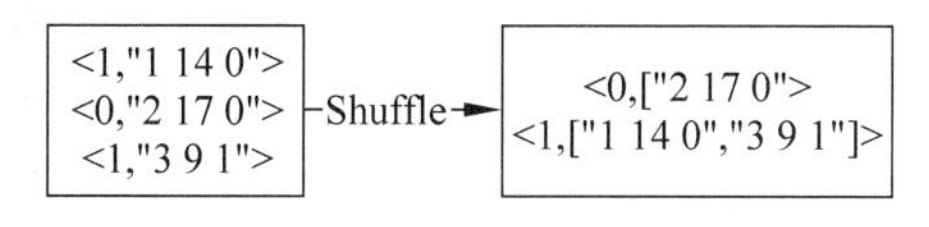

图 8-5　Shuffle 过程

如图 8-6 所示，在 Reduce 过程中，需要重新计算每个组的中心点，然后以< key3,value3 >形式输出中心点的坐标即可。

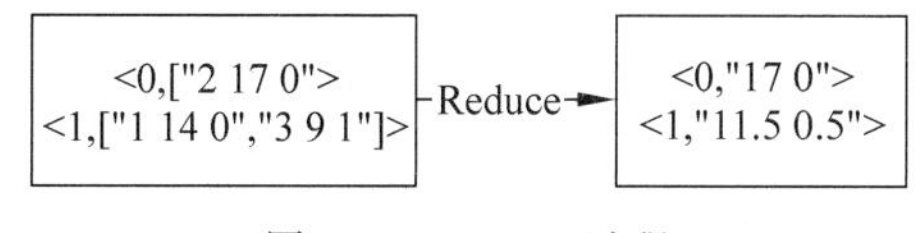

图 8-6　Reduce 过程

得到新的中心点位置之后，重复以上操作，直到中心点位置不再发生改变即可。

8.1.2 *K*-Means 分布式实现

1. 配置开发环境

在 IDEA 开发工具中新建一个 Maven 项目，项目名称为 k-means，打开 pom.xml 文件,修改为如例 8-1 所示配置。

【例 8-1】 pom. xml 文件。

```
1   <?xml version = "1.0" encoding = "UTF - 8"?>
2       <project xmlns = "http://maven.apache.org/POM/4.0.0"
3               xmlns:xsi = "http://www.w3.org/2001/XMLSchema - instance"
4               xsi:schemaLocation = "http://maven.apache.org/POM/4.0.0
                http://maven.apache.org/xsd/maven - 4.0.0.xsd">
5         <modelVersion>4.0.0</modelVersion>
6
7         <groupId>org.example</groupId>
8         <artifactId>k - means</artifactId>
9         <version>1.0 - SNAPSHOT</version>
10
11        <properties>
12            <maven.compiler.source>8</maven.compiler.source>
13            <maven.compiler.target>8</maven.compiler.target>
14        </properties>
15
16
17        <dependencies>
18            <dependency>
19                <groupId>junit</groupId>
20                <artifactId>junit</artifactId>
21                <version>4.13.1</version>
22                <scope>test</scope>
23            </dependency>
24
25            <dependency>
26                <groupId>org.apache.hadoop</groupId>
27                <artifactId>hadoop - mapreduce - client - jobclient</artifactId>
28                <version>3.1.3</version>
29            </dependency>
30
31            <dependency>
32                <groupId>org.apache.hadoop</groupId>
33                <artifactId>hadoop - common</artifactId>
34                <version>3.1.3</version>
35            </dependency>
36
37            <dependency>
38                <groupId>org.apache.hadoop</groupId>
39                <artifactId>hadoop - hdfs - client</artifactId>
40                <version>3.1.3</version>
41            </dependency>
42
43            <dependency>
44                <groupId>org.apache.hadoop</groupId>
```

```
45                  <artifactId>hadoop-mapreduce-client-app</artifactId>
46                  <version>3.1.3</version>
47              </dependency>
48          </dependencies>
49      </project>
```

在右侧 Maven 窗口中单击 install 安装依赖,如图 8-7 所示。

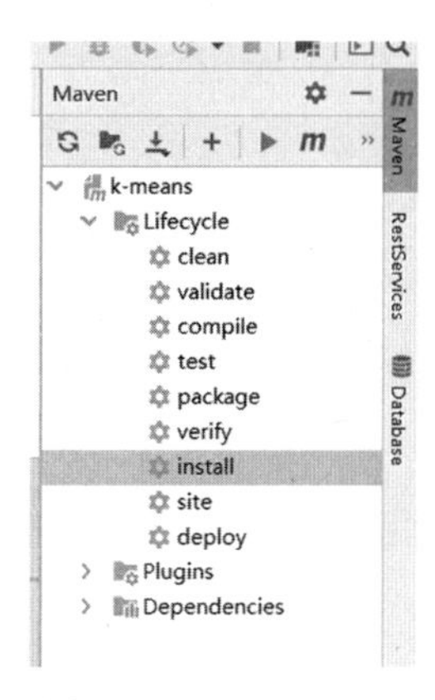

图 8-7　Maven install

2. 编程实现

在 src/main/java 文件中新建 KMeans.java 文件,编写 KMeans 类实现 K-Means 算法流程。KMeans 类将中心点数据当作参数传递给 Map 过程,并重新读入 Reduce 过程输出的中心点数据,控制整个迭代的过程,设置输入输出文件,也是整个程序的入口。具体代码如例 8-2 所示。

【例 8-2】 KMeans.java 文件。

```
1   import org.apache.hadoop.conf.Configuration;
2   import org.apache.hadoop.fs.Path;
3   import org.apache.hadoop.io.IntWritable;
4   import org.apache.hadoop.io.Text;
5   import org.apache.hadoop.mapreduce.Job;
6   import org.apache.hadoop.mapreduce.lib.input.FileInputFormat;
7   import org.apache.hadoop.mapreduce.lib.output.FileOutputFormat;
8   import java.util.*;
9   import java.io.*;
10  import org.apache.hadoop.fs.FileSystem;
11
12  public class KMeans {
13
14      static int numAttr = 0;
15      static int iteration = 0;
16      static Map<Integer,Double[]> centroid = new HashMap<>();
```

```
17      static Map<Integer,Double[]> previous = null;
18
19
20      public static void main(String[] args) throws Exception {
21          long startTime = System.currentTimeMillis();
22
23          if(args.length != 3){
24              System.err.println("Usage <center_num> <input> <output>");
25              return;
26          }
27
28          int cluster_number = Integer.parseInt(args[0]);
29          String inputfile = args[1];
30          String outputfile = args[2];
31
32
33          PriorityQueue<Integer> CentroidIndexes = new PriorityQueue<Integer>();
34          String line = "";
35
36          BufferedReader br = getBuffer(inputfile);
37          // 前 k 个点作为初始的中心点
38          for(int i =0; i<cluster_number;i++) {
39              CentroidIndexes.offer(i);
40              line = br.readLine();
41              if(line == null){
42                  System.err.println("The data should be more than " + cluster_number);
43              }
44              String[] sp = line.split("\t");     // 按 Tab 键分隔
45              numAttr = sp.length - 1;
46              Double[] temp = new Double[numAttr];
47              for(int j = 0;j < numAttr;j++)
48              {
49                  temp[j] = Double.parseDouble(sp[j + 1]);
50              }
51              centroid.put(i,temp);
52          }
53
54          br.close();
55
56          while(true)
57          {
58              if(iteration > 0){
59                  BufferedReader buffer = getBuffer(outputfile + "/" + (iteration - 1) +
60                          "/part-r-00000");
61                  while ((line = buffer.readLine())!= null){
62                      String[] sp = line.split("\t");          // 按 Tab 键分隔
```

```
63                  Double[] temp = new Double[sp.length-1];  // 删掉前两个序号
64                  for(int j = 0;j < numAttr;j++)
65                  {
66                      temp[j] = Double.parseDouble(sp[j + 1]);
67                  }
68                  centroid.put(Integer.parseInt(sp[0]),temp);
69              }
70          }
71          Configuration conf = new Configuration();
72
73          conf.set("centroid_size", String.valueOf(centroid.size()));
74          for (int c: centroid.keySet()){
75              String tmp = "";
76              for(int i = 0;i < numAttr;i++){
77                  tmp += centroid.get(c)[i].toString();
78                  if(i != numAttr - 1){
79                      tmp += "\t";
80                  }
81              }
82              conf.set("centroid_" + c, tmp);
83          }
84          conf.set("numAttr",String.valueOf(numAttr));
85
86          Job job = Job.getInstance(conf, "K-Means");
87
88          job.setJarByClass(KMeans.class);
89          job.setMapperClass(KmeansMapper.class);
90          job.setReducerClass(KmeansReducer.class);
91
92          job.setOutputKeyClass(IntWritable.class);
93          job.setOutputValueClass(Text.class);
94          FileInputFormat.addInputPath(job, new Path(inputfile));
95          FileOutputFormat.setOutputPath(job, new Path(outputfile + "/" +
            String.valueOf(iteration)));
96
97          job.waitForCompletion(true);
98          if(checkIfHashMapsSame(centroid,previous))
99              break;
100         previous = new HashMap<>();
101         copyHashMap(previous, centroid);
102         iteration++;
103         System.out.println("iteration " + iteration);
104     }
105     long endTime = System.currentTimeMillis();
106     System.out.println("Time: " + ((endTime - startTime)/1000) + " seconds");
107     System.out.println("Finished");
108 }
109
```

```
110     private static BufferedReader getBuffer(String filepath){
111         try{
112             Path input_file = new Path(filepath);
113             FileSystem fs = FileSystem.get(new Configuration());
114             DataInputStream stream = new DataInputStream(fs.open(input_file));
115             return new BufferedReader(new InputStreamReader(stream));
116         }catch (Exception e){
117             e.printStackTrace();
118         }
119         return null;
120     }
121
122     public static void copyHashMap(Map<Integer,Double[]> previous,
        Map<Integer,Double[]> centroid)
123     {
124         for(Integer c: centroid.keySet())
125         {
126             previous.put(c, centroid.get(c));
127         }
128     }
129
130     public static boolean checkIfHashMapsSame(Map<Integer,Double[]> centroid,
        Map<Integer,Double[]> previous)
131     {
132         if(previous == null||centroid == null)
133             return false;
134
135         for(Integer x : centroid.keySet())
136         {
137             for(int i = 0; i<centroid.get(x).length;i++){
138
139                 if (!centroid.get(x)[i].equals(previous.get(x)[i])){
140                     return false;
141                 }
142             }
143         }
144
145         return true;
146     }
147 }
```

编写 KmeansMapper.java 文件，继承了 Mapper 类，核心在于重写 map()函数。euclidDist 函数用于计算两个点之间的距离。对于得到的 value 数据按\t 进行拆分，遍历中心点找到距离当前点最近的中心点。具体代码如例 8-3 所示。

【例 8-3】 KmeansMapper.java 文件。

```
1   import org.apache.hadoop.io.IntWritable;
2   import org.apache.hadoop.io.Text;
3   import org.apache.hadoop.mapreduce.Mapper;
4
5   import java.io.IOException;
6   import java.util.HashMap;
7   import java.util.Map;
8
9   public class KmeansMapper extends Mapper<Object, Text, IntWritable, Text>{
10
11      private Text pointText = new Text();
12
13      // 返回两个点之间的距离
14      public static Double euclidDist(Double[] point1, Double[] point2) {
15          Double distance = 0.0;
16          Double axisDist = 0.0;
17          for (int i = 0; i < point1.length; i++) {
18             axisDist = Math.abs(point1[i] - point2[i]);
19             distance += axisDist * axisDist;
20          }
21          return distance;
22      }
23
24
25      public void map(Object key, Text value, Context context) throws IOException,
        InterruptedException {
26
27          String line = value.toString();
28
29          String[] lineArray = line.split("\t");
30
31
32          int numAttr = Integer.parseInt(context.getConfiguration().get("numAttr"));
                                                                        // 数据的维度
33          Double minDist = Double.MAX_VALUE;
34          int closest = 0;
35          Double[] dataPoint = new Double[numAttr];
36          Double distFromCentroid = 0.0;
37
38          for (int i = 0; i < dataPoint.length; i++)
39          {
40             dataPoint[i] = Double.parseDouble(lineArray[i + 1]);
41          }
42
43          Map<Integer,Double[]> centroid = new HashMap<Integer,Double[]>();
44          int centroid_size = Integer.parseInt(context.getConfiguration().
            get("centroid_size"));
```

```
45          for(int c = 0;c < centroid_size;c++){
46              String tmp = context.getConfiguration().get("centroid_" + c);
47              String[] list_str = tmp.split("\t");
48              Double[] list = new Double[numAttr];
49              for(int i = 0;i < numAttr;i++){
50                  list[i] = Double.parseDouble(list_str[i]);
51              }
52              centroid.put(c,list);
53          }
54          // 遍历 centroid 找到最接近的中心
55          for (int c: centroid.keySet())
56          {
57              distFromCentroid = euclidDist(centroid.get(c), dataPoint); //get
                                                //distance of each row from all centroids
58              if (distFromCentroid < minDist)
59              {
60                  minDist = distFromCentroid;
61                  closest = c;
62              }
63          }
64
65          IntWritable closestCentroid = new IntWritable(closest);
66          pointText.set(line);
67          context.write(closestCentroid, pointText);
68      }
69  }
```

如例 8-4 所示,Reduce 过程主要负责重新计算每个组的中心点。

【例 8-4】 Reduce 过程。

```
1   import org.apache.hadoop.io.IntWritable;
2   import org.apache.hadoop.io.Text;
3   import org.apache.hadoop.mapreduce.Reducer;
4
5   import java.io.IOException;
6   import java.util.Iterator;
7
8   public class KmeansReducer
9           extends Reducer < IntWritable, Text,IntWritable,Text > {
10
11      public void reduce(IntWritable clusterId, Iterable < Text > rows, Context context)
12              throws IOException, InterruptedException
13      {
14          Double count = 0.0;
15          int numAttr = Integer.parseInt(context.getConfiguration().get("numAttr"));
                                                                    // 数据的维度
16          Double[] mean = new Double[numAttr];
```

```
17          Iterator<Text> it = rows.iterator();
18          while (it.hasNext())
19          {
20              Text line= it.next();
21
22              String pointString = line.toString();
23              String[] pointStringArray = pointString.split("\t");
24
25              for (int i = 0; i < numAttr; i++)
26              {
27                  mean[i] = (mean[i] == null? 0.0: mean[i]) + Double.parseDouble
                    (pointStringArray[i+1]);
28              }
29              count++;
30          }
31          StringBuilder meanString = new StringBuilder();
32
33          for (int i = 0; i < numAttr; i++)
34          {
35              mean[i] = mean[i] / count;
36              meanString.append(mean[i] + "\t");
37          }
38
39          System.out.println(mean);
40
41          context.write(clusterId, new Text(String.valueOf(meanString)));
42      }
43  }
```

3. 程序运行

在 IDEA 界面右侧 Maven 窗口单击 package 打包成 jar 包，如图 8-8 所示。

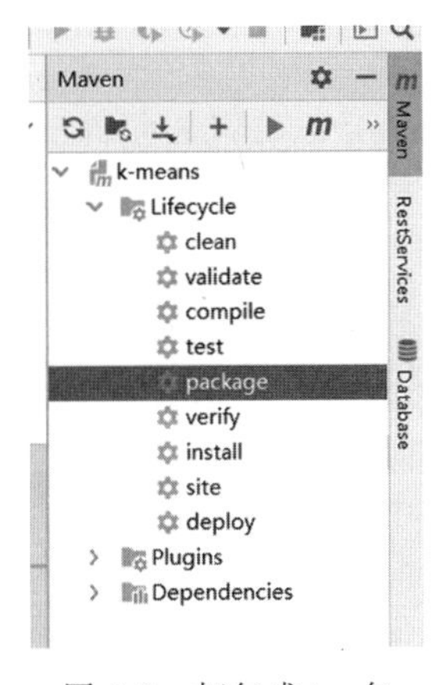

图 8-8　打包成 jar 包

在配置好 Hadoop 的服务器上首先需要上传输入数据到 HDFS 中,命名为 data.txt。然后运行 jar 包即可:

```
1    hadoop jar k-means-1.0-SNAPSHOT.jar 4 data.txt output
```

等待几分钟之后,我们可以在 HDFS 中看到 output 文件夹,其中包含若干次迭代的结果。打开最后一次迭代的 part-r-00000 文件,可以看到最后输出的 4 个中心点位置。借助其他可视化工具我们可以直观地看到散点被分为了 4 组,效果如图 8-9 所示。

图 8-9　最终分类效果(见彩插)

8.2　逻辑回归算法实现

逻辑回归算法是一种广义的线性回归分析模型。其基本思想是寻找一个合适的分类函数,用来将自变量分类预测。再构造一个代价函数,以计算预测值和实际值的偏差,主要过程就是不断调整分类函数中的参数,最小化代价函数,使得预测值和实际值偏差尽可能小。在统计中,它常常用来模拟二分类问题,例如健康与疾病、成功与失败。逻辑回归算法广泛应用于各个领域,如机器学习、医疗分析和社会科学。

8.2.1　逻辑回归算法并行化思路

首先,我们结合一个具体案例来分析逻辑回归算法的并行化思路。在已知平面上一些点的分类情况下,需要构造一个函数来预测任意点的分类,由于是线性回归,所以题目可以看作是用一条直线将平面上的点进行分割。输入的数据格式如下:

```
4.45925637575900      8.22541838354701      0
0.0432761720122110    6.30740040001402      0
6.99716180262699      9.31339338579386      0
        ⋮                    ⋮                ⋮
9.55986996363196      1.13832040773527      1
1.63276516895206      0.446783742774178     1
9.38532498107474      0.913169554364942     1
```

其中,前两列表示点的左侧,第三列表示点所属的类别,在这里只有 0 和 1 两种类别。可以看到所给的数据清晰地分成了两类，如图 8-10 所示，任务就是找到一个函数可以给出平面上任意一点的分类情况。

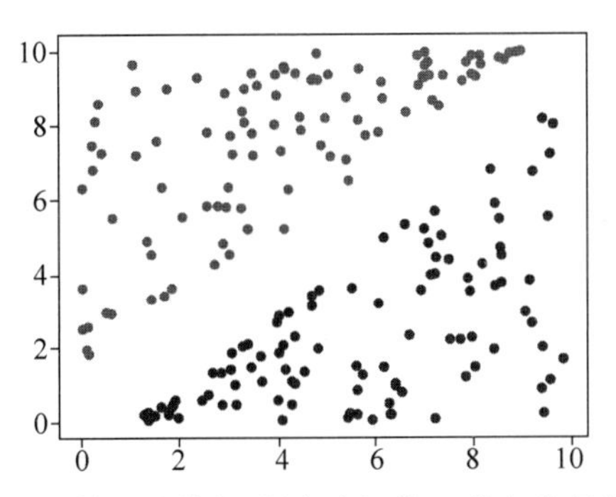

图 8-10　逻辑回归算法的数据（绿色为标签 0，蓝色为标签 1）（见彩插）

首先考虑该案例中 Logistic 的串行思路，其中 x 是输入数据，y 是实际分类结果。

（1）初始化参数 w 和 b；

（2）进行 n 次迭代；

（3）对每个点进行预测，计算 preval$=L(wx+b)$的值；

（4）计算预测的偏差，err$=y-$preval；

（5）根据偏差结果调整 w 和 b 的值。

分类函数为 Sigmoid 函数：$S(x)=\dfrac{1}{1+e^{-x}}$，该函数的图像如图 8-11 所示，可以将 x 的值映射到区间(0,1)，以 0.5 为分界线，我们就可以将预测值进行分类。

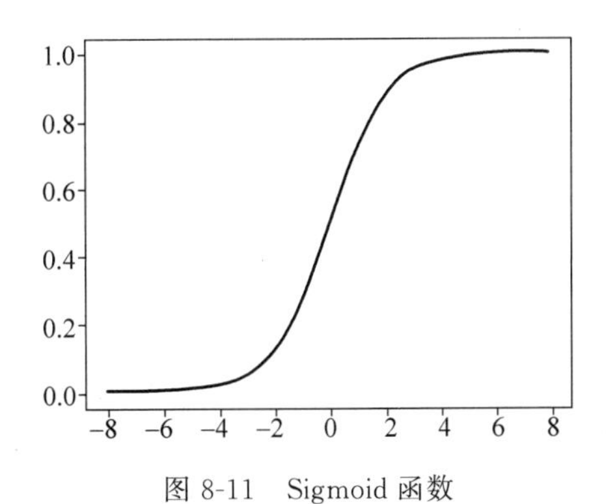

图 8-11　Sigmoid 函数

其中，计算量最大的部分就是对每个点逐个计算预测值并计算偏差以及统计所有的偏差结果。而每个点的计算都是独立、互不影响的，所以可以在每次迭代中并行地对每个点分别计算，然后汇总所有的结果。

同样用数据切分、Map、Shuffle 和 Reduce 四个过程介绍 Logistic 在 MapReduce 中的并行化思路。

数据切分时，只需将输入数据按行分开即可，每行作为一条数据传输给 Map 过程，如图 8-12 所示。

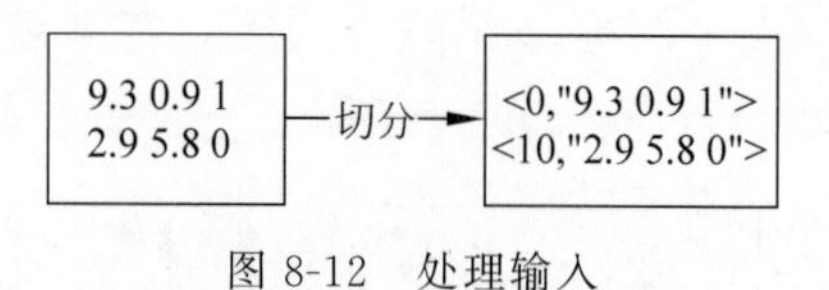

图 8-12　处理输入

Map 过程计算样本的预测值，根据预测值计算偏差 err，并针对每个维度单独计算纠正偏差需要修改的 ΔW。将维度的序号作为键值，ΔW 作为值传输给 Shuffle 过程，如图 8-13 所示。

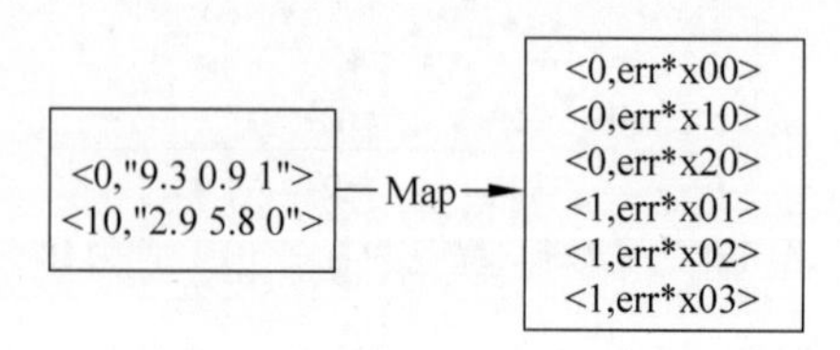

图 8-13　Map 过程

Shuffle 过程不用实际修改代码，我们只需要知道 Shuffle 过程会将同一维度的所有 ΔW 连接成一个列表传输给 Reduce 过程，以方便处理，如图 8-14 所示。

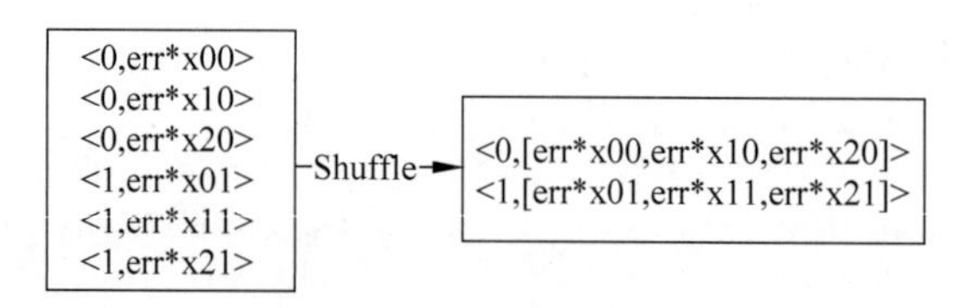

图 8-14　Shuffle 过程

Reduce 过程将所有的 ΔW 求平均值，并加入学习率，计算出最终需要修改的 ΔW。在整个过程完成之后，修改 W 的值，进入下一次迭代。

8.2.2　逻辑回归算法分布式实现

关于开发环境的配置和 Maven 项目的建立，可以参考前文，这里不再赘述。程序主要包括三个部分：Mapper 类、Reduce 类和用以控制整体流程的主类。

对于 8.2.1 节提到的公式 preval $=L(wx+b)$，我们给 x 增加一个维度，并设置值全部为 1，同时给 W 也增加一维，作为 b，这样就可以将公式化简为 preval $=L(wx)$，方便代码的实现，降低编程的复杂度。在每次迭代开始时，首先将 W 作为参数设置到 Configuration 中，Map 过程从参数中读取 W，并从输入数据中读取样本的坐标和其对应的标签，计算样本的预测值并与实际值对比得到偏差，最后分析得到该组数据期望修改的 ΔW，之后在 Reduce 过程汇总 ΔW 得出实际需要修改的 ΔW。每次迭代的最后，读取 Reduce 过程得出的 ΔW，修改 W 之后进入下一次迭代。当迭代达到预定次数时退出程序。

1. Map 过程

Map 过程从输入数据中读出样本的坐标和标签，从参数中读取当前的权重 W，计算得出预测值 preval，与实际值比较得到偏差 err，最后和输入的样本相乘得到权重修改的梯度。具体代码如例 8-5 所示。

【例 8-5】 Map 过程。

```
1  import org.apache.hadoop.io.IntWritable;
2  import org.apache.hadoop.io.Text;
3  import org.apache.hadoop.mapreduce.Mapper;
4
5  import java.io.IOException;
6  import java.util.Arrays;
7
8  public class LRMapper extends Mapper<Object, Text, IntWritable,Text> {
9      public void map(Object key, Text value, Context context) throws IOException,
       InterruptedException {
10       // 获取 feature/label
11       System.out.println("map:" + key.toString() + "," + value);
12       double []feature = LRMain.StrToArray(value.toString());
13       int paraNum = feature.length;
14       double label = feature[paraNum - 1];
15       feature[paraNum - 1] = 1;
16       System.out.println("feature:" + Arrays.toString(feature));
17       System.out.println("label:" + label);
18       // 从参数中获取 W
19       double []W = LRMain.StrToArray(context.getConfiguration().get("W"));
20
21       // 计算样本预测值
22       double preval = 0;
23       for(int i = 0;i < paraNum;i++){
24           preval += feature[i] * W[i];
25       }
26       preval = sigmoid(preval);
27       System.out.println("preval:" + preval);
28
29       // 计算误差
30       double err = label - preval;
31       System.out.println("err:" + err);
32       // 计算梯度方向
33       for(int i = 0;i < paraNum;i++){
34           context.write(new IntWritable(i),new Text(String.valueOf(err * feature[i])));
35       }
36     }
37    private static double sigmoid(double x) {
38       double i = 1.0;
39       return i / (i + Math.exp( - x));
40    }
41 }
```

2. Reduce 过程

Map 过程给出的 ΔW 将在 Shuffle 过程汇总之后传输给 Reduce 过程。这里需要统计 ΔW 的平均值,再乘以学习率得到最终需要修改的 W 的值。具体代码如例 8-6 所示。

【例 8-6】 Reduce 过程。

```
1   import org.apache.hadoop.io.IntWritable;
2   import org.apache.hadoop.io.Text;
3   import org.apache.hadoop.mapreduce.Reducer;
4
5   import java.io.IOException;
6
7   public class LRReducer extends Reducer<IntWritable, Text,IntWritable,Text>{
8       public void reduce(IntWritable clusterId, Iterable<Text> rows, Context context)
9               throws IOException, InterruptedException
10      {
11          // 从参数中获取学习率
12          double rate = Double.parseDouble(context.getConfiguration().get("rate"));
13
14          double err = 0;
15          System.out.println("reduce:" + clusterId);
16
17          int count = 0;
18          for (Text line : rows) {
19              System.out.println(line.toString());
20              err += Double.parseDouble(line.toString());
21              count ++;
22          }
23          err /= count;
24          err *= rate;
25          context.write(clusterId,new Text(String.valueOf(err)));
26      }
27  }
```

3. 整体流程

LRMain 类是整个程序的入口,处理输入数据,设置训练的轮次、学习率等参数,进行权重的初始化等相关工作,并读取 Reduce 过程的结果以修改权重的值。具体代码如例 8-7 所示。

【例 8-7】 LRMain 类。

```
1   import org.apache.hadoop.conf.Configuration;
2   import org.apache.hadoop.fs.FileSystem;
3   import org.apache.hadoop.fs.Path;
4   import org.apache.hadoop.io.IntWritable;
```

```
5    import org.apache.hadoop.io.Text;
6    import org.apache.hadoop.mapreduce.Job;
7    import org.apache.hadoop.mapreduce.lib.input.FileInputFormat;
8    import org.apache.hadoop.mapreduce.lib.output.FileOutputFormat;
9
10   import java.io.*;
11
12   public class LRMain {
13       static int paraNum;
14       public static void main(String[] args) throws IOException, ClassNotFoundException,
         InterruptedException {
15           if(args.length != 2){
16               System.err.println("Usage <input> <output>");
17               return;
18           }
19           String inputfile = args[0];
20           String outputfile = args[1];
21
22           // 获取数据维度
23           getParaNum(inputfile);
24
25           double rate = 0.05;
26           int maxCycle = 100;
27
28           Configuration conf = new Configuration();
29           double [] W = ParaInitialize(paraNum);
30           conf.set("paraNum", String.valueOf(paraNum));
31           conf.set("rate",String.valueOf(rate));
32
33           for(int i = 0;i < maxCycle;i++){
34               conf.set("W",ArrayToStr(W));
35               Job job = Job.getInstance(conf, "logistic");
36
37               job.setJarByClass(LRMain.class);
38               job.setMapperClass(LRMapper.class);
39               job.setReducerClass(LRReducer.class);
40
41               job.setOutputKeyClass(IntWritable.class);
42               job.setOutputValueClass(Text.class);
43               FileInputFormat.addInputPath(job, new Path(inputfile));
44               FileOutputFormat.setOutputPath(job, new Path(outputfile + "/" +
             String.valueOf(i)));
45
46               job.waitForCompletion(true);
47               System.out.println(i + ":");
48               System.out.println("W:" + ArrayToStr(W));
49               getW(outputfile + "/" + (i) + "/part-r-00000", W);
50               System.out.println("W:" + ArrayToStr(W));
```

```
51
52          }
53      }
54
55      // 获取数据维度
56      private static void getParaNum(String inputfile) throws IOException {
57              BufferedReader buffered = getBuffer(inputfile);
58              // 读取一行数据
59              String line = buffered.readLine();
60              paraNum = line.split("\t").length;
61              buffered.close();
62      }
63
64      // 初始化 W 为 1
65      public static double [ ] ParaInitialize(int paraNum) {
66              double [ ] W = new double[paraNum];
67              for (int i = 0; i < paraNum; i ++) {
68                  W[i] = 1.0;
69              }
70              return W;
71      }
72
73      // 将数组转换为字符串,用\t 分割
74      private static String ArrayToStr(double[ ] array){
75              StringBuilder res = new StringBuilder();
76              for(int i = 0;i < array.length;i++){
77                  res.append(array[i]);
78                  if(i!= array.length - 1){
79                      res.append("\t");
80                  }
81              }
82              return res.toString();
83      }
84
85      // 字符串转数组,用\t 分割
86      public static double[ ] StrToArray(String string){
87              String[ ] strayy = string.split("\t");
88              int len = strayy.length;
89              double[ ] res = new double[len];
90              for(int i = 0;i < len;i++){
91                  res[i] = Double.parseDouble(strayy[i]);
92              }
93              return res;
94      }
95
96      // 文件读入
97      private static BufferedReader getBuffer(String filepath){
98              try{
```

```
99              Path input_file = new Path(filepath);
100             FileSystem fs = FileSystem.get(new Configuration());
101             DataInputStream stream = new DataInputStream(fs.open(input_file));
102             return new BufferedReader(new InputStreamReader(stream));
103         }catch (Exception e){
104             e.printStackTrace();
105         }
106         return null;
107     }
108 
109     // 获取 W
110     private static void getW(String filepath, double[] W) throws IOException {
111         BufferedReader buffer = getBuffer(filepath);
112         String line = "";
113         int count = 0;
114         while ((line = buffer.readLine())!= null){
115             System.out.println(line);
116             String[] sp = line.split("\t");  // 按 tab 分隔\
117             W[count] += Double.parseDouble(sp[1]);
118             count++;
119         }
120         buffer.close();
121     }
122 }
```

8.3 朴素贝叶斯分类算法

朴素贝叶斯法是基于贝叶斯定理与特征条件独立假设的分类算法，是机器学习和数据挖掘研究领域的重要数据处理方法之一。朴素贝叶斯分类算法具有简单、高效和分类效果稳定等特点。同时，由于它也具有扎实的理论基础，因此在实际应用中受到了广泛的关注。

8.3.1 朴素贝叶斯分类算法并行化思路

贝叶斯方法是以贝叶斯原理为基础，运用概率统计学中的原理对数据进行分类的算法。其特点是结合了先验概率和后验概率，贝叶斯分类算法在数据集较大时有良好的表现。并且其结构较为简单，在诸多领域都得到了应用。

朴素贝叶斯分类算法是贝叶斯分类算法中应用最为广泛的模型之一，它在贝叶斯算法的基础上进行了一定化简，即假定给定目标值时属性之间相互条件独立。虽然这种化简方法在一定程度上降低了分类的效果，但是大大降低了模型的实现难度，在实际应用场景中有着较低的复杂性。

下面结合一个具体的案例了解朴素贝叶斯分类。一些椅子的数据如表 8-1 所示，这些椅子分为两种类型 a、b，并且给出了这些椅子的属性，如颜色(Color)、重量(Weight)、高度(height)、纹理(decoration)和材质(material)。我们需要根据这些属性训练模型,并能够根据椅子的属性预测其类别。

表 8-1 输入数据

id	color	weight	height	decoration	material	type
1	blue	heavy	high	stripe	smooth	a
2	green	light	small	stripe	rough	b
3	blue	heavy	small	stripe	smooth	a
4	green	light	small	dot	rough	b
5	blue	heavy	high	stripe	smooth	a
6	blue	heavy	high	dot	smooth	a
7	blue	heavy	high	stripe	rough	a
8	green	light	small	dot	rough	b
9	blue	light	small	dot	rough	b
10	blue	heavy	high	stripe	smooth	a
11	green	heavy	high	stripe	smooth	a
12	green	light	high	stripe	rough	b

朴素贝叶斯分类的核心算法其实就是利用贝叶斯公式:$P(B|A)=\dfrac{P(A|B)P(B)}{P(A)}$,这里我们将 A 看作椅子的属性,B 看作椅子的类别,在已知一把椅子的属性的情况下,就可以计算出该椅子属于每个类别的概率。假设有一把椅子的属性是 green、light、small、stripe 和 rough,那么根据贝叶斯公式,它属于类别 a 的概率为

$$P(a \mid \text{green},\text{light},\text{small},\text{stripe},\text{rough})=\frac{P(\text{green},\text{light},\text{small},\text{stripe},\text{rough} \mid a)P(a)}{P(\text{green},\text{light},\text{small},\text{stripe},\text{rough})} \tag{8-1}$$

由于朴素贝叶斯中假设各条件之间相互独立,所以式(8-1)可以继续化简为

$$\frac{P(\text{green} \mid a)P(\text{light} \mid a)P(\text{small} \mid a)P(\text{stripe} \mid a)P(\text{rough} \mid a)P(a)}{P(\text{green},\text{light},\text{small},\text{stripe},\text{rough})} \tag{8-2}$$

由于我们只需要比较椅子属于 a 和属于 b 的概率大小,所以不用计算分母 P(green, light, small, stripe, rough),只需考虑分子的大小即可。而我们训练模型的过程也就是统计各个属性在各个类别中的占比情况 P(属性|类别)以及每个类别占总数的占比 P(类别),记录下来就可以根据椅子的属性来预测椅子所属的类别。

这里我们依然采用 MapReduce 计算。主要分为两部分计算,P(属性|类别)和 P(类别)采用不同的统计方法。

首先考虑 P(属性|类别)部分,在数据切分之后,Map 过程如图 8-15 所示,会将每个椅子的属性作为键值,类别作为值分离出来。

Shuffle 过程如图 8-16 所示,会统计每一种属性对应的所有类别情况,将其组成列表,为 Reduce 过程做准备。

Reduce 过程如图 8-17 所示,会统计每种属性中每个类别的次数,记录其数量。

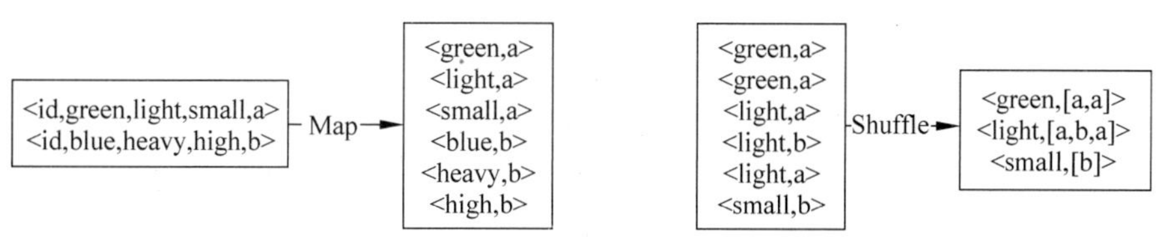

图 8-15　Map 过程　　　　图 8-16　Shuffle 过程

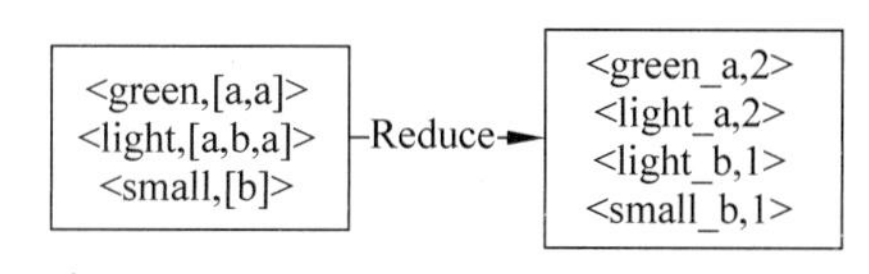

图 8-17　Reduce 过程

对于 P(类别)的计算,我们可以在 Map 过程将每条数据的类别也作为键值输出,然后在 Reduce 过程统计每个类别的数量并输出,如图 8-18 所示。

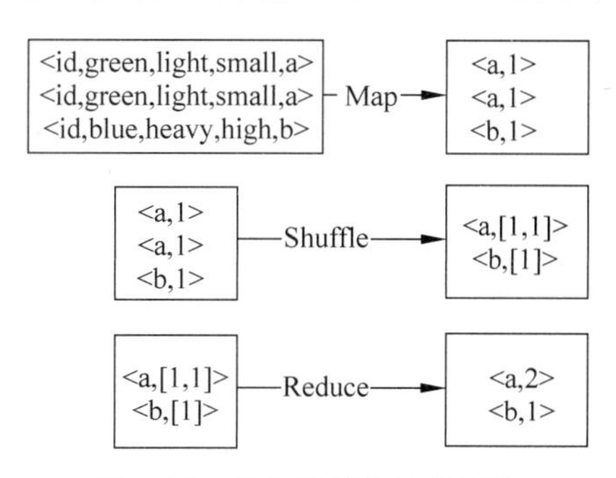

图 8-18　每个类别数量的统计

8.3.2　朴素贝叶斯分布式实现

1. Map 过程

Map 过程遍历椅子的属性,将<属性,类别>传输给 Shuffle 过程。具体代码如例 8-8 所示。

【例 8-8】 Map 过程。

```
1   import org.apache.hadoop.io.Text;
2   import org.apache.hadoop.mapreduce.Mapper;
3
4   import java.io.IOException;
5
6   public class NBMapper extends Mapper < Object, Text, Text,Text >{
7       public void map(Object key, Text value, Context context)
8               throws IOException, InterruptedException {
9           String [ ]words = value.toString().split("\t");
```

```
10            if(words[0].equals("id"))return;
11            String type = words[words.length - 1];
12            context.write(new Text(type),new Text("1"));
13
14            // 去除第一位编号和最后一位类型,遍历中间的属性
15            for(int i = 1;i < words.length - 1;i++){
16                String prop = words[i];
17                context.write(new Text(prop),new Text(type));
18            }
19        }
20    }
```

2. Reduce 过程

Reduce 过程首先统计所有属性对应类别的数量,将属性名称和类别名称拼接成字符串,并将数量作为值写入。其次需要统计每个类别的总数,汇总之后写入文件。具体代码如例 8-9 所示。

【例 8-9】 Reduce 过程。

```
1   import org.apache.hadoop.io.IntWritable;
2   import org.apache.hadoop.io.Text;
3   import org.apache.hadoop.mapreduce.Reducer;
4
5   import java.io.IOException;
6
7
8   public class NBReducer extends Reducer < Text,Text,Text,IntWritable > {
9       public void reduce(Text text, Iterable < Text > rows, Context context)
10              throws IOException, InterruptedException{
11          String key = text.toString();
12          if(key.equals("a") || key.equals("b")){
13              int count = 0;
14              for(Text ignored :rows){
15                  count++;
16          }
17          // a、b 类型的总数
18          context.write(text,new IntWritable(count));
19        }else{
20            int numa = 0,numb = 0;
21            for(Text row:rows){
22                if(row.toString().equals("a")){
23                    numa++;
24                }else{
25                    numb++;
26                }
27            }
```

```
28              context.write(new Text(text.toString() + "_a"),new IntWritable(numa));
29              context.write(new Text(text.toString() + "_b"),new IntWritable(numb));
30          }
31      }
32  }
```

3. 整体流程

主类控制整个程序，进行输入文件和输出文件的处理，将 Reduce 过程产生的文件提取出来，并放入预定的文件夹中。其中第一个参数为输入文件地址，第二个参数为模型的输出文件。模型文件中保存了各个属性对应的类别数量以及每个类别的总数量，以键-值对的形式保存。具体代码如例 8-10 所示。

【例 8-10】 主类代码。

```
1   import org.apache.hadoop.conf.Configuration;
2   import org.apache.hadoop.fs.Path;
3   import org.apache.hadoop.io.Text;
4   import org.apache.hadoop.mapreduce.Job;
5   import org.apache.hadoop.mapreduce.lib.input.FileInputFormat;
6   import org.apache.hadoop.mapreduce.lib.output.FileOutputFormat;
7
8   import java.io.*;
9
10  public class NBMain {
11      public static void main(String[] args) throws IOException,
        ClassNotFoundException, InterruptedException {
12          if(args.length != 2){
13              System.err.println("Usage <input_data> <output_model> eg:\n" +
14                      "data.txt output/model");
15              return;
16          }
17
18          String inputfile = args[0];
19          String outputfile = args[1];
20
21          // MapReduce 各项参数设置
22          Configuration conf = new Configuration();
23          Job job = Job.getInstance(conf, "NaiveBayesian");
24          job.setJarByClass(NBMain.class);
25          job.setMapperClass(NBMapper.class);
26          job.setReducerClass(NBReducer.class);
27
28          job.setOutputKeyClass(Text.class);
29          job.setOutputValueClass(Text.class);
30          FileInputFormat.addInputPath(job, new Path(inputfile));
31          // 放入一个临时文件夹中
```

```
32              FileOutputFormat.setOutputPath(job, new Path(outputfile + "_tmp"));
33
34              job.waitForCompletion(true);
35
36              // 移动文件
37              File file = new File(outputfile + "_tmp/part - r - 00000");
38              file.renameTo(new File(outputfile));
39
40              delete( new File(outputfile + "_tmp"));
41          }
42          private static void delete(File file) {
43              if (file.isDirectory()) {
44                  File[] files = file.listFiles();
45                  for (File file2 : files) {
46                          delete(file2);
47                  }
48              }
49              file.delete();
50          }
51  }
```

4. 测试

在得到模型之后,如果需要测试文件,则可以运行该类。其中第一个参数为模型的文件,读取模型的过程就是读取每种属性对应类别的数量以及每个类别的总数量,这里主要运用贝叶斯公式计算输入的样本对应的类别概率,会在比较之后选择概率较大的类别输出。具体代码如例 8-11 所示。

【例 8-11】 测试文件。

```
1   import org.apache.hadoop.conf.Configuration;
2   import org.apache.hadoop.fs.FileSystem;
3   import org.apache.hadoop.fs.Path;
4
5   import java.io.BufferedReader;
6   import java.io.DataInputStream;
7   import java.io.IOException;
8   import java.io.InputStreamReader;
9   import java.util.HashMap;
10  import java.util.Map;
11
12  public class NBTest {
13      public static void main(String[] args) throws IOException {
14          if(args.length != 2){
15              System.err.println("Usage < input_model > < attributes(split by',')> eg:\n" +
16                  "output/model blue, heavy, high, stripe, smooth");
17              return;
```

```
18          }
19
20          String inputfile = args[0];
21          String []attributes = args[1].split(",");
22
23          BufferedReader buffer = getBuffer(inputfile);
24          String line = "";
25          System.out.println("model:");
26
27          Map<String,Integer> value = new HashMap<>();
28          while ((line = buffer.readLine())!= null){
29              String []words = line.split("\t");
30              if(words.length == 0)break;
31              value.put(words[0],Integer.parseInt(words[1]));
32          }
33
34          double PA = value.get("A"),PB = value.get("B");
35          for(String attribute : attributes){
36              PA *= value.get(attribute + "_A");
37              PB *= value.get(attribute + "_B");
38          }
39
40          System.out.println("The type is " + (PA>PB?"A":"B"));
41      }
42
43      private static BufferedReader getBuffer(String filepath){
44          try{
45              Path input_file = new Path(filepath);
46              FileSystem fs = FileSystem.get(new Configuration());
47              DataInputStream stream = new DataInputStream(fs.open(input_file));
48              return new BufferedReader(new InputStreamReader(stream));
49          }catch (Exception e){
50              e.printStackTrace();
51          }
52          return null;
53      }
54  }
```

在输入 blue，heavy，high，stripe，smooth 后，可以得到预测的椅子类型为 a。

第 9 章

PyTorch解析

9.1　PyTorch 的基本知识

9.1.1　PyTorch 概述

PyTorch 的最大优势是建立的神经网络是动态的，可以非常容易地输出每一步的调试结果，相比于其他框架来说，调试起来十分方便。

如图 9-1 和图 9-2 所示，PyTorch 的动态图是随着代码的运行逐步建立起来的，也就是说使用者并不需要在一开始就定义好全部的网络结构，而是可以随着编码的进行逐步地调试，相比于 TensorFlow 和 Caffe 的静态图而言，这种设计更加贴近一般人的编码习惯。

A graph is ccreated on the fly

W_h　h　W_x　x

```
from torch.autograd import Variable

x = Variable(torch.randn(1,10)
prev_h = Variable(torch.randn (1,20))
w_h= Variable(torch.randn(20,20))
W_x= Variable(torch.randn(20,10)
```

图 9-1　动态图(1)

PyTorch 的代码如图 9-3 所示，相比于 TensorFlow 和 Caffe 的代码而言，其可读性非常高。网络各层的定义与传播方法一目了然，甚至不需要过多的文档与注释，单凭代码就可以很容易地理解其功能，也就成了许多初学者的首选。

Back-propagation
uses the dynamically built graph

```
from torch.autograd import Variable

x = Variable(torch.randn(1,10)
prev_h = Variable(torch.randn (1,20))
w_h= Variable(torch.randn(20,20))
W_x= Variable(torch.randn(20,10)

i2h = torch.mm(W_x, x.t())
h2h = torch.mm(w_h, prev_h.t())
next_h = i2h + h2h
next_h = next_h.tanh()

next_h.backward(torch.ones(1,20))
```

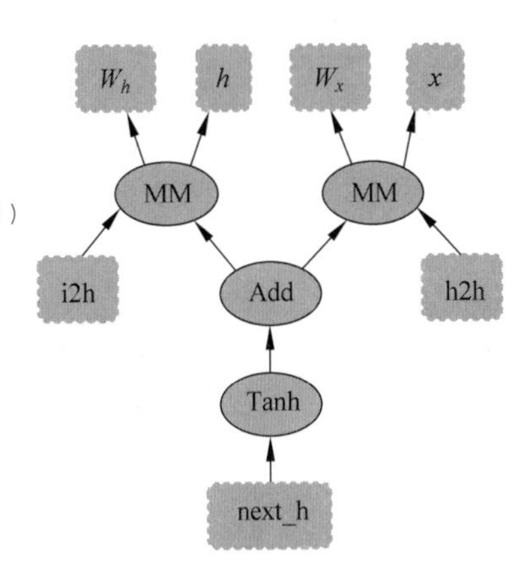

图 9-2　动态图(2)

```
import torch.nn as nn
import torch.nn.functional as F

class LeNet(nn.Module):
    def __init__(self):
        super(LeNet, self).__init__()
        self.conv1 = nn.Conv2d(3, 6, 5)
        self.conv2 = nn.Conv2d(6, 16, 5)
        self.fc1 = nn.Linear(16 * 5 * 5, 120)
        self.fc2 = nn.Linear(120, 84)
        self.fc3 = nn.Linear(84, 10)

    def forward(self, x):
        x = F.max_pool2d(F.relu(self.conv1(x)), 2)
        x = F.max_pool2d(F.relu(self.conv2(x)), 2)
        x = x.view(-1, 16 * 5 * 5)
        x = F.relu(self.fc1(x))
        x = F.relu(self.fc2(x))
        x = self.fc3(x)
        return x
```

图 9-3　PyTorch 代码示例

9.1.2　PyTorch 与其他深度学习框架的比较

下面将详细地对比 PyTorch 和另外两种常用的机器学习框架 Caffe 和 TensorFlow，其中 TensorFlow 和 PyTorch 是目前最流行的两种开源框架。在以往版本的实现中，TensorFlow 主要提供静态图构建的功能，因此具有较高的运算性能，但是模型的调试分析成本较高。PyTorch 主要提供动态图计算的功能，API 设计接近 Python 原生语法，因此易用性较好，但是在图优化方面不如 TensorFlow。这样的特点导致 TensorFlow 大量用于 AI 企业的模型部署，而学术界大量使用 PyTorch 进行研究。不过目前两种框架正在吸收对方的优势，例如 TensorFlow 的 eager 模式就是对动态图的一种尝试。另外，目前也有许多不那么流行，却同样独具特色的机器学习框架，如 PaddlePaddle、MXNet 和

XGBoost 等。

Caffe 的优点是简洁快速,缺点是缺少灵活性。Caffe 灵活性的缺失主要是因为它的设计缺陷。Caffe 最主要的抽象对象是层,每实现一个新的层,必须要利用 C++实现它的前向传播和反向传播代码,而如果想要新层运行在 GPU 上,还需要同时利用 CUDA 实现这一层的前向传播和反向传播。这种限制使得不熟悉 C++和 CUDA 的用户扩展 Caffe 十分困难。

Caffe 凭借其易用性、简洁明了的源码、出众的性能和快速的原型设计收获了众多用户,曾经占据深度学习领域的半壁江山。但是在深度学习新时代到来之时,Caffe 已经表现出明显的力不从心,诸多问题逐渐显现,包括灵活性缺失、扩展难、依赖众多环境难以配置以及应用局限等。尽管目前在 GitHub 上还能找到许多基于 Caffe 的项目,但是新的项目已经越来越少。

Caffe 的作者从加州大学伯克利分校毕业后加入了 Google,参与过 TensorFlow 的开发,后来离开 Google 加入 FAIR,担任工程主管,并开发了 Caffe2。Caffe2 是一个兼具表现力、速度和模块性的开源深度学习框架。它沿袭了大量的 Caffe 设计,可解决多年来在 Caffe 的使用和部署中发现的瓶颈问题。Caffe2 的设计追求轻量级,在保证扩展性和高性能的同时,也强调了便携性。Caffe2 从一开始就以性能、扩展和移动端部署作为主要设计目标。Caffe2 的核心 C++库能提供速度和便携性,而其 Python 和 C++API 使用户可以轻松地在 Linux、Windows、iOS、Android,甚至 Raspberry Pi 和 NVIDIA Tegra 上进行原型设计、训练和部署。

Caffe2 继承了 Caffe 的优点,在速度上令人印象深刻。FAIR 与应用机器学习团队合作,利用 Caffe2 大幅加速机器视觉任务的模型训练过程,仅需 1 小时就训练完 ImageNet 这样超大规模的数据集。然而,尽管已经发布半年多,开发一年多,Caffe2 仍然是一个不太成熟的框架,官网至今没提供完整的文档,安装也比较麻烦,编译过程时常出现异常,在 GitHub 上也很少找到相应的代码。

Caffe 在极盛时占据了计算机视觉研究领域的半壁江山,虽然如今 Caffe 已经很少用于学术界,但是仍有不少计算机视觉相关的论文使用 Caffe。由于其稳定、出众的性能,不少公司还在使用 Caffe 部署模型。Caffe2 尽管做了许多改进,但是还远没有达到替代 Caffe 的地步。

TensorFlow 在很大程度上可以看作 Theano 的后继者,不仅因为它们有很大一批共同的开发者,而且它们还拥有相近的设计理念——基于计算图实现自动微分系统。TensorFlow 使用数据流图进行数值计算,节点通常代表数学运算,边代表在节点之间传递的多维数组(张量)。

TensorFlow 编程接口支持 Python 和 C++。随着 1.0 版本的公布,Java、Go、R 和 Haskell API 的 alpha 版本也被支持。此外,TensorFlow 还可在 Google Cloud 和 AWS 中运行。TensorFlow 还支持 Windows 7、Windows 10 和 Windows Server 2016。由于 TensorFlow 使用 C++ Eigen 库,所以库可在 ARM 架构上编译和优化。这也就意味着用户可以在各种服务器和移动设备上部署自己的训练模型,无须执行单独的模型解码器或者加载 Python 解释器。

作为当前最流行的深度学习框架，TensorFlow 获得了极大的成功，对它的批评也不绝于耳，总结起来主要有以下四点。

(1) 过于复杂的系统设计。TensorFlow 在 GitHub 代码仓库的总代码量超过 100 万行。这么大的代码仓库，对于项目维护者来说，维护成为一个难以完成的任务，而对读者来说，学习 TensorFlow 底层运行机制更是一个极其痛苦的过程，并且大多数时候这种尝试以放弃告终。

(2) 频繁变动的接口。TensorFlow 的接口一直处于快速迭代中，并且没有很好地考虑向后兼容性，这导致现在许多开源代码已经无法在新版的 TensorFlow 上运行，同时也间接导致许多基于 TensorFlow 的第三方框架出现 BUG。

(3) 接口设计过于晦涩难懂。在设计 TensorFlow 时，创造了图、会话、命名空间和 PlaceHolder 等诸多抽象概念，对普通用户来说难以理解。TensorFlow 为同一功能提供了多种实现，这些实现良莠不齐，使用中还有细微的区别，很容易将用户带入坑中。

(4) 文档和教程混乱。TensorFlow 作为一个复杂的系统，文档和教程众多，但缺乏明显的条理和层次，虽然查找很方便，但用户很难找到一个真正循序渐进的入门教程。

由于直接使用 TensorFlow 的生产力过于低下，包括 Google 官方等众多开发者尝试基于 TensorFlow 构建一个更易用的接口，包括 Keras、Sonnet、TFLearn、TensorLayer、Slim、Fold 和 PrettyLayer 等数不胜数的第三方框架每隔几个月就会在新闻中出现一次，但是又大多归于沉寂，至今 TensorFlow 仍没有一个统一易用的接口。

凭借 Google 强大的推广能力，TensorFlow 已经成为当今最炙手可热的深度学习框架，但是由于自身的缺陷，TensorFlow 离最初的设计目标还很遥远。另外，由于 Google 对 TensorFlow 略显严格的把控，因此目前各大公司都在开发自己的深度学习框架。

PyTorch 是当前难得的简洁优雅且高效快速的框架。PyTorch 的设计追求最少的封装，尽量避免“重复造轮子”。不像 TensorFlow 中充斥着 session、graph、operation、name_scope、variable 和 tensor 等全新的概念，PyTorch 的设计遵循 tensor→variable(autograd)→nn. Module 三个由低到高的抽象层次，分别代表高维数组(张量)、自动求导(变量)和神经网络(层/模块)，而且这三个抽象之间联系紧密，可以同时进行修改和操作。

简洁的设计带来的另外一个好处就是代码易于理解。PyTorch 的源码只有 TensorFlow 的十分之一左右，更少的抽象和更直观的设计使得 PyTorch 的源码十分易于阅读。

PyTorch 的灵活性不以速度为代价，在许多评测中，PyTorch 的速度表现胜过 TensorFlow 和 Keras 等框架。框架的运行速度和程序员的编码水平有极大关系，但同样的算法，使用 PyTorch 实现更有可能快过用其他框架实现。

同时 PyTorch 是所有框架中面向对象设计的最优雅的一个。PyTorch 的面向对象的接口设计来源于 Torch，而 Torch 的接口设计以灵活易用而著称，Keras 作者最初就是受到 Torch 的启发才开发了 Keras。PyTorch 继承了 Torch 的衣钵，尤其是 API 的设计和模块的接口都与 Torch 高度一致。PyTorch 的设计最符合人们的思维，它让用户尽可能地专注于实现自己的想法，即所思即所得，不需要考虑太多关于框架本身的束缚。

PyTorch 提供了完整的文档、循序渐进的指南以及由作者亲自维护的供用户交流和求教问题的论坛。FAIR 为 PyTorch 提供了强力支持,作为当今排名前三的深度学习研究机构,FAIR 的支持足以确保 PyTorch 获得持续的开发更新。

在 PyTorch 推出不到一年的时间内,利用 PyTorch 实现的各类深度学习问题都有在 GitHub 上开源的解决方案。同时也有许多新发表的论文采用 PyTorch 作为论文实现的工具,PyTorch 正在受到越来越多人的追捧。如果 TensorFlow 的设计目标是 Make it complicated,Keras 的设计目标是 Make it complicated and hide it,那么 PyTorch 的设计真正做到了 keep it simple and stupid。

但是同样地,由于 PyTorch 推出时间较短,所以在 GitHub 上并没有如 Caffe 或 TensorFlow 那样多的代码实现,使用 TensorFlow 能找到很多别人的代码,而对于 PyTorch 的使用者,可能需要自己完成很多代码实现。

9.2 PyTorch 基本操作

在介绍 PyTorch 之前,首先需要了解 Numpy。Numpy 是用于科学计算的框架,它提供了一个 N 维矩阵对象 ndarray,初始化、计算 ndarray 的函数,以及变换 ndarray 形状、组合拆分 ndarray 的函数。

PyTorch 的 Tensor 和 Numpy 的 ndarray 十分类似,但是 Tensor 具备两个 ndarray 不具备但是对于深度学习来说非常重要的功能。一是 Tensor 能利用 GPU 计算,GPU 根据芯片性能的不同,在进行矩阵运算时,能比 CPU 快几十倍。二是 Tensor 在计算时,能够作为节点自动地加入计算图中,而计算图可以为其中的每个节点自动地计算微分,也就是说当我们使用 Tensor 时,就不需要手动计算微分了。下面首先介绍 Tensor 对象及其运算。后文给出的代码都依赖以下模块。

```
1    import torch
2    import numpy as np
```

9.2.1 Tensor 对象及其运算

Tensor 对象是一个维度任意的矩阵,但是一个 Tensor 中所有元素的数据类型必须一致。PyTorch 的数据类型和常用编程语言的数据类型类似,包括浮点型、有符号整型和无符号整型,这些类型既可以定义在 CPU 上,也可以定义在 GPU 上。在使用 Tensor 数据类型时,可以通过 dtype 属性指定它的数据类型,device 指定它的设备(CPU 或者 GPU)。具体代码如例 9-1 所示。

【例 9-1】 Tensor。

```
1    #torch.tensor
2    print('torch.Tensor 默认为:{}'.format(torch.Tensor(1).dtype))
3    print('torch.tensor 默认为:{}'.format(torch.tensor(1).dtype))
4    # 可以用 list 构建
5    a = torch.tensor([[1,2],[3,4]], dtype = torch.float64)
```

```
6   # 也可以用ndarray构建
7   b = torch.tensor(np.array([[1,2],[3,4]]), dtype=torch.uint8)
8   print(a)
9   print(b)
10
11  # 通过device指定设备
12  cuda0 = torch.device('cuda:0')
13  c = torch.ones((2,2), device=cuda0)
14  print(c)
    >>> torch.Tensor 默认为:torch.float32
    >>> torch.tensor 默认为:torch.int64
    >>> tensor([[1., 2.],
                [3., 4.]], dtype=torch.float64)
    >>> tensor([[1, 2],
                [3, 4]], dtype=torch.uint8)
    >>> tensor([[1., 1.],
                [1., 1.]], device='cuda:0')
```

通过device指定在GPU上定义变量后，可以如例9-2所示在终端上通过nvidia-smi命令查看显存占用。PyTorch还支持在CPU和GPU之间复制变量。

【例9-2】 查看显存占用。

```
1   c = c.to('cpu', torch.double)
2   print(c.device)
3   b = b.to(cuda0, torch.float)
4   print(b.device)
    >>> cpu
    >>> cuda:0
```

Tensor执行算术运算符的运算是两个矩阵对应元素的运算。torch.mm执行的矩阵乘法的计算如例9-3所示。

【例9-3】 矩阵乘法计算。

```
1   a = torch.tensor([[1,2],[3,4]])
2   b = torch.tensor([[1,2],[3,4]])
3   c = a * b
4   print("逐元素相乘:", c)
5   c = torch.mm(a, b)
6   print("矩阵乘法:", c)
    >>> 逐元素相乘: tensor([[ 1, 4],
            [ 9, 16]])
    >>> 矩阵乘法: tensor([[ 7, 10],
            [15, 22]])
```

此外，还有一些具有特定功能的函数如例9-4所示，这里列举一部分。torch.clamp起到分段函数的作用，可用于去掉矩阵中过小或者过大的元素；torch.round将小数部分化整；torch. tanh 计算双曲正切函数,该函数将数值映射到区间(0,1)。

【例 9-4】 特定功能函数。

```
1    a = torch.tensor([[1,2],[3,4]])
2    torch.clamp(a, min = 2, max = 3)
     >>> tensor([[2, 2],
              [3, 3]])
1    a = torch.tensor([ - 1.1, 0.5, 0.501, 0.99])
2    torch.round(a)
     >>> tensor([[2, 2],
              [3, 3]])
1    a = torch.Tensor([ - 3, - 2, - 1, - 0.5,0,0.5,1,2,3])
2    torch.tanh(a)
     >>> tensor([ - 0.9951, - 0.9640, - 0.7616, - 0.4621, 0.0000, 0.4621, 0.7616, 0.9640,
     0.9951])
```

除了直接从 ndarray 或 list 类型的数据中创建 Tensor,PyTorch 还提供了一些函数可直接创建数据,具体函数如例 9-5 所示。这类函数往往需要提供矩阵的维度。torch. arange 和 Python 内置的 range 的使用方法基本相同,其第 3 个参数是步长；torch. linspace 第 3 个参数指定返回的个数；torch. ones 返回全 0；torch. zeros 返回全 0 矩阵。

【例 9-5】 直接创建数据函数。

```
1    print(torch.arange(5))
2    print(torch.arange(1,5,2))
3    print(torch.linspace(0,5,10))
     >>> tensor([0, 1, 2, 3, 4])
     >>> tensor([1, 3])
     >>> tensor([0.0000, 0.5556, 1.1111, 1.6667, 2.2222, 2.7778, 3.3333, 3.8889, 4.4444,
     5.0000])
1    print(torch.ones(3,3))
2    print(torch.zeros(3,3))
     >>> tensor([[1., 1., 1.],
              [1., 1., 1.],
              [1., 1., 1.]])
     >>> tensor([[0., 0., 0.],
              [0., 0., 0.],
              [0., 0., 0.]])
```

torch. rand 返回从区间[0,1]的均匀分布中采样的元素所组成的矩阵；torch. randn 返回从正态分布中采样的元素所组成的矩阵；torch. randint 返回从指定区间的均匀分布中采样的随机整数所生成的矩阵。具体返回如例 9-6 所示。

【例 9-6】 具体返回。

```
1    torch.rand(3,3)
     >>> tensor([[0.0388, 0.6819, 0.3144],
              [0.7826, 0.0966, 0.4319],
```

```
            [0.6758, 0.2630, 0.9727]])
1   torch.randn(3,3)
    >>> tensor([[ - 0.6956, 0.6792, 0.8957],
            [ 0.2271, 0.9885, - 0.7817],
            [ - 0.2658, 1.5465, - 0.2519]])
    >>>
1   torch.randint(0, 9, (3,3))
    >>> tensor([[5, 2, 7],
            [8, 4, 8],
            [2, 1, 4]])
```

9.2.2 Tensor 的索引和切片

Tensor 支持基本的索引和切片操作，不仅如此，它还支持 ndarray 中的高级索引（整数索引和布尔索引）操作。Tensor 支持的基本操作如例 9-7 所示。

【例 9-7】 Tensor 支持的基本操作。

```
1   a = torch.arange(9).view(3,3)
2   # 基本索引
3   a[2,2]
    >>> tensor(8)
1   #切片
2   a[1:, : - 1]
    >>> tensor([[3, 4],
            [6, 7]])
1   #带步长的切片(PyTorch 现在不支持负步长)
2   a[::2]
    >>> tensor([[0, 1, 2],
            [6, 7, 8]])
1   # 整数索引
2   rows = [0, 1]
3   cols = [2, 2]
4   a[rows, cols]
    >>> tensor([2, 5])
1   # 布尔索引
2   index = a > 4
3   print(index)
4   print(a[index])
    >>> tensor([[0, 0, 0],
            [0, 0, 1],
            [1, 1, 1]], dtype = torch.uint8)
    >>> tensor([5, 6, 7, 8])
1   # torch.nonzero 用于返回非零值的索引矩阵
2   a = torch.arange(9).view(3, 3)
3   index = torch.nonzero(a >= 8)
4   print(index)
    >>> tensor([[2, 2]])
```

```
1    a = torch.randint(0, 2, (3,3))
2    print(a)
3    index = torch.nonzero(a)
4    print(index)
     >>> tensor([[0, 0, 1],
                 [0, 0, 1],
                 [1, 1, 0]])
     >>> tensor([[0, 2],
                 [1, 2],
                 [2, 0],
                 [2, 1]])
```

torch. where(condition, x, y)判断 condition 的条件是否满足,当某个元素满足时,返回对应矩阵 x 相同位置的元素,否则返回矩阵 y 的元素。具体代码如例 9-8 所示。

【例 9-8】 torch. where()函数用法。

```
1    x = torch.randn(3, 2)
2    y = torch.ones(3, 2)
3    print(x)
4    print(torch.where(x > 0, x, y))
     >>> tensor([[ 0.0914, - 0.8913],
                 [ - 0.0046, 0.0617],
                 [ 1.0744, - 1.2068]])
     >>> tensor([[0.0914, 1.0000],
                 [1.0000, 0.0617],
                 [1.0744, 1.0000]])
```

9.2.3 Tensor 的变换、拼接和拆分

PyTorch 提供了大量对 Tensor 进行操作的函数或方法,具体方法如例 9-9 所示。这些函数内部使用指针实现对矩阵的形状变换、拼接和拆分等操作,使得我们无须关心 Tensor 在内存的物理结构或者管理指针就可以方便且快速地执行这些操作。Tensor. nelement()、Tensor. ndimension()、ndimension. size()可分别用于查看矩阵元素的个数、轴的个数以及维度,属性 Tensor. shape 也可以用于查看 Tensor 的维度。

【例 9-9】 PyTorch 对 Tensor 进行操作的函数。

```
1    a = torch.rand(1,2,3,4,5)
2    print("元素个数", a.nelement())
3    print("轴的个数", a.ndimension())
4    print("矩阵维度", a.size(), a.shape)
     >>> 元素个数 120
     >>> 轴的个数 5
     >>> 矩阵维度 torch.Size([1, 2, 3, 4, 5]) torch.Size([1, 2, 3, 4, 5])
```

在 PyTorch 中,Tensor. reshape 和 Tensor. view 都能被用于更改 Tensor 的维度。

它们的区别在于，Tensor. view 要求 Tensor 的物理存储必须是连续的，否则将报错，而 Tensor. reshape 没有这种要求。但是，Tensor. view 返回的一定是一个索引，更改返回值，则原始值同样被更改，Tensor. reshape 返回的是引用还是副本是不确定的。它们的相同之处是都要接收输出的维度作为参数，且输出的矩阵元素个数不能改变，可以在维度中输入－1，PyTorch 会自动推断它的数值。具体代码如例 9-10 所示。

【例 9-10】 更改 Tensor 维度。

```
1    b = a.view(2 * 3,4 * 5)
2    print(b.shape)
3    c = a.reshape( - 1)
4    print(c.shape)
5    d = a.reshape(2 * 3, - 1)
6    print(d.shape)
     >>> torch.Size([6, 20])
     >>> torch.Size([120])
     >>> torch.Size([6, 20])
```

torch. squeeze 和 torch. unsqueeze 用于给 Tensor 去掉和添加轴。torch. squeeze 去掉维度为 1 的轴，而 torch. unsqueeze 用于给 Tensor 的指定位置添加一个维度为 1 的轴。具体代码如例 9-11 所示。

【例 9-11】 添加和去掉轴。

```
1    b = torch.squeeze(a)
2    b.shape
     >>> torch.Size([2, 3, 4, 5])
1    torch.unsqueeze(b, 0).shape
```

torch. t 和 torch. transpose 用于转置二维矩阵。这两个函数只接收二维 Tensor，torch. t 是 torch. transpose 的简化版。具体代码如例 9-12 所示。

【例 9-12】 转置二维矩阵。

```
1    a = torch.tensor([[2]])
2    b = torch.tensor([[2, 3]])
3    print(torch.transpose(a, 1, 0,))
4    print(torch.t(a))
5    print(torch.transpose(b, 1, 0,))
6    print(torch.t(b))
     >>> tensor([[2]])
     >>> tensor([[2]])
     >>> tensor([[2],
             [3]])
     >>> tensor([[2],
             [3]])
```

对于高维度 Tensor，可以使用 permute 方法变换维度。具体代码如例 9-13 所示。

【例 9-13】 变换维度。

```
1   a = torch.rand((1, 224, 224, 3))
2   print(a.shape)
3   b = a.permute(0, 3, 1, 2)
4   print(b.shape)
    >>> torch.Size([1, 224, 224, 3])
    >>> torch.Size([1, 3, 224, 224])
```

PyTorch 提供了 torch.cat 和 torch.stack 用于拼接矩阵,不同的是,torch.cat 在已有的轴 dim 上拼接矩阵,给定轴的维度可以不同,而其他轴的维度必须相同。torch.stack 在新的轴上拼接,它要求被拼接的矩阵所有维度都相同。例 9-14 可以很清楚地表明它们的使用方式和区别。

【例 9-14】 拼接矩阵。

```
1   a = torch.randn(2, 3)
2   b = torch.randn(3, 3)
3
4   # 默认维度为 dim = 0
5   c = torch.cat((a, b))
6   d = torch.cat((b, b, b), dim = 1)
7
8   print(c.shape)
9   print(d.shape)
    >>> torch.Size([5, 3])
    >>> torch.Size([3, 9])
1   c = torch.stack((b, b), dim = 1)
2   d = torch.stack((b, b), dim = 0)
3   print(c.shape)
4   print(d.shape)
    >>> torch.Size([3, 2, 3])
    >>> torch.Size([2, 3, 3])
```

除了拼接矩阵,PyTorch 还提供了 torch.split 和 torch.chunk 用于拆分矩阵,具体案例如例 9-15 所示。它们的不同之处在于,torch.split 传入的是拆分后每个矩阵的大小,可以传入 list,也可以传入整数,而 torch.chunk 传入的是拆分的矩阵个数。

【例 9-15】 拆分矩阵。

```
1   a = torch.randn(10, 3)
2   for x in torch.split(a, [1,2,3,4], dim = 0):
3       print(x.shape)
    >>> torch.Size([1, 3])
    >>> torch.Size([2, 3])
    >>> torch.Size([3, 3])
    >>> torch.Size([4, 3])
```

```
1    for x in torch.split(a, 4, dim = 0):
2        print(x.shape)
     >>> torch.Size([4, 3])
     >>> torch.Size([4, 3])
     >>> torch.Size([2, 3])
1    for x in torch.chunk(a, 4, dim = 0):
2        print(x.shape)
     >>> torch.Size([3, 3])
     >>> torch.Size([3, 3])
     >>> torch.Size([3, 3])
     >>> torch.Size([1, 3])
```

9.2.4 PyTorch的归纳操作

归纳(Reduction)运算的特点是它往往对一个 Tensor 内的元素做归约操作，例如 torch.max 找极大值和 torch.cumsum 计算累加，它还提供了 dim 参数指定沿矩阵的哪个维度执行操作。具体用法如例 9-16 所示。

【例 9-16】 归约操作。

```
1    # 默认求取全局最大值
2    a = torch.tensor([[1,2],[3,4]])
3    print("全局最大值:", torch.max(a))
4    # 指定维度 dim 后，返回最大值及其索引
5    torch.max(a, dim = 0)
     >>> 全局最大值: tensor(4)
     >>> (tensor([3, 4]), tensor([1, 1]))
1    a = torch.tensor([[1,2],[3,4]])
2    print("沿着横轴计算每一列的累加:")
3    print(torch.cumsum(a, dim = 0))
4    print("沿着纵轴计算每一行的累乘:")
5    print(torch.cumprod(a, dim = 1))
     >>> 沿着横轴计算每一列的累加:
     >>> tensor([[1, 2],
                 [4, 6]])
     >>> 沿着纵轴计算每一行的累乘:
     >>> tensor([[ 1, 2],
                 [ 3, 12]])
1    # 计算矩阵的均值、中值和协方差
2    a = torch.Tensor([[1,2],[3,4]])
3    a.mean(), a.median(), a.std()
     >>> (tensor(2.5000), tensor(2.), tensor(1.2910))
1    # torch.unique 用于找出矩阵中出现了哪些元素
2    a = torch.randint(0, 3, (3, 3))
3    print(a)
4    print(torch.unique(a))
     >>> tensor([[0, 0, 0],
```

```
         [2, 0, 2],
         [0, 0, 1]])
>>> tensor([1, 2, 0])
```

9.2.5 PyTorch的自动微分

将 Tensor 的 requires_grad 属性设置为 True 时，PyTorch 的 torch. autograd 会自动地追踪它的计算轨迹，当需要计算微分时，只需要对最终计算结果的 Tensor 调用 backward 方法，中间所有计算节点的微分就会被保存在 grad 属性中。具体代码如例 9-17 所示。

【例 9-17】 自动微分。

```
1   x = torch.arange(9).view(3,3)
2   x.requires_grad
    >>> False
1   x = torch.rand(3, 3, requires_grad = True)
2       print(x)
    >>> tensor([[0.0018, 0.3481, 0.6948],
             [0.4811, 0.8106, 0.5855],
             [0.4229, 0.7706, 0.4321]], requires_grad = True)
1   w = torch.ones(3, 3, requires_grad = True)
2   y = torch.sum(torch.mm(w, x))
3   y
    >>> tensor(13.6424, grad_fn = < SumBackward0 >)
1   y.backward()
2   print(y.grad)
3   print(x.grad)
4   print(w.grad)
    >> None
    >>> tensor([[3., 3., 3.],
             [3., 3., 3.],
             [3., 3., 3.]])
    >>> tensor([[1.1877, 0.9406, 1.6424],
             [1.1877, 0.9406, 1.6424],
             [1.1877, 0.9406, 1.6424]])
1   # Tensor.detach 会将 Tensor 从计算图剥离出去,不再计算它的微分.
2   x = torch.rand(3, 3, requires_grad = True)
3   w = torch.ones(3, 3, requires_grad = True)
4   print(x)
5   print(w)
6   yy = torch.mm(w, x)

7   detached_yy = yy.detach()
8   y = torch.mean(yy)
9   y.backward()
10
```

```
11  print(yy.grad)
12  print(detached_yy)
13  print(w.grad)
14  print(x.grad)
    >>> tensor([[0.3030, 0.6487, 0.6878],
                [0.4371, 0.9960, 0.6529],
                [0.4750, 0.4995, 0.7988]], requires_grad = True)
    >>> tensor([[1., 1., 1.],
                [1., 1., 1.],
                [1., 1., 1.]], requires_grad = True)
    >>> None
    >>> tensor([[1.2151, 2.1442, 2.1395],
                [1.2151, 2.1442, 2.1395],
                [1.2151, 2.1442, 2.1395]])
    >>> tensor([[0.1822, 0.2318, 0.1970],
                [0.1822, 0.2318, 0.1970],
                [0.1822, 0.2318, 0.1970]])
    >>> tensor([[0.3333, 0.3333, 0.3333],
                [0.3333, 0.3333, 0.3333],
                [0.3333, 0.3333, 0.3333]])
1   # with torch.no_grad():包括的代码段不会计算微分
2   y = torch.sum(torch.mm(w, x))
       print(y.requires_grad)
3   with torch.no_grad():
4       y = torch.sum(torch.mm(w, x))
5       print(y.requires_grad)
    >>> True
    >>> False
```

9.3 应用案例

9.3.1 在Spark上训练和运行PyTorch模型

SparkTorch是Spark上用于结合Spark和深度学习模型的库。像SparkFlow一样，SparkTorch的主要目标是使Spark可以与深度学习模型协作。该库提供了以下三个核心组件。

(1) 大型数据集的数据并行分布式训练组件。SparkTorch提供了分布式同步和异步培训方法。这对于训练无法容纳在一台机器中的非常大的数据集很有用。

(2) ML library组件。这样可以确保训练模型的保存和加载。

(3) Inference组件。开发人员可以借助SparkTorch加载现有的训练模型，并在数十亿条记录上并行运行推理。

除这些功能外，SparkTorch还可以利用障碍执行功能，确保所有执行者在训练过程中同时运行(这是同步训练方法所必需的)。

SparkTorch可以使用pip安装，运行如下指令：

```
1    pip install sparktorch
```

一个在 Spark 上运行 PyTorch 模型的案例如例 9-18 所示。

【例 9-18】 在 Spark 上运行 PyTorch 模型。

```
1    from sparktorch import serialize_torch_obj, SparkTorch
2    import torch
3    import torch.nn as nn
4    from pyspark.ml.feature import VectorAssembler
5    from pyspark.sql import SparkSession
6    from pyspark.ml.pipeline import Pipeline
7
8    spark = SparkSession.builder.appName("examples").master('local[2]').getOrCreate()
9    df = spark.read.option("inferSchema", "true").csv('mnist_train.csv').coalesce(2)
10
11   network = nn.Sequential(
12       nn.Linear(784, 256),
13       nn.ReLU(),
14       nn.Linear(256, 256),
15       nn.ReLU(),
16       nn.Linear(256, 10),
17       nn.Softmax(dim = 1)
18   )
19
20   # 生成的 pytorch 对象
21   torch_obj = serialize_torch_obj(
22       model = network,
23       criterion = nn.CrossEntropyLoss(),
24       optimizer = torch.optim.Adam,
25       lr = 0.0001
26 )
27
28   # 设置功能
29   vector_assembler = VectorAssembler(inputCols = df.columns[1:785], outputCol = 'features')
30
31   # 创建 SparkTorch 模型
32   spark_model = SparkTorch(
33       inputCol = 'features',
34       labelCol = '_c0',
35       predictionCol = 'predictions',
36       torchObj = torch_obj,
37       iters = 50,
38       verbose = 1
39   )
40
41   # 可以在管道中被应用,并可以保存
42   p = Pipeline(stages = [vector_assembler, spark_model]).fit(df)
43   p.save('simple_dnn')
```

9.3.2 用 PyTorch 进行手写数字识别

torch. utils. data. Datasets 是 PyTorch 用于表示数据集的类，在本节我们使用 torchvision. datasets. MNIST 构建手写数字数据集。例 9-19 的代码第 5 行实例化了 Datasets 对象，datasets. MNIST 能够自动下载数据保存到本地磁盘，参数 train 默认为 True，用于控制加载的数据集是训练集还是测试集。需要注意的是第 7 行使用了 len(mnist)，这里调用了__len__方法，第 8 行使用了 mnist[j]，调用的是__getitem__，在建立数据集时，需要继承 Dataset，并且覆写__item__和__len__两个方法。第 9～10 行绘制了 MNIST 手写数字数据集，如图 9-4 所示。

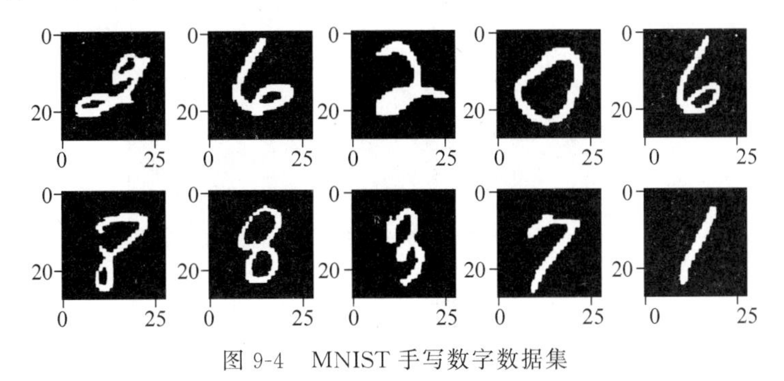

图 9-4 MNIST 手写数字数据集

【例 9-19】 使用 torchvision. datasets. MNIST 构建手写数字数据集。

```
1   from torchvision.datasets import MNIST
2   from matplotlib import pyplot as plt
3   %matplotlib inline
4
5   mnist = datasets.MNIST(root = '~', train = True, download = True)
6
7   for i, j in enumerate(np.random.randint(0, len(mnist), (10,))):
8       data, label = mnist[j]
9       plt.subplot(2,5,i+1)
10      plt.imshow(data)
```

数据预处理是非常重要的步骤，PyTorch 提供了 torchvision. transforms 用于处理数据及数据增强。具体代码如例 9-20 所示。在这里我们使用了 torchvision. transforms. ToTensor，它将 PIL Image 或者 numpy. ndarray 类型的数据转换为 Tensor，并且它会将数据从区间[0,255]映射到区间[0,1]。torchvision. transforms. Normalize 用于数据标准化，将训练数据标准化会加速模型在训练中的收敛速率。在实际使用中，可以利用 torchvision. transforms. Compose 将多个 transforms 组合到一起，被包含的 transforms 会顺序执行。

【例 9-20】 torchvision. transforms 的使用方法。

```
1   trans = transforms.Compose([
2       transforms.ToTensor(),
```

```
3        transforms.Normalize((0.1307,), (0.3081,))])
4
5    normalized = trans(mnist[0][0])
1    from torchvision import transforms
2
3    mnist = datasets.MNIST(root = '~', train = True, download = True, transform = trans)
```

处理好的数据准备好后,就可以读取用于训练的数据了。torch.utils.data.DataLoader提供了迭代数据、随机抽取数据、批量化数据和使用 multiprocessing 并行化读取数据的功能。具体代码如例 9-21 所示。第 1 行定义了函数 imshow,第 2 行将数据从标准化的数据中恢复出来,第 3 行将 Tensor 类型转换为 ndarray,这样才可以用 matplotlib 绘制出来,绘制的结果如图 9-5 所示,第 4 行将矩阵的维度从(C,W,H)转换为(W,H,C)。

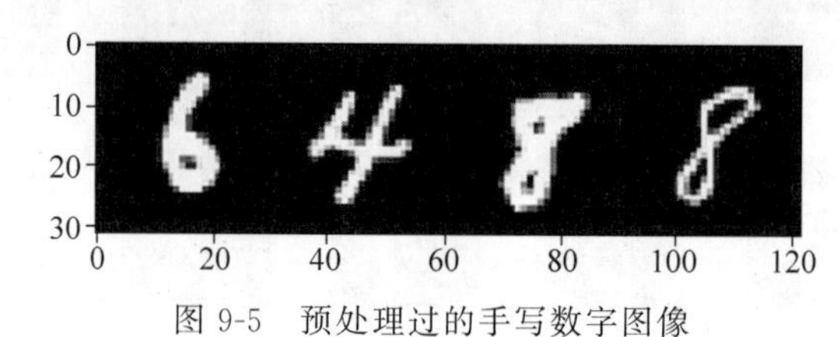

图 9-5 预处理过的手写数字图像

【例 9-21】 批量化处理数据。

```
1    def imshow(img):
2        img = img * 0.3081 + 0.1307
3        npimg = img.numpy()
4        plt.imshow(np.transpose(npimg, (1, 2, 0)))
5
6    dataloader = DataLoader(mnist, batch_size = 4, shuffle = True, num_workers = 4)
7    images, labels = next(iter(dataloader))
8
9    imshow(torchvision.utils.make_grid(images))
```

前面展示了使用 PyTorch 加载数据和处理数据的方法。利用例 9-22 的代码可构建用于识别手写数字的神经网络模型。

【例 9-22】 构建用于识别手写数字的神经网络模型。

```
1    class MLP(nn.Module):
2        def __init__(self):
3            super(MLP, self).__init__()
4
5            self.inputlayer = nn.Sequential(nn.Linear(28 * 28, 256), nn.ReLU(),
     nn.Dropout(0.2))
6            self.hiddenlayer = nn.Sequential(nn.Linear(256, 256), nn.ReLU(),
     nn.Dropout(0.2))
```

```
7           self.outlayer = nn.Sequential(nn.Linear(256, 10))
8
9       def forward(self, x):
10          # 将输入图像拉伸为一维向量
11          x = x.view(x.size(0), -1)
12
13          x = self.inputlayer(x)
14          x = self.hiddenlayer(x)
15          x = self.outlayer(x)
16          return x
17          # 我们可以直接通过打印 nn.Module 的对象看到其网络结构
18          print(MLP())
            >>> MLP(
            (inputlayer): Sequential(
                (0): Linear(in_features = 784, out_features = 256, bias = True)
                (1): ReLU()
                (2): Dropout(p = 0.2)
            )
            (hiddenlayer): Sequential(
                (0): Linear(in_features = 256, out_features = 256, bias = True)
                (1): ReLU()
                (2): Dropout(p = 0.2)
            )
            (outlayer): Sequential(
                (0): Linear(in_features = 256, out_features = 10, bias = True)
            )
        )
```

在准备好数据和模型后，就可以训练模型了。例 9-23 的代码分别定义了数据处理和加载流程、模型、优化器、损失函数以及用准确率评估模型能力。第 33 行将训练数据迭代 10 个 epoch，并将训练和验证的准确率和损失记录下来。

【例 9-23】 定义数据处理和加载流程、模型、优化器、损失函数以及用准确率评估模型能力。

```
1   from torch import optim
2   from tqdm import tqdm
3   # 数据处理和加载
4   trans = transforms.Compose([
5       transforms.ToTensor(),
6       transforms.Normalize((0.1307,), (0.3081,))])
7   mnist_train = datasets.MNIST(root = '~', train = True, download = True, transform = trans)
8   mnist_val = datasets.MNIST(root = '~', train = False, download = True, transform = trans)
9
10  trainloader = DataLoader(mnist_train, batch_size = 16, shuffle = True, num_workers = 4)
11  valloader = DataLoader(mnist_val, batch_size = 16, shuffle = True, num_workers = 4)
12
13  # 模型
```

```
14  model = MLP()
15
16  # 优化器
17  optimizer = optim.SGD(model.parameters(), lr = 0.01, momentum = 0.9)
18
19  # 损失函数
20  celoss = nn.CrossEntropyLoss()
21  best_acc = 0
22
23  # 计算准确率
24  def accuracy(pred, target):
25      pred_label = torch.argmax(pred, 1)
26      correct = sum(pred_label == target).to(torch.float)
27      #acc = correct / float(len(pred))
28      return correct, len(pred)
29
30  acc = {'train': [], "val": []}
31  loss_all = {'train': [], "val": []}
32
33  for epoch in tqdm(range(10)):
34      #设置为验证模式
35      model.eval()
36      numer_val, denumer_val, loss_tr = 0., 0., 0.
37      with torch.no_grad():
38          for data, target in valloader:
39              output = model(data)
40              loss = celoss(output, target)
41              loss_tr += loss.data
42
43              num, denum = accuracy(output, target)
44              numer_val += num
45              denumer_val += denum
46      #设置为训练模式
47      model.train()
48      numer_tr, denumer_tr, loss_val = 0., 0., 0.
49      for data, target in trainloader:
50          optimizer.zero_grad()
51          output = model(data)
52          loss = celoss(output, target)
53          loss_val += loss.data
54          loss.backward()
55          optimizer.step()
56          num, denum = accuracy(output, target)
57          numer_tr += num
58          denumer_tr += denum
59      loss_all['train'].append(loss_tr/len(trainloader))
60      loss_all['val'].append(loss_val/len(valloader))
61      acc['train'].append(numer_tr/denumer_tr)
```

```
62      acc['val'].append(numer_val/denumer_val)
    >>>   0% |                    | 0/10 [00:00<?, ?it/s]
    >>>  10% |█                   | 1/10 [00:16<02:28, 16.47s/it]
    >>>  20% |██                  | 2/10 [00:31<02:07, 15.92s/it]
    >>>  30% |███                 | 3/10 [00:46<01:49, 15.68s/it]
    >>>  40% |████                | 4/10 [01:01<01:32, 15.45s/it]
    >>>  50% |█████               | 5/10 [01:15<01:15, 15.17s/it]
    >>>  60% |██████              | 6/10 [01:30<01:00, 15.19s/it]
    >>>  70% |███████             | 7/10 [01:45<00:44, 14.99s/it]
    >>>  80% |████████            | 8/10 [01:59<00:29, 14.86s/it]
    >>>  90% |█████████           | 9/10 [02:15<00:14, 14.97s/it]
    >>> 100% |██████████          | 10/10 [02:30<00:00, 14.99s/it]
```

使用如下命令可得到模型训练迭代过程的损失图像，如图 9-6 所示。

```
1   plt.plot(loss_all['train'])
2   plt.plot(loss_all['val'])
```

使用如下命令可得到模型训练迭代过程的准确率图像，如图 9-7 所示。

```
1   plt.plot(acc['train'])
1   317plt.plot(acc['val'])
```

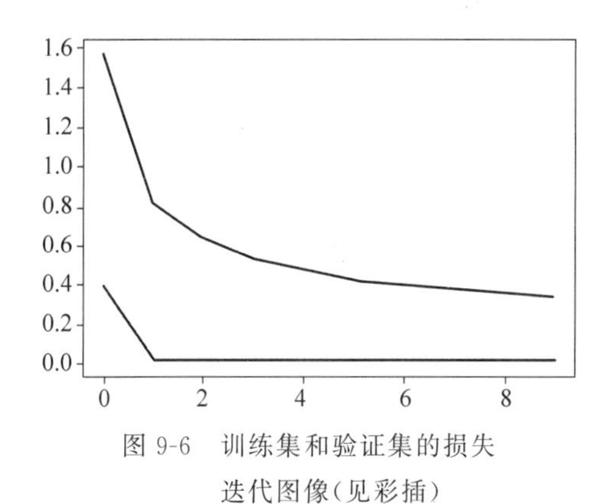

图 9-6 训练集和验证集的损失迭代图像(见彩插)

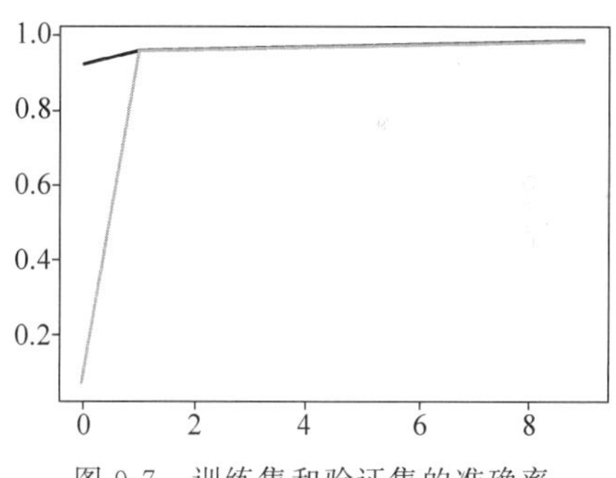

图 9-7 训练集和验证集的准确率迭代图像(见彩插)

第10章

案例：Hadoop平台的搭建和数据分析

视频讲解

Hadoop是由Apache研发的开源分布式基础架构，由Hadoop内核、MapReduce、HDFS及一些相关项目组成。其中HDFS具有高容错性，负责大数据存储。MapReduce则负责对HDFS中的大量数据进行复杂的分布式计算。

Hadoop作为分布式架构，采用"分而治之"的设计思想：将大量数据分布式地存放于大量服务器上，采用分治的方式对大数据进行分析。在这种思想的驱使下，Hadoop实现了MapReduce的编程范式。其中Map意为映射，其工作是将一个键-值对分解为多个键-值对，Reduce意为归约，其工作是将多组键-值对处理合并后产生的新键-值对写入HDFS。通过上述工作原理，MapReduce实现了将大数据工作拆分为多个小规模数据任务并在大量服务器上分布式处理。

本章通过具体的实验更好地将理论与实验结合，下面详细介绍使用虚拟机组网分布式部署Hadoop平台并完成小规模数据分析案例。

10.1 构建虚拟机网络

本案例的Hadoop平台搭建共使用三台Ubuntu虚拟机完成，其中一台为Master节点，两台为Slave节点。

10.1.1 VirtualBox安装及配置

实验采用VirtualBox进行虚拟机的创建，可以前往VirtualBox官网下载页面(https://www.virtualbox.org/wiki/Downloads)下载安装包进行安装。

为了实现三台虚拟机之间的网络联通，VirtualBox安装完成后我们首先创建一个主机网络(Host-Only Ethernet Adapter)。选择菜单栏"管理"→"主机网络管理器"打开主机网络管理器,如图 10-1 所示。然后单击“创建”按钮可以新建一个 VirtualBox Host-Only Ethernet Adapter。创建过程中可能会遇到系统权限请求,允许即可。

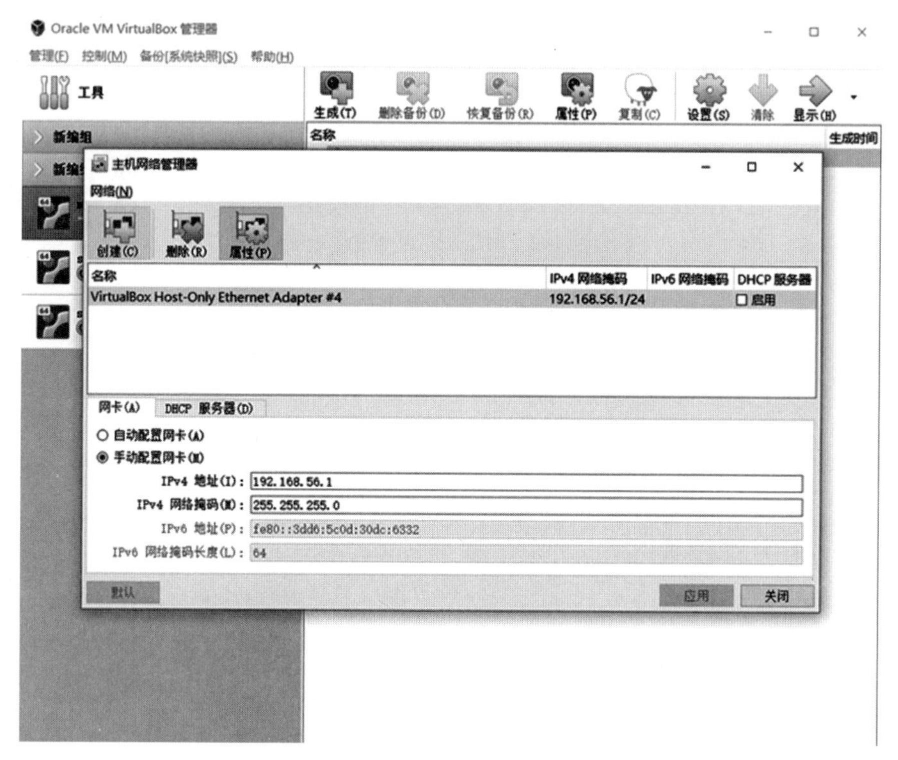

图 10-1 VirtualBox 主机网络管理器

VirtualBox Host-Only Ethernet Adapter 创建好后在主机网络管理器下方的“网卡”选项中选择“手动配置网卡”,IPv4 地址设置为 192.168.56.1,IPv4 网络掩码设置为 255.255.255.0,IPv6 地址及网络掩码长度不需要修改,本次实验中不会用到,同时注意保持 DHCP 服务器不开启。

10.1.2 Ubuntu 虚拟机安装及配置

创建三台虚拟机,在 VirtualBox 主界面单击“新建”按钮创建新的虚拟机,如图 10-2 所示。

这里需要设置虚拟机名称,本次实验中建议三台虚拟机分别命名为 master、slave1 和 slave2 以便识别。类型选择“Linux”,版本选择“Ubuntu(64-bit)”,单击“下一步”可以进行虚拟机配置设置,虚拟机内存至少设置 2GB 以保证运行流畅,并为虚拟机创建足够大小的虚拟硬盘。

创建完成后选中虚拟机,打开右侧虚拟机设置,选择“网卡”选项。其中“网卡 1”默认为“网络地址转换(NAT)”,不需要更改。选择“网卡 2”,勾选“启用网络连接”,连接方式选择“仅主机(Host-Only)网络”,界面名称选择前面建立的 VirtualBox Host-Only Ethernet Adapter #4。在高级选项中设置混杂模式为全部允许。其他选项可保持默认,如图 10-3 所示。

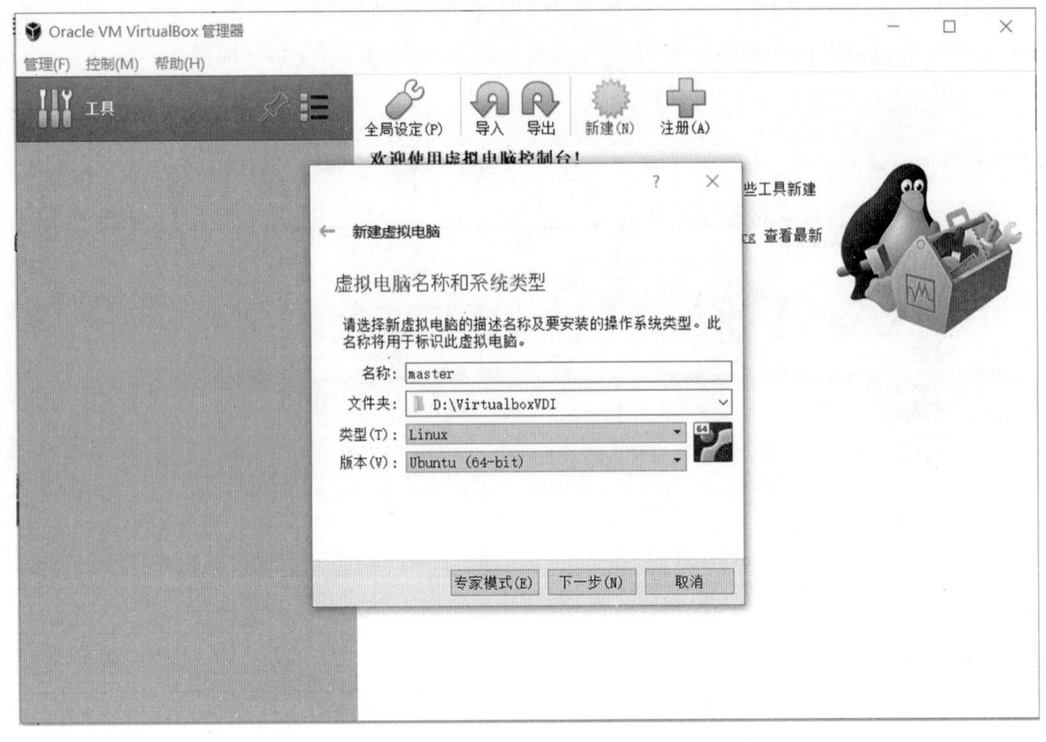

图 10-2　虚拟机新建页面

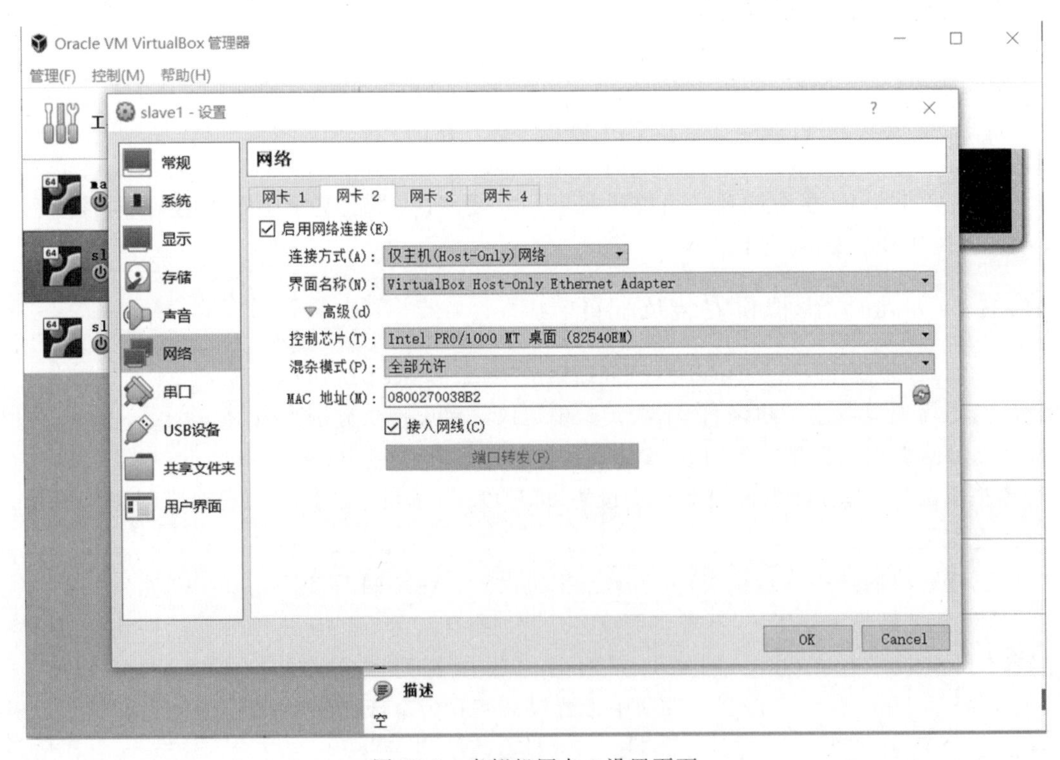

图 10-3　虚拟机网卡 2 设置页面

三台虚拟机都进行上述网络设置,完成后可启动虚拟机,启动时选择"加载 Ubuntu 镜像"即可进行虚拟机安装。本实验中选用的是 Ubuntu-16.04-Desktop 版本的系统镜像,可前往 Ubuntu 官网或各镜像站下载。

10.1.3 修改 Ubuntu 系统内网络配置

系统安装成功后需要进行网络配置,主要包括三台虚拟机的互联与设置 ssh 免密登录。

进入虚拟机系统后打开终端,先输入 ifconfig -a 命令查看当前网卡状态,如图 10-4 所示。可以看到 enp0s3 网卡与 enp0s8 网卡,enp0s3 网卡是虚拟机网络设置中的网卡 1,负责通过主机连接互联网,enp0s8 为 Host-Only 网络,负责三台虚拟机组网内互通。不同的机器网卡名称可能不同,且 Host-Only 网卡默认为关闭状态。

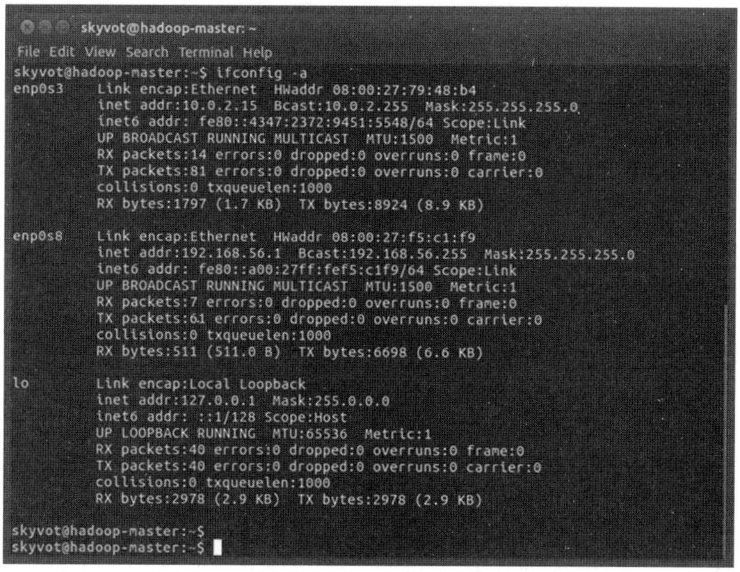

```
skyvot@hadoop-master: ~
File Edit View Search Terminal Help
skyvot@hadoop-master:~$ ifconfig -a
enp0s3    Link encap:Ethernet  HWaddr 08:00:27:79:48:b4
          inet addr:10.0.2.15  Bcast:10.0.2.255  Mask:255.255.255.0
          inet6 addr: fe80::4347:2372:9451:5548/64 Scope:Link
          UP BROADCAST RUNNING MULTICAST  MTU:1500  Metric:1
          RX packets:14 errors:0 dropped:0 overruns:0 frame:0
          TX packets:81 errors:0 dropped:0 overruns:0 carrier:0
          collisions:0 txqueuelen:1000
          RX bytes:1797 (1.7 KB)  TX bytes:8924 (8.9 KB)

enp0s8    Link encap:Ethernet  HWaddr 08:00:27:f5:c1:f9
          inet addr:192.168.56.1  Bcast:192.168.56.255  Mask:255.255.255.0
          inet6 addr: fe80::a00:27ff:fef5:c1f9/64 Scope:Link
          UP BROADCAST RUNNING MULTICAST  MTU:1500  Metric:1
          RX packets:7 errors:0 dropped:0 overruns:0 frame:0
          TX packets:61 errors:0 dropped:0 overruns:0 carrier:0
          collisions:0 txqueuelen:1000
          RX bytes:511 (511.0 B)  TX bytes:6698 (6.6 KB)

lo        Link encap:Local Loopback
          inet addr:127.0.0.1  Mask:255.0.0.0
          inet6 addr: ::1/128 Scope:Host
          UP LOOPBACK RUNNING  MTU:65536  Metric:1
          RX packets:40 errors:0 dropped:0 overruns:0 frame:0
          TX packets:40 errors:0 dropped:0 overruns:0 carrier:0
          collisions:0 txqueuelen:1000
          RX bytes:2978 (2.9 KB)  TX bytes:2978 (2.9 KB)

skyvot@hadoop-master:~$
skyvot@hadoop-master:~$
```

图 10-4 Ubuntu 系统网络状态

接下来需要配置网络启动 Host-Only 网卡,通过以下指令更改配置文件:

```
1  sudo vim /etc/network/interfaces
```

在文件中添加如下信息:

```
1  auto enp0s8
2  iface enp0s8 inet static
3  address 192.168.56.1
4  netmask 255.255.255.0
```

要注意的是 enp0s8 需要替换为自己的对应的网卡名称,三台虚拟机的 address 在保证前面是 192.168.56 的前提下主机号不能相同。修改完成后保存文件,输入以下指令启动网卡：

```
1    sudo ifup enp0s8
```

此时如果配置成功，三台主机之间应该可以相互 ping 通。

接下来配置 ssh 免密登录。因为 Hadoop 中的部分操作需要依赖 ssh 完成，配置 ssh 免密登录便于 Hadoop 配置与运行。首先需要在三台主机上安装 ssh 工具。命令如下：

```
1    sudo apt-get install openssh-server openssh-client
```

之后修改三台主机的 hosts 配置文件，命令如下：

```
1    vim /etc/hosts
```

在每台主机的该文件中加入另外两台主机的 IP 和主机名的对应信息。这里的主机名是 Ubuntu 系统安装时设置的主机名，使用的是 hadoop-master、hadoop-slave1 和 hadoop-slave2，如图 10-5 所示。

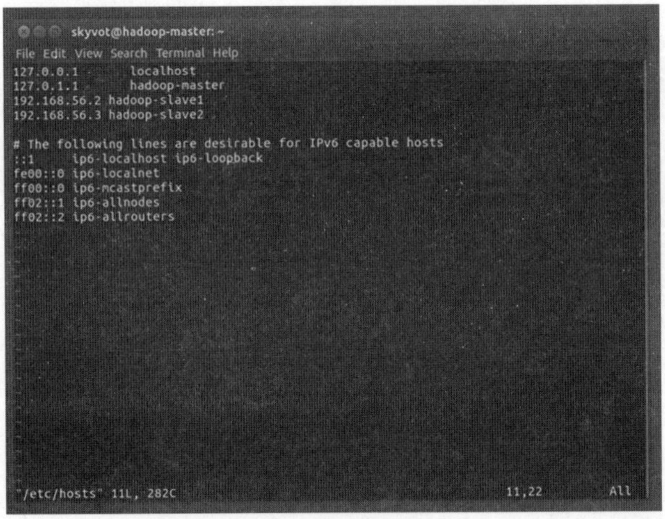

图 10-5　hosts 文件示例

在 Master 节点主机上配置 ssh 免密登录，创建 Master 节点的 ssh 密钥并分发到两个 Slave 节点。使用以下指令：

```
1    ssh-keygen -t rsa -P '' -f ~/.ssh/id_rsa
2    ssh-copy-id username@hadoop-slave1
3    ssh-copy-id username@hadoop-slave2
```

指令中的 username 为对应主机系统安装时采用的用户名，且免密登录配置完成后默认会以该用户登录对应主机。

配置成功后可以使用“ssh 主机名”的命令形式进行 ssh 免密登录。

10.2 大数据环境安装

目前的大数据分析任务主要采用 Hadoop 和 Spark 相结合的方式作为运行平台，其中 Spark 利用 HDFS 作为大数据分析输入源以及 YARN 作为 Spark 分析任务的资源调度器。本节主要从实践的角度讲述如何结合大数据分析工具进行大数据分析，讲解的例子既可以使用 Hadoop，也可以使用 Spark，因为相关的函数调用上述两种大数据系统都可以实现。为了不再增加部署 Spark 的麻烦，本节实践部分主要采用 Hadoop 作为运行环境，下面讲述 Hadoop 的安装。

10.2.1 Java 安装

Hadoop 是一个大数据分析框架，集成了分布式文件系统 HDFS、分布式资源调度系统 YARN 以及分布式计算框架 MapReduce。Hadoop 主要采用 Java 语言编写，运行在 Java 虚拟机上面。

为了更好地调试以及开发，建议采用 Oracle 的 JDK 工具包。具体下载地址为 http://www.oracle.com/technetwork/java/javase/downloads/index.html。

这里下载的是 jdk1.8.0，解压 JDK 到指定目录并更改环境变量。安装配置 Java 采用具体命令如下：

```
1   tar xvf /mnt/disk1/user/software/jdk - 8u101 - linux - x64.tar.gz  - C /usr/lib/jvm
2   tar  - xvf jdk - 8u241 - linux - x64.tar.gz
3   sudo cp  - r jdk1.8.0_241/ /usr/java
```

这样我们将 Java 文件安装到/usr/java 目录下，接下来修改环境变量，需要使用以下命令：

```
1   sudo vim /etc/profile
```

在 profile 文件中添加如下内容：

```
1   export JAVA_HOME = /usr/java
2   export CLASSPATH = . : $ JAVA_HOME/lib: $ JRE_HOME/lib: $ CLASSPATH
3   export PATH = $ JAVA_HOME/bin: $ JRE_HOME/bin: $ PATH
4   export JRE_HOME = $ JAVA_HOME/jre
```

保存并退出，使用以下命令使 profile 文件的修改生效：

```
1   source /etc/profile
```

输入如下命令测试 Java 安装是否成功：

```
1   java  - version
```

输出如图 10-6 所示,表示 Java 安装成功。

```
skyvot@hadoop-master: /usr/java
File Edit View Search Terminal Help
skyvot@hadoop-master:/usr/java$ java -version
java version "1.8.0_241"
Java(TM) SE Runtime Environment (build 1.8.0_241-b07)
Java HotSpot(TM) 64-Bit Server VM (build 25.241-b07, mixed mode)
skyvot@hadoop-master:/usr/java$
```

图 10-6 Java 安装验证

10.2.2 Hadoop 安装

接下来就是安装 Hadoop 运行环境。从 Hadoop 官网上下载 Hadoop 的软件包,这里以 Hadoop-2.7.3 为运行环境,具体下载地址为 https://archive.apache.org/dist/hadoop/core/。

执行解压命令,复制到 Hadoop 目录:

```
1    tar -xvf hadoop-2.7.3.tar.gz
2    sudo cp -r hadoop-2.7.3 /usr/hadoop
```

解压完成后配置 Hadoop 环境变量,与 Java 相同,也是编辑 profile 文件:

```
1    vim /etc/profile
```

在 profile 文件中添加如下内容:

```
1    export HADOOP_HOME=/usr/hadoop
2    export CLASSPATH=$($HADOOP_HOME/bin/hadoop classpath):$CLASSPATH
3    export HADOOP_COMMON_LIB_NATIVE_DIR=$HADOOP_HOME/lib/native
4    export PATH=$PATH:$HADOOP_HOME/bin:$HADOOP_HOME/sbin
5    保存并退出后使 profile 文件生效:
6    source /etc/profile
```

为了达到 Hadoop 集群环境安装,需要更改配置文件,具体需要配置 HDFS 集群和 YARN 集群信息,包括 NameNode 和 DataNode 等端口信息。集群节点配置如下:

```
1    NameNode: hadoop-master
2    DataNode: hadoop-master Hadoop-slave1 hadoop-slave2
3    ResourceManager: hadoop-master
4    NodeManager: hadoop-master
```

为实现 Hadoop 的分布式配置,我们需要修改 Hadoop 的配置信息,主要修改的是 /usr/hadoop/etc/hadoop 文件夹中的 hadoop-env.sh、slaves、core-site.xml、hdfs-site.

xml、mapred-site. xml 和 yarn-site. xml 文件。具体需要修改的内容如下：

（1）hadoop-env. sh 文件需要修改 Java 目录为绝对路径，即/usr/java，防止启动 Hadoop 找不到 Java 目录而报错。

（2）slaves 文件指定了 Hadoop 的 datanode，这里我们让三台主机都充当 datanode，文件修改为如下内容：

```
1   hadoop - master
2   hadoop - slave1
3   hadoop - slave2
```

（3）core-site. xml 文件修改为如下内容：

```
1   <configuration>
2           <property>
3                   <name>hadoop.tmp.dir</name>
4                   <value>file:/usr/hadoop/tmp</value>
5           </property>
6           <property>
7                   <name>fs.defaultFS</name>
8                   <value>hdfs://hadoop - master:9000</value>
9           </property>
10  </configuration>
```

（4）hdfs-site. xml 文件修改为如下内容：

```
1   <configuration>
2           <property>
3                   <name>dfs.replication</name>
4                   <value>2</value>
5           </property>
6           <property>
7                   <name>dfs.namenode.secondary.http - address</name>
8                   <value>hadoop - master:50090</value>
9           </property>
10          <property>
11                  <name>dfs.namenode.name.dir</name>
12                  <value>file:/usr/hadoop/tmp/dfs/name</value>
13          </property>
14          <property>
15                  <name>dfs.datanode.data.dir</name>
16                  <value>file:/usr/hadoop/tmp/dfs/data</value>
17          </property>
18  </configuration>
```

(5) mapred-site. xml 文件修改为如下内容：

```
1   <configuration>
2         <property>
3               <name>mapreduce.framework.name</name>
4               <value>yarn</value>
5         </property>
6         <property>
7               <name>mapreduce.jobhistory.address</name>
8               <value>hadoop-master:10020</value>
9         </property>
10        <property>
11              <name>mapreduce.jobhistory.webapp.address</name>
12              <value>hadoop-master:19888</value>
13      </property>
14  </configuration>
```

(6) yarn-site. xml 文件修改为如下内容：

```
1   <configuration>
2         <property>
3               <name>yarn.resourcemanager.hostname</name>
4               <value>hadoop-master</value>
5         </property>
6         <property>
7               <name>yarn.nodemanager.aux-services</name>
8               <value>mapreduce_shuffle</value>
9         </property>
10          <property>
11              <name>yarn.log-aggregation-enable</name>
12              <value>true</value>
13          </property>
14          <property>
15              <name>yarn.nodemanager.log-dirs</name>
16              <value>${yarn.log.dir}/userlogs</value>
17      </property>
18  </configuration>
```

在实验所需的三台主机上都需要进行以上 Java 和 Hadoop 的所有安装配置工作，保证三台主机都正确安装配置后再继续进行下面的实验内容。

三台虚拟机全部配置完成后，在 Master 节点执行如下指令格式化 HDFS 文件系统：

```
1   hdfs namenode -format
```

在 Master 节点启动 Hadoop 集群：

```
1   start-all.sh
```

查看 Hadoop 集群系统状态,如图 10-7 所示。

```
skyvot@hadoop-master:~$ hdfs dfsadmin -report
20/02/12 11:56:58 WARN util.NativeCodeLoader: Unable to load native-hadoop libra
ry for your platform... using builtin-java classes where applicable
Configured Capacity: 66496286720 (61.93 GB)
Present Capacity: 54826962944 (51.06 GB)
DFS Remaining: 54451720192 (50.71 GB)
DFS Used: 375242752 (357.86 MB)
DFS Used%: 0.68%
Under replicated blocks: 14
Blocks with corrupt replicas: 0
Missing blocks: 0
Missing blocks (with replication factor 1): 0
```

图 10-7　HDFS 集群状态

HDFS 集群信息网页如图 10-8 所示。

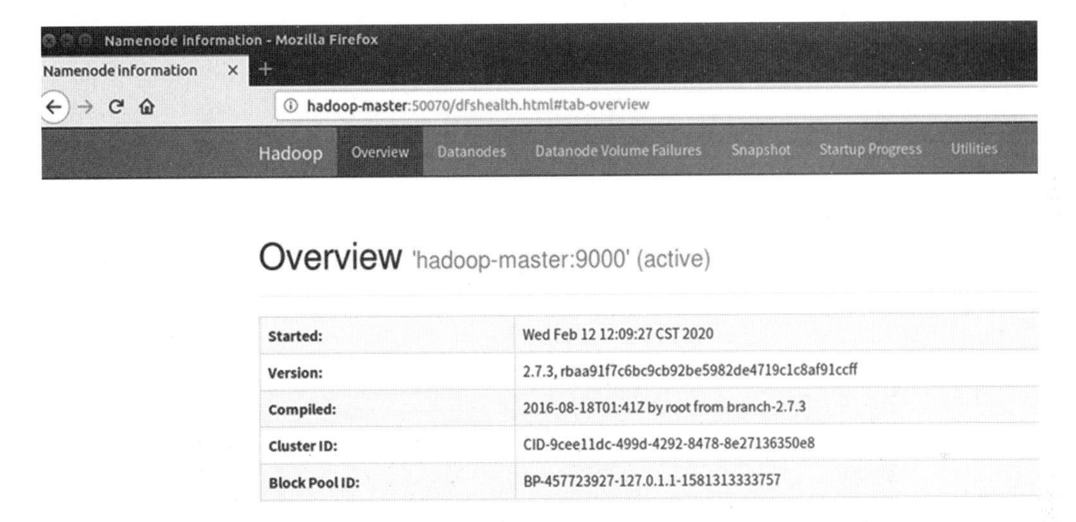

图 10-8　HDFS 集群信息网页

YARN 集群状态如图 10-9 所示。

Cluster Metrics

Apps Submitted	Apps Pending	Apps Running	Apps Completed	Containers Running	Memory Used	Memory Total	Memory Reserved	VCores Used	VCores Total	VCores Reserved	Active Nodes	Decommissioned Nodes	Lost Nodes	Unhealthy Nodes	Rebooted Nodes
25	0	0	25	0	0 B	24 GB	0 B	0	24	0	3	0	0	0	0

Scheduler Metrics

Scheduler Type	Scheduling Resource Type	Minimum Allocation	Maximum Allocation
Capacity Scheduler	[MEMORY]	<memory:1024, vCores:1>	<memory:8192, vCores:8>

Show 20 entries　　Search:

ID	User	Name	Application Type	Queue	StartTime	FinishTime	State	FinalStatus	Progress	Tracking UI	Blacklisted Nodes
application_1488091925119_0025	yangyaru	traffic statistics	MAPREDUCE	default	Sun Mar 19 09:17:38 +0800 2017	Sun Mar 19 09:17:53 +0800 2017	FINISHED	SUCCEEDED		History	N/A
application_1488091925119_0024	yangyaru	traffic statistics	MAPREDUCE	default	Sun Mar 19 09:00:22 +0800 2017	Sun Mar 19 09:00:38 +0800 2017	FINISHED	SUCCEEDED		History	N/A
application_1488091925119_0023	yangyaru	shop count	MAPREDUCE	default	Sat Mar 18 21:38:09 +0800 2017	Sat Mar 18 21:38:22 +0800 2017	FINISHED	SUCCEEDED		History	N/A

图 10-9　YARN 集群状态

10.3 应用案例

10.2 节讲述了如何安装和部署 Hadoop 环境,下面用两个案例具体说明 Hadoop 在大数据分析中的应用,具体包括日志分析和交通流量分析。

10.3.1 日志分析

大规模系统每天会产生大量日志,日志是企业后台服务系统的重要组成部分,企业每天通过日志分析监控可以及时地发现系统运行中出现的问题,从而尽量将损失减到最小。由于企业中的日志数据一般规模比较庞大,因此需要 Hadoop 这样的大数据处理系统处理大量日志。

下面以一个运行一段时间的 Hadoop 集群产生的日志文件为例说明使用 Hadoop 进行日志分析的过程。现在我们有 Hadoop 运行的日志文件,需要找出 WARN 级别的日志记录信息,输出结果信息包括日志文件中的行号和日志记录内容。

该问题的解决方法是采用类似 Grep 的方法,在 Map 过程对输入的每条日志记录匹配查找,如果有匹配关键字 WARN,则产生<行号,记录内容>这样的键-值对;Reduce 过程则基本不采取任何操作,只是把所有的键-值对输出到 HDFS 文件中。

其中关键代码如图 10-10 所示。详细的完整代码和数据可以从 GitHub 上下载(https://github.com/bdintro/bdintro.git)。

```
public static class MyMapper extends Mapper<LongWritable, Text, LongWritable, Text> {
        public void map(LongWritable linenumber, Text line, Context context)
                throws IOException, InterruptedException {
                 String pattern = context.getConfiguration().get("grep");

                 String linecontent = line.toString();
                 if (linecontent.indexOf(pattern) == -1) {
                         return ;
                 }

                 context.write(linenumber, line);
        }
}

public static class MyReducer extends Reducer<LongWritable, Text, LongWritable, Text> {
        public void reduce(LongWritable linenumber, Iterable<Text> line,  Context context)
               throws IOException, InterruptedException {
                 for (Text element : line) {
                         context.write(linenumber, element);
                 }
        }
}
```

图 10-10　Map 过程和 Reduce 过程中的关键代码

编译源代码采用 maven package 方式,测试数据为 hadoop-user-datanode-dell119.log.zip。

在测试之前先把对应数据上传到 HDFS 集群中,把使用 maven package 编译好的 jar 文件复制到 Hadoop 集群节点上,当前测试为复制到 dell119 机器上。

启动如图 10-11 所示命令,执行日志分析任务。

运行结果如图 10-12 所示,左边是原始日志文件中对应 WARN 记录的行号,右边是对应 WARN 级别日志记录的具体内容。

```
./bin/hdfs dfs -rm -R /user/root/log/output

./bin/hadoop jar /home/qzhong/bigdata-0.0.1.jar \
                 bigdata.bigdata.Grep     \
                 WARN                     \
                 /user/root/log/input/hadoop-yangyaru-datanode-dell119.log \
                 /user/root/log/output
```

图 10-11　日志分析任务命令

```
409104  2017-02-24 04:05:46,056 WARN org.apache.hadoop.hdfs.server.datanode.DataNode: Problem connecting to server:
411577  2017-02-24 04:06:01,064 WARN org.apache.hadoop.hdfs.server.datanode.DataNode: Problem connecting to server:
414050  2017-02-24 04:06:16,071 WARN org.apache.hadoop.hdfs.server.datanode.DataNode: Problem connecting to server:
416523  2017-02-24 04:06:31,079 WARN org.apache.hadoop.hdfs.server.datanode.DataNode: Problem connecting to server:
418996  2017-02-24 04:06:46,086 WARN org.apache.hadoop.hdfs.server.datanode.DataNode: Problem connecting to server:
421469  2017-02-24 04:07:01,093 WARN org.apache.hadoop.hdfs.server.datanode.DataNode: Problem connecting to server:
423942  2017-02-24 04:07:16,100 WARN org.apache.hadoop.hdfs.server.datanode.DataNode: Problem connecting to server:
426415  2017-02-24 04:07:31,108 WARN org.apache.hadoop.hdfs.server.datanode.DataNode: Problem connecting to server:
452961  2017-02-24 04:17:55,462 WARN org.apache.hadoop.hdfs.server.datanode.DataNode: IOException in offerService
531203  2017-02-24 06:26:37,584 WARN org.apache.hadoop.hdfs.server.datanode.DataNode: IOException in offerService
605792  2017-02-24 07:26:16,723 WARN org.apache.hadoop.hdfs.server.datanode.DataNode: IOException in offerService
630880  2017-02-24 08:03:22,833 WARN org.apache.hadoop.hdfs.server.datanode.DataNode: IOException in offerService
733149  2017-02-25 22:49:15,269 WARN org.apache.hadoop.hdfs.server.datanode.DataNode: IOException in offerService
773075  2017-02-26 01:51:24,215 WARN org.apache.hadoop.hdfs.server.datanode.DataNode: IOException in offerService
```

图 10-12　日志分析任务部分运行结果

10.3.2　交通流量分析

由于车辆迅速增多，因此交通产生了大量数据。为了有效地减少交通事故和交通拥堵时间，需要有效地利用交通数据进行海量数据分析。

现在有交通违规的数据信息，需要找出每天的交通违规数据总的统计信息。交通流量的数据是 csv 格式文件，详细的交通流量数据格式描述如网站（https://www.kaggle.com/jana36/us-traffic-violations-montgomery-county-polict）所述，采用 MapReduce 的方式解决上述问题。Map 过程，产生<日期，1 >这样的键-值对；Reduce 过程对相同的日期做总数相加统计操作。

对应的关键代码如图 10-13 所示。

```java
public static class MyMapper extends Mapper<Object, Text, Text, IntWritable> {
        public void map(Object obj, Text line, Context context)
            throws IOException, InterruptedException {
                String[] words = line.toString().split(",");
                if (words.length == 0 || words[0] == null || words[0].charAt(0) > '9' ||
                                words[0].charAt(0) < '0')
                        return ;

                context.write(new Text(words[0]), new IntWritable(1));
        }
}

public static class MyReducer extends Reducer<Text, IntWritable, Text, IntWritable> {
        private static IntWritable result = new IntWritable();

        public void reduce(Text key, Iterable<IntWritable> values, Context context)
            throws IOException, InterruptedException {
            int sum = 0;
            for (IntWritable element : values) {
                sum += element.get();
            }

            result.set(sum);
            context.write(key, result);
        }
}
```

图 10-13　交通违规统计关键部分代码

完整的代码可以从 GitHub 上下载(https://github.com/bdintro/bdintro.git),测试数据为 Traffic_Violations.csv.zip。采用 maven package 方式编译运行的 jar 文件,方式和 10.3.1 节的日志分析类似。

启动如图 10-14 所示命令,执行交通违规分析任务。

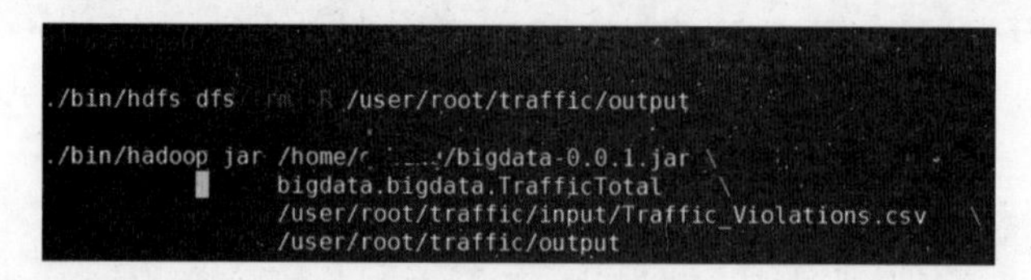

图 10-14 交通违规任务分析命令

执行结果如图 10-15 所示。

```
12/27/2013    527
12/27/2014    462
12/27/2015    452
12/28/2012    409
12/28/2013    519
12/28/2014    335
12/28/2015    425
12/29/2012    326
12/29/2013    388
12/29/2014    444
12/29/2015    484
12/30/2012    300
12/30/2013    562
12/30/2014    678
12/30/2015    757
12/31/2012    386
12/31/2013    573
12/31/2014    536
12/31/2015    902
```

图 10-15 交通违规任务执行部分结果

第11章

案例：基于Spark的搜索引擎日志用户行为分析

Spark是一个通用的大数据计算框架，本章初步展示Spark的本地计算能力，但Spark更加擅长的是分布式大数据集的并行计算，只有在分布式环境中，Spark才能发挥其真正的价值。

视频讲解

本章介绍网络搜索引擎日志用户行为分析的重要性，并介绍一般情况下系统架构的设计。通过搭建Spark本地运行环境，初步实现Spark任务的本地运行。结合用户行为分析的业务需求，使用Spark计算了一些相对常见的指标，并对计算结果进行分析。

11.1 功能需求

11.1.1 搜索引擎用户行为分析的意义

随着互联网技术的飞速发展，搜索引擎在人们日常的生活中扮演着越来越重要的角色。从国内的百度、搜狗到国外的Google等，各个搜索引擎使人们从互联网中获取信息的方式更加便捷，使用互联网的成本变得越来越低。

中国互联网络信息中心(China Internet Network Information Center，CNNIC)发布的《2019年中国网民搜索引擎使用情况研究报告》中显示，我国搜索引擎用户规模呈稳定增长态势，截至2019年6月，我国搜索引擎用户规模达6.95亿，较2018年年底增加1338万，半年增长率为2.0%，较同期网民规模增速(3.1%)低1.1个百分点；搜索引擎使用率为81.3%，较2018年年底下降0.9个百分点。

面对如此庞大的搜索数据，深入挖掘用户的搜索行为特点，提高搜索引擎的搜索效率和算法准确率显得尤为重要。在用户搜索的行为中，用户搜索词的频度和对搜索结果的反馈等用户行为数据都可以为搜索引擎的优化提供重要的参考依据。

11.1.2 搜索引擎日志概述

在用户使用搜索引擎的过程中,搜索引擎的日志是用户行为分析的重要载体。在一次用户访问的过程中,日志中包含用户访问的时间、用户访问的会话 ID、搜索的关键字、用户点击的搜索结果和结果排名等信息。因为日志数据规模较大,所以更具一般性,更能反映大部分用户的行为特征。

本文通过将搜狗实验室的开源搜索日志作为数据源进行分析,使用 Spark 作为数据分析的功能,通过计算部分用户行为的指标,从而对搜索引擎算法设计和评测方法等提供相应的数据参考。

11.2 系统架构

11.2.1 用户搜索流程

用户使用搜索引擎时,一次完整的流程如图 11-1 所示。用户根据需求提交查询的关键词;搜索引擎返回排序的多个搜索结果;用户对搜索结果进行浏览并单击查询结果,当用户对搜索结果不满意时,用户会再次发起查询。

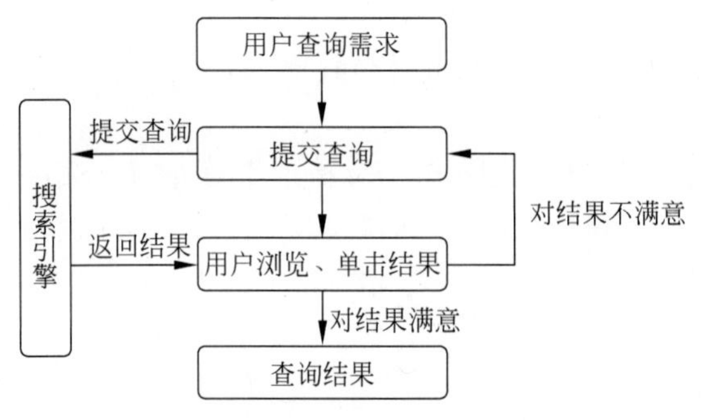

图 11-1 用户搜索行为流程

11.2.2 系统架构设计

数据分析系统架构如图 11-2 所示。通过搜索引擎采集到用户搜索日志;对日志数据进行存储;使用 Spark 对搜索引擎日志进行分布式数据计算和分析;保存分析结果。

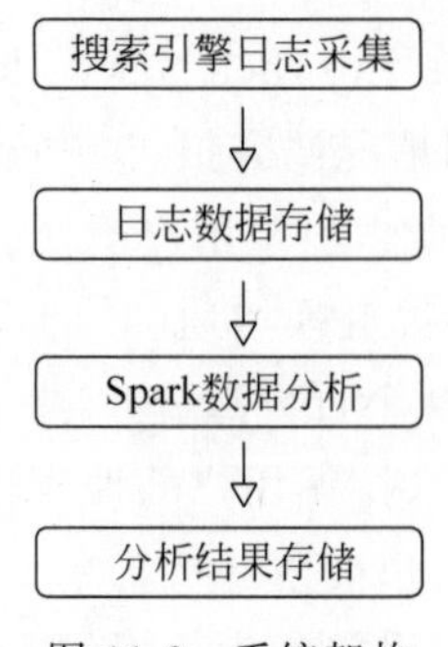

图 11-2 系统架构

11.3 功能实现

11.3.1 Spark 本地运行环境搭建

1. 安装 JDK

JDK 的安装为基本的操作，这里不再赘述。

2. 安装 Scala

打开 Scala 的官方网站 https://www.scala-lang.org/，单击 Download→previous releases→Scala 2.11.8→scala-2.11.8.zip，下载 Scala 安装包并解压，将其 bin 目录配置在 Windows 的 PATH 环境变量中。打开 cmd，输入 scala -version 验证是否安装成功，其输出如例 11-1 所示。

【例 11-1】 scala -version。

```
1  C:\Windows\system32 > scala - version
2  Scala code runner version 2.11.8 -- Copyright 2002 - 2016, LAMP/EPFL
```

3. 安装 maven

打开 maven 的官方网站 http://maven.apache.org/，单击 Download→Previous Releases→archives→3.3.9→apache-maven-3.3.9-bin.zip，下载 maven 安装包并解压，将 maven 的 bin 目录配置在 Windows 的 PATH 环境变量中。重新打开 git-bash，输入 maven -version，查看 maven 是否安装成功，其输出如例 11-2 所示。

【例 11-2】 maven -version。

```
1  $ mvn - version
2  Apache Maven 3.3.9 (2015 - 11 - 11T00:41:47 + 08:00)
3  Maven home: D:\freeinstall\maven\apache - maven - 3.3.9
4  Java version: 1.8.0_101, vendor: Oracle Corporation
5  Java home: D:\freeinstall\java\jdk1.8.0_101\jre
6  Default locale: zh_CN, platform encoding: GBK
7  OS name: "windows 10", version: "10.0", arch: "amd64", family: "dos"
```

4. 在 idea 中创建 Spark 数据分析项目

在 idea 中，使用 maven 管理项目的依赖，直接依赖 Spark 的文件即可，其 maven 坐标如例 11-3 所示。

【例 11-3】 maven 坐标。

```
1  < dependency >
2  < groupId > org.apache.spark </groupId >
```

```
3        <artifactId>spark-core_2.11</artifactId>
4        <version>2.4.4</version>
5    </dependency>
```

11.3.2 搜索引擎日志数据获取

本节将搜狗实验室的1个月的开源搜索日志作为数据源进行分析。日志下载地址为https://www.sogou.com/labs/resource/q.php，数据量约为1.5GB。数据示例如例11-4所示。

【例11-4】 数据示例。

```
1   6383203565086312  [bt种子下载]  8 1  www.lovetu.com/
2   07822362349231865  [魅族广告歌曲]  3 1
        ldjiamu.blog.sohu.com/10491955.html
3   23528656921072266  [http://onlyasianmovies.net]  1 1
        onlyasianmovies.net/
4   14366888004270073  [郑州市旅行社西峡游]  3 1
        www.ad365.com/htm/adinfo/20040707/12100.htm
5   6144464294944183  [***]  5 1
        www.play-asia.com/paOS-13-71-7i-49-zh-70-bmd.html
6   9137002123303413  [论坛BBS]  102 1  www.brucejkd.com/bbs/index.asp
7   9302238914666434  [www.9zmv.com]  1 1  www.9zmv.com/5.1.2
```

数据的格式如表11-1所示。

表11-1 搜索引擎日志数据的格式

名称	记录内容
id	由系统自动分配的用户标识号
query	用户提交的查询
URL	用户点击的结果地址
rank	该URL在返回结果中的排名
order	用户点击的顺序号
time	查询时间

11.3.3 分析指标

1. 查询词长度

(1) 指标含义：查询词长度指用户的查询中包含的词语个数或单词个数，通过对查询长度的分析，可以对搜索引擎算法进行定向优化，使搜索引擎更好地支持大部分的查询词长度。

(2) Spark实现：在使用Spark进行计算时，首先将每行日志拆分，取得搜索的关键字后，再按照“+”进行拆分，即可得到该次搜索的查询词长度，将查询的长度转换为键-值对的形式,统计不同长度的词出现的次数。示例代码如例 11-5 所示。

【例 11-5】 统计不同长度的词出现的次数。

```
1   object LogQuery {
2     def main(args: Array[String]): Unit = {
3       val logDir = "/Users/Desktop/sogou_word/*"
4       val conf = new SparkConf()
5       conf.setAppName("logQuery")
6       conf.setMaster("local[32]")
7       val sparkContext = new SparkContext(conf)
8       val lines = sparkContext.textFile(logDir)
9       val total = lines.count()
10      val result = lines
11        .map(i => i.split("\t"))
12        .map(arr => arr(1))
13        .map(i => i.substring(1, i.length - 1))
14        .map(i => (i.split("\\+").length, 1))
15        .reduceByKey((a, b) => a + b)
16        .map(t => (t._2, t._1))
17        .sortByKey(ascending = false)
18        .take(10)
19      result.foreach(r => {
20        println(s"length: ${r._2} times: ${r._1} ratio: ${(r._1 * 100.0 /total).format
21      })
22    }
```

程序运行完后,测试数据运行结果如例 11-6 所示。

【例 11-6】 数据运行结果。

```
1   length:1 times:19275518 ratio:90.1%
2   length:2 times:1617143 ratio:7.5%
3   length:3 times:362549 ratio:1.7%
4   length:4 times:100568 ratio:0.5%
5   length:5 times:38731 ratio:0.2%
```

数据经可视化后,查询词长度占比如图 11-3 所示。

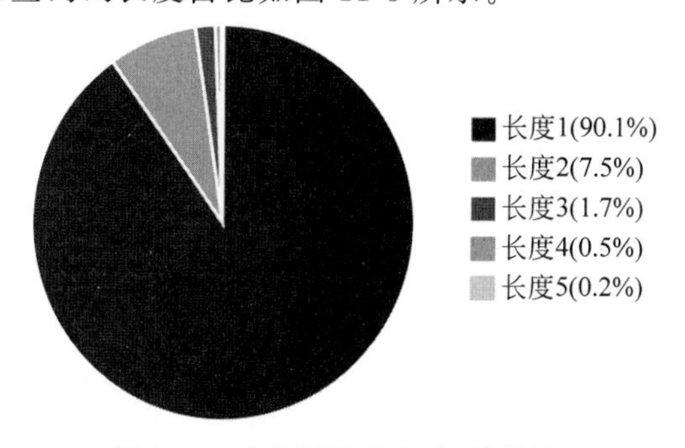

图 11-3　查询词长度占比(见彩插)

查询长度小于3个词的占比为97.6%,平均长度为1.85个词,这说明用户输入的查询词通常都比较短。中文搜索引擎得到的用户需求信息较少,需要对用户需求有更多的分析和经验,才能更加准确地返回用户需求的信息。

2. 查询频度

(1) 指标含义:查询频度指在一个时间段内,某个关键字一共被提交了多少次。通过对查询频度的分析,可查看重复查询的占比,通过对高频度关键字的优化,就可以提高搜索引擎的整体检索质量。另外,通过重复的占比也可以动态调整引擎的缓存状态。

(2) Spark实现:查询频度的计算,使用Spark转换为key,value的形式,统计每个key出现的次数即可,示例代码如例11-7所示。

【例11-7】 查询频度的计算。

```
1   object LogQuery {
2     def main(args: Array[String]): Unit = {
3       val logDir = "/Users/Desktop/sogou_word/ * "
4       val conf = new SparkConf()
5       conf.setAppName("logQuery")
6       conf.setMaster("local[32]")
7       val sparkContext = new SparkContext(conf)
8       val lines = sparkContext.textFile(logDir)
9       val result = lines
10        .map(i => i.split("\t"))
11        .map(arr => (arr(1), 1))
12        .reduceByKey((a, b) => a + b)
13        .map(t => (t._2, t._1))
14        .sortByKey(ascending = false)
15        .take(5)
16      result.foreach(r => {
17        println(s"query: ${r._2} times: ${r._1}")
18      })
19    }
20  }
```

程序运行完后,测试数据运行结果如例11-8所示。

【例11-8】 数据运行结果。

```
1   query:[陋俗] times:342530
2   query:[女艺人] times:114096
3   query:[ * * * ] times:112630
4   query:[ * * * ] times:108407
5   query:[明星] times:77283
```

数据经可视化后,查询的频度排名与出现次数的关系如图11-4所示。

出现次数大于100次的query总数为35 177个,占非重复查询总数的0.8%,但其总的出现次数却为59 736 863次,占总查询数的近70%。这说明在搜索引擎每天处理的大量查询中，有很多查询都是重复的，很少一部分查询就占了用户需求的大部分。如果搜索引擎能够通过某些方法提高这些少部分经常出现的词的查询质量，就能使整体检索质量提高。

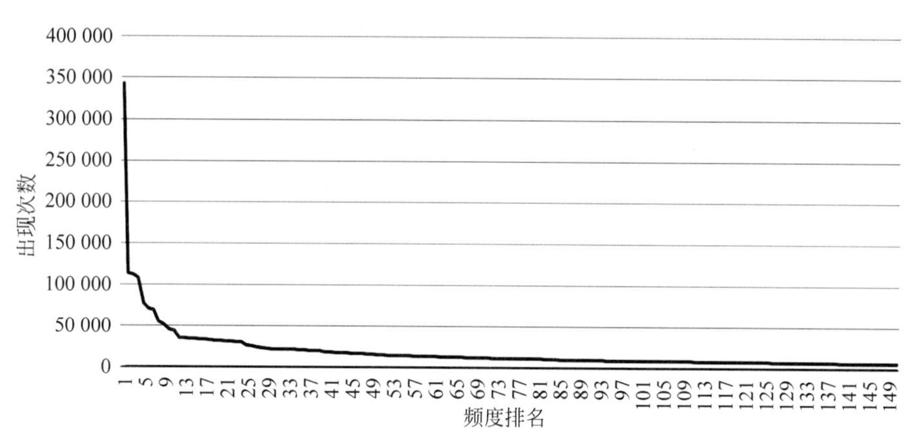

图 11-4　查询的频度排名与出现次数的关系

3. 修改查询比例

(1) 指标含义：用户提交一个查询后，如果对搜索的结果不满意，会再次发起类似的相关查询。用户发起多次查询的比例可在一定程度上反映搜索引擎算法的准确度。

(2) Spark 实现：计算用户修改查询的比例，需要统计每个用户访问时查询的关键字，如果查询关键字大于或等于 2，则说明该用户在本次搜索中修改了查询关键词。示例代码如例 11-9 所示。

【例 11-9】 计算用户修改查询的比例。

```
1   object LogQuery {
2     def main(args: Array[String]): Unit = {
3       val logDir = "/Users/Desktop/sogou_word/*"
4       val conf = new SparkConf()
5       conf.setAppName("logQuery")
6       conf.setMaster("local[32]")
7       val sparkContext = new SparkContext(conf)
8       val lines = sparkContext.textFile(logDir)
9       val totalNumbuer = lines
10        .map(i => i.split("\t"))
11        .map(arr => arr(0))
12        .distinct()
13        .count()
14
15      val changeNumber = lines
16        .map(i => i.split("\t"))
17        .map(arr => (arr(0) + "_" + arr(1), 1))
18        .reduceByKey((a, b) => a + b)
```

```
19        .filter(t => t._2 > 1)
20        .count()
21      println((changeNumber * 1.0 / totalNumbuer).formatted("%.4f"))
22    }
23  }
```

程序运行完后,测试数据运行结果如例 11-10 所示。

【例 11-10】 数据运行结果。

```
1  79.82%
```

由数据运行结果可知,近 80%的用户在一次会话中,搜索了多次并修改了关键字。当用户对查询不满意而适当修改时,很大程度是因为返回结果的搜索范围较大,因此用户会选择增加查询词以限制搜索范围,搜索结果过于冗余是搜索算法应该重视的一个问题。

11.3.4 Spark 任务提交

1. 任务提交

Spark 在 YARN 模式下分配 Executor 内存的脚本示例如例 11-11 所示。

【例 11-11】 Spark 在 YARN 模式下分配 Executor 内存的脚本。

```
1  ./bin/spark-submit \
2  --master yarn-cluster \
3  --num-executors 10 \
4  --driver-memory 4G \
5  --executor-memory 16G \
```

num-executors 参数表示该 Spark 任务 Executor 的数量,driver-memroy 表示 Driver 节点的内存大小,executor-memory 表示 Executor 节点的内存大小。

2. Job 界面

当程序启动后,可访问 SparkUI 的界面,在界面中共分为 5 部分。其 Tab 标签分别为 Jobs、Stages、Storage、Environment 和 Executors。

在 Jobs 界面,可看到当前应用程序正在执行和已经完成的 Job,每个 Job 由一个 Action 操作触发,并在 Description 中显示触发 Job 的代码的位置。在每个 Job 中还可以看到划分的 Stage 的个数和所有 Task 的个数。Job 界面如图 11-5 所示。

3. Stage 界面

通过单击某个 Job 可以看到该 Job 的详细 Stage 划分情况和每个 Stage 的依赖关系。该依赖关系通过 DAGScheduler 划分,单击 DAG Visualization 可查看 Stage 的有向无环图。其界面如图 11-6 所示。

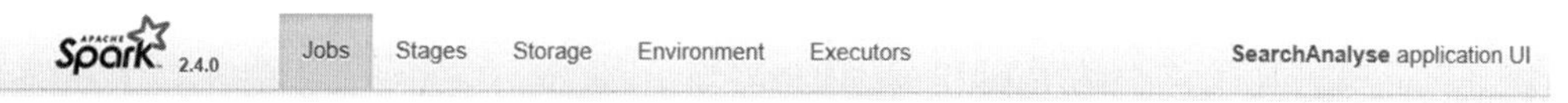

Spark Jobs (?)

User: root
Total Uptime: 6.2 min
Scheduling Mode: FIFO
Completed Jobs: 4

▸ Event Timeline

▾ Completed Jobs (4)

Job Id ▾	Description	Submitted	Duration	Stages: Succeeded/Total	Tasks (for all stages): Succeeded/Total
3	take at SearchAnalyse.scala:27 take at SearchAnalyse.scala:27	2019/03/09 09:38:34	1 s	2/2 (1 skipped)	31/31 (30 skipped)
2	sortBy at SearchAnalyse.scala:27 sortBy at SearchAnalyse.scala:27	2019/03/09 09:38:30	4 s	2/2	60/60
1	take at SearchAnalyse.scala:26 take at SearchAnalyse.scala:26	2019/03/09 09:38:28	2 s	2/2 (1 skipped)	31/31 (30 skipped)
0	sortBy at SearchAnalyse.scala:26 sortBy at SearchAnalyse.scala:26	2019/03/09 09:38:15	13 s	2/2	60/60

图 11-5　SparkUI Job 界面

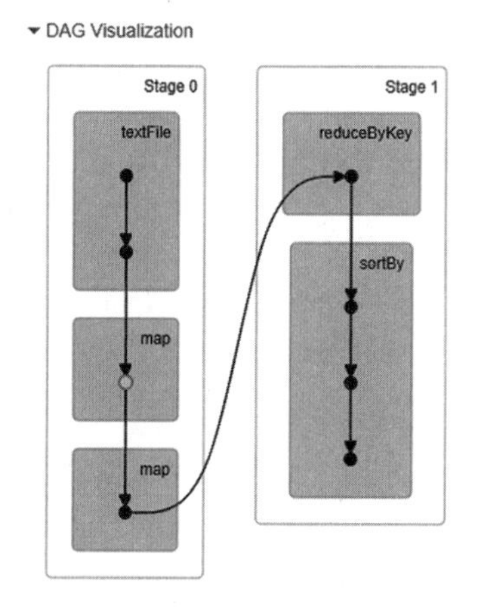

图 11-6　Stage 有向无环图

在完成的 Stage 界面中，可查看每个 Stage 划分 Task 的个数、执行结果信息和执行总时间。如果为 ShuffleMapStage 会显示 Shuffle 过程中 ShuffleWrite 的总大小。下游的 Stage 读取 Map 端数据，会显示 ShuffleRead 的大小以及任务执行的总时间。如果在该界面中，每个 Stage 划分的 Task 特别少，甚至只有 1 个 Task 时，应考虑检查程序增大相应 RDD 的分区数量。Job 详情界面如图 11-7 所示。

▾ Completed Stages (2)

Stage Id ▾	Description	Submitted	Duration	Tasks: Succeeded/Total	Input	Output	Shuffle Read	Shuffle Write
1	sortBy at SearchAnalyse.scala:26 +details	2019/03/09 09:38:25	3 s	30/30			64.6 MB	
0	map at SearchAnalyse.scala:26 +details	2019/03/09 09:38:15	10 s	30/30	1602.3 MB			64.6 MB

图 11-7　SparkUI Job 详情界面

在 Stage 界面中可看到所有 Stage 的执行情况,这些 Stage 与 Job 中的 Stage 相对应。该界面与 Job 详情中的界面相同,只是将所有的 Stage 在列表中展示。单击某个 Stage 后,可查看 Stage 的详细执行情况。在该界面中可查看该 Stage 中读取的数据量和数据大小,写入的数据量和数据大小,Shuffle 时内存和磁盘的使用情况。通过获取执行时间和读写数量等参数将所有 Task 执行时的最大值、最小值和统计值等进行显示,还可以查看所有任务执行的统计值。Stage 详情界面如图 11-8 所示。

Details for Stage 0 (Attempt 0)

Total Time Across All Tasks: 3.5 min
Locality Level Summary: Node local: 30
Input Size / Records: 1602.3 MB / 21426941
Shuffle Write: 64.6 MB / 4014011
Shuffle Spill (Memory): 10.5 MB
Shuffle Spill (Disk): 1776.7 KB

- DAG Visualization
- Show Additional Metrics
- Event Timeline

Summary Metrics for 30 Completed Tasks

Metric	Min	25th percentile	Median	75th percentile	Max
Duration	6 s	6 s	7 s	8 s	9 s
GC Time	1.0 s	1 s	2 s	2 s	3 s
Input Size / Records	37.9 MB / 513703	47.5 MB / 638485	54.9 MB / 739796	59.9 MB / 804787	82.4 MB / 1030577
Shuffle Write Size / Records	1747.3 KB / 107137	1987.0 KB / 121617	2.2 MB / 137574	2.4 MB / 146484	2.5 MB / 151662
Shuffle spill (memory)	0.0 B	0.0 B	0.0 B	0.0 B	10.5 MB
Shuffle spill (disk)	0.0 B	0.0 B	0.0 B	0.0 B	1776.7 KB

图 11-8 SparkUI Stage 详情界面

在 Stage 详情界面中还可以查看该 Stage 中每个 Task 执行情况,如执行时间、GC 时间、ShuffleWrite/ShuffleRead 数量和大小等信息。Task 执行详情界面如图 11-9 所示。

Tasks (30)

Index	ID	Attempt	Status	Locality Level	Executor ID	Host	Launch Time	Duration	GC Time	Input Size / Records	Write Time	Shuffle Write Size / Records	Shuffle Spill (Memory)	Shuffle Spill (Disk)	Errors
0	6	0	SUCCESS	NODE_LOCAL	1	node1 stdout stderr	2019/03/09 09:58:23	7 s	1 s	82.4 MB / 1030577	3 ms	2.0 MB / 125523	0.0 B	0.0 B	
1	2	0	SUCCESS	NODE_LOCAL	8	node9 stdout stderr	2019/03/09 09:58:23	8 s	2 s	60.2 MB / 773306	5 ms	2026.2 KB / 122110	0.0 B	0.0 B	
2	0	0	SUCCESS	NODE_LOCAL	9	node6 stdout stderr	2019/03/09 09:58:23	7 s	1.0 s	60.6 MB / 809359	4 ms	2.4 MB / 145415	0.0 B	0.0 B	
3	3	0	SUCCESS	NODE_LOCAL	3	node5 stdout stderr	2019/03/09 09:58:23	7 s	1 s	63.9 MB / 847977	4 ms	2.5 MB / 151358	0.0 B	0.0 B	

图 11-9 SparkUI Task 执行详情界面

4. Storage 界面

如果对 RDD 执行了缓存,则在 Storage 界面中可看到该 RDD 的缓存情况。如果指定只使用内存进行缓存,则当某个 Executor 中存储内存不足时,该 Executor 中 RDD 对应的分区不会被缓存。在一些极端的情况下,所有的 Executor 中都不能够缓存 RDD 任何一个分区,此时在 Storage 界面中不会显示该 RDD 的缓存信息。Storage 界面如图 11-10 所示。

Storage

▾ RDDs

ID	RDD Name	Storage Level	Cached Partitions	Fraction Cached	Size in Memory	Size on Disk
2	MapPartitionsRDD	Memory Deserialized 1x Replicated	16	53%	1831.7 MB	0.0 B

图 11-10　SparkUI Storage 界面

单击缓存的 RDD 后，可以看到该 RDD 在每个 Executor 中使用的资源情况，保存堆内内存、堆外内存和磁盘等；还可以查看该 RDD 的总分区数、缓存的分区数以及缓存的分区每个分区占用资源的大小等。RDD 缓存详情界面如图 11-11 所示。

RDD Storage Info for MapPartitionsRDD

Storage Level: Memory Deserialized 1x Replicated
Cached Partitions: 16
Total Partitions: 30
Memory Size: 1831.7 MB
Disk Size: 0.0 B

Data Distribution on 9 Executors

Host	On Heap Memory Usage	Off Heap Memory Usage	Disk Usage
node4:43480	213.6 MB (152.7 MB Remaining)	0.0 B (0.0 B Remaining)	0.0 B
node9:46513	129.4 MB (236.9 MB Remaining)	0.0 B (0.0 B Remaining)	0.0 B
node8:43109	226.1 MB (140.2 MB Remaining)	0.0 B (0.0 B Remaining)	0.0 B
node1:37047	210.0 MB (156.3 MB Remaining)	0.0 B (0.0 B Remaining)	0.0 B
node3:38286	224.5 MB (141.8 MB Remaining)	0.0 B (0.0 B Remaining)	0.0 B
node7:45934	207.1 MB (159.2 MB Remaining)	0.0 B (0.0 B Remaining)	0.0 B
node6:41502	238.1 MB (128.2 MB Remaining)	0.0 B (0.0 B Remaining)	0.0 B
node5:39139	257.5 MB (108.8 MB Remaining)	0.0 B (0.0 B Remaining)	0.0 B
node10:41997	125.3 MB (241.0 MB Remaining)	0.0 B (0.0 B Remaining)	0.0 B

16 Partitions

Block Name ▴	Storage Level	Size in Memory	Size on Disk	Executors
rdd_2_11	Memory Deserialized 1x Replicated	104.2 MB	0.0 B	node7:45934
rdd_2_13	Memory Deserialized 1x Replicated	127.9 MB	0.0 B	node1:37047
rdd_2_14	Memory Deserialized 1x Replicated	129.4 MB	0.0 B	node9:46513
rdd_2_15	Memory Deserialized 1x Replicated	125.3 MB	0.0 B	node10:41997

图 11-11　RDD 缓存详情界面

5. Executors 界面

在 Executors 界面中，可以查看该应用程序分配的所有的 Driver 和 Executor，同时可以查看 Executor 的 CPU cores 和正在执行的任务（Active Tasks）。该界面还会展示每个 Executor 中 Task 执行的总时间和 GC 的总时间。如果该界面中，Active Tasks 数量始终小于 cores 一列,则说明分配的 Task 数量太少、RDD 的分区过少造成并行度降低,无法利用现有的 CPU 资源。Executors 详情界面如图 11-12 所示。

Executors

Show 20 entries Search:

Executor ID	Address	Status	RDD Blocks	Storage Memory	Disk Used	Cores	Active Tasks	Failed Tasks	Complete Tasks	Total Tasks	Task Time (GC Time)	Input	Shuffle Read	Shuffle Write	Logs	Thread Dump
driver	node1:40095	Active	0	0.0 B / 384.1 MB	0.0 B	0	0	0	0	0	0 ms (0 ms)	0.0 B	0.0 B	0.0 B	stdout stderr	Thread Dump
1	node1:40644	Active	1	134.2 MB / 384.1 MB	0.0 B	5	1	0	9	10	30 s (8 s)	169.7 MB	13.6 MB	11.4 MB	stdout stderr	Thread Dump
2	node10:46282	Active	2	231.5 MB / 384.1 MB	0.0 B	5	1	0	11	12	33 s (10 s)	293.4 MB	14.8 MB	13.8 MB	stdout stderr	Thread Dump
3	node3:45469	Active	2	246 MB / 384.1 MB	0.0 B	5	0	0	10	10	20 s (5 s)	360 MB	13.5 MB	16.3 MB	stdout stderr	Thread Dump
4	node8:34335	Active	1	112.6 MB / 384.1 MB	0.0 B	5	0	0	11	11	22 s (6 s)	387 MB	13.6 MB	19.3 MB	stdout stderr	Thread Dump
5	node2:39125	Active	1	137 MB / 384.1 MB	0.0 B	5	1	0	10	11	45 s (10 s)	218.3 MB	13.5 MB	13.6 MB	stdout stderr	Thread Dump
6	node9:41305	Active	0	0.0 B / 384.1 MB	0.0 B	5	1	0	10	11	42 s (9 s)	234.8 MB	13.6 MB	13.7 MB	stdout stderr	Thread Dump
7	node4:43155	Active	1	98.7 MB / 384.1 MB	0.0 B	5	1	0	11	12	28 s (8 s)	382.7 MB	13.5 MB	17.6 MB	stdout stderr	Thread Dump
8	node7:34717	Active	2	218 MB / 384.1 MB	0.0 B	5	1	0	12	13	32 s (7 s)	479.2 MB	13.5 MB	21.3 MB	stdout stderr	Thread Dump
9	node5:32935	Active	2	242.6 MB / 384.1 MB	0.0 B	5	3	0	10	13	28 s (7 s)	273.8 MB	13.5 MB	14.5 MB	stdout stderr	Thread Dump
10	node6:45988	Active	1	135.4 MB / 384.1 MB	0.0 B	5	4	0	9	13	29 s (8 s)	179.3 MB	13.6 MB	11.6 MB	stdout stderr	Thread Dump

图 11-12　Executor 详情界面

第12章

案例：使用Spark实现数据统计分析及性能优化

大数据、云计算和人工智能等快速发展的新一代信息通信技术加速与交通、医疗、教育等领域深度融合，让流行病防控的组织和执行更加高效。

视频讲解

随着流行病发展，数据驱动的流行病防控迅速展开，各企业的流行病防控应用场景不断涌现，应用范围持续拓展。利用全面、有效、及时的数据和可视化技术准确感知流行病态势，不仅可以看作普通民众的一剂强心针，还能为管理人员和决策者提供宏观数据依据，更为直观地了解全局信息，有效节省决策时间。

基于以上背景，本章实现了流行病大数据的分析处理，搭建了交互式的展示界面并优化了 Spark 的读取和查询等操作，提高了系统的运行效率。

12.1 系统架构

12.1.1 总体方案

本案例完成的是一个基于大数据分析的可视化系统，不是一个简单的没有界面的分布式文件系统，由于系统包含前后端和通信等较为复杂的部分，因此需要针对系统进行自底向上的架构设计。

图 12-1 显示了系统总体方案，整体结构分为四个模块：最底层是基础设施；倒数第二层是基础运行系统，包括 Ubuntu 和 HDFS 等；再上层是提供服务的核心组件；最上层是系统支持的主要业务。对于前后端的通信架构，采用 Flask 处理前后端请求。下面我们将分别阐述每一层的详细设计。

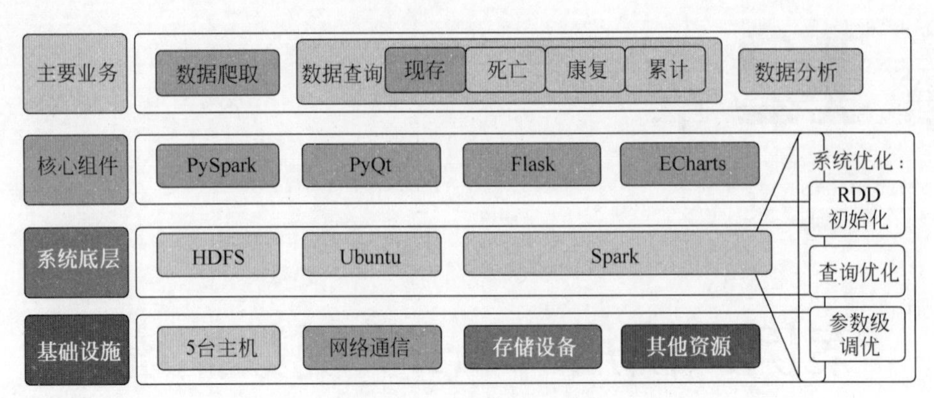

图 12-1 系统总体方案

12.1.2 详细设计

1. 基础设施

如图 12-2 所示是最底层的基础设施,我们直接采用五台可用服务器。五台主机提供了网络通信资源、存储设备和计算资源等,五台主机互联互通,形成了整个大数据分析系统的基础硬件设备。

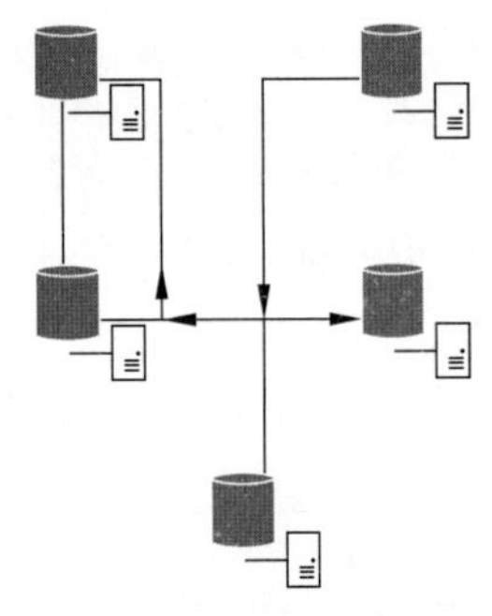

图 12-2 基础设施图

2. 系统底层

五台主机上运行的是 Ubuntu 5.4.0-6ubuntu1～16.04.12,作为操作系统平台。

在其上已经搭建好了 HDFS 和 Spark。Hadoop 分布式文件系统(HDFS)指被设计成适合运行在通用硬件(Commodity Hardware)上的分布式文件系统(Distributed File System),和现有的分布式文件系统有很多共同点。但同时,它和其他的分布式文件系统的区别也是很明显的。HDFS 是一个具有高度容错性的系统,适合部署在廉价的机器上。HDFS 能提供高吞吐量的数据访问,非常适合大规模数据集上的应用。

Spark 则是一种与 Hadoop 相似的开源集群计算环境,但是两者之间还存在一些不同之处,这些有用的不同之处使 Spark 在某些工作负载方面表现得更加优越。换句话说,Spark 启用了内存分布数据集,除了能够提供交互式查询外,它还可以优化迭代工作负载。因此我们系统使用的是基于 Spark 的内存计算,在数据读取和内存计算方面有着显著的优势。

3. 核心组件

核心组件主要有四个,分别支持了不同层面的需求。在后端的数据存取和计算中,使用 PySpark; 在前端可视化展示中,使用 ECharts 和 PyQt; 在前后端数据的通信中,使用 Flask。

(1) PySpark: Spark 是用 Scala 编程语言编写的。为了用 Spark 支持 Python,Apache Spark 社区发布了 PySpark 工具。在 PySpark 中可以使用 Python 编程语言中的 RDD。

正是由于一个名为 Py4j 的库，他们才能实现这一目标。考虑到后端接口用的是 Flask 进行处理，我们用 PySpark 能够更好地与 Python 环境兼容。

(2) ECharts 和 PyQt：ECharts 开源来自百度商业前端数据可视化团队，是一个基于 HTML5 Canvas 的纯 JavaScript 图表库，提供直观、生动、可交互和可个性化定制的数据可视化图表。创新的拖拽重计算、数据视图和值域漫游等特性大大增强了用户体验，赋予了用户对数据进行挖掘和整合的能力。ECharts 提供的多样的图表形式如图 12-3 所示。

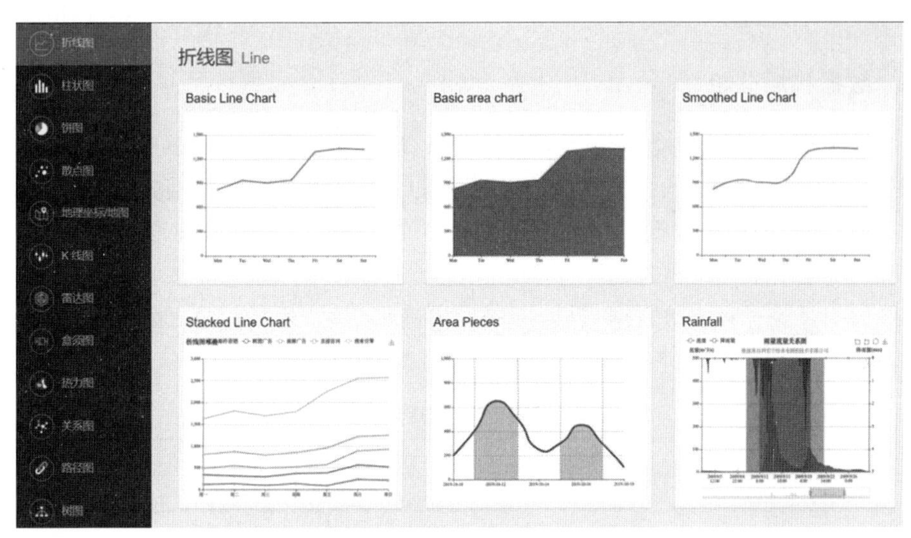

图 12-3　ECharts 功能示意图(见彩插)

我们用 ECharts 实现流行病发展态势的区域地图和折线图的绘制。Qt 库是目前最强大的图形用户界面库之一。PyQt 是 Python 语言的一个 GUI 程序包，也是 Python 编程语言和 Qt 库的成功融合，为开发人员提供了良好的可视化界面。

(3) Flask：Flask 是一个轻量级的可定制框架，使用 Python 语言编写，较其他同类型框架更为灵活、轻便、安全且容易上手。它可以很好地结合 MVC 模式进行开发，开发人员分工合作，小型团队在短时间内就可以完成功能丰富的中小型网站或 Web 服务的实现。另外，Flask 还有很强的定制性，用户可以根据自己的需求添加相应的功能。在保持核心功能简单的同时实现功能的丰富与扩展，其强大的插件库可以让用户实现个性化的网站定制，开发出功能强大的网站。我们主要利用 Flask 简单易部署的框架实现前后端的通信功能。

4. 主要业务

主要业务包括对现存感染、已经死亡、累计感染和已经康复人数的查询功能，在这些基础查询任务之上，我们对数据进行可视化分析，包括某一地区感染人数的地图可视化分析以及单个地区相关数据的变化趋势。

12.1.3　优化设计

系统的优化设计也是系统架构的一个方面，我们进行了以下三个层面的优化。

(1) Spark 系统的资源参数级别的优化，包括设置执行 Spark 作业需要的 Executor

进程数量、每个 Executor 进程的内存和 CPU 内核数量等。

(2) RDD 初始化策略方面的优化,加快了 RDD 从内存到计算的过程。

(3) 数据库操作方面的优化,包括数据库基本操作投影和连接等。

12.2 具体实现

12.2.1 数据获取

1. 数据构成分析

本案例使用模拟疾病数据进行可视化展示,数据格式仿照了世界卫生组织发布的流行病数据的格式,主要来自著名的 worldmeters. com 和其他重要的网站。

采用爬虫从模拟的数据发布 API 中爬取了 2019 年 1—5 月的确诊、死亡和康复的时序数据,分别存储在 cvs 格式的文件中,并上传至 Hadoop 系统分布式存储。

表 12-1 反映了具体的数据规模,可以看出确诊信息、死亡信息和恢复信息都在 3 万条以上,保证了处理数据的规模。

表 12-1 数据规模

数据集	确诊信息	死亡信息	恢复信息
记录规模/条	41 656	41 656	40 109

表 12-2 反映了每一条数据字段的格式,其中每一条数据包含 10 个字段,对应不同的含义,包含了大量的信息。第一个字段 Province/State 指对应的州或省;第二个字段 Country/Region 指对应的国家或者地区;第三个字段 Lat 指该地区的纬度信息;第四个字段 Long 指该地区的经度信息,它与 Lat 共同定位了该地区的 GPS 位置;第五个字段 Data 指本条数据获取的日期,在本数据集中截止到 2020 年 5 月 19 日;第六个字段 Value 指本条数据对应的人数,在不同的文件中有不同的含义,例如在 confirmed. csv 中就是指确诊人数;第七个字段 ISO 3166-1 Alpha 3-Codes 对应的是国家的代码,在实际的编程中使用国家代码比使用实际名字更方便一些;第八个字段 Region Code 指省份或州的代码;

表 12-2 数据字段的格式

字 段	形 式	含 义	例 子
Province/State	#adml+name	省份/州	
Country/Region	#country+name	国家/地区	Afghanistan
Lat	#geo+lat	纬度	33
Long	#geo+lon	经度	65
Date	#date	日期	2020-05-19
Value	#num	人数	178
ISO 3166-1 Alpha 3-Codes	#country+code	国家代码	AFG
Region Code	#region+main+code	地区代码	142
Sub-region Code	#region+sub+code	子地区代码	34
Intermediate Region Code	#region+intermediate code	中立区代码	

第九个字段 Sub-region Code 指子地区的代码；第十个字段 Intermediate Region Code 指中立区代码，对应了世界上的一些特殊地区。

2. 相关代码

代码主要利用 Python 的 socket 接口实现了数据的爬取，由于我们只是进行初步实验，并没有爬取数据库的全部数据，因此读者可直接使用压缩包中的 csv 数据进行实验。

12.2.2 数据可视化

1. 可视化功能

为了进行更细节的数据展示，我们制作了一个展示 Demo。本节将从 UI 设计、功能实现和具体效果依次讲解 Demo 的实现和数据分析的可视化。

Demo 有两个功能，一个功能是展示世界上各个地区的各项信息数据，具体包括确诊、死亡、康复和现存确诊数据。其中现存确诊数据并不是从数据库中直接读取，而是通过式(12-1)计算得到：

$$N_{\text{active}} = N_{\text{confirmed}} - N_{\text{death}} - N_{\text{recover}} \tag{12-1}$$

另一个功能是展示某个地区的疫情信息随时间的变化情况，其中展示的也是上述四个数据。

Demo 的 UI 设计包括两个主要部分：功能区和展示区。功能区包括两个功能控件：选择地区的下拉选择列表和选择时间的日期输入控件。当用户使用日期选择控件时，确认了一个日期之后，展示区将会展示对应日期世界上各个地区的各项数据。展示区 1 展示的是现存确诊人数，展示区 2 展示的是累计死亡人数，展示区 3 展示的是累计康复人数，展示区 4 展示的是累计确诊人数。日期选择控件在时间范围上做了限定，用户只能选择 2020 年 1 月 19 日到 2020 年 5 月 18 日的日期，以保证 Demo 能从后台得到需要的展示数据。当用户选择日期时，地区选择控件的信息是无用的，因为后台返回的信息是当天世界上所有的地区的数据。功能 1 示意图参见随书资源。

对应的展示区并不是一张图，而是一个 HTML 格式的 ECharts 表，可以放大、缩小、拖动和选中展示更详细的信息。

Demo 的第二个功能是展示某个地区的各项数据随着时间变化的趋势。功能 2 示意图参见随书资源。

2. 功能实现

整体的代码框架使用 PyQt 5，它是 Python 的 GUI 编程的主要解决方案之一。PyQt 包含大约 440 个类型、超过 6000 个的函数和方法。本 Demo 主要使用 QtCore 和 QtWebKit。QtCore 模块主要包含一些非 GUI 的基础功能，例如事件循环与 Qt 的信号机制。此外，还提供了跨平台的 Unicode、线程、内存映射文件、共享内存、正则表达式和用户设置。QtWebKit 与 QtScript 两个子模块支持 WebKit 与 EMCAScript 脚本语言。

界面布局上采用的是网格布局,总体布局是 2×1 的网格,分别放置展示区和功能区。在展示区内部是一个 2×2 的网格,分别对应了现存确诊、累计死亡、累计康复和累计确诊四项展示内容。在功能区内部是一个 4×1 的网格,分别对应了选择地区指示标签、地区选择控件、选择日期指示标签和日期选择控件。

展示区使用的控件为 QWebEngineView(),Web 视图是 QWebEngineView()浏览模块的主要 Widget 组件。它可以被用于各种应用程序以实时显示来自 Internet 的 Web 内容。地区选择列表使用的控件是 QComboBox(),它是一个集按钮和下拉选项于一体的控件,也称作下拉列表框。日期选择空间使用的控件是 QDateTimeEdit(),它提供了一个用于编辑日期和时间的小部件,允许用户通过使用键盘上的箭头键增加或减少日期和时间值编辑日期。箭头键可用于在 QDateTimeEdit 框中的一个区域移动。

通信过程使用的是 Flask 通信模块,Flask 是一个使用 Python 编写的轻量级 Web 应用框架。它使用简单的核心,用 extension 增加其他功能。Flask 没有默认使用的数据库和窗体验证工具。然而,Flask 保留了扩增的弹性,可以用 Flask-extension 页面存档备份以及实现如下的多种功能:ORM、窗体验证工具、文件上传和各种开放式身份验证技术。

具体地,本节创立了两个用于通信的 URL 接口,分别用于获取功能 1 和功能 2 的数据。首先,用户通过两个功能控件选择自己的操作,控件会读取当前的值,将这个值作为一个查询的 key 通过上述的 URL 向后端发送数据请求。其次,后端接收到请求之后,会使用 Spark 处理数据集,整理成一个字典后用 json 的格式通过 Flask 传输到用户界面,用户经过解码后就可以得到对应的数据。最后,Demo 通过绘图产生 HTML 文件并在展示区展示。

获得对应数据后,前端调用画图模块生成对应的 HTML 文件。本 Demo 使用 ECharts 绘图,ECharts 是一个使用 JavaScript 实现的开源可视化库,涵盖各行业图表,满足各种需求。ECharts 遵循 Apache-2.0 开源协议,免费商用。ECharts 兼容目前绝大部分浏览器(IE8/9/10/11、Chrome、Firefox 和 Safari 等)及多种设备,可随时随地任性展示。它提供了丰富的可视化类型、无需转换直接使用的多种数据格式和千万数据的前端展现。

前端代码位于 code/UI/目录下,前端代码不过多赘述,读者可以自行查看。

3. 具体效果

部分 UI 效果展示参见随书资源,当用户选择的时间不同时,展示区体现出不同的颜色深度,表示了数据量变化的一个趋势。

12.3 性能优化

12.3.1 读取优化

1. 原理分析

由于系统涉及对三个分布式存储的数据表的频繁操作,因此每次进行数据的读取会涉及频繁的磁盘 I/O 操作和额外的网络传输开销,而在 Spark 中,数据的读取速度往往比数据的计算慢得多，因此实现系统性能优化的关键步骤之一在于数据读取过程的优化。

我们采取的优化方式遵循了从同一个数据源尽量只创建一个 RDD 的设计准则，使得后续的不同业务逻辑可以多次重复使用 RDD，避免因数据的重复读写而增加系统的时间开销。

考虑到实际的业务特点，读取数据表并创建三个 RDD 后涉及多次的 RDD 操作，Spark 根据持久化策略，将 RDD 中的数据保存到内存或者磁盘中，并在后续对这几个 RDD 进行算子操作时，直接从内存或磁盘中提取持久化的 RDD 数据。在 Spark 中，对数据的操作需要遵循以下准则：如果需要对某个 RDD 进行多次不同的 Transformation 和 Action 操作以应用于不同的业务分析需求，可以考虑对该 RDD 进行持久化操作，以避免 Action 操作触发作业时多次重复计算该 RDD。数据读取逻辑如图 12-4 所示。

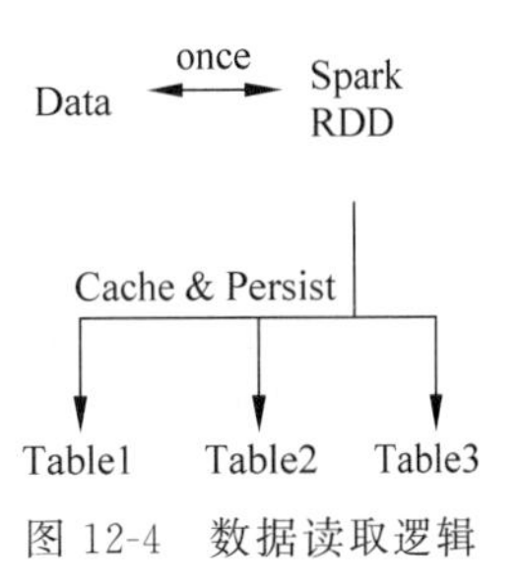

图 12-4　数据读取逻辑

对此，我们对不同读取策略进行了定量的比较，比较结果如表 12-3 所示。我们分别比较了多次创建 RDD、只创建一次 RDD、创建一次 RDD 并持久化进行连续三次的查询操作的耗时情况。在初始化时间方面，只创建一次 RDD 相比于多次重复创建来说节省了大量的初始化时间，尤其是在第二次查询和第三次查询上省去了较多的初始化时间开销；在查询时间方面，进行 RDD 持久化操作能够极大地提高系统的查询性能，相比于原先数十秒的查询时间，进行 RDD 持久化操作后的查询时间缩短到了 2s 多，速度提升超过 8 倍。

表 12-3　读取实验结果

连续三次查询	第一次查询		第二次查询		第三次查询	
初始化时间与查询时间	初始化时间/s	查询时间/s	初始化时间/s	查询时间/s	初始化时间/s	查询时间/s
多次创建 RDD	37.080	7.129	13.006	8.758	7.862	5.699
只创建一次 RDD	37.549	16.509		18.452		12.661
创建一次 RDD 并持久化	34.845	13.992		**2.746**		**2.760**

2. 代码实现

通过例 12-1 的代码可以看出，对 RDD 进行一次创建并且持久化，可以提高查询效率。

【例 12-1】 spark_sql.py

```
1   confirm = spark.read.format(self._csv_file_type) \
2           .option("inferSchema", infer_schema).option("header", first_row_is_header) \
3           .option("sep", delimiter).load(self._confirmed_cases_csv)
4
```

```
5   death = spark.read.format(self._csv_file_type) \
6       .option("inferSchema", infer_schema) \
7       .option("header", first_row_is_header) \
8       .option("sep", delimiter).load(self._deaths_cases_csv)
9
10  recover = spark.read.format(self._csv_file_type) \
11      .option("inferSchema", infer_schema) \
12      .option("header", first_row_is_header) \
13      .option("sep", delimiter).load(self._recovered_cases_csv)
14
15  confirm.cache()
16  death.cache()
17  recover.cache()
18  confirm.persist()
19  death.persist()
20  recover.persist()
```

12.3.2 查询优化

1. 原理分析

对于数据查询我们有这样的先验知识，即对于多个数据表的查询，往往会涉及对表的连接和过滤操作，因此，为了进一步提高系统的运行效率，减小系统的运行开销，我们往往会避免过早地使用连接操作，而优先选择尽快使用过滤操作去除不必要的数据。尽管先进行连接操作后进行过滤操作与先进行过滤操作后进行连接操作最终得到的数据查询结果相同，但在系统实现时，过早的连接操作会造成大量的数据冗余，不利于系统的高效运行，原理如图 12-5 所示。

另一方面，由于数据过滤后会得到多个小文件，因此系统并行度会对系统的性能造成很大的影响。例如在一次查询中系统给任务分配了 1000 个 core，但是一个 Stage 中只有 30 个 Task，此时可以提高并行度以提升硬件的利用率。当并行度太大时，Task 通常只需要几微秒就能执行完成，或者 Task 读写的数据量很小，这种情况下，Task 频繁进行开辟与销毁而产生的不必要开销太大，则需要减小并行度。对于本系统中的业务场景，则属于过滤后 Task 的数据量很小这一情况，我们可以通过 coalesce 操作人为地减小过滤后的并行度，使得资源的利用率尽可能地提高，原理如图 12-6 所示。

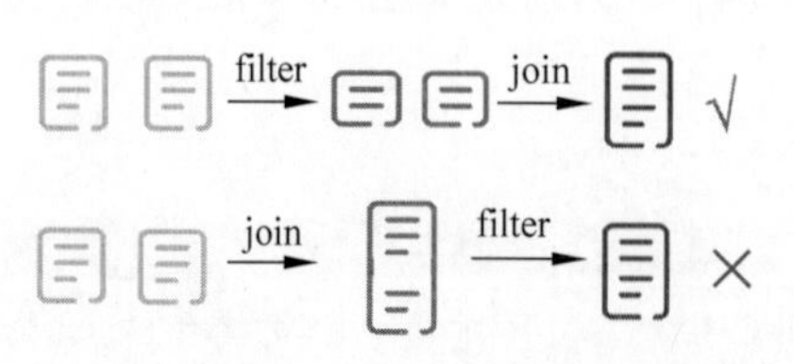

图 12-5　表的连接和过滤操作(见彩插)

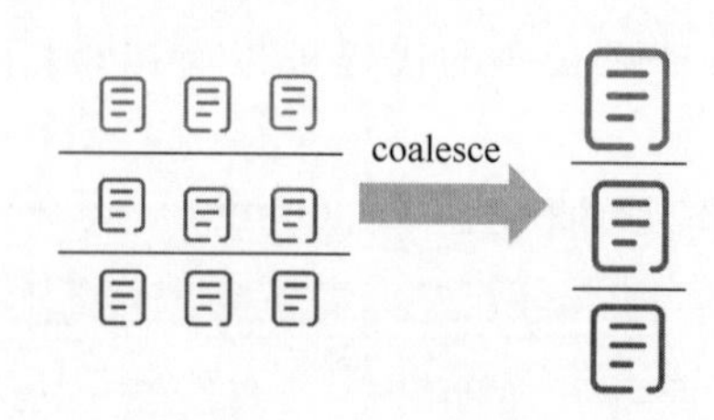

图 12-6　表的 coalesce 操作(见彩插)

为了验证本场景中减小并行度的必要性，我们设置了在不同并行度下的查询实验，多次对比了两个查询任务在不同并行度下的耗时，并统计了任务的平均值，其结果如表 12-4 所示。

表 12-4 查询实验结果

并行度	第一次		第二次		第三次		平均值	
	任务 1 时间/s	任务 2 时间/s	任务 1 时间/s	任务 2 时间/s	任务 1 时间/s	任务 2 时间/s	任务 1 时间/s	任务 2 时间/s
8	23.569	24.476	20.198	23.805	21.716	21.395	21.827	23.225
7	19.472	18.135	21.381	20.588	19.863	17.105	20.238	18.609
6	18.490	17.708	22.363	21.611	25.303	17.481	22.502	18.933
5	15.281	19.205	18.042	18.012	20.629	17.339	17.984	18.185
4	15.665	22.142	20.147	18.406	18.263	15.437	18.025	18.661
3	18.181	21.775	21.262	17.968	16.004	17.575	18.482	19.106
2	22.375	18.779	16.608	20.482	16.341	18.341	18.441	19.200
1	15.576	19.205	10.594	14.572	13.238	16.663	13.136	16.813

为了更加直观地体现并行度对系统性能的影响，我们将实验的结果以柱状图的形式显示，折线图则表示三次实验的平均值的结果，两个任务的耗时柱状图如图 12-7 所示。

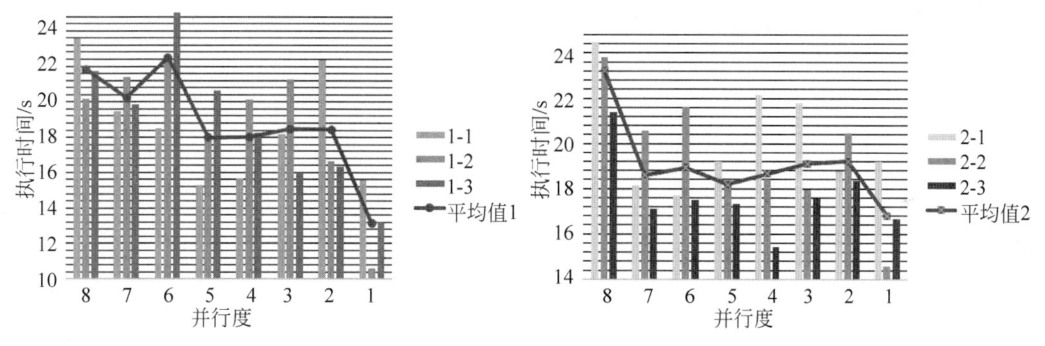

图 12-7 查询实验结果(见彩插)

根据表格以及柱状图的实验结果，我们的业务场景在对数据进行过滤后只剩下很少一部分需要处理的数据，因而及时减小任务运行的并行度十分重要，从结果可以看出，当我们将并行度减小为 1 时，相比于并行度为 8，平均运行效率提升了约两倍之多，这也进一步证实了过高的并行度反而会增加 Task 开辟与销毁的开销，对于少量数据而言，及时减小并行度十分重要。

2. 代码实现

例 12-2 的代码展示了先过滤再连接的操作，能够提升数据查询的效率。

【例 12-2】 Spark_sql.py

```
1   confirmed = self._confirm.select("Country/Region",
    col("Value").alias("confirmed")) \
```

```
2        .filter("Date = '%s'" % date).coalesce(self._coal) \
3        .groupBy("Country/Region").agg(sum("confirmed").alias("confirmed"))
4
5    recovered = self._recover.select("Country/Region",
     col("Value").alias("recovered")) \
6        .filter("Date = '%s'" % date).coalesce(self._coal) \
7        .groupBy("Country/Region").agg(sum("recovered").alias("recovered"))
8
9    deaths = self._death.select("Country/Region", col("Value").alias("deaths")) \
10       .filter("Date = '%s'" % date).coalesce(self._coal) \
11       .groupBy("Country/Region").agg(sum("deaths").alias("deaths"))
12
13   df = confirmed.join(recovered, "Country/Region", "outer") \
14       .join(deaths, "Country/Region", "outer")
```

12.3.3 Spark 参数级优化

1. 原理分析

Spark 资源参数调优,其实主要就是对 Spark 运行过程中各个使用资源的地方,通过调节各种参数优化资源使用的效率,从而提升 Spark 作业的执行性能。

在我们的项目中,着重关注了几个参数:spark.driver.memory 表示设置 Driver 的内存大小;spark.num.executors 表示设置 Executors 的个数;spark.executor.memory 表示设置每个 spark_executor_cores 的内存大小;spark.executor.cores 表示设置每个 Executor 的 cores 数目;spark.executor.memory.over.head 表示 Executor 额外预留一部分内存;spark.sql.shuffle.partitions 表示设置 Executor 的 Partitions 个数。参数设置如图 12-8 所示。

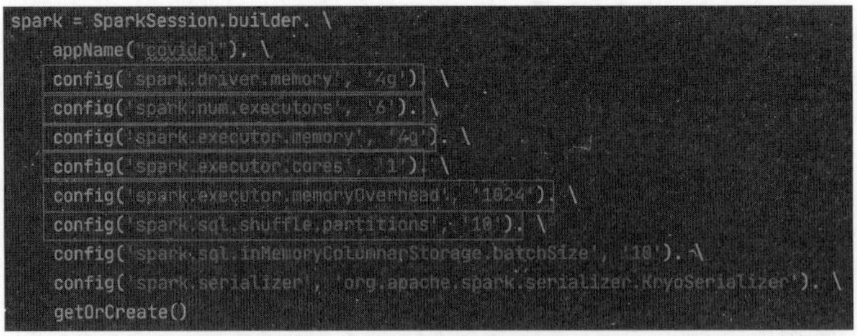

```
spark = SparkSession.builder. \
    appName("covidel"). \
    config('spark.driver.memory', '4g'). \
    config('spark.num.executors', '6'). \
    config('spark.executor.memory', '4g'). \
    config('spark.executor.cores', '1'). \
    config('spark.executor.memoryOverhead', '1024'). \
    config('spark.sql.shuffle.partitions', '10'). \
    config('spark.sql.inMemoryColumnarStorage.batchSize', '10'). \
    config('spark.serializer', 'org.apache.spark.serializer.KryoSerializer'). \
    getOrCreate()
```

图 12-8 参数设置示意图

以上参数就是 Spark 中主要的资源参数,每个参数都对应作业运行原理中的某个部分,我们同时将各个参数的不同取值对系统性能的影响进行对比。并以系统的默认参数作为 Baseline,每次改变其中的一个参数的取值,测试结果如表 12-5 所示。

表 12-5 不同参数对系统性能的影响

参 数 取 值	值 1	值 2	值 3
memory=1g,2g,4g	37.398+26.308	37.923+26.770	37.628+26.096
excutors=1,2,4	37.730+26.389	37 845+25.975	38.098+26.612
excutor. memory=1,2,4g	47.806+25.901	36.055+16.475	33.887+11.889
excutor. core=1,2,4	34.862+24.959	35.279+18.351	31.741+13.758
over. head=1024,2048,4096	37.274+25.193	37.095+25.872	37.872+25.661
Partitions=1,5,10	37.78+20.815	37.686+16.868	37.677+22.202
Spark 默认值		39.772+28.164	

如表 12-5 所示，不同的参数取值会对系统的性能产生显著的影响，特别是 spark. executor. memory、spark. executor. cores、spark. sql. shuffle. partitions 三项指标对系统的性能有很重要的影响。相比于默认值，不同的参数取值能为系统的性能带来提高，其中在参数设定时需要综合权衡系统的资源情况和性能需求，同时，我们给出了不同参数取值的系统性能柱状图，如图 12-9 所示。

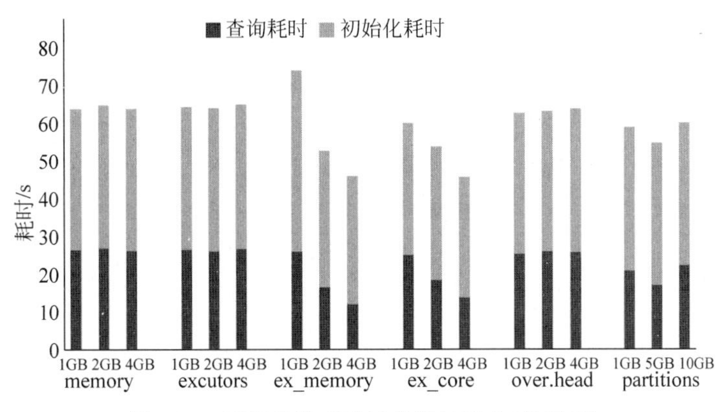

图 12-9 不同参数对系统性能的影响(见彩插)

可以发现，参数的选取对系统初始化的影响较小，而对数据的查询有很大的影响，为了便于理解，我们给出各个参数的相关介绍，总结如下。

1) num-executors

参数说明：该参数用于设置 Spark 作业总共要用多少个 Executor 进程执行。这个参数非常重要，如果不设置的话，默认只会启动少量的 Executor 进程，此时 Spark 作业的运行速度是非常慢的。

参数调优建议：设置太少或太多的 Executor 进程都不好。设置得太少，无法充分利用集群资源；设置的太多，大部分队列可能无法给予充分的资源。

2) executor-memory

参数说明：该参数用于设置每个 Executor 进程的内存。Executor 内存的大小很多时候直接决定了 Spark 作业的性能，而且与常见的 JVM OOM 异常也有直接的关联。

参数调优建议：每个 Executor 进程的内存设置为 4GB~8GB 较为合适。但是这只是一个参考值，具体的设置还是得根据不同部门的资源队列确定。

3) executor-cores

参数说明：该参数用于设置每个 Executor 进程的 CPU core 数量。这个参数决定了每个 Executor 进程并行执行 Task 线程的能力。因为每个 CPU core 同一时间只能执行一个 Task 线程，因此每个 Executor 进程的 CPU core 数量越多，越能够快速地执行完分配给自己的所有 Task 线程。

参数调优建议：Executor 的 CPU core 数量设置为 2～4 个较为合适。如果是跟他人共享这个队列，那么 num-executors * executor-cores 不要超过队列总 CPU core 的 1/3～1/2 左右比较合适，也是避免影响他人的作业运行。

4) driver-memory

参数说明：该参数用于设置 Driver 进程的内存。

参数调优建议：Driver 的内存通常来说不设置，或者设置为 1GB 左右应该就够了。唯一需要注意的一点是，如果需要使用 collect 算子将 RDD 的数据全部拉取到 Driver 上进行处理，那么必须确保 Driver 的内存足够大，否则会出现 OOM 内存溢出的问题。

2. 代码分析

PySpark 通过在初始化 Spark 会话时对其中的参数进行设定，从而对 Spark 进行参数级的优化。具体代码如例 12-3 所示。

【例 12-3】 Spark_sql. py

```
1    spark = SparkSession.builder. \
2        appName("covidel"). \
3        config('spark.num.executors', '100').getOrCreate()
4
5    spark = SparkSession.builder. \
6        appName("covidel"). \
7        config('spark.driver.memory', '4g'). \
8        config('spark.num.executors', '6'). \
9        config('spark.executor.memory', '4g'). \
10       config('spark.executor.cores', '1'). \
11       config('spark.executor.memoryOverhead', '1024'). \
12       config('spark.sql.shuffle.partitions', '10'). \
13       config('spark.sql.inMemoryColumnarStorage.batchSize', '10'). \
14       config('spark.serializer', 'org.apache.spark.serializer.KryoSerializer'). \
15       getOrCreate()
```

第13章

案例：使用Spark和HBase实现商品批量存储

前面的章节介绍了 HBase 数据库的使用方法和适用范畴。本章将会以一个使用 Spark 读 Hive 写入 HBase 中的实例，进一步讲述 HBase 数据库在面对海量数据存储时的使用方式和其读写功能的强大之处。

视频讲解

在这个案例中，需要实现某外卖平台的部分数据存储功能。该平台需要存储大量商家和商家对应菜品等信息，由于数据量较大，所以项目搭建大数据平台采取 HDFS 分布式存储方式，使用 Spark 读 Hive 中的数据写入 HBase 中。因为 HBase 数据库在处理海量数据时具有较大优势，所以项目采用 HBase 数据库存储数据。在接下来的分析中，本章将以该外卖平台搭建的 Hadoop 平台存储数据到 HBase 的过程作为案例讲解使用 HBase 数据库读写数据的方法。

13.1 HBase 数据库设计

本案例只关注数据在 Hive 和 HBase 表中的存储。

HFile 数据在 Hive 表中的存储信息如表 13-1 所示。可以看到 poi_id 中含有商家 id，dt 中含有 Hive 表分区的信息，这两个信息都是该表的索引。其他字段包括 clean_info 和 process_info 中的数据、ctime 中的时间戳。

表 13-1 Hive 数据存储表

属性	类型	备注
poi_id	String	商家 id
clean_info	String	清洗后的数据
process_info	String	综合数据
ctime	List	当前时间
dt	String	Hive 表分区（日期：天）

数据在 Hadoop 中处理需要用到 Hive 表,而将这些数据存储到 HBase 集群同样需要 HBase 数据存储表。HFile 数据在 HBase 表中的存储信息如表 13-2 所示,其中 rowkey 作为热键存储商家 id,dt 存储 HBase 表分区,food_info 存储所有的食物信息。

表 13-2 HBase 数据存储表

属　性	类　型	备　注
rowkey	String	row_key,也就是商家 id
dt	String	HBase 表分区
food_info	String	商家食物信息

13.2 复杂数据处理

13.2.1 数据读取

项目导入的数据为 UTF-8 编码的字符串数据,而以二进制字符格式进行数据读写和存储较为容易,所以本节定义了压缩解压方法。压缩方法将字符串数据压缩为字符数组格式的数据,对应地,解压方法将压缩后的字符数组解压为对应的 UTF-8 编码的字符串格式数据。对于压缩后的数据,定义了 readUShort()方法进行读入。具体方法如例 13-1 所示。

【例 13-1】 readUShort()方法。

```
1   def readUShort (bytes:Array[Byte]):Int = {
2       val b: Int = ((bytes(1) & 0x000000FF) << 8) + bytes(0)
3       ((( (bytes(3) & 0x000000FF) << 8) + bytes(2)) << 8) | b
4   }
```

13.2.2 压缩信息

在读写数据到 HBase 数据库前,首先定义 compress()方法和 decompress()方法用作数据的压缩和解压。其中,compress()方法完成了将 UTF-8 编码的字符串数据压缩为字节数组的功能,在数据转换过程中需要注意对空字符串的判断。函数内容如例 13-2 所示。

【例 13-2】 compress()方法。

```
1   def compress(str:String) = {
2       var output = Array[Byte]()
3       if(!str.isEmpty){
4           val out = new ByteArrayOutputStream()
5           val gzip = new GZIPOutputStream(out)
6           gzip.write(str.getBytes("UTF - 8"))
7           gzip.close()
8           output = out.toByteArray
```

```
9     }
10    output
11  }
```

例 13-2 调用 Java API 中的实现类 GZIPOutputStream 对输入进行压缩。

13.2.3 解压信息

另一方面，定义的 decompress()方法实现了字节数组到字符串的数据处理。要注意的是，在将字节数组转化为字符串时，不但要判断数组是否为空还需要判断该字节数组是否为压缩状态，压缩状态的字节数组可解压为对应的 UTF-8 编码字符串形式存储，非压缩状态的字节数组不可解压为字符串形式。具体代码如例 13-3 所示。

【例 13-3】 decompress()方法。

```
1   def decompress(bytes:Array[Byte]) = {
2       var str = ""
3       if(!bytes.isEmpty){
4         if(readUShort(bytes) == 0x8b1f){
5           val out = new ByteArrayOutputStream()
6           val in = new ByteArrayInputStream(bytes)
7           val gunzip = new GZIPInputStream(in)
8           val buffer = new Array[Byte](256)
9           var b = gunzip.read(buffer)
10          while(b >= 0){
11            out.write(buffer,0,b)
12            b = gunzip.read(buffer)
13          }
14          in.close()
15          str = out.toString("UTF-8")
16        }else{
17          println("not gzip format")
18          str = Bytes.toString(bytes)
19        }
20    }
21    str
22  }
```

例 13-3 用到了 GZIPInputStream 的方法对压缩的文件进行解压。

13.3 数据读写

13.3.1 从 Hive 获取数据表

想要将数据写入 HBase 集群，首先需要从 Hadoop 集群中读取数据。

首先在 DataWrite.scala 文件中引入 SparkConf 和 SparkContext 对象。要知道，任何 Spark 程序都是以 SparkContext 开始的，而 SparkContext 的初始化需要一个

SparkConf 对象,该对象中包含 Spark 集群配置中的各种参数。

在 DataWrite 对象中首先使用 SparkConf()方法初始化,同时使用 Kryo 序列化。使用 SparkConf()方法初始化的具体代码如例 13-4 所示。

【例 13-4】 SparkConf()方法。

```
1    import org.apache.spark.sql.hive.HiveContext
2        import org.apache.spark.{SparkConf, SparkContext}
3
4        val sc = new Context(new SparkConf().set("spark.serializer",
     "org.apache.spark.serializer.KryoSerializer"))
```

接下来创建一个名为 sqlContext 的 HiveContext 变量,HiveContext 是 Spark SQL 的一个分支,用于操作 Hive。例 13-5 就是通过 Spark 使用 SQL 语句从 Hadoop 集群获取 Hive 表中的数据,并将数据按照存入 HBase 表中的格式重新存储。

【例 13-5】 sqlContext。

```
1    val sqlContext = new HiveContext(sc)
2        val clean_input = sqlContext.sql(
3        """
4        select
5    a.poi_id,
6        a.clean_info,
7        a.process_info,
8        a.dt
9      from origin_waimai.waimai_baifood_streaming_data a
10     join
11     ( select
12         poi_id,
13         max(ctime) as max_ctime,
14         dt
15       from origin_waimai.waimai_baifood_streaming_data
16       where dt = '""" + cur_dt + """'
17       GROUP BY poi_id,dt
18     ) b
19     on a.poi_id = b.poi_id and a.dt = b.dt and a.ctime = b.max_ctime
20     where a.dt = '""" + cur_dt + """'""".stripMargin
21   )
```

在例 13-5 中 poi_id 表示商家 id,clean_info 表示清洗后的数据,process_info 表示综合数据,dt 表示 Hive 表分区,其日期按天计算。

获取 Hive 表中的数据后将其按照 HBase 中所需数据存储格式整理好后存储到 HBase 中,具体代码如例 13-6 所示,代码中使用"poi_id +日期"作为 row_key 避免读写热点。

【例 13-6】 存储数据到 HBase。

```
1   val clean_field = clean_input.map(
2       e =>{
3         val poi_id = if(e.getString(0).length<=3) e.getString(0) else
    poi_covert(e.getString(0))
4         val clean_info = if(e.isNullAt(1)) Array[Byte]() else e.getAs[Array[Byte]](1)
5         val process_info = if(e.isNullAt(2)) Array[Byte]() else e.getAs[Array[Byte]](2)
6         val dt = e.getString(3)
7         (poi_id,clean_info,process_info,dt)
8   }
9   )
10  val clean_family = Bytes.toBytes("cl")
11  val process_family = Bytes.toBytes("pr")
12  val column = Bytes.toBytes("info")
13  val clean= clean_field.flatMap(line =>{
14    val result = ListBuffer[(ImmutableBytesWritable,KeyValue)]()
15    val cl_rowkey = (line._1 + "_" + line._4).getBytes()
16  result += ((new ImmutableBytesWritable(cl_rowkey), new
    KeyValue(cl_rowkey, clean_family, column, line._2)))
17  if(!line._3.isEmpty){
18    val dt_list = JSON.parseArray(decompress(line._3))
19    for (i <- 0 until dt_list.size()) {
20      val one_dt = dt_list.getJSONObject(i)
21      val dt = one_dt.getString("dt")
22      val pr_rowkey = line._1 + "_" + dt
23     val food_info = one_dt.getString("food_info")
24  if(!food_info.isEmpty){
25          result += ((new ImmutableBytesWritable(pr_rowkey.getBytes()), new KeyValue
    (pr_rowkey.getBytes(), process_family, column, compress(food_info))))
26          }
27  }
28    }
29    result.toList
30  }).map(a => a)
31  val result = clean.sortByKey()
32  val stagingFolder =
    "viewfs://hadoop-meituan/user/hadoop-waimai/hbase/spark_streaming_waimai_baifood/"
33  val fileSystem = FileSystem.get(new URI("viewfs://hadoop-meituan"),
    new Configuration())
34  val path = new Path(stagingFolder)
35  if (fileSystem.exists(path)) {
36    fileSystem.delete(path, true)
37  }
38  result.saveAsNewAPIHadoopFile(stagingFolder,
39    classOf[ImmutableBytesWritable],
40    classOf[KeyValue],
41    classOf[HFileOutputFormat2])
42  println("[SparkToHBase INFO] write hfile finish")
43  sc.stop()
```

13.3.2 将数据复制到 HBase 集群

由于 HBase 集群和 Hadoop 集群不是同一个集群，所以案例需要将 HFile 数据从主集群复制到指定的 HBase 集群中。然后需要将 HFile 数据写入表中。为了完成这两个功能，定义了 distcpAndBulkload()方法。该方法是基于 Spark 通过 BulkLoad 对 HBase 进行导入。BulkLoad 的原理是使用 MapReduce 直接生成 HFile 格式文件后，RegionServers 再将 HFile 文件移动到相应的 Region 目录下，这种特性使其常常应用于海量数据的导入。

定义 HFileSupport 数据操作工具类，在类中创建方法，定义变量 HBaseDist 和 pathOnHBaseCluster 确定 HBase 集群路径。具体代码如例 13-7 所示。

【例 13-7】 HFileSupport 数据操作工具类。

```
1   def distcpAndBulkload(outputTempFile : String, hbaseTempFile :
    String,tmpPathName:String) = {
2       val HBaseDist = s"hdfs:// $ activeNameNode $ hbaseTempFile"
3       val pathOnHBaseCluster = s" $ hBaseFS $ hbaseTempFile $ tmpPathName"
4       …
```

定义和配置变量 job 加载待录入表，具体代码如例 13-8 所示。

【例 13-8】 定义和配置变量 job。

```
1   def distcpAndBulkload(outputTempFile : String, hbaseTempFile :
    String,tmpPathName:String) = {
2   ……
3   val job = Job.getInstance(distcpConf)
4   job.setMapOutputKeyClass(classOf[ImmutableBytesWritable])
5   job.setMapOutputValueClass(classOf[KeyValue])
6   HFileOutputFormat2.configureIncrementalLoad(job, hTable)
7   …
```

方法准备部分包括为 HFile 数据的输出位置准备路径，具体代码如例 13-9 所示。

【例 13-9】 为 HFile 数据的输出位置准备路径。

```
1   def distcpAndBulkload(outputTempFile : String, hbaseTempFile :
    String,tmpPathName:String) = {
2   ……
3   val hFilePath = new Path(outputTempFile)
4   val fs = FileSystem.get(distcpConf)
5   fs.makeQualified(hFilePath)
6   try {
7   ……
```

路径和表准备好后就可以编写 distcp 函数体，将 HFile 数据从主集群复制到指定的 HBase 集群中，具体代码如例 13-10 所示。代码中 catch 块判断异常，finally 块清除多余缓存。

【例 13-10】 distcp 函数体。

```
1   ......
2   try {
3   val opt: DistCpOptions = OptionsParser.parse(Array(outputTempFile, HBaseDist))
4   opt.setBlocking(false)
5   val calendar = Calendar.getInstance()
6   val hour = calendar.get(Calendar.HOUR_OF_DAY)
7   if (hour >= 1 && hour <= 6) {
8       opt.setMapBandwidth(50)
9   } else {
10    opt.setMapBandwidth(5)
11  }
12  val distCp = new DistCp(distcpConf, opt)
13  val dc = distCp.execute()
14  if (!dc.waitForCompletion(true)) {
15      println("[SparkToHBase INFO] Finish to Distcp!")
16  }
17  HFileSupport.setPermisionRecursively(fs, new Path(HBaseDist + tmpPathName))
18  new LoadIncrementalHFiles(bulkloadConf).run(Array(pathOnHBaseCluster, tableName))
19  } catch {
20    case e: IllegalArgumentException =>{
21      println(e.toString())
22      println(e.getStackTraceString)
23      if (!job.isSuccessful) {
24        println("[SparkToHBase ERROR] Distcp is failed!")
25      }
26    }
27    case e: Exception => println(e.toString())
28  } finally {
29    FileSystem.get(bulkloadConf).delete(new Path(pathOnHBaseCluster), true)
30    println("[SparkToHBase INFO] delete temp file")
31  }
32  ......
```

定义了 distcp 方法后即可创建一个实例将数据从主集群复制到指定 HBase 集群中。创建该实例如例 13-11 所示。

【例 13-11】 创建一个实例将数据从主集群复制到指定 HBase 集群中。

```
1   var distcpConf: Configuration = HBaseConfiguration.create()
2   distcpConf.set("mapred.job.queue.name", jobQueue)
3   distcpConf.set(TableOutputFormat.OUTPUT_TABLE, tableName)
```

如例 13-12 所示使用 BulkLoad 方法，在指定的 HBase 集群（而不是主集群）中运行 BulkLoad。

【例 13-12】 BulkLoad 方法。

```
1  var bulkloadConf: Configuration = new Configuration(false)
2  bulkloadConf.setQuietMode(false)
3  bulkloadConf.addResource("core-default-hdp.xml")
4  bulkloadConf.addResource("hdfs-default-hdp.xml")
5  bulkloadConf.addResource("yarn-default-hdp.xml")
6  bulkloadConf.addResource("mapred-default-hdp.xml")
7  bulkloadConf.addResource("core-site-hdp.xml")
8  bulkloadConf.addResource("hdfs-site-hdp.xml")
9  bulkloadConf.addResource("hbase-policy-hdp.xml")
10 bulkloadConf.addResource("hbase-site-hdp.xml")
```

创建 bulkload 实例的同时还需要创建 HTable 实例,如例 13-13 所示将数据存入对应的表中。

【例 13-13】 将数据存入对应的表中。

```
1  var hTable: HTable = new HTable(distcpConf, tableName)
```

13.3.3 读取数据

想要读取从 Hive 导入 HBase 中的数据需要使用 13.3.2 节定义的 distcpAndBulkload 方法。案例中创建了 DataRead 对象实现具体数据的导入,具体代码如例 13-14 所示,首先定义表和路径的名称,然后使用 hFileSupport 类中的 distcpAndBulkload 方法导入具体数据。

【例 13-14】 distcpAndBulkload 方法。

```
1  val tableName = "waimai_baifood"
2  val jobQueue = "root.hadoop-waimai.etl"
3  val sourcePath = "/user/hadoop-waimai/hbase/spark_streaming_waimai_baifood/"
4  val targetPath = "/user/hadoop-waimai/hbase/"
5  val targetPathSub = "spark_streaming_waimai_baifood/"
6  val hFileSupport = new HFileSupport(tableName, jobQueue)
7  hFileSupport.distcpAndBulkload(sourcePath, targetPath, targetPathSub)
```

导入数据后可定义 testQuerySome 方法展示导入的数据,以表格名称作为索引查找具体表格展示,具体代码如例 13-15 所示,表格读取完成后需要关闭 HBase 表。

【例 13-15】 testQuerySome 方法。

```
1  def testQuerySome(tableName: String) = {
2      val poi_list = List("00100021404834351582","3414348934")
3      println("get some poi data")
4      val hconf = HBaseConfiguration.create()
5      val table = new HTable(hconf, tableName)
```

```
6       val gets = new ArrayList[Get]()
7       val sdf = new SimpleDateFormat("yyyyMMdd")
8       val today = sdf.format(DateUtils.addDays(new Date(), 0).getTime)
9       poi_list.foreach(a => gets.add(new Get((a + "_" + today).getBytes())))
10      val info = table.get(gets)
11      info.foreach(a => {
12          if(a.containsColumn("cl".getBytes(),"info".getBytes())){
13              val rowkey = Bytes.toString(a.getRow)
14              val value = decompress(a.getValue("cl".getBytes(),"info".getBytes()))
15              println("poi_id + dt is :" + rowkey + "     " + value)
16          }
17      )
18    table.close()
19  }
```

第14章

案例：使用Keras进行人脸关键点检测

视频讲解

人脸关键点指用于标定人脸五官和轮廓位置的一系列特征点，是对于人脸形状的稀疏表示。关键点的精确定位可以为后续应用提供十分丰富的信息，因此人脸关键点检测是人脸分析领域的基础技术之一。许多应用场景，例如人脸识别、人脸三维重塑和表情分析等，均将人脸关键点检测作为其前序步骤实现。本章通过深度学习的方法搭建人脸关键点检测模型，以人脸关键点检测程序为例，介绍深度学习的基础理论及其在计算机视觉领域的应用。在数据的预处理阶段，使用 PIL 对图像进行裁剪与增强；在模型的搭建与训练过程中，使用神经网络框架 Keras 完成了迁移学习并在其基础上实现了一个卷积神经网络；结合模型的训练历史对其表现进行可视化，结果证明模型在识别人脸关键点这一任务中取得了令人满意的准确率。本章重点介绍的 PIL 与 Keras 模块是计算机视觉领域的重要工具，需要好好掌握。其他模块例如 NumPy 和 Matplotlib 也都是科学计算中常用的基础工具，感兴趣的读者可以自行查阅其资料进行学习。

14.1 深度学习模型

1995 年 Cootes 提出 ASM(Active Shape Model)模型用于人脸关键点检测，掀起了一波持续近 20 年的研究浪潮。这一阶段的检测算法常常被称为传统方法。2012 年 AlexNet 在 ILSVRC(ImageNet Large Scale Visual Recognition Challenge)中夺冠，将深度学习带进人们的视野。随后 Sun 等在 2013 年提出了 DCNN 模型，首次将深度学习方法应用于人脸关键点检测。自此，深度卷积神经网络成为人脸关键点检测的主流工具。

TensorFlow 是由谷歌开源的机器学习框架，被广泛地应用于机器学习研究。Keras 是一个基于 TensorFlow 开发的高层神经网络 API，其目的是对 TensorFlow 等机器学习框架进一步封装，从而帮助用户高效地完成神经网络的开发。在 TensorFlow 2.0 版本中，Keras 已经被收录成为其官方前端。本节主要使用 Keras 框架搭建深度模型。

14.1.1　数据集获取

在开始搭建模型之前，首先需要下载训练所需的数据集。目前开源的人脸关键点数据集有很多，例如 AFLW、300W 和 MTFL/MAFL 等，关键点个数也从 5 个到上千个不等。本章中采用的是 CVPR 2018 论文《Look at Boundary：A Boundary-Aware Face Alignment Algorithm》中提出的 WFLW（Wider Facial Landmarks in-the-wild）数据集[3]。这一数据集包含 10 000 张人脸信息，其中 7500 张用于训练，剩余 2500 张用于测试。每张人脸图片标注了 98 个关键点，关键点分布如图 14-1 所示。

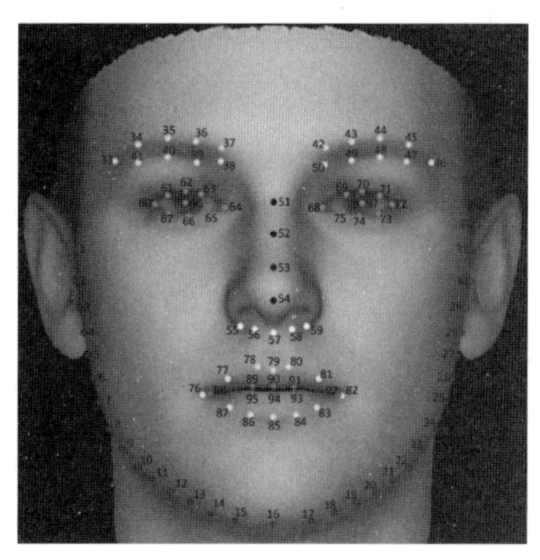

图 14-1　人脸关键点分布

由于关键点检测在人脸分析任务中的基础性地位，工业界往往拥有标注了更多关键点的数据集。但是由于其商业价值，这些信息一般不会被公开，因此目前开源的数据集还是以 5 点和 68 点为主。在本章项目中使用的 98 点数据集不仅能够更加精确地训练模型，同时还可以更加全面地对模型表现进行评估。

然而另一方面，数据集中的图片并不能直接作为模型输入。对于模型来说，输入图片应该是等尺寸且仅包含一张人脸的。但是数据集中的图片常常会包含多个人脸，这就需要对数据集进行预处理，使之符合模型的输入要求。

图 14-2　人脸矩形框示意图

1. 人脸裁剪与缩放

数据集中已经提供了每张人脸所处的矩形框，可以据此确定人脸在图像中的位置，如图 14-2 所示。但是直接按照框选部分进行裁剪会导致两个问题：一是矩形框的尺寸不同，裁剪后的图片还是无法作为模型输入；二是矩形框只能保证将关键点包含在内，耳朵、头发等其他人脸特征则排除在外,不利于训练泛化能力强的模型。

为了解决上述的第一个问题,我们将矩形框放大为方形框,因为方形图片容易进行等比例缩放而不会导致图像变形。对于第二个问题,则单纯地将方形框的边长延长为原来的 1.5 倍,以包含更多的脸部信息。相关代码如例 14-1 所示。

【例 14-1】 crop()函数。

```
1   def _crop(image: Image, rect: ('x_min', 'y_min', 'x_max', 'y_max'))\
2           -> (Image, 'expanded rect'):
3       """Crop the image w.r.t. box identified by rect."""
4       x_min, y_min, x_max, y_max = rect
5       x_center = (x_max + x_min) / 2
6       y_center = (y_max + y_min) / 2
7       side = max(x_center - x_min, y_center - y_min)
8       side * = 1.5
9       rect = (x_center - side, y_center - side,
10              x_center + side, y_center + side)
11      image = image.crop(rect)
12      return image, rect
```

例 14-1 以及本章其余的全部代码中涉及的 image 对象均为 PIL. Image 类型。PIL(Python Imaging Library)是一个第三方模块,但是由于其强大的功能与广泛的用户基础,几乎已经被认为是 Python 官方图像处理库。PIL 不仅为用户提供了 jpg、png 和 gif 等多种图片类型的支持,还内置了十分强大的图片处理工具集。上面提到的 Image 类型是 PIL 最重要的核心类,除了具备裁剪(crop)功能外,还拥有创建缩略图(thumbnail)、通道分离(split)与合并(merge)、缩放 (resize)、转置 (transpose) 等功能。下面给出一个图片缩放的例子,如例 14-2 所示。

【例 14-2】 一个图片缩放的例子。

```
1   def _resize(image: Image, pts: '98 - by - 2 matrix')\
2           -> (Image, 'resized pts'):
3       """Resize the image and landmarks simultaneously."""
4       target_size = (128, 128)
5       pts = pts / image.size * target_size
6       image = image.resize(target_size, Image.ANTIALIAS)
7       return image, pts
```

例 14-2 将人脸图片和关键点坐标一并缩放至 128×128。在 Image. resize 方法的调用中,第一个参数表示缩放的目标尺寸,第二个参数表示缩放所使用的过滤器类型。默认情况下,过滤器选用 Image. NEAREST,其特点是压缩速度快但压缩效果较差。因此 PIL 官方文档中建议:如果对于图片处理速度的要求不是那么苛刻,推荐使用 Image. ANTIALIAS 以获得更好的缩放效果。在本章项目中,由于_resize 函数对每张人脸图片只会调用一次,因此时间复杂度并不是问题。况且图像经过缩放后还要被深度模型学习,缩放效果很可能是决定模型学习效果的关键因素,所以这里选择了 Image. ANTIALIAS

图 14-3 裁剪和缩放处理结果

过滤器进行缩放。图 14-2 经过裁剪和缩放处理后的效果如图 14-3 所示。

2. 数据归一化处理

经过裁剪和缩放处理所得到的数据集已经可以用于模型训练了,但是训练效果并不理想。对于正常图片,模型可以以较高的准确率定位人脸关键点。但是在某些过度曝光或者经过了滤镜处理的图片面前,模型就显得力不从心了。为了提高模型的准确率,这里进一步对数据集进行归一化处理。所谓归一化,就是排除某些变量的影响。例如我们希望将所有人脸图片的平均亮度统一,从而排除图片亮度对模型的影响,如例 14-3 所示。

【例 14-3】 将所有人脸图片的平均亮度统一。

```
1  def _relight(image: Image) -> Image:
2      """Standardize the light of an image."""
3      r, g, b = ImageStat.Stat(image).mean
4      brightness = math.sqrt(0.241 * r ** 2 + 0.691 * g ** 2 + 0.068 * b ** 2)
5      image = ImageEnhance.Brightness(image).enhance(128 / brightness)
6      return image
```

ImageStat 和 ImageEnhance 分别是 PIL 中的两个工具类。顾名思义 ImageStat 可以对图片中每个通道进行统计分析,在例 14-3 中就对图片的三个通道分别求得了平均值; ImageEnhance 用于图像增强,常见用法包括调整图片的亮度、对比度以及锐度等。

【提示】: *颜色通道是一种用于保存图像基本颜色信息的数据结构。最常见的 RGB 模式图片由红、绿、蓝三种基本颜色组成,也就是说 RGB 图片中的每个像素都是用这三种颜色的亮度值表示的。在一些印刷品的设计图中会经常遇到另一种称为 CYMK 的颜色模式,这种模式下的图片包含四个颜色通道,分别表示青、黄、红、黑。PIL 可以自动识别图片文件的颜色模式,因此多数情况下用户并不需要关心图像的颜色模式。但是在对图片应用统计分析或增强处理时,底层操作往往是针对不同通道分别完成的。为了避免因为颜色模式导致的图像失真,用户可以通过 PIL. Image. mode 属性查看被处理图像的颜色模式。*

类似地,我们希望消除人脸朝向所带来的影响。这是因为训练集中朝向左边的人脸明显多于朝向右边的人脸,导致模型对于朝向右边的人脸识别率较低。具体做法是随机地将人脸图片进行左右翻转,从而在概率上保证朝向不同的人脸图片具有近似平均的分布,如例 14-4 所示。

【例 14-4】 随机地将人脸图片进行左右翻转。

```
1  def _fliplr(image: Image, pts: '98 - by - 2 matrix')\
2          -> (Image, 'corresponding pts'):
3      """Flip the image and landmarks randomly."""
```

```
4       if random.random() >= 0.5:
5           pts[:, 0] = 128 - pts[:, 0]
6           pts = pts[_fliplr.perm]
7           image = image.transpose(Image.FLIP_LEFT_RIGHT)
8       return image, pts
```

图片的翻转比较容易完成，只需要调用 PIL.Image 类的转置方法即可，但是关键点的翻转则需要一些额外的操作。举例来说，左眼 96 号关键点在翻转后会成为新图片的右眼 97 号关键点如图 14-1 所示，因此其在 pts 数组中的位置也需要从 96 变为 97。为了实现这样的功能，定义全排列向量 perm 记录关键点的对应关系。为了方便程序调用，perm 被保存在文件中。但是如果每次调用_fliplr 时都从文件中读取显然会拖慢函数的执行；而将 perm 作为全局变量加载又会污染全局变量空间，破坏函数的封装性。这里的解决方案是将 perm 作为函数对象_fliplr 的一个属性，从外部加载并始终保存在内存中，如例 14-5 所示。

【例 14-5】 加载 perm。

```
1   _fliplr.perm = np.load('fliplr_perm.npy')
```

【提示】：熟悉 C/C++的读者可能会联想到 static 修饰的静态局部变量。很遗憾的是，Python 作为动态语言是没有这种特性的。例 14-5 就是为了实现类似效果所做的一种尝试。

3. 整体代码

前面定义了对于单张图片的全部处理函数，接下来就只需要遍历数据集并调用即可，如例 14-6 所示。由于训练集和测试集在 WFLW 中是分开进行存储的，但是二者的处理流程几乎相同，因此可以将其公共部分抽取出来作为 preprocess 函数进行定义。训练集和测试集共享同一个图片库，其区别仅仅在于人脸关键点的坐标以及人脸矩形框的位置，这些信息被存储在一个描述文件中。preprocess 函数接收这个描述文件流作为参数，依次处理文件中描述的人脸图片，最后将其保存到 dataset 目录下的对应位置。

【例 14-6】 遍历数据集处理图片。

```
1   def preprocess(dataset: 'File', name: str):
2           """Preprocess input data as described in dataset.
3
4           @param dataset: stream of the data specification file
5           @param name: dataset name (either "train" or "test")
6           """
7           print(f"start processing {name}")
8           image_dir = './WFLW/WFLW_images/'
9           target_base = f'./dataset/{name}/'
10          os.mkdir(target_base)
11
```

```
12        pts_set = []
13        batch = 0
14        for data in dataset:
15            if not pts_set:
16                print("\rbatch " + str(batch), end='')
17                target_dir = target_base + f'batch_{batch}/'
18                os.mkdir(target_dir)
19            data = data.split(' ')
20            pts = np.array(data[:196], dtype=np.float32).reshape((98, 2))
21            rect = [int(x) for x in data[196:200]]
22            image_path = data[-1][:-1]
23
24            with Image.open(image_dir + image_path) as image:
25                img, rect = _crop(image, rect)
26            pts -= rect[:2]
27            img, pts = _resize(img, pts)
28            img, pts = _fliplr(img, pts)
29            img = _relight(img)
30
31            img.save(target_dir + str(len(pts_set)) + '.jpg')
32            pts_set.append(np.array(pts))
33            if len(pts_set) == 50:
34                np.save(target_dir + 'pts.npy', pts_set)
35                pts_set = []
36                batch += 1
37        print()
38
39
40 if __name__ == '__main__':
41     annotation_dir = './WFLW/WFLW_annotations/list_98pt_rect_attr_train_test/'
42     train_file = 'list_98pt_rect_attr_train.txt'
43     test_file = 'list_98pt_rect_attr_test.txt'
44     _fliplr.perm = np.load('fliplr_perm.npy')
45
46     os.mkdir('./dataset/')
47     with open(annotation_dir + train_file, 'r') as dataset:
48         preprocess(dataset, 'train')
49     with open(annotation_dir + test_file, 'r') as dataset:
50         preprocess(dataset, 'test')
```

preprocess 函数中，我们将 50 个数据组成一批（batch）进行存储，这样做的目的是方便模型训练过程中的数据读取。机器学习中，模型训练往往是以批为单位的，这样不仅可以提高模型训练的效率，还能充分利用 GPU 的并行能力加快训练速度。处理后的目录结构如例 14-7 所示。

【例 14-7】 目录结构。

```
1  dataset
2      ├── test
3      │   ├── batch_0
4      │ ...
5      │   └── batch_49
6      └── train
7          ├── batch_0
8          ...
9          └── batch_149
```

14.1.2 卷积神经网络的搭建与训练

卷积神经网络是一种在计算机视觉领域常用的神经网络模型。与其他类型神经网络不同的是,卷积神经网络具有卷积层和池化层。直观上说,这两种网络层的功能是提取图片中各个区域的特征并将这些特征以图片的形式输出,输出的图片被称为特征图。卷积层和池化层的输入和输出都是图片,因此可以进行叠加。最初的特征图可能只包含基本的点和线等信息,但是随着叠加的层数越来越多,特征的抽象程度也不断提高,最终达到可以分辨图片内容的水平。如果我们把识别图片内容看作一项技能的话,提取特征的方法就是学习这项技能所需的知识,而卷积层就是承载这些知识的容器。

1. 迁移学习

基于上面的讨论,很自然地可以想到:是否可以将学习某项技能时获得的知识应用到与之不同但相关的领域中呢?这种技巧在机器学习中被称为迁移学习。从原理上来看,迁移学习的基础是特征的相似性。识别方桌的神经网络可以比较容易地改造成识别圆桌的神经网络,却很难用于人脸检测,这是因为方桌和圆桌之间有大量的相同特征。但是从另一个角度来看,无论两张图片的主体多么迥异,构成它们的基本几何元素都是相同的。因此如果一个神经网络足够强大,以至于可以识别图片中出现的任何几何元素,那么这个神经网络同样很容易被迁移到各个应用领域。

ImageNet 是一个用于计算机视觉研究的大型数据库。许多研究团队使用 ImageNet 数据集对自己的神经网络进行训练,取得了斐然的成果。一些表现优异的网络模型在训练结束后由 ImageNet 发布出来,成为迁移学习的理想智库。本节采用的是 ResNet50 预训练模型,这一模型已经被 Keras 收录,可以直接在程序中引用,如例 14-8 所示。

【例 14-8】 引用 ResNet50 预训练模型。

```
1  import os
2  import numpy as np
3
4  from PIL import Image
5  from tensorflow.keras.applications.resnet50 import ResNet50
6  from tensorflow.keras.models import Model
```

```
7
8
9   def pretrain(model: Model, name: str):
10      """Use a pretrained model to extract features.
11
12      @param model: pretrained model acting as extractors
13      @param name: dataset name (either "train" or "test")
14      """
15      print("predicting on " + name)
16      base_path = f'./dataset/{name}/'
17      for batch_path in os.listdir(base_path):
18          batch_path = base_path + batch_path + '/'
19          images = np.zeros((50, 128, 128, 3), dtype = np.uint8)
20          for i in range(50):
21              with Image.open(batch_path + f'{i}.jpg') as image:
22                  images[i] = np.array(image)
23          result = model.predict_on_batch(images)
24          np.save(batch_path + 'resnet50.npy', result)
25
26
27  base_model = ResNet50(include_top = False, input_shape = (128, 128, 3))
28  output = base_model.layers[38].output
29  model = Model(inputs = base_model.input, outputs = output)
30  pretrain(model, 'train')
31  pretrain(model, 'test')
```

例 14-8 中截取了 ResNet50 的前 39 层作为特征提取器，输出特征图的尺寸是 32×32×256。这一尺寸表示每张特征图有 256 个通道，每个通道存储着一个 32×32 的灰度图片。特征图本身并不是图片，而是以图片形式存在的三维矩阵，因此这里的通道概念也和上文所说的颜色通道不同。特征图中的每个通道存储着不同特征在原图的分布情况，也就是单个特征的检测结果。

【技巧】：迁移学习的另一种常见实现方式是"预训练＋微调"。其中预训练指被迁移模型在其领域内的训练过程，微调指对迁移后的模型在新的应用场景中进行调整。这种方式的优点是可以使被迁移模型在经过微调后更加贴合当前任务，但是微调的过程往往耗时较长。本例中由于被迁移部分仅仅作为最基本特征的提取器，微调的意义并不明显，因此没有选择这样的方式进行训练。有兴趣的读者可以自行实现。

2. 模型搭建

下面开始搭建基于特征图的卷积神经网络。Keras 提供了两种搭建网络模型的方法，一种是通过定义 Model 对象实现，另一种是定义顺序(Sequential)对象。前者已经在例 14-8 中有所体现了，这里我们使用例 14-9 对后者进行说明。与 Model 对象不同，顺序对象不能描述任意的复杂网络结构，而只能是网络层的线性堆叠。因此在 Keras 框架中，顺序对象是作为 Model 对象的一个子类存在的，仅仅是 Model 对象的进一步封装。创建好顺序模型后,可以使用add方法向模型中插入网络层,新插入的网络层会默认成模型的最后一层。尽管网络层线性堆叠的特性限制了模型中分支和循环结构的存在,但是小型的神经网络大都满足这一要求,因此顺序模型对于一般的应用场景已经足够了。

【例14-9】 定义顺序(Sequential)对象。

```
1  model = Sequential()
2  model.add(Conv2D(256, (1, 1), input_shape = (32, 32, 256), activation = 'relu'))
3  model.add(Conv2D(256, (3, 3), activation = 'relu'))
4  model.add(MaxPooling2D())
5  model.add(Conv2D(512, (2, 2), activation = 'relu'))
6  model.add(MaxPooling2D())
7  model.add(Flatten())
8  model.add(Dropout(0.2))
9  model.add(Dense(196))
10 model.compile('adam', loss = 'mse', metrics = ['accuracy'])
11 model.summary()
12 plot_model(model, to_file = './models/model.png', show_shapes = True)
```

例14-9中一共向顺序模型插入了八个网络层,其中的卷积层(Conv2D)、最大池化层(MaxPooling2D)以及全连接层(Dense)都是卷积神经网络中常用的网络层,需要好好掌握。应当指出的是,顺序模型在定义时不需要用户显式地传入每个网络层的输入尺寸,但这并不代表输入尺寸在模型中不重要。相反,模型整体的输入尺寸由模型中第一层的input_shape给出,而后各层的输入尺寸就都可以被Keras自动推断出来。

本模型的输入取自例14-8输出的特征图,因此尺寸为32×32×256。模型整体的最后一层常常被称为输出层。这里我们希望模型的输出是98个人脸关键点的横纵坐标,因此输出向量的长度是196。模型的整体结构以及各层尺寸如图14-4所示。

【技巧】:与模型中的其他各层不同,Dropout层的存在不是为了从特征图中提取信息,而是随机地将一些信息抛弃。正如我们所预期的那样,Dropout层不会使模型在训练阶段的表现变得更好,但出人意料的是模型在测试阶段的准确率却得到了显著的提升,这是因为Dropout层可以在一定程度上抑制模型的过拟合。从图14-4可以看出,Dropout层的输入和输出都是一个长度为25 088的向量。区别在于某些向量元素在经过Dropout层后会被置零,意味着这个元素所代表的特征被抛弃了。因为在训练时输出层不能提前预知哪些特征会被抛弃,所以不会完全依赖于某些特征,从而提高了模型的泛化性能。

与例14-8不同,例14-9在模型搭建完成后进行了编译(compile)操作。但事实上compile并不是顺序模型特有的方法,这里对模型进行编译是为了设置一系列训练相关的参数。第一个参数Adam指的是以默认参数使用Adam优化器。Adam优化器是对于随机梯度下降(SGD)优化器的一种改进,由于其计算的高效性被广泛采用。第二个参数指定了损失函数取均方误差的形式。由勾股定理可得

$$\sum_{i=1}^{98}(x_i-\hat{x}_i)^2+\sum_{i=1}^{98}(y_i-\hat{y}_i)^2=\sum_{i=1}^{98}r_i^2 \tag{14-1}$$

其中,x_i和y_i分别表示关键点的横纵坐标,r_i表示预测点到实际点的距离。也就是

说均方误差即为关键点偏移距离的平方和，因此这种损失函数的定义是最为直观的。最后一个参数规定了模型的评价标准（metrics）为预测准确率（accuracy）。

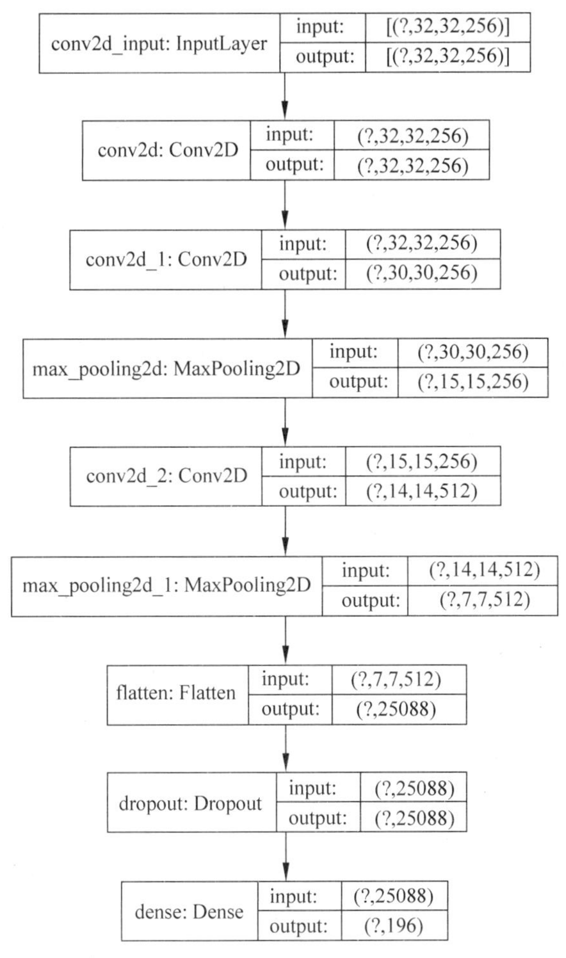

图 14-4 模型的整体结构以及各层尺寸

3. 模型训练

模型训练需要首先将数据集加载到内存中。对于数据集不大的机器学习项目，常见的训练方法是读取全部数据并保存在一个 Numpy 数组中，而后调用 Model.fit 方法。但是在本项目中，全部特征图就占用了近 10GB 的空间，将其同时全部加载到内存中很容易导致 Python 内核因为没有足够的运行空间而崩溃。对于这种情况 Keras 给出了一个 fit_generator 接口。该函数可以接受一个生成器对象作为数据来源，从而允许用户以自定义的方式将数据加载到内存中。本节中使用的生成器定义如例 14-10 所示。

【例 14-10】 生成器定义。

```
1    def data_generator(base_path: str):
2            """Data generator for keras fitter.
```

```
3
4         @param base_path: path to dataset
5         """
6         while True:
7             for batch_path in os.listdir(base_path):
8                 batch_path = base_path + batch_path + '/'
9                 pts = np.load(batch_path + 'pts.npy')\
10                    .reshape((BATCH_SIZE, 196))
11                _input = np.load(batch_path + 'resnet50.npy')
12                yield _input, pts
13
14
15 train_generator = data_generator('./dataset/train/')
16 test_generator = data_generator('./dataset/test/')
```

【提示】：迭代器模式是最常用的设计模式之一。许多现代编程语言，包括 Python、Java 和 C++等，都从语言层面提供了迭代器模式的支持。在 Python 中所有可迭代对象都属于迭代器，而生成器是迭代器的一个子类，主要用于动态地生成数据。与一般的函数执行过程不同，迭代器函数遇到 yield 关键字返回，下次调用时从返回处继续执行。例 14-10 中，train_generator 和 test_generator 都是迭代器类型对象(但 data_generator 是函数对象)。

模型的训练过程常常会持续多个 epoch，因此生成器在遍历完一次数据集后必须有能力回到起点继续下一次遍历。这就是例 14-10 中把 data_generator 定义为一个死循环的原因。如果没有引入死循环，则 for 循环遍历结束时函数会直接退出。此时任何企图从生成器获得数据的尝试都会触发异常，训练的第二个 epoch 也就无法正常启动了。

定义生成器的另一个作用是数据增强。在例 14-3 中我们对图片的亮度进行归一化处理，以排除亮度对模型的干扰。一种更好的实现方式是在生成器中对输入图片动态地调整亮度，从而使模型适应不同亮度的图片，提升其泛化效果。本节模型由于预先采用了迁移学习进行特征提取，模型输入已经不是原始图片，所以无法使用数据增强。

定义好迭代器就可以开始训练模型了，如例 14-11 所示。值得一提的是 steps_per_epoch 这个参数在 fit 函数中是没有的。因为 fit 函数的输入数据是一个列表，Keras 可以根据列表长度获知数据集的大小。但是生成器没有对应的 len 函数，所以 Keras 不知道一个 epoch 会持续多少个批次，因此需要用户显式地将这一数据作为参数传递进去。

【例 14-11】 训练模型。

```
1 history = model.fit_generator(
2     train_generator,
3     steps_per_epoch = 150,
4     validation_data = test_generator,
5     validation_steps = 50,
6     epochs = 4,
7     )
8 model.save('./models/model.h5')
```

训练结束后，我们需要将模型保存到一个 h5py 文件中。这样即使 Python 进程被关闭，我们也可以随时获取到这一模型。迁移学习中使用的 ResNet50 预训练模型就是这样保存在本地的。

14.2 模型评价

14.2.1 关键点坐标可视化

模型训练结束后，往往需要对其表现进行评价。对于人脸关键点这样的视觉任务来说，最直观的评价方式就是用肉眼判断关键点坐标是否精确。为了将关键点绘制到原始图像上，定义 visual 模块如例 14-12 所示。

【例 14-12】 visual 模块。

```
1  import numpy as np
2  import functools
3
4  from PIL import Image, ImageDraw
5
6
7  def _preview(image: Image,
8               pts: '98 - by - 2 matrix',
9               r = 1,
10              color = (255, 0, 0)):
11     """Draw landmark points on image."""
12     draw = ImageDraw.Draw(image)
13     for x, y in pts:
14         draw.ellipse((x - r, y - r, x + r, y + r), fill = color)
15
16
17 def _result(name: str, model):
18     """Visualize model output on dataset specified by name."""
19     path = f'./dataset/{name}/batch_0/'
20     _input = np.load(path + 'resnet50.npy')
21     pts = model.predict(_input)
22     for i in range(50):
23         with Image.open(path + f'{i}.jpg') as image:
24             _preview(image, pts[i].reshape((98, 2)))
25             image.save(f'./visualization/{name}/{i}.jpg')
26
27
28 train_result = functools.partial(_result, "train")
29 test_result = functools.partial(_result, "test")
```

【技巧】：例 14-12 的最后调用 functools.partial 创建了两个函数对象 train_result 和 test_result，这两个对象被称为偏函数。从函数名 partial 可以看出，返回的偏函数应该是_result 函数的参数被部分赋值的产物。以 train_result 为例，上述的定义和例 14-13 是等价的。由于类似的封装场景较多,Python 内置了对于偏函数的支持,以减轻编程人员的负担。

【例 14-13】 train_result 函数。

```
1    def train_result(model): _result("train", model)
```

模型可视化的部分结果如图 14-5 所示。

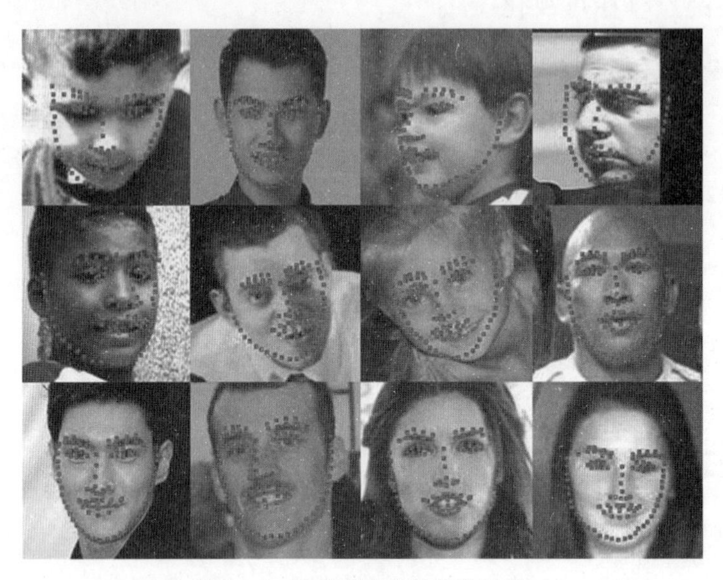

图 14-5 模型可视化的部分结果

14.2.2 训练历史可视化

例 14-11 中,fit_generator 方法返回了一个 history 对象,其中的 history.history 属性记录了模型训练到不同阶段的损失函数值和准确度。使用 history 对象进行训练历史可视化的代码如例 14-14 所示。机器学习研究中,损失函数值随时间变化的函数曲线是判断模型拟合程度的标准之一。一般来说,模型在训练集上的损失函数值会随时间严格下降,下降速度随时间减小,图像类似指数函数。而在测试集上,模型的表现通常是先下降后不变。如果训练结束时模型在测试集上的损失函数值已经稳定,却远高于训练集上的损失函数值,则说明模型很可能已经过拟合,需要降低模型复杂度重新训练。

【例 14-14】 使用 history 对象进行训练历史可视化。

```
1    import matplotlib.pyplot as plt
2
3    # Plot training & validation accuracy values
4    plt.plot(history.history['accuracy'])
5    plt.plot(history.history['val_accuracy'])
6    plt.title('Model accuracy')
7    plt.ylabel('Accuracy')
```

```
8   plt.xlabel('Epoch')
9   plt.legend(['Train', 'Test'], loc = 'upper left')
10  plt.savefig('./models/accuracy.png')
11  plt.show()
12
13  # Plot training & validation loss values
14  plt.plot(history.history['loss'])
15  plt.plot(history.history['val_loss'])
16  plt.title('Model loss')
17  plt.ylabel('Loss')
18  plt.xlabel('Epoch')
19  plt.legend(['Train', 'Test'], loc = 'upper left')
20  plt.savefig('./models/loss.png')
21  plt.show()
```

这里使用的数据可视化工具是 Matplotlib 模块。Matplotlib 是 Python 中的一种 Matlab 开源替代方案，其中的很多函数都和 Matlab 中的函数具有相同的使用方法。pyplot 是 Matplotlib 的一个顶层 API，其中包含绘图时常用的全部组件和方法。例 14-14 绘制得到的图像如图 14-6 所示。

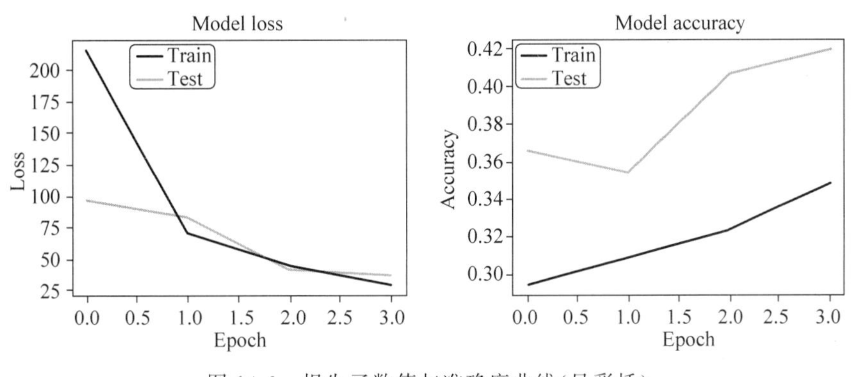

图 14-6　损失函数值与准确度曲线(见彩插)

从数据可以看出，模型在训练的四个 epoch 中，识别效果逐渐提升。甚至在第四个 epoch 结束后损失函数值仍有所下降，预示着模型表现还有进一步提升空间。有意思的一点是，模型在测试集上的表现似乎优于训练集：在第一个 epoch 和第三个 epoch 中，训练集上的损失函数值低于测试集上的损失函数值。这一现象主要是因为模型的准确率在不断升高，测试集的损失函数值反映的是模型在一个 epoch 结束后的表现，而训练集的损失函数值反映的则是模型在这个 epoch 的平均表现。

第15章

案例：使用PyTorch实现基于词级别的情感分析

视频讲解

在计算机领域，机器学习的地位已经越来越高，涉及文字识别、图像识别和语音识别等各类领域，如今火热的人工智能也与之密不可分。本章将详细介绍如何将机器学习技术应用到文本情感分类中，具体来说是基于某一个词的情感分类，即 Aspect Based Sentiment Analysis。该项分类任务指对一条语句中的某一个或几个词，给出三个等级的情感划分，有－1、0、1，分别代表 Negetive、Neutral、Positive。

本章通过一个 Aspect Based Sentiment Analysis 的例子，简单介绍了如何进行一项文本情感分类任务，从数据集如何处理到模型解读及搭建，再到具体的训练评测过程。自然语言处理(NLP)除此以外也包含很多的内容，与火热的人工智能也息息相关，留下了非常多的问题有待解决。机器学习技术本身就是一项非常复杂的技术，涉及的面也很广。在本章中所列出的代码也并不是完整的，还有非常多的细节方面需要补充。本章代码中使用的是 PyTorch，要想做好机器学习，PyTorch 也几乎是必须掌握的。

下面将逐一介绍数据集处理、模型搭建、训练和评测。

15.1 数据集处理

数据集对任何一个机器学习任务都是非常重要的，数据集的大小、质量以及如何合理使用等因素都会影响到最终的训练结果。数据集太小会导致训练不充分，效果不好。数据集质量太差和数据标注不准确更是会造成很大的影响，所以数据集的标注往往是一个需要耐心和细心的体力活。

本次分类任务选用的数据集是 SemEval-2014 Task4。数据集是 xml 文件，需要经过处理才能提取数据。原始数据文件如图 15-1 所示。

```
▼<sentence id="2443">
   <text>Boots up fast and runs great!</text>
  ▼<aspectTerms>
     <aspectTerm term="Boots up" polarity="positive" from="0" to="8"/>
     <aspectTerm term="runs" polarity="positive" from="18" to="22"/>
   </aspectTerms>
 </sentence>
▼<sentence id="764">
  ▼<text>
     Call tech support, standard email the form and fax it back in to us.
   </text>
  ▼<aspectTerms>
     <aspectTerm term="tech support" polarity="neutral" from="5" to="17"/>
   </aspectTerms>
 </sentence>
```

图 15-1　原始数据文件

每一条语句中含有一个或多个 aspectTerm 即目标词，polarity 即该词在此条语句中的情感，经过处理，将数据集变成更易利用的形式。处理后的数据文件如图 15-2 所示。

```
$T$ fast and runs great!
Boots up
1
Boots up fast and $T$ great!
runs
1
Call $T$, standard email the form and fax it back in to us.
tech support
0
```

图 15-2　处理后的数据文件

其中 T 代表的是目标词，在第二行给出，第三行给出的是情感属性（－1：Negetive、0：Neutral、1：Positive）。当一条语句中含有多个目标词时，需要把原语句分成多条语句，才能得到用于训练的数据。

有了数据后，要让分类任务能够继续往下进行，需要介绍一个在自然语言处理（NLP）中非常重要的角色——词向量（Word embedding）。词向量将词转化为稠密向量，对于相似的词，其对应的词向量也相近。即将一个单词表示为一个数学向量的形式。词通常有两种表示形式，离散表示和分布式表示。

离散表示与计算机编码中的独热编码（one-hot）比较类似。即有多少个词就将向量的维度设置为多少，每个词在其所在的位置是 1，其他都是 0。

例如：run->[0,0,0,0,0,0,…,0,1,0,0,0…]。

这类表示方法虽然简单，但得到的向量集效果并不好，一是维度太大，二是揭示不出相近词之间的关系。

分布式表示即词向量的表示方法，将词表示成一个定长的、连续的稠密向量。但训练这样的词向量的开销非常大。有的模型将词表示为 100 维、200 维、300 维等，Google 的 BERT 模型更是将词向量训练到 768 维。维度越高当然表示的词越准确，但计算量的增长也是不可想象的。

在本次文本情感分类任务中，将介绍两种模型搭建方式，一种就是用预训练的词向量，结合 LSTM 神经网络，另一种就是利用 Google 预训练的 BERT 模型（BERT 模型后面再展开介绍）。

一些 Stanford 预训练好的词向量为 glove. 6B。词向量文件的结构是 word 0 0 0 0 … 0 0 0 0 的形式。可以自己选择所用词向量的维度。此次任务选用 300 维预训练词向量。

用单词本身并不方便,所以需要给单词标号,数据集第一个碰到的单词从 0 开始依次往下标号。要存储以上信息需要用两个列表,如例 15-1(并非完整代码)所示。

【例 15-1】 存储列表。

```
1    if word not in self.word2idx:
2    self.word2idx[word] = self.idx
3    self.idx2word[self.idx] = word
4    self.idx += 1
```

将所有数据集中的单词都转化为标号之后,才能开始从预训练词向量集中读取词向量。

建立词向量矩阵如图 15-3 所示。

```
def build_embedding_matrix(word2idx, embed_dim, dat_fname):
    if os.path.exists(dat_fname):
        print('loading embedding_matrix:', dat_fname)
        embedding_matrix = pickle.load(open(dat_fname, 'rb'))
    else:
        print('loading word vectors...')
        embedding_matrix = np.zeros((len(word2idx) + 2, embed_dim))  # idx 0 and len(word2idx)+1 are all-zeros
        fname = './glove.twitter.27B/glove.twitter.27B.' + str(embed_dim) + 'd.txt' \
            if embed_dim != 300 else './glove.42B.300d.txt'
        word_vec = _load_word_vec(fname, word2idx=word2idx)
        print('building embedding_matrix:', dat_fname)
        for word, i in word2idx.items():
            vec = word_vec.get(word)
            if vec is not None:
                # words not found in embedding index will be all-zeros.
                embedding_matrix[i] = vec
        pickle.dump(embedding_matrix, open(dat_fname, 'wb'))
    return embedding_matrix
```

图 15-3 建立词向量矩阵

如此,已经得到了真正能用于训练的数据。还可以通过 BERT 模型得到词向量。

BERT 模型是 Google 在 2018 年研究发表的,在多项 NLP 任务中取得了显著成效,更是推动了 NLP 领域的发展。个人去训练 BERT 模型几乎是不可能的,计算量已经大得无法想象,但是可以利用发布出来的预训练好的模型。在本任务中可以选用 bert-base-uncase 预训练集。Tokenizer4Bert 实现如例 15-2 所示。

【例 15-2】 Tokenizer4Bert 实现。

```
1    class Tokenizer4Bert:
2            def __init__(self, max_seq_len):
3                self.tokenizer = BertTokenizer.from_pretrained('bert - base - uncased')
4                self.max_seq_len = max_seq_len
5
6            def text_to_sequence(self, text, reverse = False, padding = 'post', truncating = 'post'):
```

```
7             sequence = self.tokenizer.convert_tokens_to_ids(self.tokenizer.
              tokenize(text))
8             if len(sequence) == 0:
9                 sequence = [0]
10            if reverse:
11                sequence = sequence[::-1]
12             return pad_and_truncate(sequence, self.max_seq_len, padding = padding,
               truncating = truncating)
```

在此时并不需要得到词向量，而是同样将单词转化为标号即可，但并不是和之前一样的方法按顺序标号，预训练模型中已有相对应的标号，只需要通过查找给出。在真正的模型中，得到词向量也是非常简单的，并且不需要再经过 LSTM 训练（后面介绍的模型中的 LSTM 结构都可用 BERT 预训练模型代替，并且取得的效果更好）。如例 15-3 的 MemNet 中，只需调用就可得到 768 维词向量。

【例 15-3】 MemNet。

```
1  memory, _ = self.bert(text_without_aspect_bert_indices, output_all_encoded_layers = False)
2  aspect, _ = self.bert(aspect_bert_indices, output_all_encoded_layers = False)
```

在不同的模型中传入的参数会有不同，故对语句各部分需要做一些标记，模型的构建中会用到这些标记，如例 15-4 所示。

【例 15-4】 模型的构建。

```
1  text_raw_indices = tokenizer.text_to_sequence(text_left + " " + aspect + " " +
   text_right)
2  text_raw_without_aspect_indices = tokenizer.text_to_sequence(text_left + " " +
   text_right)
3  text_left_indices = tokenizer.text_to_sequence(text_left)
4  text_left_with_aspect_indices = tokenizer.text_to_sequence(text_left + " " +
   aspect)
5  text_right_indices = tokenizer.text_to_sequence(text_right, reverse = True)
6  text_right_with_aspect_indices = tokenizer.text_to_sequence(" " + aspect + " " +
   text_right, reverse = True)
7  aspect_indices = tokenizer.text_to_sequence(aspect)
8  left_context_len = np.sum(text_left_indices != 0)
9  aspect_len = np.sum(aspect_indices != 0)
```

15.2　模型搭建

机器学习必然离不开模型，在各类任务上效果的提升都是由于模型的改善。在文本情感分类任务中，也有很多模型做出贡献。简单介绍以下几种模型及其搭建代码。

15.2.1　MemNet 模型

MemNet 模型结构如图 15-4 所示。

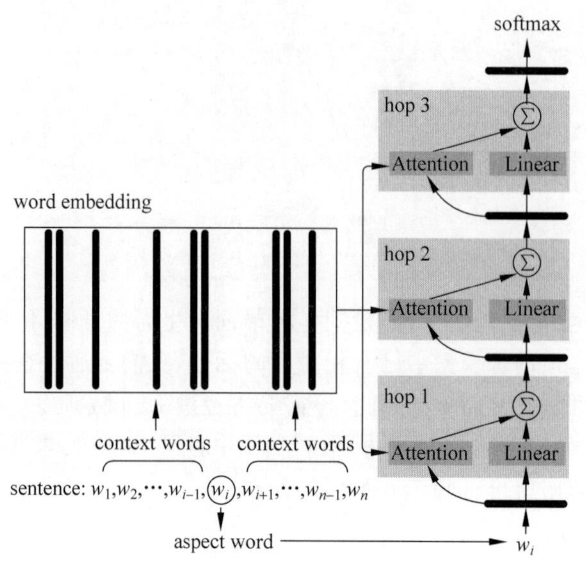

图 15-4　MemNet 模型结构

MemNet 模型是一种记忆力模型,一个由 n 个单词组成的句子 sentence=$\{w_1,w_2,\cdots,w_i,\cdots,w_n\}$,其中 w_i 为 aspect word 即目标词,其他词为目标词的上下文。因此将一个句子分成两部分,上下文信息存储在 word embedding 中,作为外存储器。模型中的 hop 代表计算层,每个 hop 包括 Attention 层和 Linear 层,输入 aspect 词向量,通过 Attention 机制(请读者自行查阅 Attention 机制的相关信息及实现)从存储器中选择与 aspect 相关的重要信息,aspect 词向量做线性变换后与之求和。hop 的层数可以自己定义,每一层 hop 的计算方法完全相同。最后一个 hop 输出的向量被认为是句子关于 aspect 的表示,做 softmax 得到分类结果。

MemNet 模型的部分搭建代码如例 15-5(BERT 词向量版本)所示。

【例 15-5】 MemNet 模型的部分搭建代码。

```
1   def forward(self, inputs):
2           text_without_aspect_bert_indices, aspect_bert_indices = inputs[0], inputs[1]
3           memory_len = torch.sum(text_without_aspect_bert_indices != 0, dim = -1)
4           aspect_len = torch.sum(aspect_bert_indices != 0, dim = -1)
5           nonzeros_aspect = torch.tensor(aspect_len, dtype = torch.float).to(self.opt.device)
6
7           memory, _ = self.bert(text_without_aspect_bert_indices, output_all_encoded_
            layers = False)
8           memory = self.squeeze_embedding(memory, memory_len)
9
10          aspect, _ = self.bert(aspect_bert_indices, output_all_encoded_layers = False)
11          aspect = torch.sum(aspect, dim = 1)
12          aspect = torch.div(aspect, nonzeros_aspect.view(nonzeros_aspect.size(0), 1))
13          x = aspect.unsqueeze(dim = 1)
14          for _ in range(self.opt.hops):
```

```
15            x = self.x_linear(x)
16            out_at, _ = self.attention(memory, x)
17            x = out_at + x
18        x = x.view(x.size(0), -1)
19        out = self.dense(x)
20        return out
```

15.2.2 IAN 模型

IAN 模型结构如图 15-5 所示。

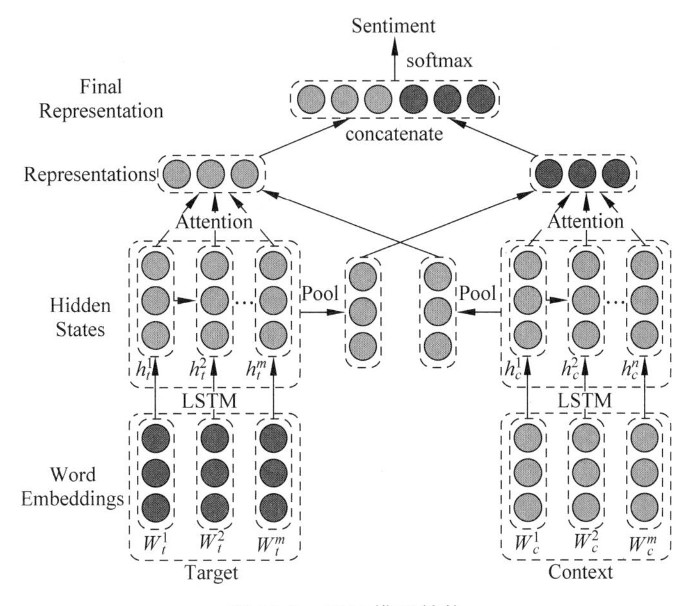

图 15-5 IAN 模型结构

本模型认为 Aspect-level 的情感分类任务中，Target 与 Context 应该具有交互性，即 Context 应该是 target-specific 的，Target 也应该是 context-specific 的，传统模型中将二者分开建模或只针对其一，本模型利用 Attention 实现二者交互。将 Target 和 Context 分别通过 LSTM 得到隐向量后进行 Pool 操作，即求平均，再分别与对方的隐向量做 Attention（Attention 机制自提出后就占据着重要地位），最终将两个 Attention 结果向量直接拼接后做 softmax 得到分类。

IAN 模型的部分搭建代码如例 15-6（BERT 词向量版本）所示。

【例 15-6】 IAN 模型的部分搭建代码。

```
1   def forward(self, inputs):
2       context, aspect = inputs[0], inputs[1]
3       context_len = torch.sum(context != 0, dim = -1)
4       aspect_len = torch.sum(aspect != 0, dim = -1)
5
```

```
6        context = self.squeeze_embedding(context, context_len)
7        context, _ = self.bert(context, output_all_encoded_layers = False)
8        context = self.dropout(context)
9        aspect = self.squeeze_embedding(aspect, aspect_len)
10       aspect, _ = self.bert(aspect, output_all_encoded_layers = False)
11       aspect = self.dropout(aspect)
12
13       aspect_len = torch.tensor(aspect_len, dtype = torch.float).to(self.opt.device)
14       aspect_pool = torch.sum(aspect, dim = 1)
15       aspect_pool = torch.div(aspect_pool, aspect_len.view(aspect_len.size(0), 1))
16
17       text_raw_len = torch.tensor(context_len, dtype = torch.float).to(self.opt.device)
18       context_pool = torch.sum(context, dim = 1)
19       context_pool = torch.div(context_pool, text_raw_len.view(text_raw_len.size(0), 1))
20
21       aspect_final, _ = self.attention_aspect(aspect, context_pool)
22       aspect_final = aspect_final.squeeze(dim = 1)
23       context_final, _ = self.attention_context(context, aspect_pool)
24       context_final = context_final.squeeze(dim = 1)
25
26       x = torch.cat((aspect_final, context_final), dim = -1)
27       out = self.dense(x)
28
29       return out
```

15.2.3 AOA 模型

AOA 模型结构如图 15-6 所示。

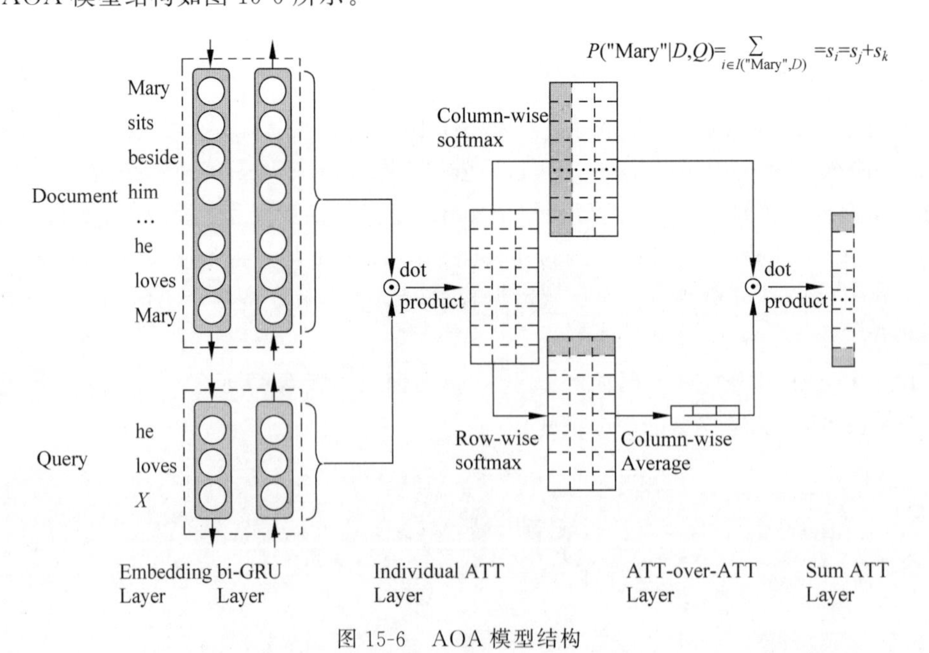

图 15-6　AOA 模型结构

AOA 模型相对比较简单，但取得的效果也比较好。该模型将 aspect 和整个 sentence 都通过双向 LSTM 得到隐向量矩阵，然后点乘得到交互矩阵，对交互矩阵的行列向量分别做 softmax，对行向量 softmax 后的矩阵做列平均与列向量 softmax 后的矩阵点乘，最后与原 sentence 隐向量矩阵点乘后做线性变换和 softmax 得到输出。

AOA 模型的部分搭建代码如例 15-7（BERT 词向量版本）所示。

【例 15-7】 AOA 模型的部分搭建代码。

```
1   def forward(self, inputs):
2       text_raw_bert_indices = inputs[0] # batch_size x seq_len
3       aspect_bert_indices = inputs[1] # batch_size x seq_len
4
5       ctx_out, _ = self.bert(text_raw_bert_indices, output_all_encoded_layers = False)
6       asp_out, _ = self.bert(aspect_bert_indices, output_all_encoded_layers = False)
7
8       interaction_mat = torch.matmul(ctx_out, torch.transpose(asp_out, 1, 2))
9
10      alpha = F.softmax(interaction_mat, dim = 1)
11      # col - wise, batch_size x (ctx) seq_len x (asp) seq_len
12      beta = F.softmax(interaction_mat, dim = 2)
13  # row - wise, batch_size x (ctx) seq_len x (asp) seq_len
14
15      beta_avg = beta.mean(dim = 1, keepdim = True)
16  # batch_size x 1 x (asp) seq_len
17      gamma = torch.matmul(alpha, beta_avg.transpose(1, 2))
18  # batch_size x (ctx) seq_len x 1
19      weighted_sum = torch.matmul(torch.transpose(ctx_out, 1, 2), gamma).squeeze( - 1)
20  # batch_size x 2 * hidden_dim
21      out = self.dense(weighted_sum)
22  # batch_size x polarity_dim
23      return out
```

15.3　训练和评测

机器学习中的训练策略选择也是非常重要的一环，包括 batch size、学习率大小、优化器的选择、Loss 的计算和修正等内容。

(1) batch size。batch size 即一次训练所选取的数据量，一般可以选用 32 或 64，不能过大也不能太小。

(2) 学习率大小。在本任务中 LSTM 结构的学习率选用的是 1e－3，如果应用的是 BERT 预训练模型，可以选用 2e－5、3e－5、5e－5。经过实验得知，在不同的模型中最佳学习率是不同的，且差距算不上太大，但也不小。

(3) 优化器的选择。优化器即 optimizer 有非常多的种类，不同的机器学习和神经网络需要的优化器都是不同的，也比较复杂，各种优化器的详细信息请读者自行查阅。在本任务中选用的是自适应学习率优化算法 Adam。

(4) Loss 的计算和修正。在本任务中选用的是 PyTorch 的 CrossEntropyLoss。代码如例 15-8 所示。

【例 15-8】 CrossEntropyLoss。

```
1   criterion = nn.CrossEntropyLoss()
2   loss = criterion(outputs, targets)
3   loss.backward()
```

评测代码如例 15-9 所示。

【例 15-9】 评测代码。

```
1   def _evaluate_acc_f1(self, data_loader):
2           n_correct, n_total = 0, 0
3           t_targets_all, t_outputs_all = None, None
4           # switch model to evaluation mode
5           self.model.eval()
6           with torch.no_grad():
7               for t_batch, t_sample_batched in enumerate(data_loader):
8                   t_inputs = [t_sample_batched[col].to(self.opt.device) for col in self.opt.
                    inputs_cols]
9                   t_targets = t_sample_batched['polarity'].to(self.opt.device)
10                  t_outputs = self.model(t_inputs)
11
12                  n_correct += (torch.argmax(t_outputs, -1) == t_targets).sum().item()
13                  n_total += len(t_outputs)
14
15                  if t_targets_all is None:
16                      t_targets_all = t_targets
17                      t_outputs_all = t_outputs
18                  else:
19                      t_targets_all = torch.cat((t_targets_all, t_targets), dim=0)
20                      t_outputs_all = torch.cat((t_outputs_all, t_outputs), dim=0)
21
22      acc = n_correct / n_total
23      f1 = metrics.f1_score(t_targets_all.cpu(), torch.argmax(t_outputs_all, -1).cpu(),
        labels=[0, 1, 2],
24                          average='macro')
25      return acc, f1
```

训练代码如例 15-10 所示。

【例 15-10】 训练代码。

```
1   def _train(self, criterion, optimizer, train_data_loader, val_data_loader):
2       max_val_acc = 0
3       max_val_f1 = 0
4       global_step = 0
```

```
5        path = None
6        for epoch in range(self.opt.num_epoch):
7            logger.info('>' * 100)
8            logger.info('epoch: {}'.format(epoch))
9            n_correct, n_total, loss_total = 0, 0, 0
10           # switch model to training mode
11           self.model.train()
12           for i_batch, sample_batched in enumerate(train_data_loader):
13             global_step += 1
14             # clear gradient accumulators
15             optimizer.zero_grad()
16
17             inputs = [sample_batched[col].to(self.opt.device) for col in self.opt.
               inputs_cols]
18             outputs = self.model(inputs)
19             targets = sample_batched['polarity'].to(self.opt.device)
20
21             loss = criterion(outputs, targets)
22             loss.backward()
23             optimizer.step()
24
25             n_correct += (torch.argmax(outputs, -1) == targets).sum().item()
26             n_total += len(outputs)
27             loss_total += loss.item() * len(outputs)
28             if global_step % self.opt.log_step == 0:
29                 train_acc = n_correct / n_total
30                 train_loss = loss_total / n_total
31                 logger.info('loss: {:.4f}, acc: {:.4f}'.format(train_loss, train_acc))
```

在训练中需要对一个 batch 进行多次重复训练，epoch 次数可以自行确定，得到最好的效果并保存好模型参数。

第16章 案例：短语视觉定位

视频讲解

我们知道计算机视觉和自然语言处理一直是两个独立的研究方向。计算机视觉是一门研究如何使机器"看"的科学，而自然语言处理是人工智能和语言学领域的分支学科，主要探索的是如何使机器"读"和"写"的科学。它们相通的地方是，都需要用到很多机器学习、模式识别等技术，同时，它们也都受益于近几年深度神经网络的进步，可以说这两个领域目前的SOTA，都是基于神经网络的。除此之外，有很多任务，例如计算机视觉中的物体识别检测和自然语言处理中的机器翻译，都已经达到实用的程度。本案例基于这种基本方法，介绍了一种性能优越的改进方法。

16.1 短语视觉定位概述

从2015年开始，一个趋势是将视觉与语言进行一定程度的结合，从而产生一些新的应用与挑战。例如图像标注(Image Captioning)、视觉问答(Visual Question Answering)和文本视觉定位(Visual Grounding)等任务。

短语视觉定位(Phrase Grounding，又称为Referring Expression Comprehension)是由Visual Grounding延伸出的一项任务，也是计算机视觉与自然语言处理跨模态结合的常见课题。通常描述如下：给定一段文本和一张图片，找到文本中的所有实体在图片中的位置。与Visual Grounding不同，短语视觉定位需要选出多个实体对应的目标，即会产生多个Bounding Box，而非只有一个包含整体场景的感兴趣区域(Region Of Interest，ROI)。

短语视觉定位任务需要将计算机视觉和自然语言处理两种技术相结合，学习图像和文本间的跨模态关系，一种常见的解决方法步骤如下：

(1) 分别处理图片和自然语言文本，再将两者的信息汇总；

(2) 找到图片中潜在的边界框;

(3) 找到自然语言文本中的所有实体;

(4) 根据实体选择合适的边界框。

本案例基于这种基本方法,介绍了一种性能优越的改进方法。本方法源于 2020 年 ACM Multimedia 会议的论文 *Cross-Modal Omni Interaction Modeling for Phrase Grounding*[4]。

16.2　相关工作

近年来,视觉和语言任务引起了广泛关注,并取得了重大进展。然而,尽管视觉问答和图像标注等需要图像区域和语言片段之间对应的任务已经取得了令人印象深刻的进展,但这种对应任务的质量并不一定令人信服或可解释。这可能是因为从一个模态到另一个模态的对应关系是隐式训练的,并不总是像下游任务那样显式地展示结果。为了解决这个问题,已经创建了许多数据集,例如 Flickr30K 和 ReferItGame 等,这些数据集精确地标注了文本段和图像区域之间的对应关系。

16.2.1　问题定义

短语视觉定位目的是精确地找出给定自然语言规范中名词短语与图像区域之间的空间对应关系。形式上,给定一张图片 I 和一段文本 C,需要为文本中的每个名词短语检索一个或多个空间区域。与传统的计算机视觉任务(如目标检测和语义分割)相比,短语视觉定位的词汇表是不受限制的,因此具有很大的标记空间。与文本视觉定位相比,短语视觉定位要求将给定自然语言中的一个或多个名词短语进行定位,而不是对整个句子或其中最重要的名词进行定位,因此需要更准确地学习动词和名词之间的具体对应关系。作为一个相对较新的话题,短语视觉定位远未得到解决,但其应用范围广泛,涉及图像标注、图像检索和视觉问答等。

16.2.2　先前方法

早期的工作是独立地学习每块图像区域的隐层表示,而没有对它们之间的关系进行建模,但是这对于全面学习有用的上下文信息是必不可少的,并且只通过循环神经网络学习文本模态的上下文信息,很难捕捉到远距离单词之间的关系。后来的工作进一步探讨了通过全局图像特征使用视觉文本,或对循环神经网络的交互性进行改进,并对不连续的图像区域进行顺序序列化以提升性能。然而,这些方法缺乏精确描述不同层次图像区域间复杂关系的能力,因而学习的视觉隐层表示较差。

现有的大多数方法大致可以分为两类:基于注意力机制的和基于嵌入隐层表示的。前一种类型将输入文本查询视为键,生成像素级或更粗糙的注意力图,并使用该图进一步生成边界框。后一种类型将短语视为排序问题,首先将一组输入图像区域和短语嵌入一个公共语义空间中,然后根据每个短语对图像区域进行排序。

现有的方法缺乏在不同的粗层次和不同的模式中对交互进行建模的能力,这对于学习精确和完整的上下文表示是必不可少的。我们没有使用循环神经网络描述这种互动,而是采用了一种基于自注意的方法模拟远距离关系。该方法从邻域和全局两个层次对图像区域间的相互作用进行建模,既可以减小候选区域带来的误差,又可以指导模型从相似区域中寻找最佳边界。作为一项视觉和语言任务,短语视觉定位问题可以从良好的跨模态语境学习中获益。为了收集文本情态和视觉情态的上下文信息,本章设计了一个跨模态方法。此外,现有的研究将不同短语仅视为独立的或连续的,从而忽略或过于简化了决策之间的关系。为了解决这个问题,我们提出了一个简单而有效的多级对齐策略模拟它们之间的交互作用。

关于情境学习,上下文信息的利用在许多任务中被证明是有效的。研究表明,模态内和模态间语境信息都能促进接地过程。以往的研究在模态内和模态间语境学习方面都取得了显著的进展。对于与短语接地密切相关的、旨在利用句子作为一个整体定位一个对象的指称表达理解。BERT 在文本压缩中被证明是有效的,它能为每个输入词学习有意义的上下文信息。

跨模态语境学习近年来发展迅速。利用基于 BERT 模型的多层 Transformer Block 对视觉模态和语言模态的数据进行编码,从两种模态中提取必要的上下文信息。

16.3 方法

16.3.1 概述

本方法讨论了上述交互建模方法的局限性,提出了一个跨模态全交互网络(COI-Net),通过不同层次和不同模态的信息交互,全方位地学习模态内和模态间的信息。该模型能够自适应地从图像中的有意义区域和文本中的关键词中收集上下文信息,并进一步用于学习短语和图像区域的跨模态信息。

如图 16-1(a)所示,首先通过邻域交互模块(Neighbor Interaction Module,NIM)描述空间上彼此接近的图像区域之间的交互,邻域交互模块的目的是减少上游检测器带来的错误。例如,在图 16-1(a)所示的输入图像中,桨从两侧被候选区域切断,结果缺少被识别为桨的基本信息。在这种情况下,可以使用空间相邻的视觉上下文(例如桨左右的两个区域)提供必要的信息并缓解候选区域所造成的信息不足。除此之外,一个候选区域可能被检测器生成具有不同类标签的多个边界框覆盖,而且并非所有这些标签都是正确的。这些错误的标签可能隐含着一些预先训练好的检测器学习到的不适合目标对象的特征。对于这种情况,邻域交互模块可以通过融合这些边界盒减少这种错误信息,并帮助模型找到相对于给定短语的最合适区域。然后将图像区域传递给全局交互模块(Global Interaction Module,GIM),通过所有区域之间的交互,细化每个区域的编码。

如图 16-1(c)所示,对于文本,本方法还描述了单词之间的关系,并使用了自注意机制模拟给定标题中所有单词的全局相互作用。为了学习跨模态关系,如图 16-1(b)所示,我们将全局交互模块和文本特征的结果传递给跨模态交互模块(Cross-modal Interaction Module,CIM),在跨模态交互模块中,来自两种模态的特征被融合在一起,以生成短语和图像区域的跨模态表示,这些表示被进一步用于做出最终决策。

此外，大多数现有的短语视觉定位方法都将每个短语视为独立的，忽略了它们之间的关系，而事实上，这些短语都是相互关联的。为了解决这个问题，我们提出了一个多级对齐模块(Multilevel Alignment Module，MAM)，如图 16-1(d)所示，它通过文本-图像对齐和传统的短语-区域对齐。然后，可以根据对齐分数得出如图 16-1(e)所示的最终结果。

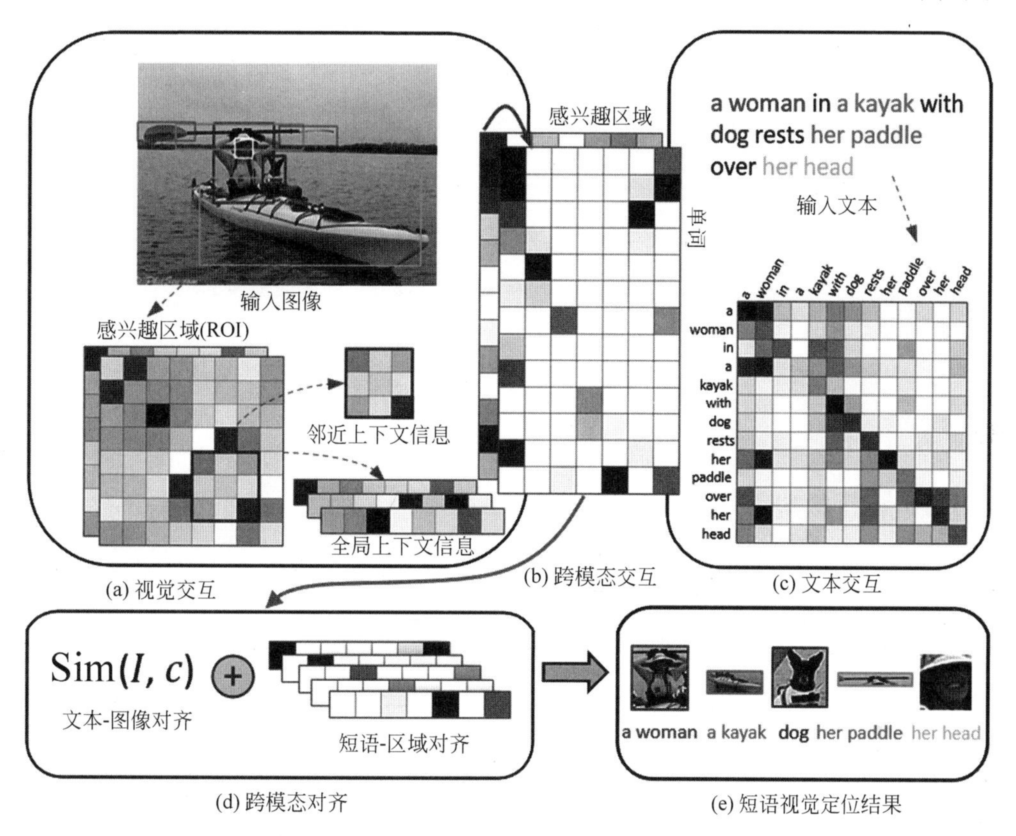

I 是图片的隐层表示；c 是从输入文本中提取的特征；Sim(I,c)表示它们之间的相似性。

图 16-1　跨模态全交互网络的说明(见彩插)

在给定图像和自然语言规范的情况下，模型的目标是计算短语和图像区域之间的对应关系，并为每个短语建立相应的区域。模型的整体架构如图 16-2 所示，注意图中更深的颜色表示更高的相关性。在跨模态交互模块中，左边五个方块的颜色代表相同颜色的短语对应的图像区域，绿色方块代表其他不相关的区域。

本方法使用候选区域和预训练的深度卷积神经网络提取区域及其外观特征，并将输入文本解析为关键词。然后，我们通过跨模态交互过程为每个短语和每个图像区域生成多模态的上下文表示。具体过程如下：①引入邻域交互模块(NIM)从图像区域的空间邻域中获取视觉上下文，该邻域由区域间的距离控制。②利用预训练卷积神经网络生成的邻域上下文信息和图像特征，全局交互模块(GIM)可在所有图像区域之间进行全局交互，为每个区域收集全局视觉上下文信息。③通过涉及上下文学习的文本编码器将标记编码为上下文表示。④利用全局交互模块和文本特征，通过跨模态交互模块(CIM)生成短语和图像区域的跨模态表示，并输出每个短语区域对之间的最终对应关系。⑤使用对应图做出最终决策。

下面介绍标题和图像的特征编码以及跨模态全交互网络在实现过程中每一步的详细内容。

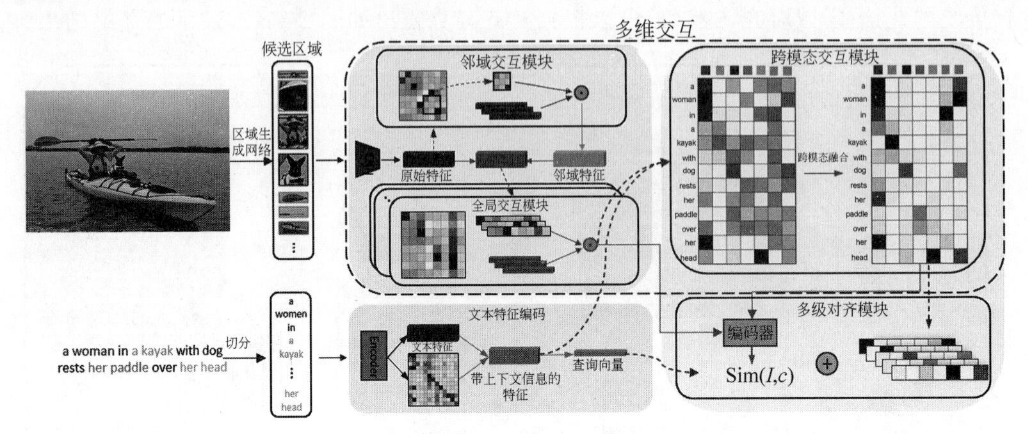

图 16-2 跨模态全交互网络的结构(见彩插)

16.3.2 特征编码

(1) 短语特征编码。我们使用 GloVe[5] 将输入文本解析为 N 个标记 $w_1,w_2,\cdots,w_N$。与以往的方法不同,本方法使用自注意力捕捉单词的文本上下文,提高了精确测量单词之间远距离关系的能力。每个单词都可以从输入标题中的其他所有单词中收集全局语义信息,同时通过 BERT 中的双向变换层学习句法结构信息,并使用预训练权重初始化[6]。这样,我们得到对应的输入文本的隐层编码。每个短语由一个或多个标记组成,我们使用短语中最后一个标记的编码作为短语的编码。

(2) 文本特征编码。给定编码单词 $w_1,w_2,\cdots,w_N$,将第一个单词和最后一个单词传递给文本编码器,得到 256 维的编码。然后使用该向量计算文本-图像级对齐损失。

(3) 视觉特征编码。给定一幅输入图像,先使用预先训练的目标检测器提取一组 M 区域。然后,使用预训练的深度卷积神经网络为每个区域 $R_1,R_2,\cdots,R_M$ 提取 2048 维特征,并将它们表示为 $r_1,r_2,\cdots,r_M$。

(4) 空间特征编码。使用一个 5 维向量 $\boldsymbol{s}=\left[\frac{x_{tl}}{W},\frac{y_{tl}}{H},\frac{x_{br}}{W},\frac{y_{br}}{H},\frac{w\cdot h}{W\cdot H}\right]$。然后,这些空间向量通过两层的多层感知机被投影到 2048 维特征向量 $\boldsymbol{s}_1,\boldsymbol{s}_2,\cdots,\boldsymbol{s}_M$。

16.3.3 邻域交互模块

邻域交互模块用于提取区域的空间邻域视觉上下文特征,有助于缓解由上层网络生成候选区域不准确带来的问题,也有助于从覆盖相同对象的候选区域中找到最合适的区域。区域$\mathcal{R}_i$的邻域上下文特征是从邻域$\mathcal{R}_i$构造的,在该邻域$\mathcal{R}_i$中对象的缺失部分可能被检索回来。在我们的方法中,这个区域被定义为与$\mathcal{R}_i$最近的区域集。局部视觉语境特征 l_i 可表述为$l_i=f(R_i,\mathcal{R}_i)$。具体地,$f(R_i,\mathcal{R}_i)$可写作:

$$\mathcal{G}(r_i, r_j) = \text{softmax}(< r_i, r_j >)$$
$$f(R_i, \mathcal{R}_i) = \sum_{\forall r_j \in \mathcal{R}_i} \mathcal{G}(r_i, r_j) r_j \tag{16-1}$$

其中，$< r_i, r_j >$表示两个矩阵相乘，$\mathcal{G}(r_i, r_j)$表示 R_i 和 R_i 的余弦相似度。然后，我们使用该局部上下文特征和区域特征为每个区域生成邻域交互的视觉特征向量，如下所示：

$$v_i^l = W_l \cdot \text{Concat}(r_i, l_i) \tag{16-2}$$

其中，$W_l \in \mathbb{R}^{2d_v \times d_v}$是可学习的，$d_v$ 表示 r_i 的隐层大小。

16.3.4 全局交互模态

利用邻域交互模块的输出，全局交互模块可以从每个给定区域的输入中提取全局视觉上下文。首先，总结区域的空间特征和局部语境化的视觉特征，将空间特征和局部特征 v_i^l 结合起来。然后，在一个 Transformer[7]编码器中，通过多个注意头在不同区域的相互作用，探索区域之间的全局相关性，从而生成每个图像区域的最终视觉特征 v_i，可表示为

$$v_i = f_{\text{att}}^{\alpha}(s_i + v_i^l) \tag{16-3}$$

其中，f_{att}^{α} 表示使用 α 次注意力机制 f_{att}。令 x_i 表示图像区域 R_i 在注意力层的输入，f_{att} 的定义如下：

$$f_{\text{att}}(x_i) = \Sigma_j \text{softmax}\left(\frac{Q_{\text{att}} x_i \cdot W_{\text{att}} x_j}{\sqrt{d_{\text{att}}}}\right) V_{\text{att}} x_j \tag{16-4}$$

其中，Q_{att}、W_{att} 和 V_{att} 都是在$\mathbb{R}^{d_{\text{att}} \times d_v}$空间上的可学习矩阵。

16.3.5 模态间融合

模态间融合的主要思想是从每个图像区域和文本标记两个模态收集信息。对于图像区域特征 $v_1, v_2, \cdots, v_M$ 和文本标记特征 $w_1, w_2, \cdots, w_T$，先将它们通过线性投影映射到高层公共隐空间：

$$\hat{v}_i = W_s^R v_i$$
$$\hat{w}_j = W_s^P w_j \tag{16-5}$$

其中，$W_s^R \in \mathbb{R}^{d_v \times d_c}$ 和 $W_s^P \in \mathbb{R}^{d_w \times d_c}$ 是可训练的矩阵，d_w 和 d_c 分别是映射后的文本标记和公共空间的维度。

之后，在此公共空间中使用余弦相似度 $s_{ij} = < \hat{v}_i, \hat{w}_j >$以衡量每一个候选区域和每一个单词标记之间的相似度。再用 $S \in \mathbb{R}^{M \times T}$ 表示多模态对应关系图，将其传递给两个 softmax 模块以获得图像-文本注意力图 $A^{V \to L}$ 和文本-图像注意力图 $A^{L \to V}$。这个过程可表示为

$$A_{ij}^{V \to L} = \text{softmax}(s_{ik})_{k=1}^{T}$$
$$A_{ij}^{L \to V} = \text{softmax}(s_{kj})_{k=1}^{M} \tag{16-6}$$

最终，对于这两个注意力和之前的公共空间映射，可计算出图像区域和文本标记的上

下文表示为

$$v_i^f = \text{Concat}\left(\hat{v}_i, \sum_{k=1}^{T} A_{ik}^{V\to L} \hat{w}_k\right)$$

$$w_j^f = \text{Concat}\left(\hat{w}_j, \sum_{k=1}^{M} A_{kj}^{L\to V} \hat{v}_k\right) \tag{16-7}$$

16.3.6 多模态对齐

以往的大多数短语接地方法都将所有短语的处理过程视为一个独立的过程,只对短语-候选区域对应关系进行优化。因此,该模型能够避免不学习将图像中的所有短语拼凑在一起的情况。多级模态对齐策略遵循了文本-图像表示的思想,将该模型以图像区域与查询短语的匹配分数为条件,用区域表示图像,使所有的区域和短语正确地结合在一起。由于不同的决策没有基本的序列顺序,这里使用特别的编码器对它们的依赖关系和相互作用进行建模。

首先,使用 v_i^f 和 w_j^f 生成短语和区域的匹配分数:

$$M_{ij} = W_{\text{score}} \cdot \tanh(W_1 v_i^f + W_2 w_j^f) + S_{ij} \tag{16-8}$$

其中,$W_{\text{score}} \in \mathbb{R}^{d_c \times 1}$ 是可训练的。这里使用 spaCy[8] 从句子中提取 T 个名词短语 P_1,P_2,…,P_T,每个短语都包含一个或多个单词。之后使用一个两层的感知机对句子中的第一个单词和最后一个单词进行编码:

$$c = \text{MLP}([w_1, w_N]) \tag{16-9}$$

对于每个短语 P_j,使用短语 w_{P_j} 最后一个单词的匹配分数作为它和所有区域的匹配分数。根据这个分数排序选择 3 个分数最高的图像区域。为了增加训练过程中的多样性,随机选择 1 个区域作为和该短语匹配的区域。将这些区域的特征 $I_{\text{rois}}^c = (\hat{v}_k)_{k=1}^T$ 通过置换不变编码器得到 I_c 并计算余弦相似度 $S_{ij} = \langle I^c, c \rangle$。

这个相似度结合三元组损失作为一种文本-图像级别的对齐:

$$L_1 = \Sigma_i [\Sigma_{j\neq i} \max(0, S_{ij} - S_{ii} + m) + \Sigma_{j\neq i} \max(0, S_{ji} - S_{ii} + m)] \tag{16-10}$$

其中,m 是一个超参数,i 和 j 的范围是批量大小。同时使用二元交叉熵作为训练时的损失函数:

$$L_2 = -\frac{\sum_{i=1}^{N} \sum_{j=1}^{M} y_{ij} \times \log(s_{ij}) + (1 - y_{ij}) \times \log(1 - s_{ij})}{N \times M} \tag{16-11}$$

其中,当 R_j 和预测得到的区域交并比(IoU)大于 0.5 时,y_{ij} 视为 1,否则为 0。

16.3.7 训练与预测

结合 L_1 和 L_2,最终的损失函数为

$$L = \beta L_1 + L_2 \tag{16-12}$$

其中,β 是一个需要手动调整的超参数,这里设为 3。在预测时,每个短语的最后一个单词对应得分最高的区域作为预测结果。

16.4　代码与实现

代码可在 https://github.com/yzhHoward/Phrase-Grounding 下载，数据集的获取方式请参考 https://gitlab.com/necla-ml/Grounding。

main.py 是程序的入口，包含了一些配置信息，主要调用 util.runner 和 util.app 来运行程序，调用过程不再详细讲解。

util/app.py 对显卡进行了检测，将所有显卡加入训练。

util/runner.py 较为复杂，run 函数对输入参数进行检测，如果是训练模式，则调用训练代码，否则，调用测试代码。在训练模式下，首先准备模型、数据集和优化器，之后使用 ignite 库创建用于训练的过程和损失函数，并创建用于保存模型、提前终止的过程。与训练模式相比测试模型较为精简，只有建立数据集和测试过程的方法。

数据集的加载代码分别在 dataset/flickr30k_entities.py 和 dataset/referit.py 中，具体实现内容主要有加载特征文件（使用 backbone 提取的特征）和数据说明文件等，并抽取出每个图像特征、全局特征、空间特征、掩码、单词特征（token）和标签。

代码使用了两个损失函数，分别为交叉熵和 16.3.6 节中提到的多模态对齐损失，交叉熵使用 PyTorch 的 binary_cross_entropy_with_logits 实现，多模态对齐损失的实现如下：

```
def Align_Loss(cap_emb, img_emb, phrase_RoI_matching_score, mask, token_mask):
    margin = 0.1
    gamma = 1.0
    cap_emb = F.normalize(cap_emb, p=2, dim=-1)
    img_emb = F.normalize(img_emb, p=2, dim=-1)
    matching_score = torch.matmul(cap_emb, img_emb.transpose(-1, -2))
# (B, H) x (H, B)
    L = Align_Loss_sum(cap_emb, img_emb, margin)
    loss = 3 * L
    return loss

def Align_Loss_sum(cap_emb, img_emb, margin=0.1):
    matching_score = torch.matmul(cap_emb, img_emb.transpose(-1, -2))
# (B, H) x (H, B)
    paired_score = torch.diag(matching_score)
    B, _ = matching_score.shape
    matching_score[torch.arange(B), torch.arange(B)] = -10
    loss_I_C = torch.sum(torch.relu(matching_score - paired_score.unsqueeze(0).repeat
(B, 1) + margin), dim=0)
    loss_I_C = torch.mean(loss_I_C)
    loss_C_I = torch.sum(torch.relu(matching_score - paired_score.unsqueeze(1).repeat
(1, B) + margin), dim=1)
    loss_C_I = torch.mean(loss_C_I)
    loss = loss_C_I + loss_I_C
    return loss
```

实际代码含义是根据给定的图像特征和文本特征，计算它们的三元组损失。

模型结构较为复杂，部分函数已经略去，关键代码如下：

```
class AbstractGrounding(nn.Module):
    def __init__(self, cfgT, cfgI, heads = 1 , use_neighbor = False, use_global = False, k = 5, dist_func = center_dist):
        super(AbstractGrounding, self).__init__()
        self.cfgT = cfgT
        self.cfgI = cfgI
        self.num_attention_heads = heads
        self.projection = cfgI.hidden_size // 2
        self.attention_head_size = int(self.projection // self.num_attention_heads)
        self.all_head_size = self.num_attention_heads * self.attention_head_size
        self.hidden_size = self.projection
        self.text_hidden_size = cfgT.hidden_size
        self.imag_hidden_size = cfgI.hidden_size
        self.visual_context_fusion = VisualContextFusion(cfgI, k, self.use_neighbor, self.use_global, dist_func)

class VisualContextFusion(nn.Module):
    def __init__(self, cfgI, k, use_neighbor, use_global, dist_func = center_dist):
        super(VisualContextFusion, self).__init__()
        self.k = k
        self.dist_func = dist_func
        self.use_global = int(use_global)
        self.use_neighbor = int(use_neighbor)
        self.fc = nn.Linear(cfgI.hidden_size * (1 + self.use_neighbor + self.use_global), cfgI.hidden_size)

    def forward(self, encI, RoI_mask, spatials = None, global_ctx = None):
        """
        :param global_ctx: (B, I_hidden)
        :param encI: (B, n_RoI, I_hidden) Encoded RoI features
        :param RoI_mask: (B, n_RoI) 1 if kth RoI exists
        :param spatials: (B, n_RoI, 6) Spatial feature as normalized (x1, y1, x2, y2, w, h)
        :return: (B, n_RoI, I_hidden) fused RoI features
        """
        B, n_RoI, I_hidden = encI.shape
        if spatials is None:
            if global_ctx is None:
                return encI
            else:
                return self.fc(torch.cat([encI, global_ctx.unsqueeze(1).repeat(1, n_RoI, 1)], dim = -1))

        similarity = torch.matmul(encI, encI.transpose(-1, -2))
        similarity[:, torch.arange(n_RoI), torch.arange(n_RoI)] = 0
```

```
        # 1 for topk nearest RoIs, 0 otherwise
        topk_mask = gen_nearest_mask(spatials, RoI_mask, self.k, self.dist_func)
        topk_weight = similarity.where(topk_mask.byte(), torch.zeros_like(similarity))
        topk_weight = topk_weight.softmax(dim = - 1).unsqueeze( - 1)

        neighbor_context = (topk_weight * encI.unsqueeze(1)).sum(dim = 2)

        if global_ctx is None:
            fused = torch.cat([encI, neighbor_context], dim = - 1)
        else:
            fused = torch.cat([encI, neighbor_context, global_ctx], dim = - 1)
        fused = self.fc(fused)
        return fused

class FusionFusionGrounding(AbstractGrounding):
    def __init__(self, cfgT, cfgI, attention_fusion = CosineGrounding,
                 classification_fusion = CosineGrounding):
        super(FusionFusionGrounding, self).__init__(cfgT, cfgI)
        self.attention = attention_fusion(cfgT, cfgI)
        cfgT.hidden_size = self.text_hidden_size + self.imag_hidden_size
        cfgI.hidden_size = self.text_hidden_size + self.imag_hidden_size
        self.classification = classification_fusion(cfgT, cfgI)

    def forward(self, encT, encI, mask, spatials):
        # (B, n_tok, n_RoI)
        attention = self.attention(encT, encI, mask, None)
        attention_on_T: torch.Tensor = attention.softmax(dim = 1)
        attention_on_I: torch.Tensor = attention.softmax(dim = 2)
        attented_T = torch.bmm(attention_on_T.permute(0, 2, 1), encT)
        attented_I = torch.bmm(attention_on_I, encI)
        fused_T = torch.cat([encT, attented_I], dim = - 1)
        fused_I = torch.cat([encI, attented_T], dim = - 1)
        logits = self.classification(fused_T, fused_I, mask, spatials)
        logits = logits + attention + mask.squeeze(1)
        return logits

class CosineGrounding(AbstractGrounding):
    def __init__(self, cfgT, cfgI, heads = 1, use_neighbor = False, use_global = False, k = 
5, dist_func = center_dist):
        super(CosineGrounding, self).__init__(cfgT, cfgI, heads, use_neighbor, use_
global, k, dist_func)

        self.Q = nn.Linear(cfgT.hidden_size, self.all_head_size)
        self.K = nn.Linear(cfgI.hidden_size, self.all_head_size)
        self.K_ng = nn.Linear(cfgI.hidden_size, self.all_head_size)

    def transpose(self, x):
        new_x_shape = x.size()[: - 1] + (self.num_attention_heads, self.attention_head_size)
```

```
        x = x.view(*new_x_shape) # B x #tokens x #heads x head_size
        return x.permute(0, 2, 1, 3) # B x #heads x # tokens x head_size

    def forward(self, encT, encI, mask, spatials = None, global_ctx = None):
        neighbor = self.visual_context_fusion(encI, 1 + (mask[:, 0, 0, :] / 10000),
spatials, global_ctx)
        neighbor = self.K_ng(neighbor)
        neighbor = self.transpose(neighbor)
        Q = self.Q(encT)
        K = self.K(encI)
        Q = self.transpose(Q)
        K = self.transpose(K)
        logits = torch.matmul(Q, K.transpose(-1, -2))
        neighbor_logits = torch.matmul(Q, neighbor.transpose(-1, -2))
        logits += neighbor_logits
        logits = logits / math.sqrt(self.attention_head_size)
        logits = logits + mask
        return logits.squeeze()
```

AbstractGrounding 是一个父类,包含一些基本参数,并调用 VisualContextFusion 类实现 16.3.3 节中的邻域交互模块。VisualContextFusion 模块选取了最近的 RoI,并计算与原 RoI 的相似度;之后将原 RoI 特征、相似度特征和全图特征拼接到一起,使用全连接层进行编码得到一个融合的图像特征。

FusionFusionGrounding 调用了两个 CosineGrounding 模块,第一个模块用于对图像和文本特征进行模态融合,第二个模块能够进一步减小噪声、提升特征质量。在使用两个 CosineGrounding 模块处理之间,该模块对第一步模态融合的结果分布按图像(RoI)和文本(token)维度使用 softmax 激活函数取得关于图像和文本权重,再与原特征相乘加权,得到一个带注意力权重的特征,之后与原特征拼接,使用第二个 CosineGrounding 模块进行编码。

CosineGrounding 模块会对图像和文本特征分别编码,之后使用注意力机制处理得到一个交互后的特征。注意力机制能够高效地对特征进行加权融合,并提升准确率。在第一个模块中,还会调用 VisualContextFusion 对全局和临近信息进行编码。

总之,模型的输入包括整张图片的特征、RoI 特征、RoI 的空间信息(x_1,x_2,y_1,y_2,w,h)、短语特征。整张图片的特征和 RoI 特征使用 Faster-RCNN 提取得到,维度是 2048(不同于常用的 512 维);短语特征使用 spaCy 进行分词,并用预训练的 Bert 提取得到,维度同样是 2048。模型的输出是每个图像 RoI 和短语 token 的匹配分数。

16.5 实验

16.5.1 数据集

在 Flickr30K Entities 数据集和 ReferItGame 数据集上验证模型。

Flickr30K Entities 数据集基于句子的图像描述，包含 31 783 张图像，训练集、验证集和测试集中的图片数量分别为 29 873、1000 和 1000，并且每个图像分别用 5 个句子标注。它有 27.6 万个带注释的边界框，每个边界框的命名与图像区域(图像中的实体)相对应。所有句子的词汇量为 17 150，最大长度为 19 个单词。

ReferItGame 数据集具有 130 525 个表达式，引用了来自 Image CLEF IAPR 图像检索数据集的 19 894 张自然场景照片中的 96 654 个不同的对象。所有句子的词汇量为 8 800，最大长度为 19 个单词。

16.5.2 实现细节

对于视觉特征提取，使用在 Visual Genome 预训练过、以 ResNet101 为核心的 Faster-RCNN 提取图片的候选区域。对于 Flickr30k Entities 数据集，选择了置信度大于或等于 0.05 的候选区域。对于 ReferItGame 数据集，选择了置信度大于或等于 0.1 的候选区域。

这里使用 BERT Adam 作为优化器，以 5×10^{-5} 的学习率对模型进行了 10 轮训练。在所有实验中，使用三元组排位正则化损失的余量为 0.1，每轮批次大小为 64。

16.5.3 实验结果

实验结果如表 16-1～表 16-3 所示。表 16-1 展示了在 Flickr30K Entities 数据集上的整体实验结果，表 16-2 展示了在 Flickr30K Entities 数据集上每个类别的实验结果。可以看到，相比之前的最佳模型，我们的模型性能提升了 6%以上，且在除乐器外的类别均能达到最优效果。

表 16-1　在 Flickr30K Entities 数据集上的整体实验结果

Method	Accu@0.5
Similarity Network	51.05
RPN+QRN	53.48
IGOP	53.67
SPC+PPC	55.49
SS+QRN	55.99
CITE	59.27
SeqGROUND	61.60
G3RAPHGROUND++	66.93
Contextual Grounding	71.36
COI Net	**77.51**

表 16-2　在 Flickr30K Entities 数据集上每个类别的实验结果

Method	People	Clothing	Body Parts	Animals	Vehicles	Instruments	Scene	Other
CITE	64.73	46.88	17.21	65.83	68.75	37.65	51.39	31.77
Hinami and Satoh	78.17	61.99	35.25	74.41	76.16	**56.69**	68.07	47.42

续表

Method	People	Clothing	Body Parts	Animals	Vehicles	Instruments	Scene	Other
Contextual Grounding	81.95	76.50	46.27	82.05	79.00	35.80	70.23	53.53
COI Net	**87.64**	**81.68**	**51.18**	**88.87**	**85.25**	49.38	**77.27**	**60.43**

表 16-3 展示了在 ReferItGame 数据集上的实验结果,由于之前的部分最优模型并未在该数据集上测试,因此并没有列出。可以看到,相比之前的最佳模型,我们的模型性能提升了 20%以上,大大超过了之前的模型。

表 16-3 在 ReferItGame 数据集上的实验结果

Method	Accu@0.5
SCRC	17.93
GroundeR+Spatial	26.93
Similarity Network+Spatial	31.26
EB+QRN (VGGcls-SPAT)	32.21
CITE	34.13
QRC Net	44.07
G3RAPHGROUND++	44.91
COI Net	**66.16**

可以看到,无论是在 Flickr30K Entities 数据集还是 ReferItGame 数据集上,我们的结果远超先前模型的结果,达到了先进水平。图 16-3 展示了部分自然语言短语指导的目标检测案例,其中短语的颜色与图像内框的颜色相对应,可以发现短语和实体的对应关系准确地被模型找出,模型成功地学到了文本和图片两种模态间的关系。

(a) A man is playing a guitar for a little girl in a hospital.

(b) A man in orange pants and brown vest is playing tug-of-war with a dog.

(c) A young boy and a girl on a skateboard have fun in a parking lot.

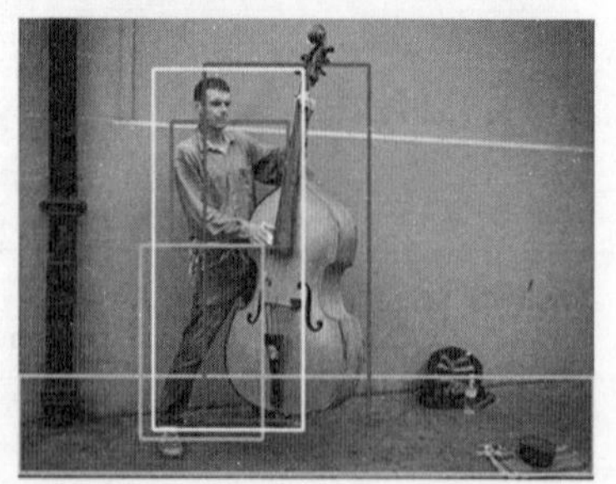

(d) A man in a blue shirt and jeans plays bass on the street.

图 16-3 部分预测案例(见彩插)

图 16-4 为部分预测案例的注意力热图,横轴为图像的候选区域,纵轴为输入文本,可以看出,颜色深度表示模型的注意力,文本和对应的候选区域的响应程度是非常高的,而和无关候选区域响应程度较低,验证了模型预测能力的准确性。

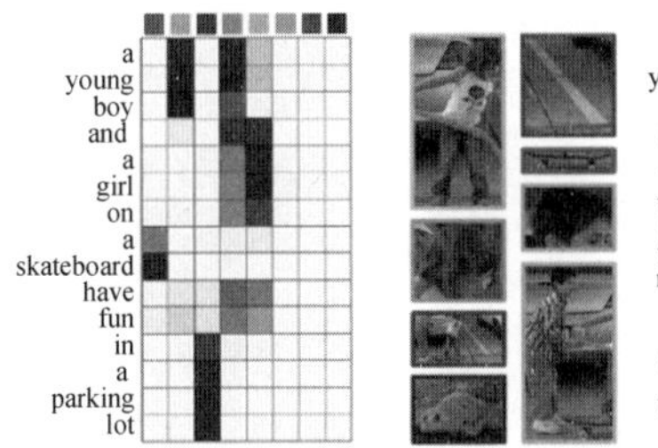

(a) A young boy and a girl on a skateboard have fun in a parking lot.

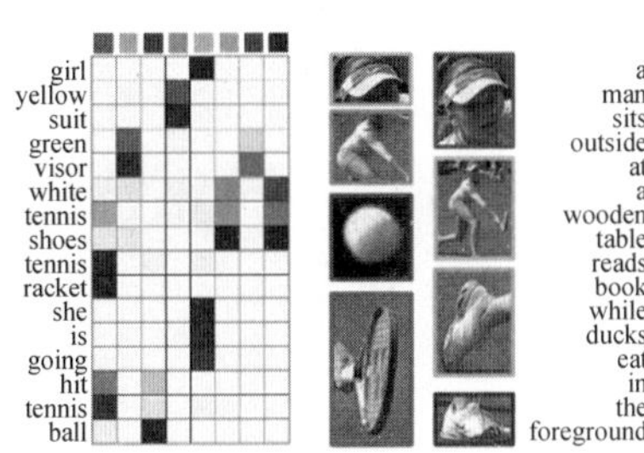

(b) A girl in a yellow tennis suit, green visor and white tennis shoes holding a tennis racket in a position where she is going to hit the tennis ball.

(c) A man sits outside at a wooden table and reads a book while ducks eat in the foreground.

图 16-4 部分预测案例的注意力热图(见彩插)

第17章

案例：使用PyTorch进行视觉问答

视频讲解

17.1 视觉问答简介

视觉问答(Visual Question Answering,VQA)是一种同时涉及计算机视觉和自然语言处理的学习任务。简单来说,VQA 就是给定的图片进行问答,一个 VQA 系统以一张图片和一个关于这张图片的开放式自然语言问题作为输入,生成一条自然语言答案作为输出,如图 17-1 所示。视觉问答系统综合地运用了目前的计算机视觉和自然语言处理的技术,并进行模型的设计、实验以及可视化,因此本章以视觉问答系统作为综合实践。

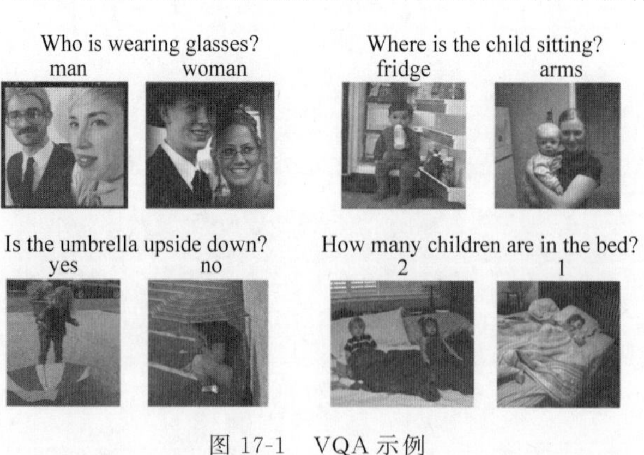

图 17-1　VQA 示例

VQA 问题的一种典型模型是联合嵌入(joint embedding)模型,如图 17-2 所示。首先学习视觉与自然语言的两个不同模态特征在一个共同的特征空间的嵌入表示(embedding),然后根据这种嵌入表示产生回答。产生回答的方式主要是分类

(classification)和生成(generation)，其中生成这一方式对 RNN 生成器的要求较高，目前在实践中的效果不如分类。本章详细介绍如何实现基于 Bottom-Up Attention 的联合嵌入模型。

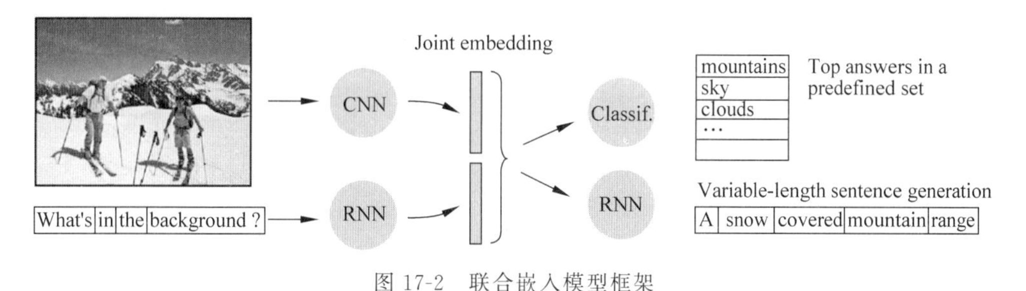

图 17-2 联合嵌入模型框架

17.2 基于 Bottom-Up Attention 的联合嵌入模型

Anderson 等提出了一种非常有效的视觉特征表示，极大地促进了 VQA 模型的研究。

他们利用目标检测网络 Faster-RCNN 在图片中检测出一系列物体，并用 Faster-RCNN 对检测到的物体生成嵌入特征表示，这些物体即视觉问答推理的单元。这一过程类似人在观察图片时会首先注意到图片中有不同的物体，Anderson 等将这一过程称为 Bottom-Up Attention，如图 17-3 所示。要准确地回答问题，模型应该同时考虑这些物体与问题的相关性，因此 Anderson 等用 RNN 提取问题语言特征，并计算它与每一个 Bottom-Up Attention 检测出的视觉单元的相关性。以这些相关性为权重将每个视觉单元的特征进行加权求和，即得到了融合的视觉特征表示。最后，融合的视觉特征被再次与问题特征融合，通过分类器得到最终答案，如图 17-4 所示。

图 17-3 Bottom-Up Attention 划分的视觉单元与传统网格视觉单元的区别

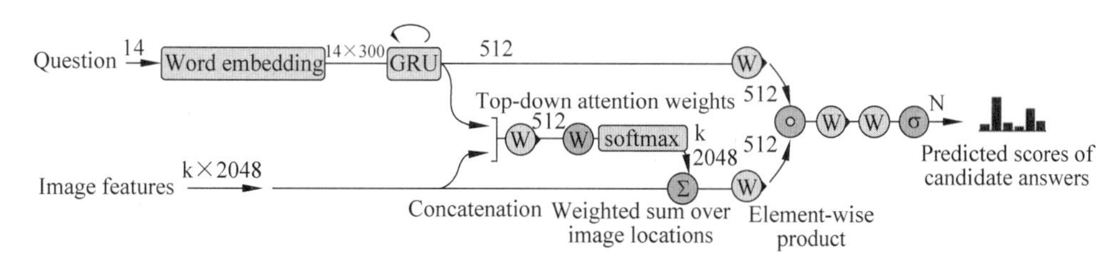

图 17-4 Anderson 等提出的视觉问答系统结构

17.3 准备工作

本章实现代码的完整结构如表 17-1 所示。

表 17-1 代码的完整结构

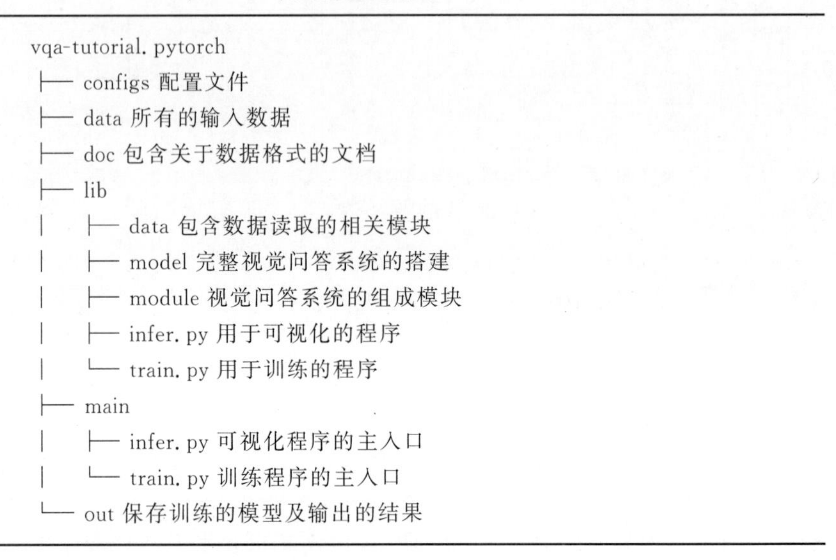

```
vqa-tutorial.pytorch
├── configs 配置文件
├── data 所有的输入数据
├── doc 包含关于数据格式的文档
├── lib
│   ├── data 包含数据读取的相关模块
│   ├── model 完整视觉问答系统的搭建
│   ├── module 视觉问答系统的组成模块
│   ├── infer.py 用于可视化的程序
│   └── train.py 用于训练的程序
├── main
│   ├── infer.py 可视化程序的主入口
│   └── train.py 训练程序的主入口
└── out 保存训练的模型及输出的结果
```

其中,lib/data 包含数据读取的相关模块。

17.3.1 下载数据

我们的模型使用 VQA2.0(https://visualqa.org)数据集进行训练和验证。VQA 2.0 是一个公认有一定难度,并且语言先验(language prior,即得出问题的回答不需要视觉信息)得到了有效控制的数据集。

1. 图片

本章使用的图片为 MSCOCO 数据集中 train2014 子集和 val2014 子集,图片可以在 MSCOCO 官方网站(http://cocodataset.org)上下载。

2. Bottom-Up 特征

17.2 节已经介绍,本章使用的图像特征是由目标检测网络 Faster-RCNN 检测并生成的。我们已经将这些特征准备好,请从配套资源包中下载。

3. 问题和回答标注

VQA 2.0 所提供的问题和回答标注已经过处理,同样可以在配套资源包中下载。下载好所有数据后应确保它们位于 data 文件夹内,如表 17-2 所示。

表 17-2 程序运行所需的数据

```
vqa-tutorial.pytorch
├── data 所有的输入数据
│   ├── features 包含 hdf5 格式存储的 Bottom-Up 特征
│   ├── images 包含所有图片文件
│   ├── word_dict.json 自然语言词汇字典
│   ├── ans_dict.json 回答字典
│   ├── train_qa_entries.json 训练集的问题和回答
│   ├── val_qa_entries.json 验证集的问题和回答
```

17.3.2 安装必需的软件包

请确保已经安装好 PyTorch 1.0，然后在程序目录下运行 pip install -r requirements.txt 安装其他依赖项。

17.3.3 使用配置文件

配置文件(configuration file)是一种管理模型超参数的方法。研究过程中，模型可能会有大量的超参数，用配置文件管理所有的超参数并根据配置文件构建模型能够极大地方便调参实验。常见的配置文件管理工具有 json、yaml 以及 Python 的 config 包等，本章将使用 json，并将所有配置文件放在 configs 目录下，如表 17-3 所示。

表 17-3 json 配置文件示例

```
"model": {
  "ent_dim": 2048,
  "hid_dim": 512,
  "topdown_att": {
    "type": "dot_linear",
    "hid_dim": 512,
    "dropout": 0.2
  },
...
```

17.4 实现基础模块

本节介绍两个基础模块的实现。

17.4.1 FCNet 模块

FCNet 即一系列的全连接层，各个层的输入输出大小在模块构建时给出。FCNet 模块默认其中的全连接层具有 bias，以 ReLU 作为激活函数，并使用 weight normalization。

具体代码如例 17-1 所示。

【例 17-1】 FCNet。

```
1    class FCNet(nn.Module):
2        """Simple class for non - linear fully connect network
3        """
4        def __init__(self, dims, bias = True, relu = True, wn = True):
5            super(FCNet, self).__init__()
6
7            layers = []
8            for i in range(len(dims) - 2):
9                in_dim = dims[i]
10               out_dim = dims[i + 1]
11               layer = nn.Linear(in_dim, out_dim, bias)
12               if wn: layer = weight_norm(layer, dim = None)
13               layers.append(layer)
14               if relu: layers.append(nn.ReLU())
15           layer = nn.Linear(dims[ - 2], dims[ - 1], bias)
16           if wn: layer = weight_norm(layer, dim = None)
17           layers.append(layer)
18           if relu: layers.append(nn.ReLU())
19
20           if not wn:
21               for m in layers:
22                   if isinstance(m, nn.Linear):
23                       nn.init.xavier_uniform_(m.weight)
24                       if m.bias is not None:
25                           m.bias.data.zero_()
26
27           self.main = nn.Sequential( * layers)
28
29     def forward(self, x):
30         return self.main(x)
```

初始化函数__init__中,根据输入的参数 dims 构建一系列的全连接层模块(nn. Linear),并根据参数是否添加偏置(bias),使用 ReLU 激活函数以及 weight normalization。应当注意的是,使用 weight normalization 意味着模块中的权重会自动以 weight normalization 的方式进行初始化,而当没有使用 weight normalization 时,我们则对这些线性层进行 xavier 初始化。线性层序列最终封装到模块序列 nn. Sequential 中。运行 forward 时,直接调用 nn. Sequential 的 forward 函数即可。

17.4.2 SimpleClassifier 模块

SimpleClassifier 模块的作用是根据融合的特征在视觉问答系统的末端得到最终答案。SimpleClassifier 模块包含两个线性层,第一个线性层需要 ReLU 激活,而第二个线性层不需要。In_dim、hid_dim 和 out_dim 分别是输入的维数、中间层的维数以及输出的维数。另外，我们使用了 Dropout，Dropout 的概率从参数中读取，而在构建 nn.Dropout 模块时，我们添加了参数 inplace＝True。这个参数的作用是告诉 PyTorch，在计算 Dropout 时无须将结果保存到新的变量中，直接在输入的内存/显存区域操作即可，这样可以节省模型运行所需要的内存/显存。SimpleClassifier 模块的代码如例 17-2 所示。

【例 17-2】 SimpleClassifier 模块。

```
1    class SimpleClassifier(nn.Module):
2
3        def __init__(self, in_dim, hid_dim, out_dim, dropout):
4            super(SimpleClassifier, self).__init__()
5            layers = [
6                weight_norm(nn.Linear(in_dim, hid_dim), dim = None),
7                nn.ReLU(),
8                nn.Dropout(dropout, inplace = True),
9                weight_norm(nn.Linear(hid_dim, out_dim), dim = None)
10           ]
11           self.main = nn.Sequential( * layers)
12
13     def forward(self, x):
14         logits = self.main(x)
15         return logits
```

17.5　实现问题嵌入模块

联合嵌入模型中需要使用 RNN 将输入的问题编码成向量。LSTM 和 GRU 是两种代表性的 RNN，由于实践中 GRU 与 LSTM 表现相近而占用显存较少，因此我们的模型使用 GRU。在配置文件中与问题嵌入模块相关的部分，我们为所使用的 RNN 类型保留了一个超参数 rnn_type，读者可以自行验证这些模型的区别。配置文件与问题嵌入模块相关的部分如表 17-4 所示。

表 17-4　配置文件与问题嵌入模块相关的部分

```
"lm": {
 "max_q_len": 15,
 "rnn_type": "GRU",
 "word_emb_dim": 300,
 "bidirectional": false,
 "n_layers": 1,
 "dropout": 0.0
}
```

17.5.1　词嵌入

要获得问题句子的嵌入表示，首先应获得词嵌入表示。我们已经统计了数据集中出现的词,并将它们保存在 data/word_dict. json 中。每一个词首先需要用一个唯一的数字表示,这一过程通过 lib/data/word_dict. py 中的 Tokenize 方法实现。Tokenize 方法将读入的句子分词,并把每一个词根据字典转换成一个整数的列表,其中的每个整数代表一个词。

每个词的语义用一个 300 维的嵌入向量表示,在模型的训练过程中,让模型学习这些词的意思。为了降低训练的难度,用预训练的词向量 GloVe 对模型中的词向量进行初始化。这些预训练的词向量保存在 data/glove6b_init_300d. npy 中。

词嵌入模块的实现如例 17-3 所示。

【例 17-3】 词嵌入模块。

```
1   class WordEmbedding(nn.Module):
2       """Word Embedding
3       The n_tokens - th dim is used for padding_idx, which agrees * implicitly *
4       with the definition in Dictionary.
5       """
6       def __init__(self, n_tokens, emb_dim, dropout):
7           super(WordEmbedding, self).__init__()
8           self.emb = nn.Embedding(n_tokens + 1, emb_dim, padding_idx = n_tokens)
9           self.dropout = nn.Dropout(dropout) if dropout > 0 else None
10          self.n_tokens = n_tokens
11          self.emb_dim = emb_dim
12
13      def init_embedding(self, np_file):
14          weight_init = torch.from_numpy(np.load(np_file))
15          assert weight_init.shape == (self.n_tokens, self.emb_dim)
16          self.emb.weight.data[:self.n_tokens] = weight_init
17
18      def freeze(self):
19          self.emb.weight.requires_grad = False
20
21      def defreeze(self):
22          self.emb.weight.requires_grad = True
23
24      def forward(self, x):
25          emb = self.emb(x)
26          if self.dropout is not None: emb = self.dropout(emb)
27          return emb
```

init_embedding 方法读取 GloVe 词向量; freeze 方法和 defreeze 方法分别关闭和开启词向量的梯度计算,从而控制训练过程中是否要同时训练词向量; forward 方法接受一个词序列。

17.5.2 RNN

问题嵌入的实现如下:模型对 GRU 和 LSTM 进行了一些不同的处理,对单向和双向的 RNN 也进行了不同的处理,实现的模型具有一定的多功能性,方便实验不同的模型变体。具体代码如例 17-4 所示。

【例 17-4】 QuestionEmbedding 模块。

```
1  class QuestionEmbedding(nn.Module):
2      """Module for question embedding
3      """
4      def __init__(self, in_dim, hid_dim, n_layers, bidirectional, dropout, rnn_type='GRU'):
5
6          super(QuestionEmbedding, self).__init__()
7          assert rnn_type == 'LSTM' or rnn_type == 'GRU'
8          rnn_cls = nn.LSTM if rnn_type == 'LSTM' else nn.GRU
9
10         self.rnn = rnn_cls(
11             in_dim, hid_dim, n_layers,
12             bidirectional=bidirectional,
13             dropout=dropout,
14             batch_first=True)
15
16         self.in_dim = in_dim
17         self.hid_dim = hid_dim
18         self.n_layers = n_layers
19         self.rnn_type = rnn_type
20         self.n_directions = 2 if bidirectional else 1
21
22     def init_hidden(self, batch):
23         weight = next(self.parameters()).data
24         hid_shape = (self.n_layers * self.n_directions, batch, self.hid_dim)
25         if self.rnn_type == 'LSTM':
26             return (Variable(weight.new(*hid_shape).zero_()),
27                     Variable(weight.new(*hid_shape).zero_()))
28         else:
29             return Variable(weight.new(*hid_shape).zero_())
30
31     def forward(self, x):
32         # x: [batch, sequence, in_dim]
33
34         batch = x.size(0)
35         hidden = self.init_hidden(batch)
36         self.rnn.flatten_parameters()
37         output, hidden = self.rnn(x, hidden)
38
39         if self.n_directions == 1:
40             return output[:, -1]
41
42         forward_ = output[:, -1, :self.hid_dim]
43         backward = output[:, 0, self.hid_dim:]
44         return torch.cat((forward_, backward), dim=1)
```

在初始化函数__init__中,首先根据参数确定使用的RNN类型,保存在变量rnn_cls中。然后,构造一个rnn_cls的对象,in_dim和out_dim为输入和输出维数,num_layers表示层数,bidirectional表示是否使用双向RNN。PyTorch中的RNN模块的默认输出格式是(seq, batch, feature),传入batch_first=True则告诉该模块将输出格式变为(batch, seq, feature)。

init_hidden函数用于初始化RNN内部隐状态,根据RNN的具体类型(LSTM或GRU)需进行不同的处理。

forward函数中,依此用init_hidden函数初始化隐状态;通过RNN的flatten_parameters()方法重置参数数据指针,以便它们可以使用更快的代码路径;将输入传入RNN中。VQA模型需要输出RNN最后一次循环的输出,对于单向和双向RNN,需要做一些不同的处理。

17.6 实现 Top-Down Attention 模块

Top-Down Attention模块的作用是检查各视觉单元与问题的相关性,计算出各个视觉单元的权重。计算的输入是问题嵌入表示q_emb和一组视觉嵌入表示v_emb,问题嵌入和视觉嵌入都首先经过线性变换,然后对位相乘融合,融合后的特征再经过全连接层计算出各个视觉单元的权重。应注意,对于每个图片和问题,问题嵌入表示q_emb只有一个,而视觉嵌入表示v_emb对应目标检测的多个单元,因此q_emb的大小为[batch, q_dim],而v_emb的大小为[batch, n_ent, v_dim]。其实现如例17-5所示。

【例17-5】 Top-Down Attention模块。

```
1   class DotLinearAttention(nn.Module):
2
3       def __init__(self, n_att, q_dim, v_dim, hid_dim, dropout, wn = True):
4           super(DotLinearAttention, self).__init__()
5           self.n_att = n_att
6           self.hid_dim = hid_dim
7           self.q_proj = FCNet([q_dim, hid_dim], wn = wn)
8           self.v_proj = FCNet([v_dim, hid_dim], wn = wn)
9           self.fc = nn.Linear(hid_dim, n_att)
10          self.dropout = nn.Dropout(dropout, inplace = True)
11          if wn: self.fc = weight_norm(self.fc, dim = None)
12
13      def forward(self, q_emb, v_emb):
14          logits = self.logits(q_emb, v_emb)
15          return F.softmax(logits, dim = 1) # [ B, n_ent, n_att ]
16
17      def logits(self, q_emb, v_emb):
18          B, n_ent, r_dim = v_emb.size()
19          q_proj = self.q_proj(q_emb)
20          v_proj = self.v_proj(v_emb)
```

```
21          joint = v_proj * q_proj.unsqueeze(1)
22          joint = self.dropout(joint)
23          logits = self.fc(joint) # [ B, n_ent, n_att ]
24          return logits
```

__init__函数中，初始化投影问题嵌入向量和视觉特征嵌入向量的两个全连接层q_proj 和 v_proj(用到了之前实现的 FCNet 模块)；初始化计算注意力权重的全连接层fc，这一层不需要激活函数。

logits 函数用于计算注意力权重，首先分别将问题嵌入向量和视觉特征嵌入向量进行投影，然后将它们对位相乘获得融合的特征表示，输入 fc 模块计算注意力权重。forward 函数计算注意力权重后对这些权重进行 softmax 处理，使得注意力的分布集中于某一个区域。

17.7　组装完整的 VQA 系统

在实现了前文所述的几个模块的基础上，我们对模型进行组装。应注意，类方法build_from_config 的作用是根据配置文件 cfg 构造模型。具体代码如例 17-6 所示。

【例 17-6】 组装完整的 VQA 系统。

```
1   class Baseline(nn.Module):
2
3       def __init__(self, w_emb, q_emb, v_att, q_net, v_net, classifer,
        need_internals = False):
4           super(Baseline, self).__init__()
5
6           self.need_internals = need_internals
7
8           self.w_emb = w_emb
9           self.q_emb = q_emb
10          self.v_att = v_att
11          self.q_net = q_net
12          self.v_net = v_net
13          self.classifier = classifer
14
15      def forward(self, q_tokens, v_features):     w_emb = self.w_emb(q_tokens)
16          q_emb = self.q_emb(w_emb)
17
18          att = self.v_att(q_emb, v_features) # [ B, n_ent, 1 ]
19          v_emb = (att * v_features).sum(1) # [ B, hid_dim ]
20
21          internals = [att.squeeze()] if self.need_internals else None
22
23          q_repr = self.q_net(q_emb)
24          v_repr = self.v_net(v_emb)
```

```
25            joint_repr = q_repr * v_repr
26            logits = self.classifier(joint_repr)
27            return logits, internals
28
29        @classmethod
30        def build_from_config(cls, cfg, dataset, need_internals):
31            w_emb = WordEmbedding(dataset.word_dict.n_tokens, cfg.lm.word_emb_dim, 0.0)
32            q_emb = QuestionEmbedding(cfg.lm.word_emb_dim, cfg.hid_dim,
              cfg.lm.n_layers, cfg.lm.bidirectional, cfg.lm.dropout, cfg.lm.rnn_type)
33            q_dim = cfg.hid_dim
34            att_cls = topdown_attention.classes[cfg.topdown_att.type]
35            v_att = att_cls(1, q_dim, cfg.ent_dim, cfg.topdown_att.hid_dim,
              cfg.topdown_att.dropout)
36            q_net = FCNet([q_dim, cfg.hid_dim])
37            v_net = FCNet([cfg.ent_dim, cfg.hid_dim])
38            classifier = SimpleClassifier(cfg.hid_dim, cfg.mlp.hid_dim,
              dataset.ans_dict.n_tokens, cfg.mlp.dropout)
39            return cls(w_emb, q_emb, v_att, q_net, v_net, classifier, need_internals)
```

模型的组成部分有词嵌入模块 w_emb、问题嵌入模型 q_emb、注意力计算模块 v_att 以及问题和视觉特征融合前的处理模块 q_net 和 v_net。build_from_config 方法依次构造这些模块,并用于构造 Baseline 模型。

17.8 运行 VQA 实验

17.8.1 训练

在项目的根目录下运行 python main/train.py --help 可以获得训练程序的帮助,如例 17-7 所示。

【例 17-7】 训练程序的帮助。

```
1  usage: train.py [-h] [--config CONFIG] [--n_epochs N_EPOCHS]
2                  [--n_workers N_WORKERS] [--seed SEED] [--val_freq VAL_FREQ]
3                  [--data DATA] [--out_dir OUT_DIR]
4
5  optional arguments:
6   -h, --help            show this help message and exit
7   --config CONFIG
8   --n_epochs N_EPOCHS
9   --n_workers N_WORKERS
10  --seed SEED
11  --val_freq VAL_FREQ
12  --data DATA
13  --out_dir OUT_DIR
```

运行如例 17-8 的命令指定配置文件。

【例 17-8】 指定配置文件的命令。

```
1  python main/train.py \
2    --config configs/baseline-512-256-logistic.json \
3    --n_epochs 20 \
4    --n_workers 1 \
5    --data train
```

这一命令指定了一个配置文件，并设置按照此配置文件训练 20 个轮次，使用一个线程读取数据，使用的数据为配置文件中的“train”。

17.8.2 可视化

在项目的根目录下运行 python main/infer.py --help 可以获得训练程序的帮助，如例 17-9 所示。

【例 17-9】 训练程序的帮助。

```
1   usage: infer.py [-h] [--config CONFIG] [--checkpoint CHECKPOINT] [--data DATA]
2                   [--images_dir IMAGES_DIR] [--n_workers N_WORKERS]
3                   [--n_batches N_BATCHES] [--out_dir OUT_DIR]
4                   [--preload PRELOAD]
5
6   optional arguments:
7    -h, --help            show this help message and exit
8    --config CONFIG
9    --checkpoint CHECKPOINT
10   --data DATA
11   --images_dir IMAGES_DIR
12   --n_workers N_WORKERS
13   --n_batches N_BATCHES
14   --out_dir OUT_DIR
```

之后运行如例 17-10 的指定命令。

【例 17-10】 指定命令。

```
1  python main/infer.py \
2    --config configs/baseline-512-256-logistic.json \
3    --data val \
4    --checkpoint out/baseline-512-256-logistic/model_20.pth \
5    --images_dir data/vqa2/images \
6    --n_batches 1
```

这一命令指定了一个配置文件，读取了之前训练好的模型，使用的数据为配置文件中的“val”。程序运行完成后，即可在 out/baseline-512-256-logistic_model_20_infer_ visualization 中看到可视化的结果，如图 17-5 所示。

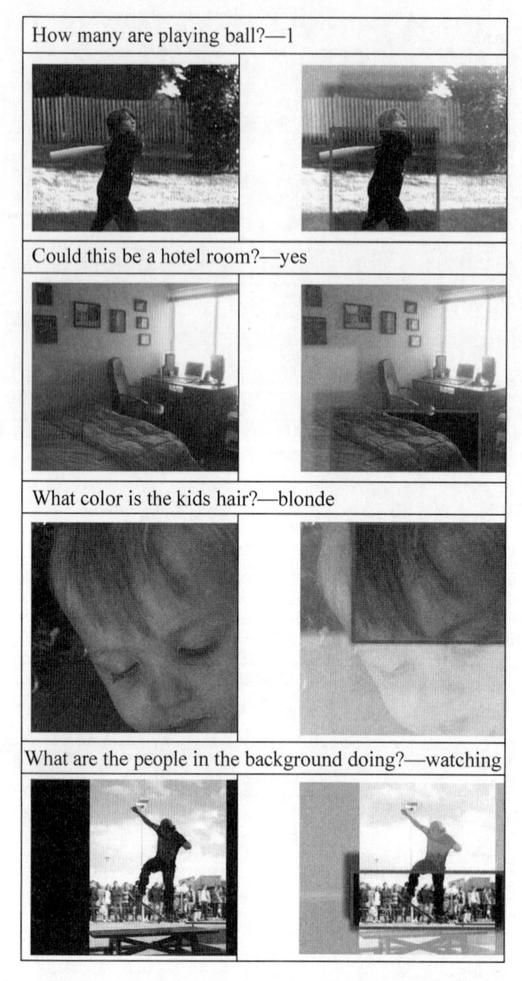

图 17-5　VQA 及注意力机制可视化结果

第18章

案例：使用Hadoop和MapReduce分布式计算语料中单词出现的频数

在自然语言处理中，有时候需要从大量爬取的文本中提取文本作为预训练模型训练的语料，但这些数据往往含有大量的超文本标签和其他非文本字符，需要进行一定的过滤。与此同时，大规模的文本只用单个机器进行处理，耗费的时间往往是同数据量线性增长的。这个时候就需要用到一些分布式的计算方式，将计算任务分配到大规模的计算集群上进行，使整个程序可以快速准确地得到结果。

18.1 MapReduce 介绍

Hadoop 中的 MapReduce 是一个使用简易的软件框架，如图 18-1 所示。基于它写出来的应用程序能够运行在由上千个商用机器组成的大型集群上，并以一种可靠容错的方式并行处理 TB 级别的数据集。一个 MapReduce 作业通常会把输入的数据集切分为若干独立的数据块，由 Map 任务(Task)以完全并行的方式处理它们。通常，MapReduce 框架和分布式文件系统是运行在一组相同的节点上的，也就是说，计算节点和存储节点通常在一起。这种配置允许框架在那些已经存好数据的节点上高效地调度任务，从而使整个集群的网络带宽被非常高效地利用。

本章详细介绍了一个通过 Map Reduce 分布式计算语料中单词出现频数的案例，为读者了解大数据处理方法提供帮助。

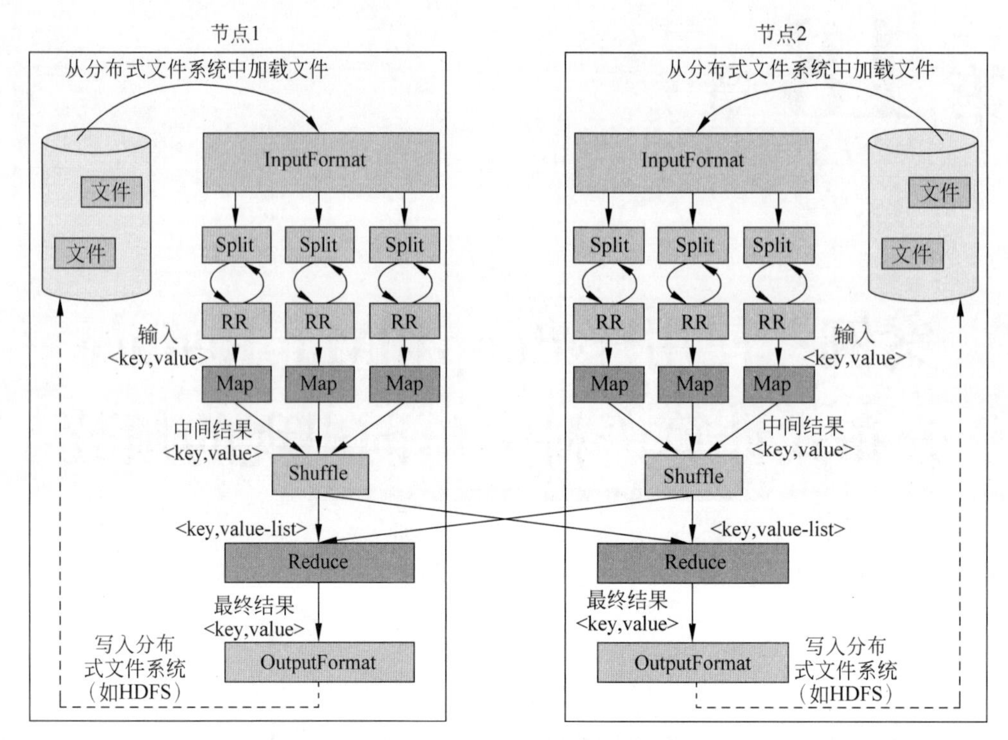

图 18-1　MapReduce 示意图

18.2　MapReduce 实现 WordCount 程序

18.2.1　上传数据到 HDFS

创建 hadoop 用户目录 buaa,命令如下:

```
1   buaa@master:/usr/local/hadoop $  hdfs dfs  - mkdir  - p /user/buaa
2   # 在 HDFS 中创建 buaa 目录,此目录就成为 hadoop 对应的用户目录
```

在 buaa 目录下新建 input 目录,命令如下:

```
1   buaa@master:/usr/local/hadoop $  hdfs dfs  - mkdir input # 在上述用户目录中以相对路
    径创建 input 目录,其路径为 HDFS 的/user/buaa/input
2   buaa@master:/usr/local/hadoop $ ./bin/hdfs dfs  - ls input
3   # 查看 input 下的文件(此时为空)
```

把本地输入文件上传到 HDFS 中 input 目录下,命令如下:

```
1   (此处以上传本地 hadoop 文件夹下的 LICENSE.txt 为例,也可选择在 hadoop 下新建 input 文
    件夹,使用命令 hdfs dfs  - put /usr/local/hadoop/input/ * .txt input 上传)
2   buaa@master:/usr/local/hadoop $ ./bin/hdfs dfs  - put ./LICENSE.txt input
```

```
3    #把虚拟机上的 hadoop 文件夹下的 LICENSE.txt 传到 HDFS 中的 input 目录下
4    buaa@master:/usr/local/hadoop$ ./bin/hdfs dfs -ls input
5    #查看 input 下的文件(观察到 LICENSE.txt 上传成功)
```

上传文件如图 18-2 所示。在网页上查看文件上传情况：http://10.251.252.17:50070。

```
Found 1 items
-rw-r--r--   3 buaa supergroup      15429 2020-05-10 22:28 input/LICENSE.txt
```

图 18-2　上传文件

如图 18-3 所示，单击 Browse the file system。

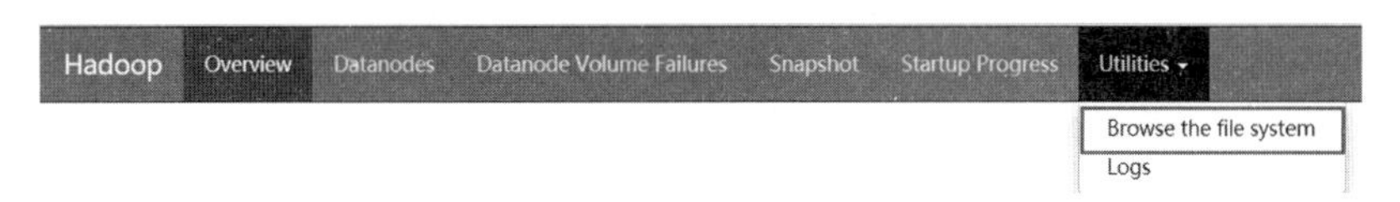

图 18-3　单击 Browse the file system

如图 18-4 和图 18-5 所示，分别选择 user 和 buaa。

Permission	Owner	Group	Size	Last Modified	Replication	Block Size	Name
drwxr-xr-x	buaa	supergroup	0 B	2020/4/25 上午6:51:44	0	0 B	hbase
drwx------	buaa	supergroup	0 B	2020/5/10 下午10:40:04	0	0 B	tmp
drwxr-xr-x	buaa	supergroup	0 B	2020/5/10 下午10:14:39	0	0 B	user

图 18-4　选择 user

Permission	Owner	Group	Size	Last Modified	Replication	Block Size	Name
drwxr-xr-x	buaa	supergroup	0 B	2020/5/10 下午10:43:17	0	0 B	buaa

图 18-5　选择 buaa

可以看到如图 18-6 所示 input 文件夹存在，选择 input。

Permission	Owner	Group	Size	Last Modified	Replication	Block Size	Name
drwxr-xr-x	buaa	supergroup	0 B	2020/5/10 下午10:28:29	0	0 B	input
drwxr-xr-x	buaa	supergroup	0 B	2020/5/10 下午10:43:31	0	0 B	output

图 18-6　选择 input

可以看到如图 18-7 所示 LICENSE.txt 已经上传成功。

Permission	Owner	Group	Size	Last Modified	Replication	Block Size	Name
-rw-r--r--	buaa	supergroup	15.07 KB	2020/5/10 下午10:28:29	3	128 MB	LICENSE.txt

图 18-7　LICENSE.txt 上传成功

18.2.2　使用 Hadoop 运行 WordCount 程序

获取 jar 包的方式有以下两种。

1. 自己编写 MapReduce 程序

主要编写 Map 类和 Reduce 类，其中 Map 需要集成 org. apache. hadoop. mapreduce 包中的 Mapper 类，并重写 map 方法。Reduce 过程需要继承 org. apache. hadoop. mapreduce 包中的 Reducer 类，并重写 reduce 方法。编写好的 MapReduce 程序需要被打包成 jar 包，进而提交给 Hadoop 执行。

执行命令：

```
1    hadoop jar xx/xxx.jar wordcount input output
```

2. 使用 Hadoop 自带的 jar 包

这里我们使用 Hadoop 系统中提供的代码，相应的 jar 包位于 hadoop/share/hadoop/mapreduce/hadoop-mapreduce-examples-2.7.1.jar 路径下。Hadoop 安装版本不同，对应 jar 包版本不同，根据自己的实际情况选择 jar 包。(注意：运行 Hadoop 程序时，为了防止覆盖结果，程序指定的输出目录如 output 不能存在，否则会提示错误，因此运行前需要先删除输出目录。)

执行命令：

```
1    hadoop jar
     /usr/local/hadoop/share/hadoop/mapreduce/hadoop - mapreduce - examples - 2. 7. 1. jar
     wordcount input output
```

WordCount 例子在安装目录下，输入文件为 input，输出文件为 output，这两个目录都是 HDFS 上的相对路径，每次运行时，output 目录必须为空。

如图 18-8 所示，可以看到 MapReduce 的过程显式地被分为 Map 和 Reduce 两部分。

图 18-8　MapReduce 的过程显式地被分为 Map 和 Reduce

如图 18-9 所示登录页面 http://10.251.252.17:8088/cluster 查看任务执行情况。

如图 18-10 所示可以看到/output/路径下生成了运行结果，即目录下多了两个文件(_SUCCESS 和 part-r-00000)。

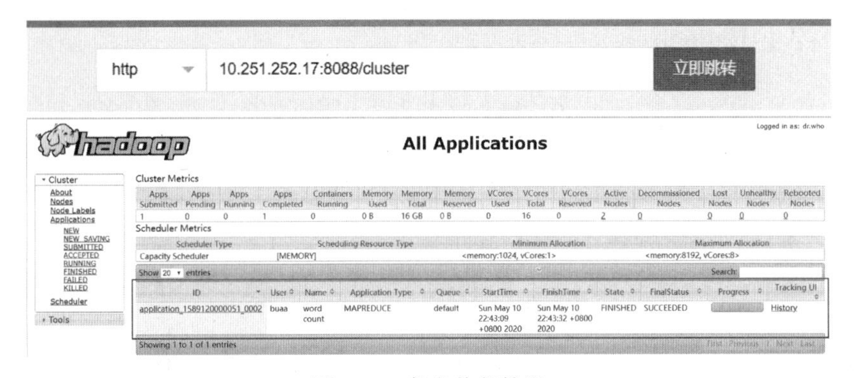

图 18-9　任务执行情况

图 18-10　查看 HDFS 中 output 目录下的文件

```
1    buaa@master:/usr/local/hadoop $ ./bin/hdfs dfs -ls output
```

查看词频统计结果，如图 18-11 所示。结果存放在 HDFS 中 output 目录下的 part-r-00000 文件中。

```
1    buaa@master:/usr/local/hadoop $ ./bin/hdfs dfs -cat output/part-r-00000
```

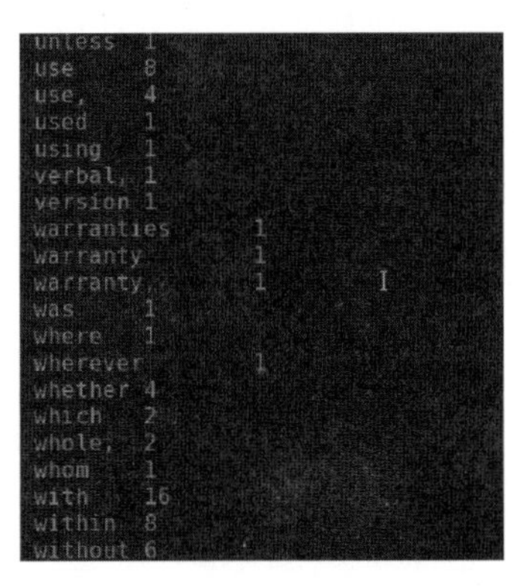

图 18-11　查看词频统计结果

查看 WordCount 程序结果，将运行结果取回到本地。

```
1    buaa@master:/usr/local/hadoop $ rm -r ./output   # 先删除本地的 output 文件夹(如果存在)
2    buaa@master:/usr/local/hadoop $ ./bin/hdfs dfs -get output ./output
3    # 将 HDFS 上的 output 文件夹复制到本机
4    buaa@master:/usr/local/hadoop $ cd output
5    buaa@master:/usr/local/hadoop/output $ ls
```

18.2.3 停止 Hadoop

执行 stop-all.sh 命令停止进程；执行 mr-jobhistory-daemon.sh stop historyserver 命令停止 MapReduce 的 jobhistory 服务。

上述流程系统地展示了使用 MapReduce 完成文本单词统计的流程。通过以上流程，我们可以充分利用多个节点的算力，完成单机难以完成的大规模计算业务。通过掌握 Hadoop 的构建流程，并根据具体任务使用 MapReduce 进行计算，可以轻松处理大量数据。

第19章

案例：使用多种机器学习算法实现基于用户行为数据的用户分类器

近年来，随着互联网应用的广泛普及以及其应用技术的日趋成熟，各家互联网公司都积累沉淀了大量用户数据，如用户基本个人信息、用户消费信息和用户网页内行为信息等。这些数据背后所蕴藏的商业价值、社会价值以及研究价值越来越受到重视。如何合理、有效并充分利用这些数据，为公司业务运营提供帮助和指导，最后产生转化为切实的商业价值，成为各家互联网公司研究的重要命题。

尽管如此，数据整合使用的重要性仍旧没能充分地被企业和社会充分意识到，其使用的场景和方法还在初步探索中。在国内，尤其是在各中小型互联网公司，线上业务每天会产生大量生产数据存储到 Hadoop 数据库。但是由于公司内部各部门间的壁垒，业务部门对于自己业务线所拥有的数据以及相关使用方式不甚了解，拍脑袋做决策、搞活动和做总结的场景比比皆是，进而导致人力和物力等资源不能得到充分合理的利用。本章以互联网公司的实际业务场景为背景，旨在训练出可以准确识别有充值意向的用户群体。

本章以一家将大病医疗、筹款和商保作为主营业务的互联网公司为背景。公司主要通过平台公众号触达用户，提醒用户购买商保、加入互助和保单充值升级，进而实现商业变现。然而，大量频繁的消息提醒，造成用户流失严重。其中最为重大的一次事件是：公示消息触达用户后，造成一周内用户取关人数高达 10 万余人，引起业务方的高度重视。因此，如何提取、记录、存储并利用用户在平台沉淀的各种信息，形成科学合理的办法筛选出有充值购买意向的用户，进行公示消息的提醒，即提升目标用户充值消费同时又规避对无意向用户的过多消息干扰而造成的流失，成为研究的重点。

基于上述背景，本章利用存储在 Hadoop 数据仓库的业务数据(即过往公司用户在平台沉淀下来的近 70 个维度共 400 多万条数据)，通过提取、清洗、聚合、分层和存储上述用户在公司产品上积累的相关数据，进而训练出分类模型，帮助平台预测用户在下一次公示的时间点是否会充值。使用传统的机器学习算法，如逻辑回归、朴素贝叶斯、支持向量机、

决策树和 k 最近邻算法等,对平台所有用户进行分类。同时对于传统的单一机器学习算法中的不足,例如容易产生过拟合或欠拟合和泛化的错误率较高等,本文采用基于各种基础分类器的集成算法 AdaBoost 避免以上问题。

综上,本章的主要任务是基于机器学习算法构造分类器进而筛选出有充值意向的用户,精细化地对用户发送公示消息,帮助指导运营部门的精细化运营。为实现上述目的需要完成的任务如下:

(1) 数据的同步;

(2) 数据仓库的数据聚合、清洗和分层、存储;

(3) 流程的自动化;

(4) 数据维度的筛选;

(5) 各维度的数据分析统计,图表展示;

(6) 特征工程和数据倾斜处理;

(7) 单分类模型训练预测结果及模型效果的评估;

(8) 模型效果提升,AdaBoost 集成分类器的训练及效果评估。

19.1 基于机器学习的分类器的技术概述

本质上来说,进行"有充值意向的目标客户的筛选"这一工作任务是一个分类问题。通过过往被平台记录并积累的、与分类目标相关的用户历史行为数据、用户购买充值数据和用户个人基本信息属性等,来预测未来用户是否会产生充值行为。本章将公示信息到来后,用户在未来 4 天内是否会产生充值行为,作为划分用户的依据。有充值行为的用户标注为 1,无充值行为的用户标注为 0,建立相应的数学模型,进而构建出以分类为目的的二分类模型。后文在实际工程中使用的分类模型包括逻辑回归模型、k 最近邻模型、线性判别分析模型、朴素贝叶斯模型、决策树模型和支持向量机模型。除了线性判别分析模型,其余模型在前文均有介绍,此处不再赘述。下面简要介绍线性判别分析模型的数学原理。

线性判别分析(Linear discriminant Analysis,LDA)是监督学习和模式识别的经典算法。线性判别分析的思想可以用一句话概括,就是"投影后类内方差最小,类间方差最大"。也就是说,要将数据在低维度上进行投影,投影后希望每一种类别数据的投影点尽可能地接近,而不同类别的数据的类别中心之间的距离尽可能大。线性判别分析的原理图如图 19-1 所示。

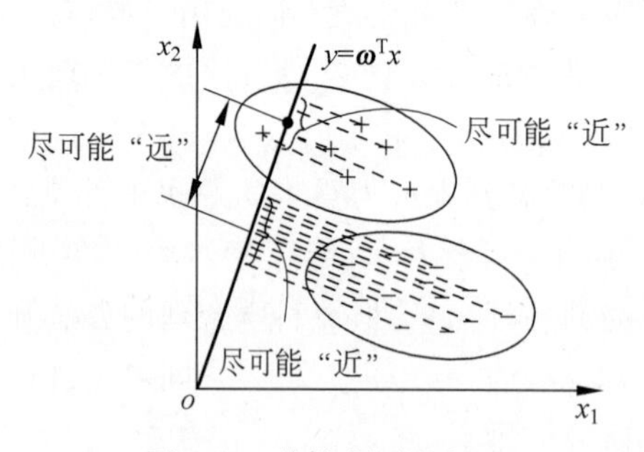

图 19-1 线性判别分析法

找到最佳投影方向$\boldsymbol{\omega}$,则样例 x 在方向向量$\boldsymbol{\omega}$ 上的投影可以表示为(此处列举二分类模式)

$$y=\boldsymbol{\omega}^{\mathrm{T}}x \tag{19-1}$$

给定数据集 $D=\{(x_1,y_1),(x_2,y_2),\cdots,(x_m,y_m)\}$，其中 $y_i\in\{0,1\}$。令 N_i、X_i、$\boldsymbol{\mu}_i$、$\boldsymbol{\Sigma}_i$ 分别表示 $i\in\{0,1\}$类示例的样本个数、样本集合、均值向量、协方差矩阵，则有

$$\begin{cases}\boldsymbol{\mu}_i=\dfrac{1}{N_i}\sum\limits_{x\in X_i}x\\ \boldsymbol{\Sigma}_i=\sum\limits_{x\in X_i}(x-\mu_i)(x-\mu_i)^{\mathrm{T}}\end{cases}\tag{19-2}$$

现有直线投影向量$\boldsymbol{\omega}$，两个类别的中心点 μ_0 和 μ_1，则直线$\boldsymbol{\omega}$ 的投影为$\boldsymbol{\omega}^{\mathrm{T}}\mu_0$ 和$\boldsymbol{\omega}^{\mathrm{T}}\mu_1$。能够使投影后的两类样本中心点尽量分离的直线是好的直线，定量表示如式(19-2)所示，其越大越好。

$$\underset{\boldsymbol{\omega}}{\operatorname{argmax}}J(\boldsymbol{\omega})=\|\boldsymbol{\omega}^{\mathrm{T}}\mu_0-\boldsymbol{\omega}^{\mathrm{T}}\mu_1\|^2\tag{19-3}$$

此外，引入新度量值，称作散列值(scatter)。对投影后的列求散列值为

$$\bar{S}=\sum_{x\in X_i}(\boldsymbol{\omega}^{\mathrm{T}}x-\bar{\mu}_l)^2\tag{19-4}$$

从集合意义的角度来看，散列值代表着样本点的密度。散列值越大，样本点的密度越分散，密度越小；散列值越小，则样本点越密集，密度越大。

基于上文阐明的原则：不同类别的样本点越分开越好，同类的越聚集越好，也就是均值差越大越好，散列值越小越好。因此，同时考虑使用 $J(\theta)$和 S 来度量，则可得到最大化的目标为

$$J(\theta)=\frac{\|\boldsymbol{\omega}^{\mathrm{T}}\mu_0-\boldsymbol{\omega}^{\mathrm{T}}\mu_1\|^2}{\bar{S}_0^2+\bar{S}_1^2}\tag{19-5}$$

化简求解参数，即得分类模型。

19.2 工程数据的提取聚合和存储

数据在可以进行模型训练之前，凌乱分散在线上业务数据库的各个表中。把数据规整、清洗并最终存储成可以直接用来训练模型的规整状态，是本节研究探讨的主要内容。其中包含几个部分：数据从线上业务库同步到基于 Hive 的数据仓库、数据仓库的数据分层以及清洗的规则流程的制定、数据清洗流程的自动化。

19.2.1 数据整合的逻辑流程

在实际工程中，原始数据存储在线上 MySQL 业务库中。如果想要后续方便使用这些数据，需要将业务库的数据通过 Sqoop 同步到基于 Hadoop 的 Hive 数据仓库中。基于 Hive 的数据仓库会对同步的数据进行清洗聚合，进而实现信息的分层(ODS 层、DW 层和 App 层)存储，以方便后面数据的存储、使用以及溯源。

数据的同步清洗任务通过一个批量工作流任务调度器——Azkaban 进行调度，实现每天的自动同步、清洗和存储。图 19-2 为整个数据同步、整合清洗和分层的逻辑流程图。

图 19-2 数据整合的逻辑流程

19.2.2 Sqoop 数据同步

Sqoop 是一款开源的工具，主要用于在 Hadoop(Hive)与传统的数据库间进行数据的传递。可以将一个关系型数据库(例如 MySQL、Oracle 和 Postgres 等)中的数据导入 Hadoop 的 HDFS 中，也可以将 HDFS 的数据导入关系型数据库中。

使用时，命令行创建需要同步的任务，设定好需要同步的数据源和目标位置，就可以完成同步。逻辑流程如图 19-3 所示。

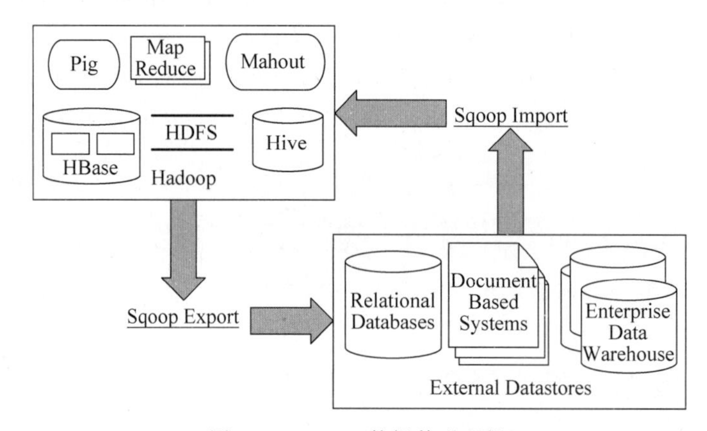

图 19-3 Sqoop 数据传递逻辑

19.2.3 基于 Hive 的数据仓库

实际生产环境中，数据仓库的建设开发都是基于 Hadoop 的 Hive。Hive 是基于 Hadoop 的一个数据仓库工具，用于进行数据提取、转化和加载，这是一种可以存储、查询和分析 Hadoop 中的大规模数据的机制。结构化存储在 HDFS 中的数据，通过 Hive 被映射成了一张数据表。与此同时，Hive 也提供查询功能，用户输入类似 SQL 的 HiveQL 语句，Hive 将其转化成 MapReduce 任务执行。其在某种程度上可以看作用户编程接口，本身并不存储和处理数据，依靠 HDFS 存储数据以及 MR 处理数据。其中，HiveQL 的语法规则和 SQL 大致相同，但在一些细节上存在差距。例如，HiveQL 不支持更新操作、索引和事务，子查询和连接操作也存在一些限制。图 19-4 展示了本次项目基于 Hive 数据仓库的分层逻辑。

线上业务数据同步到 Hive 数据仓库后，在 Hive 数据仓库将数据自下而上清洗成三层：ODS 层、DW 层、App 层。ODS 层又名临时存储层，这层做的工作是贴源。这层的数据和源系统的数据是同构的，一般将这些数据分为全量更新和增量更新，通常在贴源的过程中会做一些简单的清洗。DW 层又名数据仓库层，将一些数据关联的日期进行拆分，使得其更具体地分类，一般拆分成年、月和日。而 ODS 层到 DW 层的 ETL 脚本会根据业务需求对数据进行清洗、设计。如果没有业务需求，则根据源系统的数据结构和未来的规划做处理。对这层的数据要求是一致、准确以及尽量建立数据的完整性。App 层又名引用层，提供报表和数据沙盘展示所需的数据。在实际线上生产中，训练模型所需要的数据就存储在这层中。

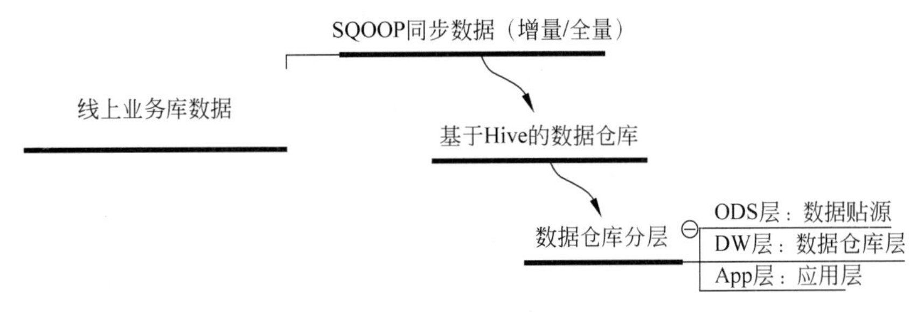

图 19-4　数据仓库分层

19.2.4　基于 Azkaban 的数据仓库的调度任务

Azkaban 是由 LinkedIn 公司推出的一个批量工作流任务调度器，主要用于在一个工作流内以一个特定的顺序运行一组工作和流程，它以简单的 key:value 对的方式，通过配置中的 dependencies 设置依赖关系，这个依赖关系必须是无环的，否则会被视为无效的任务，而不会执行环内任何一个任务。Azkaban 使用 job 配置文件建立任务之间的依赖关系，并提供一个易于使用的 Web 用户界面维护和跟踪工作流。

在生产环境的数据仓库中，大部分数据按天增量同步，少部分数据由于会回溯更改订单状态而需要每天全量同步历史表。每天凌晨一过，Azkaban 会启动 job 任务，从 ODS 层开始同步业务库的数据，然后依次一层一层清洗出 DW 层和 App 层数据。整个调度任务的工作流程如图 19-5 所示。

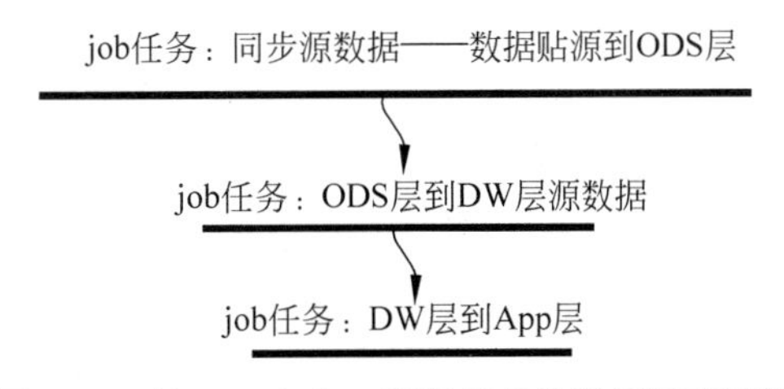

图 19-5　基于 Azkaban 调度任务的数据同步逻辑

19.2.5　数据仓库的数据集成和数据清洗

数据集成和数据清洗是在数据从 ODS 层到 App 层的过程中逐渐完成并完善的。数据集成（Data Integration）是一个数据整合的过程，通过综合各数据源，将拥有不同结构和不同属性的数据整合归纳在一起。由于不同的数据源在定义属性时命名规则不同,存入的数据格式、取值方式和单位都会有不同,所以即便两个值代表的业务意义相同,也不代表存储在数据库中的值就是相同的。因此需要数据向上层清洗的过程进行集成、去冗余,保证数据质量。一句话解释:数据集成是将不同来源的数据整合在一个数据库中的过程。数据集成的过程主要在DW层和App层完成,一层一层精炼的过程使得最终呈现的数据结果越来越贴近业务方的使用。图19-6展示了数据仓库的分层的流程。

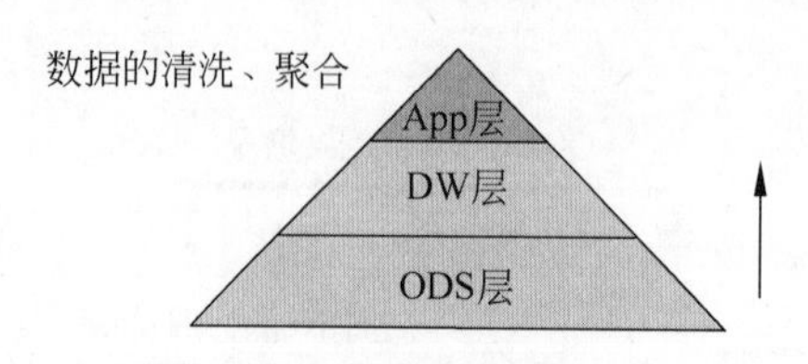

图19-6 数据仓库的分层

数据清洗(data cleaning)是一种清除数据中的错误,去掉重复数据的技术。即通过缺失值处理、噪声数据光滑和离散值识别删除等方法提升数据质量。数据清洗可以从ODS层同步数据时开始。例如发现ODS层数据有问题,但数据同步没有差错,这时可以考虑业务库数据记录出现问题,应及时通知业务方检查线上数据的记录和写入是否出现失误。

19.2.6 整合后的数据表

经过Sqoop数据同步、数据清洗和数据聚合后,ODS层、DW层、APP层各层数据所清洗和涉及的业务整合成数据表依次如表19-1～表19-3所示。

ODS层数据表及表中记录内容如表19-1所示,主要进行了线上业务库数据的贴源工作。

表19-1 ODS层数据表

表名称	表中记录内容
shuidi_ods.ods_wx_queue_record	公示事件触达用户记录表_每天增量
shuidi_ods.ods_sd_user_info	用户个人信息全量表_每天增量
shuidi_ods.sd_user_balance_history	用户余额信息表_历史全量
shuidi_ods.ods_sdb_order	用户购买保险信息表_每天增量
shuidi_ods.order_item	用户充值信息表_每天增量
shuidi_ods.hz_user_balance	互助用户升级信息表_每天增量

DW层数据表及表中记录内容如表19-2所示,对数据进行了聚合、清洗,例如单位统一、表合并。

表19-2 DW层数据表

表名称	表中记录内容
shuidi_dev.sd_user_balance_history	用户订单余额全量表_历史全量
shuidi_dev.order_item	用户加入互助信息表_每天增量

续表

表　名　称	表中记录内容
shuidi_sdm. sdm_wx_queue_record_d	公示消息触达用户记录表_每天增量
shuidi_sdm. sdm_sdb_order_d	用户购买保险记录表_每天增量
shuidi_sdm. sdm_hz_user_balance_d	用户订单充值记录表_每天增量

App 层数据表及表中记录内容如表 19-3 所示。

表 19-3　App 层数据表

表　名　称	表中记录内容
shuidi_app. app_predict_charge_data	用户是否会充值相关维度信息

表 19-3 中的数据展示了数据仓库工作清洗到最后 App 层所涉及的数据表。在实际的模型训练和预测过程中,无须再调用线上业务库的数据,直接使用基于 Hive 的数据仓库的 App 层 shuidi_app. app_predict_charge_data 中的数据即可。

19.3　数据展示和分析

19.2 节主要阐明了数据在工程上的准备,已经清洗和准备好的数据存储在基于 Hive 的数据仓库的 App 层,模型训练和预测可以直接调用 App 层数据表中的数据。本节主要阐述数据的业务背景以及展示数据集的描述性统计结果。

19.3.1　数据集的选取和业务背景的描述

取 2017 年 12 月 5 日公示事件触达的 400 万(4212338)用户及其各维度特征属性。在这批用户收到公示信息后的 4 天(2017 年 12 月 5 日至 8 日)内,充值用户为 87 386 人,充值单量为 141 919 单,充值金额为 1 959 897 元。对于这批收到公示信息的用户,在接下来的 4 天内,充值过的用户标签打为 1,没有充值的用户标签打为 0。同时,收集这批用户八大模块、近 70 个维度的信息。

19.3.2　各维度信息详细说明

这一部分主要描述展示八大模块、近 70 个维度的用户信息的意义。所选取的各维度信息如图 19-7 所示。

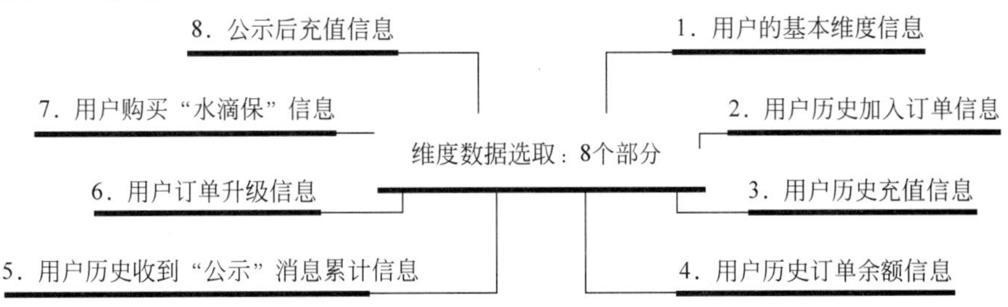

图 19-7　维度数据选取

用户的基本维度信息,如表 19-4 所示,涵盖用户性别、用户省份。

表 19-4 用户的基本维度信息

user_id	用户 id
basic_id_gender	用户性别
basic_id_province	用户省份

用户在收到公示消息时历史累计加入互助的单量信息、加入金额以及加入时长(按天计)的属性,如表 19-5 所示。

表 19-5 用户历史加入的订单信息

join_order_num	总的加入订单数
total_join_amount	总加入金额
max_join_amount	加入的最大金额
min_join_amount	加入的最小金额
avg_join_amount	平均加入金额
diff_last_join_day	最后一次加入距此次公示的天数
diff_first_join_day	第一次加入距此次公示的天数

收到公示消息的用户历史充值信息,涵盖充值种类、充值单量和充值金额等 24 个维度,具体维度指标及含义如表 19-6 所示。

表 19-6 用户历史充值信息

total_charge_num	历史累计充值次数
total_charge_amount	历史累计总充值金额
avg_charge_amount	平均充值金额
diff_last_charge_day	最后一次充值距此次公示的天数
if_charge_adult	是否充值中青年
charge_adult_num	充值中青年的次数
max_charge_adult_amount	充值中青年的最大金额
min_charge_adult_amount	充值中青年的最小金额
avg_charge_adult_amount	充值中青年的平均金额
if_charge_teenager	是否充值青少年
charge_teenager_num	充值青少年的次数
max_charge_teenager_amount	充值青少年的最大金额
min_charge_teenager_amount	充值青少年的最小金额
avg_charge_teenager_amount	充值青少年的平均金额
if_charge_old	是否充值老年
charge_old_num	充值老年的次数
max_charge_old_amount	充值老年的最大金额
min_charge_old_amount	充值老年的最小金额
avg_charge_old_amount	平均充值金额
if_charge_accident	是否充值意外事故
charge_accident_num	充值意外事故的次数
max_charge_accident_amount	充值意外的最大金额
min_charge_accident_amount	充值意外的最小金额
avg_charge_accident_amount	充值意外的平均金额

表19-7主要描述收到公示消息的用户目前各互助单量余额情况。

表19-7　互助计划的余额

if_join_adult	是否加入中青年计划
adult_order_num	加入中青年计划的单量
max_adult_balance_amount	中青年计划账户的最大余额
min_adult_balance_amount	中青年计划账户的最小余额
avg_adult_balance_amount	中青年计划账户平均余额
total_adult_balance_amount	总的中青年计划的余额
if_join_teenager	是否加入青少年计划
teenager_order_num	加入青少年计划的单量
max_teenager_balance_amount	青少年计划账户最大的余额
min_teenager_balance_amount	青少年计划账户最小的余额
avg_teenager_balance_amount	青少年计划账户平均余额
total_teenager_balance_amount	总的青少年计划的余额
if_join_old	是否加入老年计划
old_order_num	老年计划的单量
max_old_balance_amount	老年计划账户的最大余额
min_old_balance_amount	老年计划账户的最小余额
avg_old_balance_amount	老年计划账户的平均余额
total_old_balance_amount	老年计划账户总余额
if_join_accident	是否加入意外计划
accident_order_num	加入意外计划的单数
max_accident_balance_amount	意外计划账户的最大余额
min_accident_balance_amount	意外计划账户的最小余额
avg_accident_balance_amount	意外计划账户的平均余额
total_accident_balance_amount	意外计划账户的总金额

表19-8主要描述用户本次收到公示消息的用户历史累计收到公示消息的条数。

表19-8　用户收到的公示消息的累计信息

gs_msg_arrive_count	用户总共收到的公示消息的条数
diff_notice_last_day	收到上一条公示消息和本次公示消息间隔的天数

表19-9主要描述用户历史升级加入互助保单的相关维度信息，其是衡量用户对互助保单是否重视的重要部分。

表19-9　用户的升级信息

upgrade_order_num	升级的订单数量
upgrade_amount	升级消耗的金额
diff_last_upgrade_day	最后一次升级距本次的天数

表19-10主要描述用户是否购买商保，主要涉及的信息有保单量、金额、时间。

表19-10　购买商保的信息

sdb_order_num	用户商保的订单
sdb_user_money	商保用户金额
diff_last_sdb_buy_day	最后一次购买商保距本次公示的天数

表 19-11 主要描述用户的最终标签属性，即用户收到公示后是否充值，充值则标记为 1，没有充值则标记为 0。

表 19-11　公示后充值信息

notice_charge_label	是否公示后充值
notice_charge_order_num	公示后充值的单量
notice_charge_amount	公示后充值的金额

19.3.3　各维度数据的描述性统计

在介绍完模型训练所选取的维度及其含义之后，各维度数据需要进行基本的数据分析、统计性描述以及分布展示。本节内容主要是展示八大模块、近 70 个维度的数据的分布状态，统计指标包括均值、方差、最小值、最大值、25%分位数、50%分位数和 75%分位数。通过上述各维度的统计指标，可以较为清晰地看到数据的分布及各维度属性的特性，为后面的数据的特征工程做了铺垫。其中，统计指标 count 表示此维度的样本数量；mean 表示此维度样本的平均值；std 表示此维度样本的方差；min 表示代表此维度样本的最小值；max 表示代表此维度样本的最大值；25%表示此维度样本的 25%分位数；50%表示此维度样本的 50%分位数；75%表示此维度样本的 75%分位数。

用户数据加载的 Python 代码如例 19-1 所示。

【例 19-1】　用户数据加载。

```
1   if __name__ == '__main__':
2       data_label_info = pd.read_csv('../z_data/origin_data.csv', header = 0, index_col =
        False) # (4212338, 71)
3       data_label_info.info()
```

接下来从整体用户、充值用户、非充值用户三个角度，列举观察各个维度数据的统计指标，充值用户和非充值用户数据集划分的 Python 代码如例 19-2 所示。

【例 19-2】　充值用户和非充值用户数据集划分。

```
1   ata_label_info = data_label_info.fillna(0)
2       label_1 = data_label_info[data_label_info['notice_charge_label'] == 1] # (87386, 67)
3       label_2 = data_label_info[data_label_info['notice_charge_label'] == 0] #
        (4124952, 67)
```

表 19-12 展示了用户基本属性的统计指标。数据业务分析的结论如下。

(1) 充值用户的年龄较高些，在 25%和 75%分位数可以看出，相较非充值用户大概高了 5 岁。

(2) 充值用户的用户数量远远小于非充值用户的用户数量，样本分布不均衡。

表 19-12　用户基本属性的统计指标

用户	信息	count	mean	std	min	25%	50%	75%	max
整体	user_id	4 212 338	66 503 718.03	60 385 833.62	1	15 637 379.25	42 988 051	117 025 884	195 371 498
	basic_id_age	4 212 338	21.04 411 707	19.14 862 712	0	0	27	38	80
充值	user_id	87 386	76 778 116.28	65 372 858.91	22	20 020 656.5	50 966 687.5	141 256 938	195 369 796
	basic_id_age	87 386	26.63 280 159	19.52 956 698	0	0	33	42	69
未充值	user_id	4 124 952	66 286 057.66	60 256 783.65	1	15 557 134.75	42 836 854.5	116 511 941.3	195 371 498
	basic_id_age	4 124 952	20.92 572 229	19.1 228 185	0	0	27	38	80

表 19-13 是用户收到公示消息前加入互助订单情况的统计指标。根据表 19-13 统计值,数据业务分析的结论如下。

(1) 相较非充值用户,本次充值用户的历史累计加入单量为 2 单左右,非充值用户为 1 单;充值用户往往是那些最近 1 个月有加入单的用户。

(2) 充值用户的首次加入时间和最后一次加入时间,距本次充值时间大概为 30 天;而非充值用户则为 60 天。

(3) 充值用户和非充值用户,首次加入单的金额无差别,都为 3 元;或者说大部分用户首次加入时的金额都为 3 元。

表 19-13 用户收到公示消息前加入互助订单情况的统计指标

用户	信　息	count	mean	std	min	25%	50%	75%	max
整体	join_order_num	4 212 338	1.930 045 262	1.711 638 552	0	1	1	2	320
	total_join_amount	4 212 338	18.007 833 45	44.341 669 17	0	3	5	12	4739
	max_join_amount	4 212 338	9.032 916 639	16.230 289 6	0	3	3	5	1000
	min_join_amount	4 212 338	4.681 318 574	7.688 424 534	0	3	3	3	350
	avg_join_amount	4 212 338	6.738 631 121	10.103 892 05	0	3	3	5	515
	diff_last_join_day	4 212 338	84.384 640 79	96.761 530 16	0	19	50	117	587
	diff_first_join_day	4 212 338	106.055 812 2	119.197 641 4	0	22	65	150	587
充值	join_order_num	87 386	2.148 193 074	2.042 101 075	0	1	2	3	173
	total_join_amount	87 386	16.97 332 525	38.85 026 189	0	3	6	12	1655
	max_join_amount	87 386	7.804 453 803	13.1 191 033	0	3	3	3	500
	min_join_amount	87 386	3.814 478 292	4.489 372 958	0	3	3	3	350
	avg_join_amount	87 386	5.603 705 458	7.006 126 988	0	3	3	3	350
	diff_last_join_day	87 386	62.8 993 317	88.45 629 227	0	8	28	82	573
	diff_first_join_day	87 386	84.70 232 074	115.9 565 841	0	9	33	116	587
非充值	join_order_num	4 124 952	1.925 423 859	1.703 642 862	0	1	1	2	320
	total_join_amount	4 124 952	18.02 974 923	44.45 040 933	0	3	3	12	4739
	max_join_amount	4 124 952	9.058 941 294	16.28 877 231	0	3	3	5	1000
	min_join_amount	4 124 952	4.699 682 353	7.740 860 631	0	3	3	3	350
	avg_join_amount	4 124 952	6.762 674 216	10.15 793 443	0	3	3	5	515
	diff_last_join_day	4 124 952	84.83 980 129	96.87 825 965	0	19	51	117	587
	diff_first_join_day	4 124 952	106.5 081 802	119.2 240 019	0	22	65	151	587

表 19-14 是整体用户历史充值情况的统计指标的部分数据,表 19-15 是公示消息后充值和非充值用户互助订单充值情况的统计指标的部分数据,详细各维度数据的描述性统计参见附录 A 中的两个表。通过表 19-14 和表 19-15 所示,数据业务分析的结论如下。

(1) 本次公示后,充值的用户中 50%以上是历史上从来没有充过值的用户(不过,全量样本中和本次公示后非充值用户样本中,未充过值的用户也是占比较高,但不到 50%)。

(2) 此次充值的用户,从历史累计充值次数、累计充值金额、上次充值距今的天数上看,充值用户通常是新用户,即“加入不久的用户”;相反,也反映了老用户的充值表现并不好，即用户留存充值方面表现不好。还有接近 50%的一大批用户，一直没有充值行为。

表 19-14 整体用户历史充值情况的统计指标(部分)

信 息	count	mean	std	min	25%	50%	75%	max
total_charge_num	4 212 338	1.20 492 705	2.116 265 255	0	0	1	2	283
total_charge_amount	4 212 338	20.05 019 672	43.9 653 612	0	0	9	28	6300
avg_charge_amount	4 212 338	8.905 225 395	15.76 177 534	0	0	6	9	666
diff_last_charge_day	4 212 338	44.04 469 299	80.32 240 888	0	0	0	55	549
if_charge_adult	4 212 338	0.440 434 742	0.49 643 936	0	0	0	1	1
charge_adult_num	4 212 338	0.822 471 274	1.24 413 395	0	0	0	1	106

表 19-15 公示消息后充值和非充值用户互助订单充值情况的统计指标(充值用户部分)

信 息	count	mean	std	min	25%	50%	75%	max
total_charge_num	87 386	1.147 254 709	2.510 239 091	0	0	0	1	283
total_charge_amount	87 386	15.59 658 298	38.20 048 709	0	0	0	18	2837
avg_charge_amount	87 386	6.102 527 832	11.05 526 819	0	0	0	9	350
diff_last_charge_day	87 386	35.6 981 782	66.99 001 748	0	0	0	48	537

表 19-16 是用户互助各单的余额情况的统计指标的部分数据，详细全部数据参见附录 B。数据业务分析的结论如下。

(1) 本次发公示消息的用户 90%加入了中青年计划。

(2) 充值用户的互助计划余额大部分在 10～20 元，相比非充值用户高了 10 元左右。

表 19-16 用户互助各单的余额情况的统计指标

信 息	count	mean	std	min	25%	50%	75%	max
if_join_adult	4 212 338	0.903 478 306	0.295 305 397	0	1	1	1	1
adult_order_num	4 212 338	1.318 237 283	0.856 057 079	0	1	1	2	289
max_adult_balance_amount	4 212 338	11.98 005 984	20.71 491 652	−0.46	1.07	3	16.39	1617.39
min_adult_balance_amount	4 212 338	10.0 157 047	17.84 591 551	−0.46	0.65	3	12.41	1617.39

本次公示触及用户历史累计收到公示消息情况的统计指标如表 19-17 所示，数据业务分析的结论如下。

(1) 充值用户累计收到 1～12 条公示短消息，非充值用户累计收到 4～13 条公示短消息。

(2) 用户收到上一次公示距今的天数，充值用 1～7 天，非充值用户用 4～7 天。

(3) 对于老用户而言，公示消息的发送已经不能触发其充值了，建议考虑其他触发充值的手段。

表 19-17　历史累计收到公示消息情况的统计指标

用户	信　息	count	mean	std	min	25%	50%	75%	max
整体	gs_msg_arrive_count	4 212 338	9.739 111 391	6.238 081 576	0	4	11	13	81
	diff_notice_last_day	4 212 338	5.338 561 388	3.667 383 904	0	4	7	7	95
充值	gs_msg_arrive_count	87 386	7.64 988 671	6.498 053 444	0	1	8	12	48
	diff_notice_last_day	87 386	4.33 814 341	5.361 747 326	0	1	6	7	95
非充值	gs_msg_arrive_count	4 124 952	9.783 371 055	6.224 877 607	0	4	11	13	81
	diff_notice_last_day	4 124 952	5.359 754 974	3.619 939 587	0	4	7	7	95

用户历史订单升级情况的统计指标如表 19-18 所示，数据业务分析结论如下。

(1) 此次充值的用户，在历史累计升级单量和升级金额的表现，并不比非充值用户好。

(2) 一个较大胆的假设，如果有过升级行为的用户算互助“高价值”且“认可互助产品”用户的话，那么“公示”只对其充值行为起到简单触发作用，并没有更为深刻地诱导用户进行充值。建议探索其他方式引导用户充值。

表 19-18　用户历史订单升级情况的统计指标

用户	信　息	count	mean	std	min	25%	50%	75%	max
整体	upgrade_order_num	4 212 338	0.167 727 281	0.55 679 353	0	0	0	0	25
	upgrade_amount	4 212 338	5.031 818 434	16.70 380 589	0	0	0	0	750
	diff_last_upgrade_day	4 212 338	7.529 650 517	24.88 089 115	0	0	0	0	126
充值	upgrade_order_num	87 386	0.163 023 825	0.566 578 492	0	0	0	0	13
	upgrade_amount	87 386	4.89 071 476	16.99 735 475	0	0	0	0	390
	diff_last_upgrade_day	87 386	6.12 710 274	22.43 647 381	0	0	0	0	124
非充值	upgrade_order_num	4 124 952	0.167 826 923	0.556 584 017	0	0	0	0	25
	upgrade_amount	4 124 952	5.034 807 678	16.69 752 051	0	0	0	0	750
	diff_last_upgrade_day	4 124 952	7.559 363 115	24.92 923 202	0	0	0	0	126

表 19-19 展示了收到公示消息的用户购买商保情况的统计指标。结论如下：收到这批公示消息后充值的用户，在购买商保的表现上，比非充值用户更好一些。

表 19-19　用户购买商保情况的统计指标

用户	信　息	count	mean	std	min	25%	50%	75%	max
整体	sdb_order_num	4 212 338	0.0 893 613	0.432 637 383	0	0	0	0	109
	sdb_user_money	4 212 338	3.063 643 167	58.43 182 606	0	0	0	0	12 494
	diff_last_sdb_buy_day	4 212 338	3.956 631 685	26.41 593 551	0	0	0	0	346
充值	sdb_order_num	87 386	0.114 800 998	0.466 982 958	0	0	0	0	22
	sdb_user_money	87 386	3.503 547 479	66.71 939 292	0	0	0	0	7153
	diff_last_sdb_buy_day	87 386	4.201 988 877	27.04 534 235	0	0	0	0	327
非充值	sdb_order_num	4 124 952	0.088 822 367	0.431 864 089	0	0	0	0	109
	sdb_user_money	4 124 952	3.054 323 912	58.24 347 517	0	0	0	0	12 494
	diff_last_sdb_buy_day	4 124 952	3.951 433 859	26.40 241 809	0	0	0	0	346

表19-20展示了收到公示消息后用户充值情况的统计指标。数据业务分析结论如下：本次公示消息发送了4 212 338人，发生充值87 386人，人均充值22.43元，充值人数占2%。

表19-20　收到公示消息后用户充值情况的统计指标

用户	信　息	count	mean	std	min	25%	50%	75%	max
整体	notice_charge_label	4 212 338	0.020 745 249	0.142 530 307	0	0	0	0	1
	notice_charge_order_num	4 212 338	0.033 691 266	0.2 770 562	0	0	0	0	37
	notice_charge_amount	4 212 338	0.465 275 341	4.87 482 322	0	0	0	0	1580
充值	notice_charge_label	87 386	1	0	1	1	1	1	1
	notice_charge_order_num	87 386	1.62 404 733	1.057 038 017	1	1	1	2	37
	notice_charge_amount	87 386	22.42 804 339	25.55 260 918	9	9	18	27	1580
非充值	notice_charge_label	4 124 952	0	0	0	0	0	0	0
	notice_charge_order_num	4 124 952	0	0	0	0	0	0	0
	notice_charge_amount	4 124 952	0	0	0	0	0	0	0

表19-21是各省用户收到公示消息后的充值情况的部分数据展示。由表中的数据可知：四川、新疆、西藏和青海地区用户收到公示信息后充值率相对高，借此考虑后续特征工程时可以依据数据分布特征详细处理。

表19-21　各省用户收到公示消息后的充值情况（部分）

province	label	count	充值率
未知	0	1 756 799	
	1	27 729	1.55%
上海	0	5640	
	1	137	2.37%
江苏	0	119 066	
	1	3120	2.55%
江西	0	75 992	
	1	1898	2.44%

如式(19-6)所示，皮尔逊相关性系数(Pearson Correlation)是衡量向量相似度的一种方法。输出为−1～1。0代表无相关性，负值为负相关，正值为正相关。

$$\rho_{X,Y}=\frac{\operatorname{cov}(X,Y)}{\sigma_X\sigma_Y}=\frac{E(XY)-E(X)E(Y)}{\sqrt{E(X^2)-E^2(X)}\ \sqrt{E(Y^2)-E^2(Y)}} \tag{19-6}$$

各维度属性之间的皮尔逊相关系数如图19-8所示，只截取了部分，完整模式是70×70的矩阵。通过计算结果可以看到，当皮尔逊相关系数大于0.7或者小于−0.7时，表示这对维度属性之间有强相关性。

(1) total_charge_amount和total_charge_num之间的皮尔逊相关系数是0.8003，这两个维度之间有很高的相关性，为正相关。

(2) max_old_balance_amount和max_old_balance_amount之间的皮尔逊相关系数是0.8044，这两个维度之间有很高的相关性，为正相关。

(3) max_old_balance_amount 和 avg_charge_old_amount 之间的皮尔逊相关系数是 0.8001,这两个维度之间有很高的相关性,为正相关。

	basic_id_age	basic_id_pro	join_order_n	total_join_ar	max_join_an	min_join_am	avg_join_am	diff_last_join	diff_first_join	total_charge	total_charge	avg_charge_	diff_last_cha	if_charge_ad	charge_adul	max_charge	min_charge	avg_charge_	if_charge_te
basic_id_a	1	0.48426588	0.06584441	0.02578354	0.02244995	-0.0141807	0.00669592	-0.0884668	-0.0591504	0.02867834	0.03383169	0.0752749	-0.0738	0.02621384	0.01857784	0.02357483	0.01189605	0.01804002	-0.0165731
basic_id_p	0.48426588	1	0.16063549	0.05710845	0.00141717	-0.0430512	-0.0143205	-0.1995526	-0.1327842	0.00800746	-0.0171601	-0.0385368	-0.1874388	0.01254942	0.02273864	-0.0046039	-0.006299	-0.0070111	0.00743801
join_order	0.06584441	0.16063549	1	0.75692259	0.42223757	0.10505023	0.35008326	0.02309201	0.33065584	0.61112965	0.53436985	0.0984028	0.06293541	0.18278942	0.42088833	0.15727883	0.0836952	0.12605305	0.36774868
total_join_	0.02578354	0.05710845	0.75692259	1	0.66055643	0.3727382	0.65517804	0.07234338	0.36672174	0.5102375	0.54507404	0.21516738	0.22341652	0.22665767	0.37197188	0.26630481	0.18185206	0.23140072	0.25994887
max_join_a	0.02244995	0.00141717	0.42223757	0.66055643	1	0.47539079	0.91593026	0.06464911	0.35316703	0.30202682	0.34479202	0.26391704	0.26917893	0.26336091	0.30921609	0.28200733	0.21967614	0.25746568	0.15842519
min_join_a	-0.0141807	-0.0430512	0.10505023	0.3727382	0.47539079	1	0.74770842	0.1535246	0.18237966	0.06152912	0.11659996	0.14945764	0.16580771	0.07299226	0.07676062	0.16570319	0.13431002	0.15525539	0.0039134
avg_join_a	0.00669592	-0.0143205	0.35008326	0.65517804	0.91593026	0.74770842	1	0.1101102	0.33682397	0.23834942	0.31116681	0.27739715	0.27873232	0.24099604	0.25315182	0.30102028	0.24206757	0.27959142	0.11828317
diff_last_jo	-0.0884668	-0.1995526	0.02309201	0.07234338	0.06464911	0.1535246	0.1101102	1	0.79563167	0.32639797	0.26689589	0.18776402	0.44090998	0.31962625	0.30842683	0.15427877	0.12320275	0.14303257	0.0968191
diff_first_jc	-0.0591504	-0.1327842	0.33065584	0.36672174	0.35316703	0.18237966	0.33682397	0.79563167	1	0.58992639	0.51734666	0.27671787	0.50534127	0.406622	0.48140181	0.26760097	0.21087283	0.24562243	0.21928315
total_charg	0.02867834	0.00800746	0.61112965	0.5102375	0.30202682	0.06152912	0.23834942	0.32639797	0.58992639	1	0.80025935	0.27524426	0.26424646	0.50501007	0.8101467	0.29996372	0.18981879	0.25125552	0.49618949
total_charg	0.03383169	-0.0171601	0.53436985	0.54507404	0.34479202	0.11659996	0.31116681	0.26689589	0.51734666	0.80025935	1	0.57866314	0.35570253	0.42544016	0.6207877	0.55904766	0.44031376	0.51512387	0.41043368
avg_charg	0.0752749	-0.0385368	0.0984028	0.21516738	0.26391704	0.14945764	0.27739715	0.18776402	0.27671787	0.27524426	0.57866314	1	0.51842472	0.48742787	0.30870813	0.87268381	0.85962785	0.8872489	0.11101528
diff_last_ch	-0.0738	-0.1874388	0.06293541	0.22341652	0.26917893	0.16580771	0.27873232	0.44090998	0.50534127	0.26424646	0.35570253	0.51842472	1	0.48328495	0.28783117	0.47934936	0.45557488	0.4800258	0.06304864
if_charge_	0.02621384	0.01254942	0.18278942	0.22665767	0.26336091	0.07299226	0.24099604	0.31962625	0.406622	0.50501007	0.42544016	0.48742787	0.48328495	1	0.72735078	0.57515007	0.5307589	0.56632034	0.21076137
charge_ad	0.01857784	0.02273864	0.42088833	0.37197188	0.30921609	0.07676062	0.25315182	0.30842683	0.48140181	0.8101467	0.6207877	0.30870813	0.28783117	0.72735078	1	0.41805664	0.28215182	0.35677086	0.33764618
max_charg	0.02357483	-0.0046039	0.15727883	0.26630481	0.28200733	0.16570319	0.30102028	0.15427877	0.26760097	0.29996372	0.55904766	0.87268381	0.47934936	0.57515007	0.41805664	1	0.91022493	0.97915799	0.09247268
min_charg	0.01189605	-0.006299	0.0836952	0.18185206	0.21967614	0.13431002	0.24206757	0.12320275	0.21087283	0.18981879	0.44031376	0.85962785	0.45557488	0.5307589	0.28215182	0.91022493	1	0.97409414	0.05794373
avg_charg	0.01804002	-0.0070111	0.12605305	0.23140072	0.25746568	0.15525539	0.27959142	0.14303257	0.24562243	0.25125552	0.51512387	0.8872489	0.4800258	0.56632034	0.35677086	0.97915799	0.97409414	1	0.07724768
if_charge_t	-0.0165731	0.00743801	0.36774868	0.25994887	0.15842519	0.0039134	0.11828317	0.0968191	0.21928315	0.49618949	0.41043368	0.11101528	0.06304864	0.21076137	0.33764618	0.09247268	0.05794373	0.07724768	1
charge_te	-0.0207064	-0.0068688	0.37821057	0.2735502	0.13888664	0.0059847	0.10926537	0.0938116	0.22335091	0.51358017	0.42542599	0.09853691	0.05595862	0.18242594	0.34060966	0.08610069	0.0527483	0.07208569	0.87540153
max_charg	-0.0187905	-0.0139902	0.2780534	0.25713018	0.16240958	0.0349792	0.15586994	0.08165798	0.20265774	0.39732443	0.55366402	0.1500639	0.07999684	0.1379986	0.24110583	0.10697638	0.08558681	0.10017546	0.6584063
min_charg	-0.002506	0.01863339	0.34696048	0.28719159	0.17850668	0.03223206	0.15433262	0.10218586	0.20824371	0.42476686	0.47142456	0.15721046	0.08561421	0.16305188	0.27659863	0.10465884	0.07896533	0.09647672	0.84850037
avg_charg	-0.01311	-0.0013737	0.31976903	0.28278437	0.177073	0.03549633	0.16347507	0.09216707	0.2140115	0.42773704	0.54921562	0.16051207	0.08666661	0.15554118	0.26696757	0.1118618	0.08779707	0.10434334	0.7665838

图 19-8 各维度属性之间的皮尔逊相关系数

19.3.4 各维度数据的可视化

通过查看各个数据维度的不同类型的数据分布图,可以直观感受到各维度的数据分布。进而提前发现数据分布存在的一些问题,有助于后续特征工程中的数据处理部分。本节展示了各个维度数据的分布直方图、分布概率密度图和偏态程度图。

各维度数据直方图如图 19-9 所示,通过此图可以发现数据分布的规则性,比较直观地看出各维度数据的分布状态,便于判断数据总体分布情况。从图中可以看到,用户数据的各维度分布大部分都比较集中。

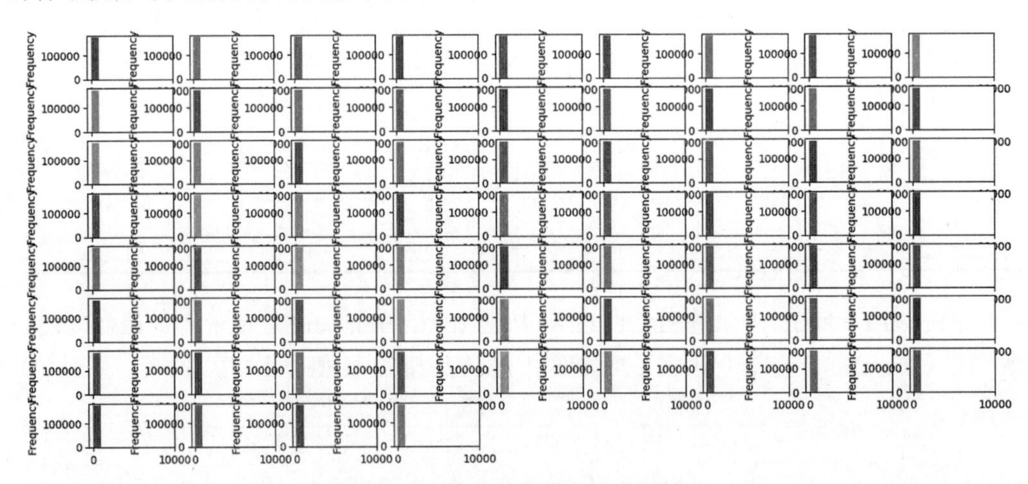

图 19-9 各维度数据直方图(见彩插)

图 19-10 为各维度数据密度图,其本质可以算是直方图的"微分"的展示方式。密度图比直方图更加平滑地展示了这些数据特征,其可以认为是平滑的直方图,显示了单变量的分布。从图中可以看到,有些数据呈单峰分布,有些数据呈双峰分布。

各维度数据偏态程度图如图 19-11 所示,印证了图 19-9 所展示大部分维度分布比较密集。

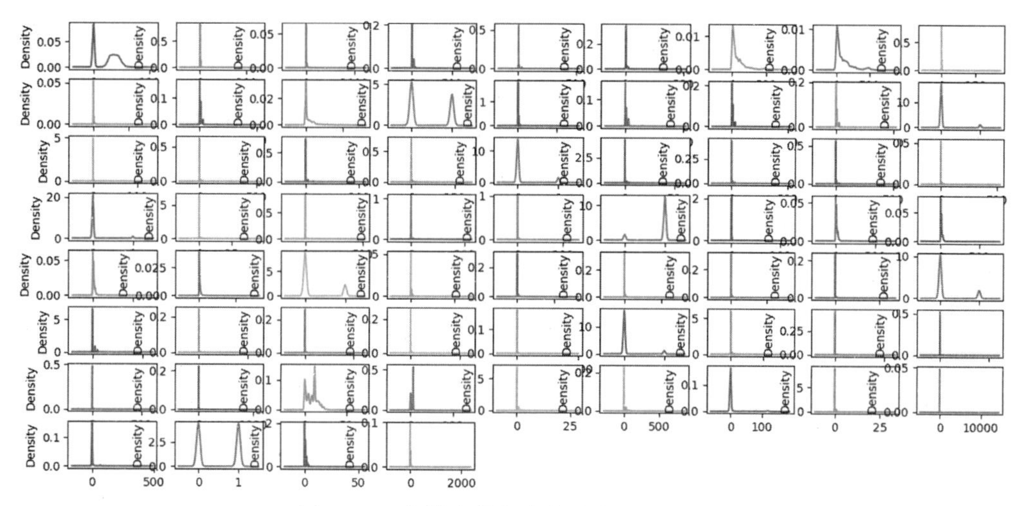

图 19-10 各维度数据密度分布图(见彩插)

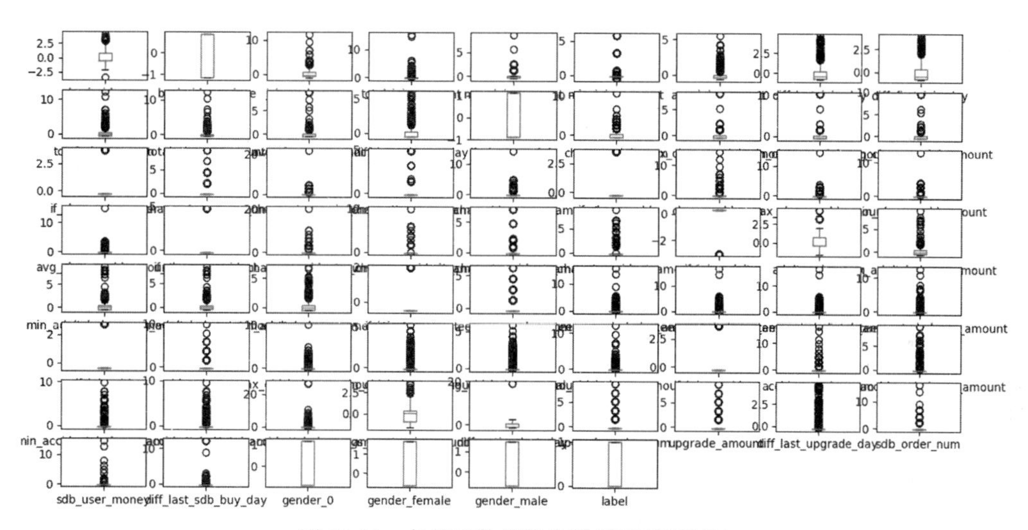

图 19-11 各维度数据偏态程度图(见彩插)

Python 画图的代码，如例 19-3 所示。

【例 19-3】 Python 画图代码。

```
1   result.plot(kind = 'hist', subplots = True, layout = (9,9),
    sharex = False, legend = False)
2       result.plot(kind = 'box', subplots = True, layout = (9,9),
    sharex = False, legend = False, figsize = (40,8))
3       result.plot(kind = 'scatter', subplots = True, layout = (9,9),
    sharex = False, legend = False, figsize = (40,8))
```

通过上述展示的一些结果，例如各维度数据的统计性描述指标和数据的各种分布图。可以以下结论：数据集中各维度的数据类型不同，包含空值、文本类型的数据和连续性数据；各维度数据的分布区间也大不相同。所以需要考虑对数据集进行规约变换，进而提高最终训练出模型预测结果的准确性。

针对以上数据问题，可以用以下思路进行处理。对于数据集中存在高度相关的维度属性的问题，通过引入过滤法和嵌入法等对相关性不高的维度数据进行筛选；对于各维度数据服从不同分布的问题，对数据进行标准化处理，即把各维度数据都转化成正态分布；对于数据分布的区间不同和差异比较大的问题，对数据进行区间缩放，使得所有维度数据的分布范围都在区间[0, 1]……类似需要处理的问题还有很多，19.4 节将会详细介绍数据的特征工程。

19.4 特征工程

用于训练模型的数据质量决定了训练模型的质量。经过 19.3 节的数据分析和数据展示，我们发现现有的经过数据仓库清洗聚合好的数据集仍旧存在一些问题，不能直接用于模型的训练。换言之，即使用其进行训练，训练结果也不会很好。所以，本节引入特征工程，目的是使得数据的各个维度更能突出其独有的特征，所有维度的集合即数据集更能描述和贴近事物的原貌。进而设计出更高效的特征，来刻画出求解的问题与预测模型之间的关系。训练出的预测模型的性能很大程度上取决于训练该模型的数据集的数据质量。

通过前期数据清洗，得到了未经处理的特征，这时的特征可能有以下问题。

(1) 单位不统一。属于同一属性类型的数据在原始数据库中记录的单位不同。例如，在数据中同样都是表示金额的维度，有的单位是元，有的单位是分，这里需要对单位进行统一。

(2) 维度数据的简化。对于某些维度的属性，数据分类特别多。例如，数据集中的用户所在的地区，其涵盖全国各个省市，由于此维度数据缺失比较多，可以将该维度数据特征的重点集中到用户是否处在充值率高的地区。

(3) 定性特征的处理。数据在进行模型训练时，大部分模型算法都要求输入的训练数据是数值型的，所以必须将定性的维度属性转换为定量的维度属性。哑编码可以很好地解决这一问题。假设有 N 种定性值，则将这一个特征扩展为 N 种特征，当原始特征值为第 i 种定性值时，第 i 个扩展特征赋值为 1，其他扩展特征赋值为 0。

(4) 数据集缺失。缺失的数据需要结合该维度数据的特性进行补充，例如，填充为 0、中位数或众数等。

针对数据集出现的上述问题，为了能够更好地训练出预测效果好的模型，对 App 层数据表 shuidi_app.app_predict_charge_data 中的数据依次做如下处理。

19.4.1 标准化

基于特征矩阵的列，将特征值转换至服从标准正态分布。需要计算特征的均值和标准差：

$$x = \frac{x - X}{S} \tag{19-7}$$

19.4.2 区间缩放

基于该维度数据的最大值和最小值，将输入数据的各维度数值转换到指定的区间。这里，基于最大值和最小值，将特征值转换到区间[0，1]：

$$x' = \frac{x - \min(X)}{\max(X) - \min(X)} \tag{19-8}$$

19.4.3 归一化

归一化是依照特征矩阵的行处理数据，使样本向量在点乘运算或其他核函数计算相似性时，拥有统一的标准，即都转化为“单位向量”。有 L1 和 L2 两种规则，其公式为

$$x' = \frac{x}{\sqrt{\sum_{j=1}^{m} x_j^2}} \tag{19-9}$$

19.4.4 对定性特征进行独热(one-hot)编码

在数据集中，例如性别属性和地理位置属性皆为定性变量，故需要进行编码，将定性的数据变成可以喂入模型计算的数值型特征。处理这种维度属性数据的思路是：若某单一的维度属性 K 含有 N 个类别，则将这一维度属性拓展成 N 个维度属性 $K_1, K_2, \cdots, K_N$。输入样本属于哪个属性，就在哪个属性下面记为 1，其他属性记为 0。这样就把类别型的维度属性变换成了一个类似二进制的表现形式。

19.4.5 缺失值填补

通过 19.3 节的数据分析展示可以发现，在清洗出来用于训练模型的数据集中，有很大一部分数据有缺失值，原因是数据没能采集到，例如用户的地理信息属性、年龄属性和性别属性等。在数据用于模型训练前，需要对这部分缺失值进行处理，否则不能输入模型进行预测。有一些填补策略，例如平均值填补、临近值填补、中位数填补和众数填补等。在本次研究目标的实际训练中，年龄属性用众数填补，性别的缺失值变成单独的一类。

上述数据特征工程详细处理过程的 Python 代码如例 19-4 所示。

【例 19-4】 数据集的预处理。

```
1    #1. 年龄的处理;众数填充成 30 data_label_info['basic_id_age'].mode() = 30
2        data_label_info['basic_id_age'] = data_label_info['basic_id_age'].fillna(30)
3
4        #2. 全部缺失值填成 0
5        data_label_info = data_label_info.fillna(0)
6
```

```
7        #3. sex性别:0,男,女 ---- 独热编码
8        dummies_gender = pd.get_dummies(data_label_info['basic_id_gender'], prefix='gender')
9        outcome_data = pd.concat([data_label_info,dummies_gender],axis=1)
10
11       #4. 地图信息:有信息变成1;否则为0
12       outcome_data['basic_id_province'] = outcome_data['basic_id_province'].map(map_locate)
13
14       #5. Standardization:mean removal and variance scaling 变成标准正态分布:每一列均
         #值为0,方差为1
15       x_scaled = preprocessing.scale(outcome_data) #(4212338, 69)
```

经过上述特征工程的处理,数据集变成如表19-22所示的形式。

表19-22 特征工程处理后的数据集

index	int64	if_charge_old	float64	max_old_balance_amount	float64
basic_id_age	float64	charge_old_num	float64	min_old_balance_amount	float64
basic_id_province	int64	max_charge_old_amount	float64	avg_old_balance_amount	float64
join_order_num	float64	min_charge_old_amount	float64	total_old_balance_amount	float64
total_join_amount	float64	avg_charge_old_amount	float64	if_join_accident	float64
max_join_amount	float64	if_charge_accident	float64	accident_order_num	float64
min_join_amount	float64	charge_accident_num	float64	max_accident_balance_amount	float64
avg_join_amount	float64	max_charge_accident_amount	float64	min_accident_balance_amount	float64
diff_last_join_day	float64	min_charge_accident_amount	float64	avg_accident_balance_amount	float64
diff_first_join_day	float64	avg_charge_accident_amount	float64	total_accident_balance_amount	float64
total_charge_num	float64	if_join_adult	float64	gs_msg_arrive_count	float64
total_charge_amount	float64	adult_order_num	float64	diff_notice_last_day	float64
avg_charge_amount	float64	max_adult_balance_amount	float64	upgrade_order_num	float64
diff_last_charge_day	float64	min_adult_balance_amount	float64	upgrade_amount	float64
if_charge_adult	float64	avg_adult_balance_amount	float64	diff_last_upgrade_day	float64
charge_adult_num	float64	total_adult_balance_amount	float64	sdb_order_num	float64
max_charge_adult_amount	float64	if_join_teenager	float64	sdb_user_money	float64
min_charge_adult_amount	float64	teenager_order_num	float64	diff_last_sdb_buy_day	float64
avg_charge_adult_amount	float64	max_teenager_balance_amount	float64	gender_0	int64
if_charge_teenager	float64	min_teenager_balance_amount	float64	gender_女	int64
charge_teenager_num	float64	avg_teenager_balance_amount	float64	gender_男	int64
max_charge_teenager_amount	float64	total_teenager_balance_amount	float64		
min_charge_teenager_amount	float64	if_join_old	float64		
avg_charge_teenager_amount	float64	old_order_num	float64		

19.4.6 数据倾斜

从19.3节的数据统计分析可看到,充值用户有87 386人,非充值用户有4 124 952人。充值用户占非充值用户的2%,数据分布极度不均衡。少数类样本的数量远少于多数类样本。由于最终训练出的模型的目标是分类,而不是刻画全部样本的样貌,数据类型

少的那一类，分类器对稀疏样本的刻画能力不足，难以有效地对这些稀疏样本进行区分。数据的不均衡导致分类器决策边界偏移，也会影响最终的分类效果。以 SVM 为例，少数类和多数类的每个样本对优化目标的贡献都是相同的。但由于多数类的样本数量远多于少数类，最终学习到的分类边界往往更倾向于多数类，导致分类边界偏移的问题，分类预测结果不准确。

使用采样的方法通过对训练集进行处理使其从不平衡的数据变成平衡的数据，进而提升最终的结果。采样又分为上采样（Oversampling）和下采样（Undersampling）。

（1）上采样的原理是把数据量小的那一类样本重复多次，直到两类样本的数据量达到均衡，此时总体样本量变大。上采样的不足在于，数据集中会反复出现一些样本，训练出来的模型会有一定的过拟合。

（2）下采样的原理是利用随机采样的形式，选出数据量大的那一类样本集和数据量少的样本集中同样数量的样本作为进行模型训练的数据。这样，总样本的数据量减少。但是经过下采样的训练数据集丢失了一部分数据，模型只学到了总体数据的一部分。

根据本次数据集的实际情况，数据量比较大，这里采用下采样的方法，剔除部分非充值用户的样本，使得训练数据集达到均衡。从非充值用户样本中随机选择少量样本，再合并原有充值用户样本作为新的训练数据集。随机欠采样有两种类型，分别为有放回和无放回。无放回欠采样不会重复采样同一样本，有放回欠采样则有可能。这里 Python 库中函数为 RandomUnderSampler，通过设置 RandomUnderSampler 中的 replacement=True 参数，可以实现自助法（bootstrap）抽样。Python 实现数据欠采样如例 19-5 所示。

【例 19-5】 数据欠采样。

```
1   # 使用 RandomUnderSampler 方法进行欠采样处理
2       model_RandomUnderSampler = RandomUnderSampler()    # 建立 RandomUnderSampler 模
                                                           # 型对象
3       x_RandomUnderSampler_resampled, y_RandomUnderSampler_resampled =
        model_RandomUnderSampler.fit_sample(x, y)          # 输入数据并进行欠采样处理
4
5       # 将数据转换为数据框并命名列名
6       x_RandomUnderSampler_resampled = pd.DataFrame(x_RandomUnderSampler_resampled,
        columns = [...]) # (174772, 68)
7       y_RandomUnderSampler_resampled = pd.DataFrame(y_RandomUnderSampler_resampled,
        columns = ['label']) # (174772, 1)
8
9       # [174772 rows x 69 columns]
10      RandomUnderSampler_resampled = pd.concat([x_RandomUnderSampler_resampled,
        y_RandomUnderSampler_resampled], axis = 1)         # 按列合并数据框
```

进行上述欠采样后，数据集变成 174 772 个样本，其中充值用户样本量为 87 366，非充值用户样本量为 87 386。正负样本比为 1∶1，样本均衡，可以用于进行模型的训练和预测。

19.5 模型训练和结果评价

前面的章节依次详细地介绍了基于机器学习构建用户分类模型的数学原理、数据在生产环境的收集整合和清洗存储过程、对得到的结果数据集的展示分析,以及特征工程和数据不均衡的处理。基于以上过程的处理,就可以开始构建分类模型了。在接下来的内容中,将梳理这一过程,并用规整好的数据集进行模型的训练,最后引入相关评价指标对训练出的模型的效果进行评估。

19.5.1 构造模型思路

一般构造模型的步骤描述如下。

(1) 找到合适的假设函数 $h_\theta(x)$。$h_\theta(x)$即想要用于分类的分类函数,其中 θ 为待求解的参数。其目的是通过输入数据预测判断结果。

(2) 构造损失函数,该函数表示预测的输出值即模型的预测结果 h 与训练数据类别 y 之间的偏差。可以是偏差绝对值和的形式或其他合理的形式,将此记为 $J(\theta)$,表示所有训练数据的预测值和实际类别之间的偏差。

(3) $J(\theta)$的值越小,预测函数越准确。最后以此为依据求解出假设函数中的参数 θ。

根据以上步骤,目前可以用于分类的成熟模型非常多,例如逻辑回归、决策树、k 最近邻和线性判别分析等。前面的章节已经介绍了这些模型的算法原理,这里直接使用单分类模型。

19.5.2 模型训练的流程

模型训练的首要工作是数据的准备:首先是工程上的数据同步,然后是基于数据仓库的数据收集清洗和聚合分层,最后是后续数据的特征工程和数据不均衡的处理。

在训练模型时,将数据集划分成训练集和测试集,其又称为保持验证(holdout validation)方法。训练集是用于训练模型的子集,测试集是用于测试训练后模型的子集。可以想象如图 19-12 的方式拆分数据集。在本次项目数据集的拆分过程中,训练集和测试集的比是 4∶1,即把整个数据集合分成 5 份,4 份用于训练模型,1 份用于对模型的效果进行评价。

图 19-12 训练集和测试集

接下来,用训练集的数据训练出上述的逻辑回归、k 最近邻、线性判别分析、朴素贝叶斯、支持向量机、决策树的分类模型。用测试集验证评价训练出的模型的效果,然后采用相关技巧进行模型效果的提升。最后选择效果最优的模型作为最终模型,进行下一次的预测,预测结果返回给线上应用。整个流程如图 19-13 所示。

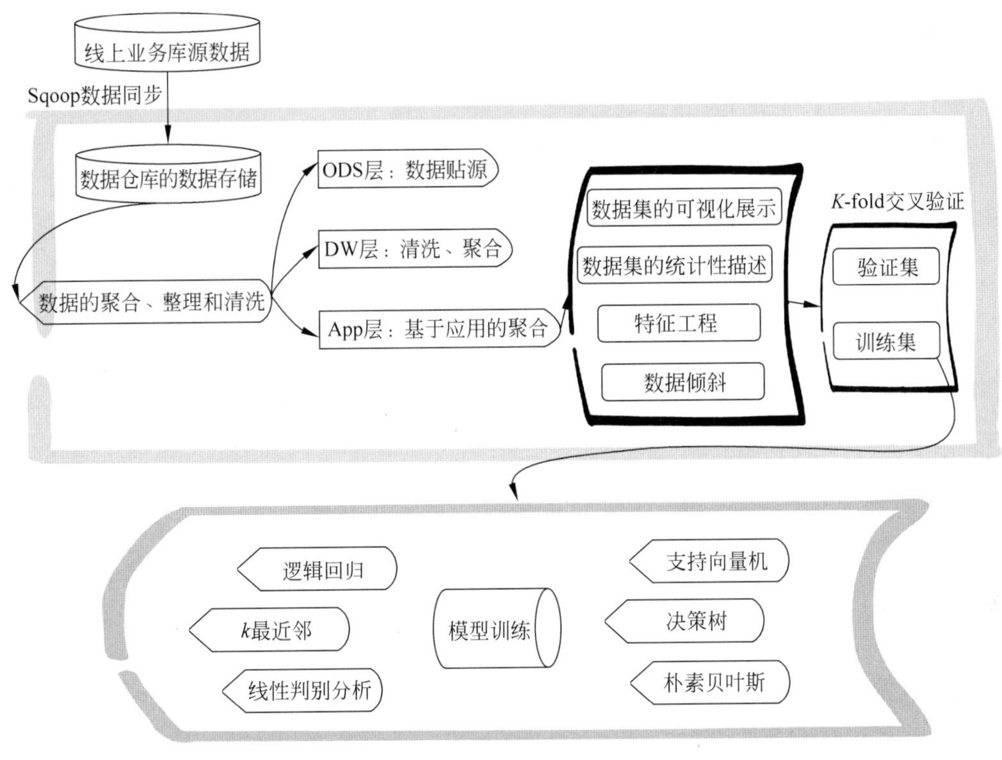

图 19-13　模型的训练流程

19.5.3　*K*-fold 交叉验证

首先，横向对比各个分类模型在默认参数的情况下的基线效果。这里引入 *K*-fold 交叉验证法。*K*-fold 交叉验证法是在训练模型时划分数据集的一种方法，可以使所有数据都参与到模型的训练中，进而避免模型的过拟合。同时，它也可以作为模型选择的一种方法，减少了数据划分对模型评价的影响，最终通过分类模型（线性、指数等）*K* 次建模的各评价指标的平均值比较算法的准确度。在本节中引入的分类模型的各评价指标越大，*K*-fold 数据训练出的模型的准确度越高。

1. *K*-fold 交叉验证原理

K-fold 交叉验证的过程如下：

（1）通过不重复抽样将原始数据随机分为 k 份；

（2）选择其中的 $k-1$ 份数据用于分类模型的训练，剩下 1 份数据用于测试模型；

（3）重复步骤（2）k 次，这样就得到了 k 个模型和它们的评估结果；

（4）计算每个模型在各自验证集上的误差评价指标，将这 k 个结果的平均值作为训练出的分类模型的最终性能评价指标。

使用 *K*-fold 交叉验证寻找最优参数要比保持验证方法（即单一划分数据集为训练集和测试集）更稳定。一旦找到最优参数，可以使用这组参数在原始数据集上训练模型作为最终的模型,但通常不用这样。K-fold 交叉验证使用不重复采样,优点是每个样本只会在训练集或验证集中出现一次,这样得到的模型评估结果有更低的误差和更高的精准性。图 19-14 展示了 10-fold 交叉验证的原理步骤。

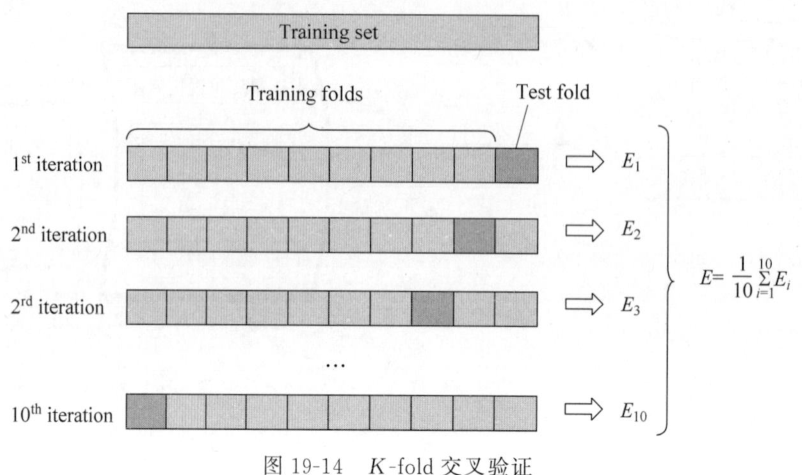

图 19-14　K-fold 交叉验证

10-fold 交叉验证的步骤如下。

(1) 通过不重复抽样,将数据集随机分成 10 份。

(2) 取其中 1 份作为验证集,剩余 9 份用于训练模型。共有 10 种取法,对应 10 种模型。

(3) 计算每一种取法训练出的模型的评价指标,这里有 10 个验证集。分类模型的评价指标可以选取准确率和交叉熵损失等。计算这 10 个评价指标各自的平均值,作为分类模型性能的最终衡量值。

2. *K*-fold 实验结果

通过引入 5-fold 交叉验证法对各个模型在默认参数的情况下,在全量数据集上的表现做一个基线的综合性的衡量。使用召回率(Recall)、准确率(Accuracy)、负交叉熵损失(neg_log_loss)、精准度(Precision)、ROC 曲线面积 AUC(Roc_AUC)作为模型分类的评价指标。这些评价指标越大,代表训练出的模型效果越好。同时引入训练模型所消耗的时间以及计算上述评价指标所消耗的时间,作为衡量分类模型效果好坏的一些指标。

Python 初始化各个模型如例 19-6 所示。

【例 19-6】 单分类模型的初始化。

```
1    models = {}
2    models['LR'] = LogisticRegression(C = 1.0, penalty = 'l1', tol = 1e - 6)
3    models['LDA'] = LinearDiscriminantAnalysis()
4    models['NB'] = GaussianNB()
5    models['KNN'] = KNeighborsClassifier()  #默认为 5
6    models['DT'] = DecisionTreeClassifier()
7    models['SVM'] = SVC(probability = True)
8    print(models)
```

实验结果如表19-23所示。

表19-23　各模型 *K*-fold 交叉验证的结果评价指标

模型	评价结果	fit_time (s)	score_time(s)	accuracy	neg_log_loss	precision	recall	roc_auc
k 最近邻	mean	89.8536	871.6648	0.8892	−0.8416	0.8991	0.8765	0.9517
	std	43.8798	152.1054	0.0010	0.0090	0.0023	0.0024	0.0007
逻辑回归	mean	357.6807	0.0885	0.9250	−0.2915	0.9471	0.8999	0.9536
	std	103.079	0.0013	0.0015	0.0026	0.0023	0.0009	0.0006
线性判别分析	mean	1.6549	0.0968	0.8338	−0.4516	0.8975	0.7532	0.9157
	std	0.2318	0.0025	0.0020	0.0011	0.0036	0.0033	0.0022
朴素贝叶斯	mean	0.2624	0.2776	0.6156	−1.8307	0.5845	0.8085	0.6985
	std	0.0211	0.0100	0.0271	0.0896	0.0257	0.0179	0.0040
支持向量机	mean	4522.2989	286.205	0.9480	−0.1735	0.9644	0.9303	0.9778
	std	92.2788	23.4617	0.0013	0.0046	0.0017	0.0014	0.0010
决策树	mean	2.2147	0.1199	0.9205	−2.5804	0.9174	0.9240	0.9220
	std	0.0400	0.0009	0.0005	0.0124	0.0012	0.0017	0.0003

从各类模型的实验结果可以发现：

(1) 支持向量机模型的表现最好。其在各个验证集上有最优的召回率、准确率、负交叉熵损失、精准度和ROC曲线面积AUC。且各指标在不同验证集上的稳定性也非常好，即各指标的方差小。但是支持向量机单个模型的训练时间非常长，接近1.25小时，得到结果需要等待较长的时间。

(2) 决策树模型在各个评价维度的指标表现也都非常好，召回率、准确率和精准度都在0.9以上。其优点是模型训练的速度最快，单个模型训练时间只要2.2秒，但其在负交叉熵损失指标上表现不好。

(3) *k* 最近邻模型和逻辑回归模型的各个指标表现也比较好，但是训练时间要远远长于决策树模型，尤其逻辑回归单个模型的训练时间达到0.1小时，*k* 最近邻模型的验证时间长。

(4) 朴素贝叶斯模型效果最差，模型准确率不到0.6。相对其他分类模型，对业务没有特别重要的参考价值。

(5) 线性判别分析模型，在这六个分类模型中有最低的召回率。基于业务背景，希望尽可能全面地找到有充值意向的用户，即牺牲一定的模型准确率，提高召回率，所以其相对其他5个模型参考意义也不大。

5-fold交叉验证计算的过程如例19-7所示。

【例19-7】 5-fold交叉验证结果的计算。

```
1    #交叉验证
2        num_folds = 5
3        seed = 7
4        scores = ['accuracy','precision','recall','neg_log_loss','roc_auc']
5        # 评估算法 - baseline
```

```
6        results = []
7        for key in models:
8            print(datetime.datetime.now())
9            print(key)
10           kfold = KFold(n_splits = num_folds, random_state = seed)
11           cv_results = cross_validate(models[key], X_train, Y_train, cv = num_folds,
             scoring = scores)
12
13           '''各维度的均值、方差和95%置信区间'''
14           #1\
15           fit_time = cv_results['fit_time']
16           print("fit_time : %0.4f (+/- %0.4f) | mean : %0.4f | std : %0.4f " % (
17               fit_time.mean(), fit_time.std() * 2, fit_time.mean(), fit_time.std() ))
18           #2\
19           score_time = cv_results['score_time']
20           print("score_time : %0.4f (+/- %0.4f) | mean : %0.4f | std : %0.4f " % (
21               score_time.mean(), score_time.std() * 2, score_time.mean(), score_time.std()))
```

图19-15是这六个单分类器在5-fold交叉验证中各评价指标分布的箱线图，清晰直观地展示了表19-23的数据结果。

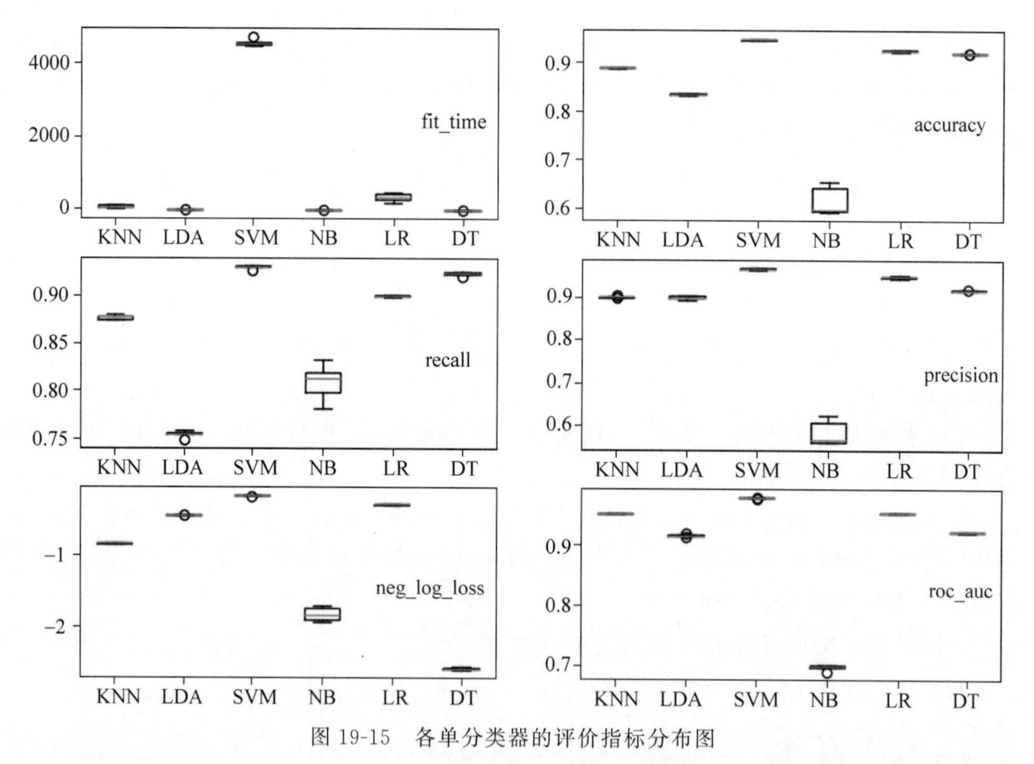

图19-15 各单分类器的评价指标分布图

根据图19-15所示，可以进一步验证之前论述的数据结论。其中支持向量机模型结果相对其他模型更好，各个评价指标结果都非常高，K-fold交叉验证的每一次验证结果分布也非常紧凑，在合理范围内波动变化。而朴素贝叶斯模型预测效果相较其他模型表现最差。

绘制交叉验证结果箱线图的部分代码，如例 19-8 所示。

【例 19-8】 交叉验证结果箱线图。

```
1    fig = pyplot.figure()
2    fig.suptitle('Algorithm Comparison')
3
4    ax = fig.add_subplot(321)
5    pyplot.boxplot(fit_time)
6    ax.set_xticklabels(models.keys())
```

下面 19.6 节基于上述未调参的基线模型，结合业务实际需求设定实验目标：召回率越高越好，即允许在损失一定准确率和精准率的情况下尽可能多地找到有充值意向的用户。以此为目标继续优化各单分类器模型的训练结果。

19.6　各分类器模型的训练和结果评价

将清洗好的数据划分成训练集和测试集，划分比例是 4∶1。具体来说，总样本量是 174 772，其中训练集 X_train 共 139 817 个样本，测试集 X_test 共 34 955 个样本。然后用划分出的训练集训练各单分类器模型。

根据业务背景和实际业务需求，调整优化的目标，进而得到此优化目标下的最优参数。通常来说，精准率、准确率和召回率不会同时很高。如果模型想要找到更多有充值意向的用户，那么势必会犯一些错。即在召回率提高的时候，模型的精准率和准确率会因此而牺牲；反之，如果模型很保守，它只对确定会充值的用户打上正标签，这时模型的精准率提高，召回率下降。

本次模型调参使用的最优衡量指标是召回率，即可以牺牲一定的精准率和准确率，但要把有充值意向的用户都找出来，使得召回率提升。

19.6.1　利用 Python 的 sklearn 包进行模型训练的过程梳理

1. 数据加载和数据集的划分

首先读取数据，然后按上述 4∶1 比例将原始数据集划分为训练集和测试集。详细过程如例 19-9 所示。

【例 19-9】 数据的加载和数据集的划分。

```
1   x_data = pd.read_csv('../z_data/x_reSampler.csv', header = 0) #[174772 rows x 68
    columns]
2       y_data = pd.read_csv('../z_data/y_reSampler.csv', header = 0) #[174772 rows x 1
        columns];
3       y_data['label'] = y_data['label'].astype('int')
4       validation_size = 0.2
```

```
5       seed = 7
6       X_train, X_test, Y_train, Y_test = train_test_split(x_data, y_data, test_size =
        validation_size, random_state = seed)
```

2. 待训练模型的初始化和需要调整的参数列表

这里以逻辑回归为例，初始化模型，并列举了模型需要调整的参数。使用网格搜索(GridSearch)法即穷举搜索法，训练所有参数组合下的模型，以最优召回率为目标，输出返回使目标指标最高的模型。详细过程如例 19-10 所示。

【例 19-10】 模型调参及训练。

```
1    penalty = ['l1','l2']
2    Cs = [0.001, 0.01, 0.1, 1, 10, 100, 1000]
3    param_grid = dict(penalty = penalty, C = Cs)
4    base_estimator = LogisticRegression()
5    lr_grid = GridSearchCV(base_estimator, param_grid, cv = 5, scoring = 'recall')
```

3. 模型预测结果

利用得到的最优模型，对测试集数据进行预测，输出最终预测结果。这里预测结果需要输出两类：一类是对用户类别的预测结果；另一类是对用户类别概率的预测结果。以上两类数据为接下来计算模型的评价指标做准备，详细过程如例 19-11 所示。

【例 19-11】 测试集上模型的预测结果。

```
1   y_pred = lr_grid.predict(X_test)
2   y_prob = lr_grid.predict_proba(X_test)
```

4. 模型评价指标

模型的评价指标主要有混淆矩阵，基于混淆矩阵的评价值：准确率(Accuracy)、精准率(Precision)、召回率(Recall)，此外还包括 ROC 曲线的 AUC 面积值以及交叉熵损失(Log_Loss)。各个指标的计算如例 19-12 所示。

【例 19-12】 模型评价指标的计算。

```
1       '''混淆矩阵'''
2       cnf_matrix = metrics.confusion_matrix(Y_test, y_pred)
3
4       '''混淆矩阵图'''
5       class_names = [0, 1]
6       fig, ax = plt.subplots()
7       tick_marks = np.arange(len(class_names))
8       plt.xticks(tick_marks, class_names)
9       plt.yticks(tick_marks, class_names)
```

```
10        sns.heatmap(pd.DataFrame(cnf_matrix), annot = True, cmap = "YlGnBu", fmt = 'g')
11        ax.xaxis.set_label_position("top")
12        plt.tight_layout()
13        plt.title('Confusion matrix', y = 1.1)
14        plt.ylabel('Actual label')
15        plt.xlabel('Predicted label')
16
17        '''混淆矩阵相关参数'''
18        print "Accuracy:", metrics.accuracy_score(Y_test, y_pred)
19        print "Precision:", metrics.precision_score(Y_test, y_pred)
20        print "Recall:", metrics.recall_score(Y_test, y_pred)
21        print "Log_loss",metrics.log_loss(Y_test, y_prob)
```

ROC 曲线的绘制和 AUC 值的求解过程如例 19-13 所示。

【例 19-13】 模型 ROC 曲线的绘制和 AUC 值的求解。

```
1    ''' Roc/Auc'''
2        y_pred_proba = lr_grid.predict_proba(X_test)[::, 1]
3        fpr, tpr, _ = metrics.roc_curve(Y_test, y_pred_proba)
4        auc = metrics.roc_auc_score(Y_test, y_pred_proba)
5        plt.plot(fpr, tpr, label = "data 1, auc = " + str(auc))
6        plt.legend(loc = 4)
7        plt.show()
```

5. 模型的最优参数

通过 GridSearch 法得到的模型的最优参数输出如例 19-14 所示。同时可以得到 K-fold 交叉验证法中每折模型的训练时长、训练集和验证集上的召回率的详细值。

【例 19-14】 模型参数结果输出。

```
1    print(lr_grid.cv_results_)      # K-fold 交叉验证中每个数据集上的评价指标及模型训练
                                     # 的时间
2    print( - lr_grid.best_score)    # 评价指标最佳结果
3    print(lr_grid.best_params_)     # 模型最佳的调参结果
```

19.6.2 逻辑回归模型的训练和结果评价

1. 逻辑回归模型训练的要点

逻辑回归实际上是使用线性回归模型的预测值逼近分类任务真实标记的对数概率，在实际使用和工程训练中的优点如下：

(1) 模型的数学原理和推导清晰，其背后的逻辑、概率和公式推导经得住推敲。

(2) 输出的结果为 0～1，输出的概率型的数值可以帮助最终判断，通过引入阈值自主去决定可以预测出分类结果的类别。

(3) 最后输出的模型中,每个特征对应的参数代表此参数对最终结果的影响,其在业务场景中可解释性很强。

(4) 求解过程中对数概率函数是任意阶可导的凸函数,有许多求出最优解的方法。

(5) 工程上效率高:计算量小、存储占用低,非常容易实现,很快出结果。

(6) 逻辑回归可以作为一个很好的基线模型,用它的结果衡量其他更复杂的算法的性能。

(7) 有解决过拟合的方法,如 L1 和 L2 正则化。

逻辑回归在实际使用和工程训练中的不足如下:

(1) 由于逻辑回归决策面是线性的,所以不能用它解决非线性问题。

(2) 当模型中有一些输入维度的相关性比较高的时候,逻辑回归模型不能很好地处理它们之间的关系,进而导致相关维度对应的参数的正负性被扭转。对模型中自变量多重共线性较为敏感,不能处理好特征之间的相关情况。例如,两个高度相关自变量同时放入模型,可能导致较弱的一个自变量回归符号不符合预期,符号被扭转。

(3) 当逻辑回归模型的输入特征空间很大时,算法的性能并不令人满意。

(4) 模型的训练结果容易发生欠拟合,所以精准率不够高。

2. 逻辑回归模型训练过程中的调参

Penalty 正则化参数的选择:有 L1 和 L2 两个选择,默认为 L2。其主要目的是解决过拟合的问题,即模型在训练数据上的表现效果很好而在测试集和真正上线时表现效果较差。通常情况下,选择 L2 正则化即可。solver 参数指定对损失函数的优化方法,可以选择 newton-cg、lbfgs、liblinear 和 sag。然而,如果过拟合的情况还是严重,可以选择 L1 正则化。这时后续的损失函数求解算法只能选择 liblinear。同时,当模型特征特别多、一些参数不重要的时候,可以选择 L1 正则化,使这样的参数的特征系数归零。

C 正则化的强度:C 必须是正数,默认 $C=1$。它是正则化参数的倒数,值越小代表正则化越强。

solver 参数有以下四种。

(1) liblinear:基于 Liblinear 开源库,内部使用了坐标轴下降法迭代优化损失函数。

(2) lbfgs:拟牛顿法的一种,利用损失函数二阶导数矩阵即海森矩阵迭代优化损失函数。

(3) newton-cg:也是牛顿法家族的一种,利用损失函数二阶导数矩阵即海森矩阵迭代优化损失函数。

(4) sag:随机平均梯度下降,是梯度下降法的变种。

实验过程中逻辑回归的参数调整:调参的过程使用 GridSearch 法,即穷举搜索法。在所有候选的参数选择中,通过循环遍历,尝试每一种可能性,表现最好的参数就是最终的结果。这里指出需要调整的参数、参数取值范围的列表以及最合适的评价指标。GridSearch 法会遍历所有的参数组合直到找到使得目标评价指标最优的参数组合。逻辑回归模型具体参数选择和参数列表如例 19-15 所示。

【例 19-15】　逻辑回归模型的调参。

```
1    penalty = ['l1','l2']
2    Cs = [0.001, 0.01, 0.1, 1, 10, 100, 1000]
3    param_grid = dict(penalty = penalty, C = Cs)
4    base_estimator = LogisticRegression()
5    lr_grid = GridSearchCV(base_estimator, param_grid, cv = 5, scoring = 'recall')
```

3. 逻辑回归模型的分类结果和实验评价

模型的混淆矩阵如图 19-16 所示。

模型的混淆矩阵图如图 19-17 所示。

预测结果	实际结果	
	1	0
1	TP(15 839)	FP(848)
0	FN(1745)	TN(16 523)

图 19-16　逻辑回归模型混淆矩阵

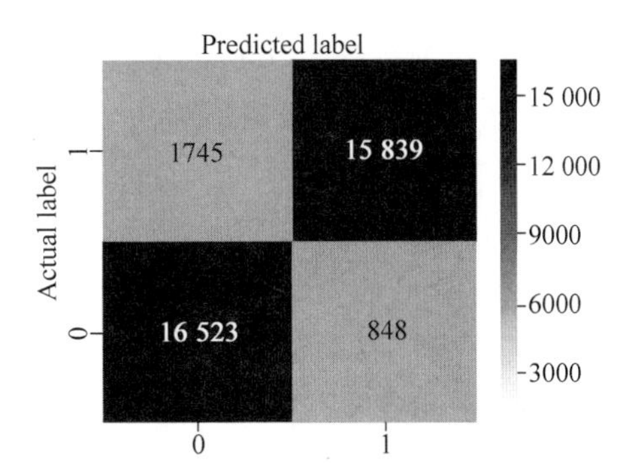

图 19-17　逻辑回归模型混淆矩阵图

基于混淆矩阵的统计值如表 19-24 所示。

表 19-24　逻辑回归模型混淆矩阵的统计值

Accuracy	0.9258
Precision	0.9492
Recall	0.9008
Log_loss	0.2959

ROC 曲线如图 19-18 所示。

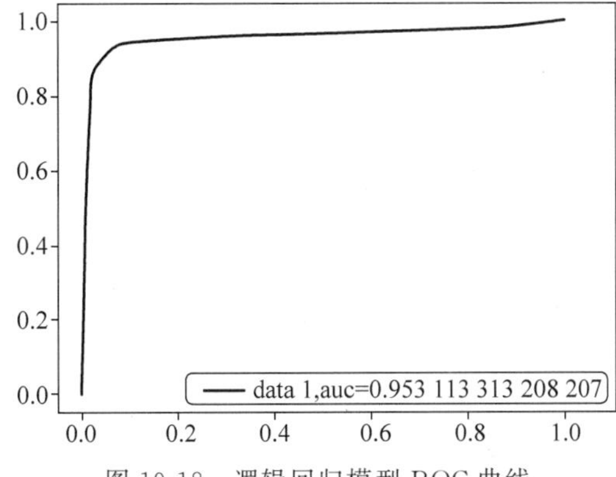

图 19-18　逻辑回归模型 ROC 曲线

AUC 的面积：0.9531。

GridSearchCV 模型调参结果：正则化的强度 $C=0.1$；正则化参数选择 L2。

19.6.3 k 最近邻模型的训练和结果评价

1. k 最近邻模型的训练要点

在实际使用和工程训练中的优点如下：

(1) 理论成熟，思想简单，理论简单，容易实现。既可以用来做分类也可以用来做回归。

(2) 可用于非线性分类。

(3) 在分类最初，模型对数据的分布没有假设。

(4) 训练出的模型比较准确，异常点对训练出的模型影响不大。

(5) k 最近邻是一种即时的模型，当有新的数据加入时，其可以直接加入，模型不必重新训练。

在实际使用和工程训练中的缺点如下：

(1) 当样本不均衡时，即正负样本比例悬殊，某一类样本非常多，另一类样本数量很小，训练出的模型的预测效果不好。

(2) 计算复杂性高，需消耗大量内存，模型训练的时间长。这是因为 k 最近邻模型在每一次分类时都会对所有样本点重新进行一次全局运算，这样对于样本量大的数据集，计算量比较大(体现在距离计算上)。

(3) 值大小的选择通常没有理论选择最优，需要实际调优。

2. k 最近邻模型训练过程中的调参

N_neighbors：指最近邻的个数，默认为 5。大量经验表明选取 5 比较好，一般不大于 20。N_neighbors 通常选取奇数值，便于最后采用投票计数法选取最优的分类结果。

Weights：指待预测样本的近邻样本的权重。有 uniform 和 distance 两个选项，默认是 uniform。uniform 指样本权重不受距离影响。distance 指样本权重和距离成反比，即近邻中距离越远的样本对最终预测结果的影响越小。

Algorithm：限定半径最近邻法使用的算法，可选 auto、ball_tree、kd_tree、brute。

距离度量：默认闵可夫斯基距离 Minkowski。其中 $p=1$ 表示曼哈顿距离，$p=2$ 为欧氏距离，详细信息参考上文 k 最近邻模型的算法原理。

实验过程中 k 最近邻模型的调参列表：同样使用 GridSearch 方法进行最优参数选择，实际调参列表如例 19-16 所示。

【例 19-16】 k 最近邻模型的调参。

```
1    Ks = [3,5,7,9,11,13,15,17,19]
2    weight_options = ['uniform', 'distance']
3    Ps = [list(range(1,5))]
```

3. *k* 最近邻分类模型的分类结果和实验评价

模型的混淆矩阵如图 19-19 所示。

模型的混淆矩阵图如图 19-20 所示。

预测结果	实际结果	
	1	0
1	TP(15 362)	FP(1650)
0	FN(2222)	TN(15 721)

图 19-19　*k* 最近邻模型混淆矩阵

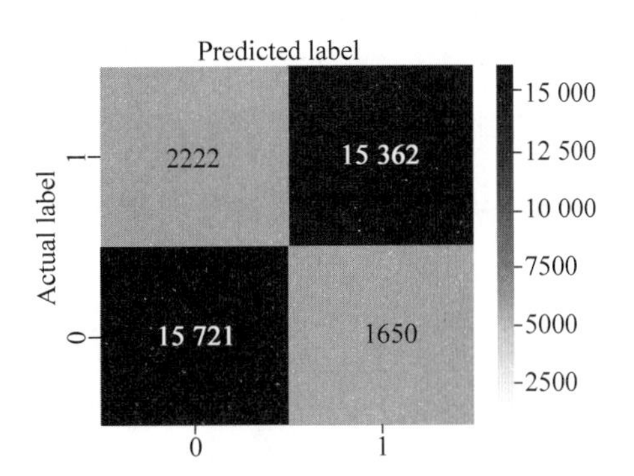

图 19-20　*k* 最近邻模型混淆矩阵图

基于混淆矩阵的统计值如表 19-25 所示。

表 19-25　*k* 最近邻模型混淆矩阵的统计值

Accuracy	0.8892
Precision	0.9030
Recall	0.8736

ROC 曲线如图 19-21 所示。

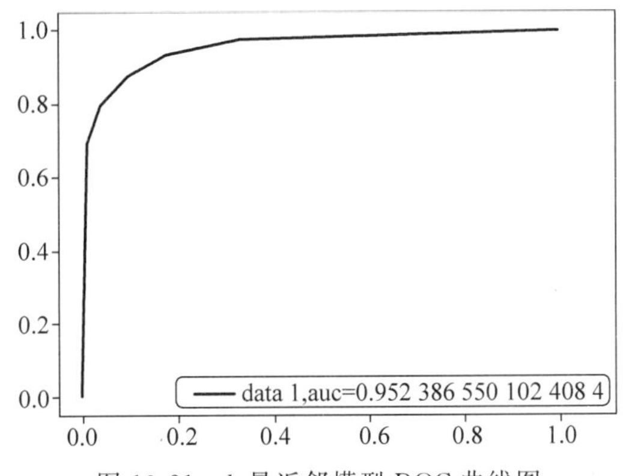

图 19-21　*k* 最近邻模型 ROC 曲线图

AUC 的面积：0.9524。

GridSearchCV 模型调参结果：{'n_neighbors':5,'weights':'uniform','p':2}。

19.6.4　线性判别分析模型的训练和结果评价

1. 线性判别分析模型的训练要点

线性判别分析算法在工程中使用的优点：在降维过程中可以使用类别的先验知识经验。

线性判别分析算法的主要不足如下：

(1) 线性判别分析不适合对非高斯分布样本进行降维。

(2) 线性判别分析的输出维度最多为 $k-1$，其中 k 为类别数。如果降维的维度大于 $k-1$，则不能使用线性判别分析法。

(3) 线性判别分析在样本分类信息依赖方差而不是均值时，降维效果不好。

(4) 线性判别分析的模型训练结果可能会产生过拟合。

2. 线性判别分析模型的分类结果和实验评价

模型的混淆矩阵如图 19-22 所示。

混淆矩阵图如图 19-23 所示。

预测结果	实际结果	
	1	0
1	TP(13 300)	FP(1463)
0	FN(4284)	TN(15 908)

图 19-22 线性判别分析模型混淆矩阵

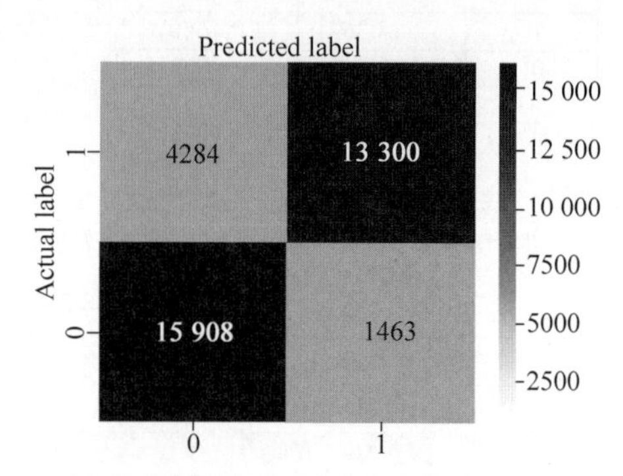

图 19-23 判别模型混淆矩阵图

基于混淆矩阵的统计值如表 19-26 所示。

表 19-26 线性判别分析模型混淆矩阵的统计值

Accuracy	0.8356
Precision	0.9009
Recall	0.7564
Log_loss	0.4521

ROC 曲线如图 19-24 所示。

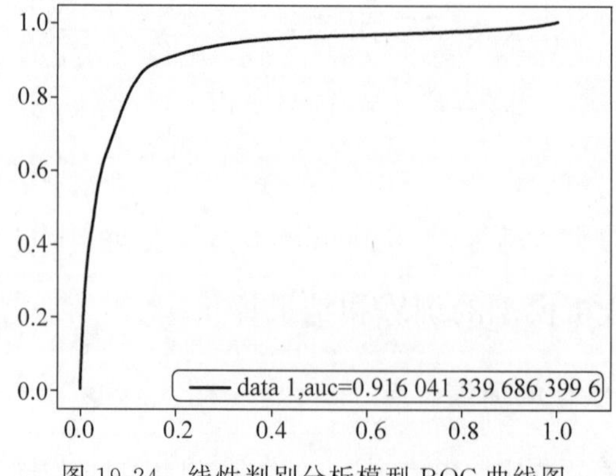

图 19-24 线性判别分析模型 ROC 曲线图

AUC 的面积：0.9160。

19.6.5　朴素贝叶斯算法的模型的训练和结果评价

1. 朴素贝叶斯算法的训练要点

朴素贝叶斯算法在工程中使用的优点如下：

(1) 朴素贝叶斯模型发源于古典数学理论，有着坚实的数学基础，以及稳定的分类效率。

(2) 对大数量训练和查询具有较高的速度。即使使用超大规模的训练集，对项目的训练和分类也仅仅是特征概率的数学运算而已，模型训练的效率高。

(3) 对小规模的数据集表现很好，可以实现多分类模型的建立，可以实时地对新增的样本进行训练。

(4) 当数据缺失时训练出的模型结果不会受到太大的影响，算法原理也比较简单。

(5) 朴素贝叶斯对结果解释容易理解。

朴素贝叶斯算法在工程中使用的缺点如下：

(1) 需要计算先验概率。

(2) 模型的本质是基于概率，所以其分类判断的结果存在错误率。

(3) 训练数据的输入形式是连续型数据还是离散型数据，对模型的训练结果影响很大。

(4) 在模型训练之前，预先假设所有的样本属性相互独立。所以当样本属性有关联时其效果不好，在本实验中很多维度的数据都有一定的相关性。

2. 朴素贝叶斯模型的分类结果和实验评价

模型的混淆矩阵如图 19 25 所示。

模型的混淆矩阵图如图 19-26 所示。

预测结果	实际结果	
	1	0
1	TP(14 210)	FP(10 344)
0	FN(3374)	TN(7027)

图 19-25　朴素贝叶斯模型混淆矩阵

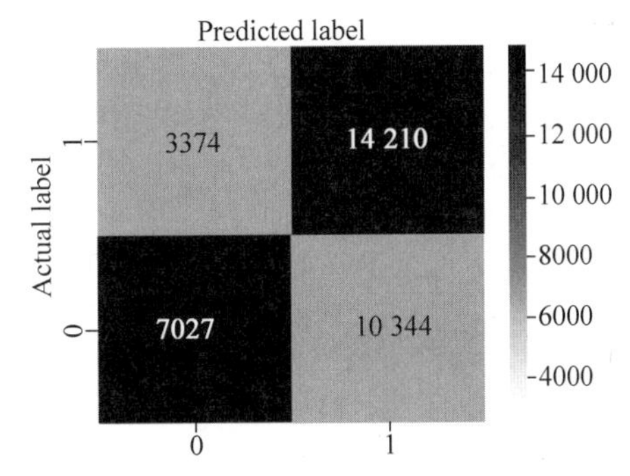

图 19-26　朴素贝叶斯模型混淆矩阵图

基于混淆矩阵的统计值如表 19-27 所示。

表 19-27　朴素贝叶斯模型混淆矩阵的统计值

Accuracy	0.6076
Precision	0.5787
Recall	0.8081
Log_loss	1.7882

ROC 曲线如图 19-27 所示。

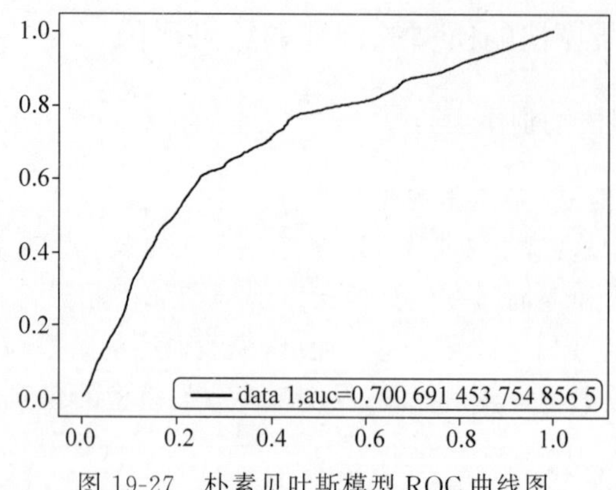

图 19-27　朴素贝叶斯模型 ROC 曲线图

AUC 的面积：0.7007。

19.6.6　决策树模型的训练和结果评价

1. 决策树分类模型的训练要点

决策树算法在工程中使用的优点如下：

(1) 决策树易于理解和解释，可以可视化分析，容易提取出规则。

(2) 可以同时处理标称型和数值型数据。

(3) 比较适合处理有缺失属性的样本。

(4) 能够处理不相关的特征。

(5) 测试数据集时，运行速度比较快，在相对短的时间内能够对大型数据源做出可行且效果良好的结果。

决策树算法在工程中使用的缺点如下：

(1) 容易发生过拟合，通过使用 Random Forest 算法能够减轻对于训练数据过于拟合的情况。

(2) 对于数据集中的属性的有相互关系的情况不敏感。

(3) 对于各类别样本数量不一致的数据，在决策树中，进行属性划分时，不同的判定准则会带来不同的属性选择倾向。

(4) 信息增益准则对可取数目较多的属性有所偏好(典型代表 ID3 算法)，而增益率准则(CART)则对可取数目较少的属性有所偏好。只要是使用了信息增益，都有这个缺点，如 Random Forest 算法、ID3 算法计算信息增益时结果倾向于数值比较多的特征。

2. 决策树分类模型训练过程中的调参

Criterion 特征选择的标准：可以用基尼系数 Gini 或者信息增益 Entropy，通常情况下是使用基尼系数 Gini，其代表的是 CART 算法。

Splitter 特征划分点选择标准：有 best 和 random 两种，默认是 best。best 是在所有的特征划分点中找到最优的点，适合样本量不大的时候。random 是在随机的部分划分点中找到局部最优的点，如果样本量非常大，使用其比较好可以降低过拟合。

Max_features 划分时考虑的最大特征数：有 None、log2、sqrt、auto 这四个选择，默认是 None。其中 None 代表考虑所有的特征数，log2 代表划分时最多考虑 $\log_2 N$ 个特征数，sqrt 和 auto 含义相同代表划分时最多考虑 $\sqrt{N}$ 个特征。此参数的意义是降低训练模型的过拟合，当特征数多于 50 时，可以考虑选用默认参数 None，特征更多时，酌情选用其他。

Max_depth 决策树的最大深度：默认情况下可以不输入，其代表建立子树时不限制子树的深度。当特征和样本量少的时候可以不管。但当特征维度多、样本量大的时候可以限制这个参数，以降低过拟合，通常情况下选择 10～100。

Min_samples_split：默认值是 2，如果样本量不大，则不需要管。参数的意义是限制子树继续划分的条件，如果某节点的样本数少于 min_samples_split，则不会来尝试最优特征来进行划分。如果样本的数量级特别大，则可以增大这个数。

Min_samples_leaf 叶子节点的最少样本数：默认是 1。当样本数量非常大时，推荐增大。

实验过程中决策树算法的参数调整：使用 GridSearch 方法进行最优参数选择，实际调参列表如例 19-17 所示。

【例 19-17】 决策树算法的调参。

```
1   Criterion = ['Gini']
2       Cs = [0.001, 0.01, 0.1, 1, 10, 100, 1000]
3       #2 * 3 * 90 * 18 * 4 = 270 * 18 * 4/3600
4       param_grid = {'criterion':['gini'],
5                     'splitter':['best','random'],
6                     'max_features':['sqrt','log2',None],
7                     'max_depth':list(range(10,100)),
8                     'min_samples_split':list(range(2,20)),
9                     'min_samples_leaf':[2,3,5,10]
10                    }
```

3. 决策树分类模型的分类结果和实验评价

模型的混淆矩阵如图 19-28 所示。

预测结果	实际结果	
	1	0
1	TP(16 272)	FP(1182)
0	FN(1312)	TN(16 189)

图 19-28 树模型混淆矩阵

模型的混淆矩阵图如图 19-29 所示。

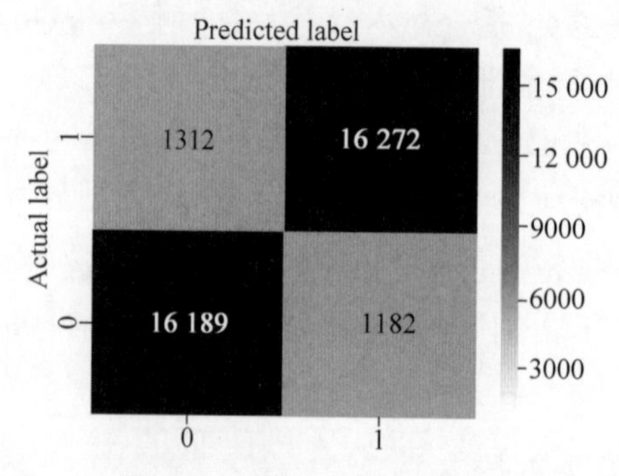

图 19-29 树模型混淆矩阵图

基于混淆矩阵的统计值如表 19-28 所示。

表 19-28 树模型混淆矩阵的统计值

Accuracy	0.9287
Precision	0.9323
Recall	0.9254
Log_loss	1.6085

ROC 曲线如图 19-30 所示。

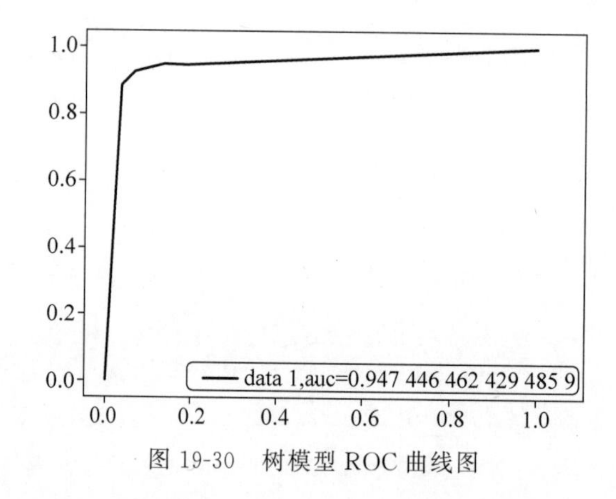

图 19-30 树模型 ROC 曲线图

AUC 的面积：0.9474。

GridSearchCV 模型调参结果：{'splitter'：'best'，'min_samples_leaf'：3，'min_samples_split'：2，'criterion'：'gini'，'max_features'：None，'max_depth'：91}。

19.6.7 支持向量机模型的训练和结果评价

1. 支持向量机分类模型的训练要点

支持向量机算法工程使用上的优点如下：

(1) 由于 SVM 是一个凸优化问题，所以求得的解一定是全局最优而不是局部最优。

不仅适用于线性问题还适用于非线性问题。

(2) 拥有高维样本空间的数据也能用SVM，即可以解决高维问题。这是因为数据集的复杂度只取决于支持向量而不是数据集的维度。

(3) 理论基础比较完善。

支持向量机算法工程使用上的缺点：求解将涉及m阶矩阵的计算，其中m为样本的个数。因此SVM不适用于超大数据集，SMO算法可以缓解这个问题。

2. 支持向量机分类模型训练过程中的调参

C惩罚参数：默认1.0。C值越大，松弛变量越接近于0，对分错的情况惩罚越大，对训练数据过度拟合。C值越小，对误分类的惩罚减小，泛化能力较强，但容易产生欠拟合。

Kernel核函数：默认是rbf，另外还有linear、poly、rbf、sigmoid、precomputed。一般当线性核函数linear效果比较好时通常就选用它，因为训练时间比较短。

Gamma：有两个取值scale和auto，默认是scale。scale情况下r取值为$r=\frac{1}{n\times \mathrm{var}(X)}$，其中$n$表示特征数量；auto情况下$r$取值为$r=\frac{1}{n}$。$r$越大，支持向量越少；$r$越小，支持向量越多。支持向量的个数影响训练和预测的速度。

tol停止训练的最大误差：默认为0.0001。

实验过程中支持向量机算法的参数调整：使用GridSearch方法进行最优参数选择，实际调参列表如例19-18所示。

【例19-18】 支持向量机算法的调参。

```
1    param_grid = {'kernel': ['linear'], 'C': [1, 10, 100, 1000]}
2    model = GridSearchCV(svm_model, param_grid, cv = 5, scoring = 'recall')
```

3. 支持向量机分类模型的分类结果和实验评价

模型的混淆矩阵如图19-31所示。

模型的混淆矩阵图如图19-32所示。

预测结果	实际结果	
	1	0
1	TP(16 330)	FP(605)
0	FN(1254)	TN(16 766)

图19-31　支持向量机模型混淆矩阵

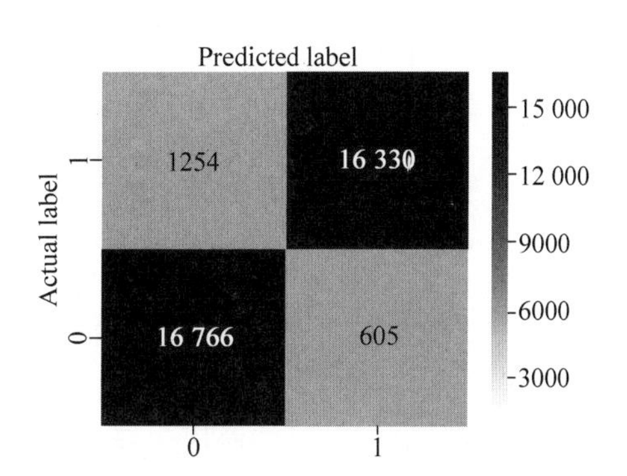

图19-32　支持向量机模型混淆矩阵图

基于混淆矩阵的统计值如表 19-29 所示。

表 19-29 支持向量机模型混淆矩阵的统计值

Accuracy	0.9468
Precision	0.9643
Recall	0.9287

ROC 曲线如图 19-33 所示。

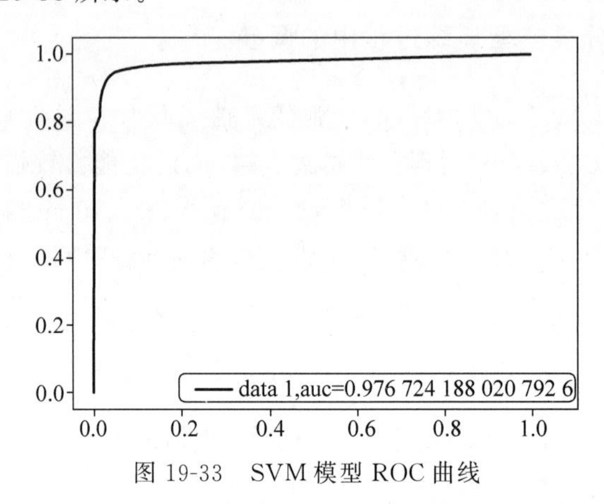

图 19-33 SVM 模型 ROC 曲线

AUC 的面积：0.9767。

综上，综合分析对比各单分类器的实验结果，各模型 AUC 值都大于 0.5，说明这 6 个分类模型都有一定的价值意义。其中支持向量机模型和逻辑回归模型的基于混淆矩阵的各个评价指标的结果表现非常好，在线上部署的实际应用中可以考虑应用，但最后的筛选决策结果需要进一步的考量。

19.7 模型提升——集成分类器

19.6 节将训练好的数据进行各种单分类器的训练。同时根据各种模型在不同评价指标上的表现结果，选择出表现结果最优的单分类器模型。本节引入集成学习(Ensemble Learning)，通过集成多个单分类器模型来帮助提高机器学习算法的预测结果。与单一模型相比，这种方法可以很好地提升模型的预测性能，进而提高线上模型的预测效果。

19.7.1 Boosting 提升算法

Boosting 算法是将“弱学习算法”提升为“强学习算法”的过程。模型的思路是找到一些分类效果不那么好的分类器，通过一些调整(例如模型权重的调整、训练数据集数据权重的调整)，将一个个单分类器迭代、组合、改变成分类效果好的集成分类器。算法通常包含两个部分，加法模型和前向分步算法。加法模型就是强分类器由一系列弱分类器线性相加而成。其表现形式为

$$F_M(x;P)=\sum_{m=1}^{n}\beta_m h(x;a_m) \tag{19-10}$$

其中,$h(x;a_m)$是分类效果不好的模型,即弱分类器; a_m 是单个的弱分类器学习到的最优参数; β_m 是弱学习器在强分类器中所占比重; P 是所有 a_m 和 β_m 的组合。将这些弱分类器乘以各自的权重,然后线性相加,就得到了预测效果更好的强分类器。

前向分步就是在训练过程中,下一轮迭代产生的分类器是在上一轮的基础上训练得到的。也就是可以写为

$$F_m(x)=F_{m-1}(x)+\beta_m h_m(x;a_m) \tag{19-11}$$

公式展示到这里,接下来就是构造损失函数了。不同的损失函数(例如 L1 损失函数、L2 损失函数)就有了 Boosting 的不同的子算法。当损失函数选择为指数损失函数(Exponential Loss Function)时就称为 AdaBoost 分类器。

19.7.2 AdaBoost 提升算法

AdaBoost(Adaptive Boosting)由 Yoav Freund 和 Robert Schapire 在 1995 年提出。它的自适应之处在于,前一个基本分类器分错的样本会得到加强,加权后的全体样本再次被用来训练下一个基本分类器。同时,在每一轮中加入一个新的弱分类器,直到达到某个预定的足够小的错误率或达到预先指定的最大迭代次数。

从上述描述中可以看到,AdaBoost 在每次训练新的模型的时候都会改变训练数据的概率分布,即被预判分类错误的样本在下一次训练模型时出现的概率会变大。反之,被预测正确的样本在下一次训练模型时出现的概率会降低。每一次新训练出的模型 $h(x; a_m)$ 重点都集中在被分类错误的数据上。最终,在将所有模型融合集成的过程中,在全部数据集上表现更好的模型的权重大一些,表现不好的模型的权重小一些。将这些模型线性相加,于是就得到了最终的集成效果更好的强分类器。

算法流程如图 19-34 所示。

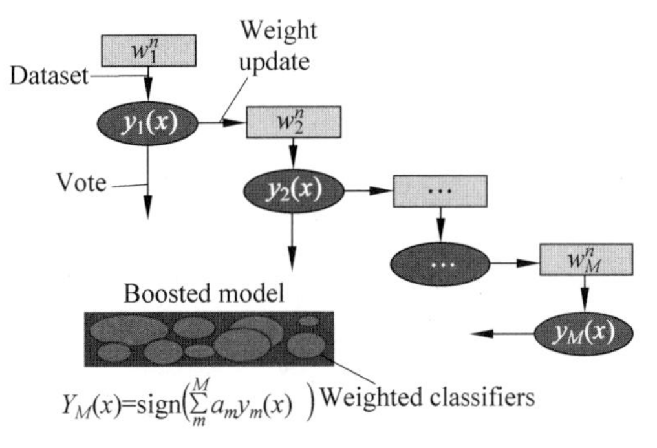

图 19-34 AdaBoost 算法流程图

19.7.3 AdaBoost 实现过程及实验结果

支持向量机算法(SVM)、k 最近邻算法(KNN)的单分类模型训练结果比较好,但是其模型训练时间比较长,所以在此不对其进行模型提升(多模型组合会成倍的加长训练时

间)。另外,线性判别分析算法不支持样本具有权重时的分类,同样不可以用于此提升算法。所以,这里以逻辑回归模型、决策树模型、朴素贝叶斯模型为基分类器,使用AdaBoost提升算法训练模型。评价指标是模型的精准率(Precision)、准确率(Accuracy)和召回率(Recall),以及交叉熵损失(log_loss)、ROC曲线面积AUC,同时引入模型的训练时间(fit_time)作为参考。

首先,加载所需要的Python训练模型的包,其中包括处理数据框的Pandas、画图用的Matplotlib、做模型选择评价时所需要的cross_validate、train_test_split,以及各种模型的包,包括AdaBoostClassifier、LogisticRegression等,然后加载数据集。数据准备工作步骤如例19-19所示。

【例19-19】 前期准备和数据加载。

```
1    # encoding:utf-8
2    import sys
3    reload(sys)
4    sys.setdefaultencoding('utf8')
5    import pandas as pd
6    from matplotlib import pyplot
7    import datetime
8    from sklearn.model_selection import cross_validate
9    from sklearn.model_selection import train_test_split
10   from sklearn.ensemble import AdaBoostClassifier
11
12   from sklearn.model_selection import KFold, cross_val_score
13   from sklearn.linear_model import LogisticRegression
14   from sklearn.naive_bayes import GaussianNB
15   from sklearn.tree import DecisionTreeClassifier
16
17   if __name__ == '__main__':
18       x_data = pd.read_csv('../z_data/x_reSampler.csv', header = 0)
19       y_data = pd.read_csv('../z_data/y_reSampler.csv', header = 0)
```

之后,将数据集划分成训练集和测试集,比例为4∶1。初始化各个集成模型,分别为基于逻辑回归的AdaBoost模型、基于朴素贝叶斯的AdaBoost模型,以及基于分类树的AdaBoost模型,模型的初始化如例19-20所示。

【例19-20】 数据集的划分及模型的初始化。

```
1    validation_size = 0.2
2        seed = 7
3        X_train, X_validation, Y_train, Y_validation = train_test_split(
4            x_data, y_data, test_size = validation_size, random_state = seed)
5        models = {}
6        models['adaLR'] = AdaBoostClassifier(
7            n_estimators = 50,
8            base_estimator = LogisticRegression(C = 0.1, penalty = 'l2'),
```

```
9           )
10      models['adaNB'] = AdaBoostClassifier(
11          n_estimators = 50,
12          base_estimator = GaussianNB(),
13          )
14      models['adaDT'] = AdaBoostClassifier(
15          n_estimators = 50,
16          base_estimator = DecisionTreeClassifier(
17            splitter = 'best', min_samples_leaf = 3, min_samples_split = 2,
18            criterion = 'gini', max_features = None, max_depth = 91,
19            ),
20          )
```

接下来，同时对这三个模型进行 5-fold 交叉验证，以准确率（Accuracy）、精准率（Precision）、召回率（Recall）、负交叉熵损失（neg-log-loss）、AUC 值对每一次交叉验证上训练出的模型进行评价。结果包含了每次模型的训练时间、模型的评价指标计算时间、训练集和验证集上各个模型的上述评价指标的结果，详细过程如例 19-21 所示。

【例 19-21】 集成模型的交叉验证。

```
1   #交叉验证
2       num_folds = 5
3       seed = 7
4       scores = ['accuracy', 'precision', 'recall', 'neg_log_loss', 'roc_auc']
5
6       # 评估算法 - baseline
7       results = []
8       for key in models:
9           print(datetime.datetime.now())
10          print(key)
11          kfold = KFold(n_splits = num_folds, random_state = seed)
12          cv_results = cross_validate(models[key], X_train, Y_train, cv = num_folds,
            scoring = scores)
13          print(cv_results)
14
15          '''各维度的均值，方差，和 95 % 置信区间'''
16          #1\
17          fit_time = cv_results['fit_time']
18          print("fit_time : %0.4f (+/-  %0.4f) | mean : %0.4f | std : %0.4f " % (
19              fit_time.mean(), fit_time.std() * 2, fit_time.mean(), fit_time.std() ))
```

控制台输出结果如图 19-35 所示。

上述实验的详细结果列举如表 19-30 所示。

```
fit_time : 390.0523 (+/- 77.0186) | mean : 390.0523 | std : 38.5093
score_time : 6.4608 (+/- 0.5300) | mean : 6.4608 | std : 0.2650
test_accuracy : 0.9245 (+/- 0.0029) | mean : 0.9245 | std : 0.0014
test_neg_log_loss : -0.2558 (+/- 0.0063) | mean : -0.2558 | std : 0.0031
test_precision : 0.9277 (+/- 0.0040) | mean : 0.9277 | std : 0.0020
test_recall : 0.9205 (+/- 0.0040) | mean : 0.9205 | std : 0.0020
test_roc_auc : 0.9581 (+/- 0.0044) | mean : 0.9581 | std : 0.0022
train_accuracy : 0.9925  | std : 0.0001
train_neg_log_loss : -0.0688  | std : 0.0111
train_precision : 0.9901  | std : 0.0003
train_recall : 0.9951  | std : 0.0004
train_roc_auc : 0.9998  | std : 0.0000
```

图 19-35　集成模型的交叉验证输出结果

表 19-30　各单分类器的 AdaBoost 集成结果

模型及评价结果		fit_time	score_time	accuracy	neg_log_loss	precision	recall	roc_auc
adaDT	mean	559.0357	9.167	0.9252	−0.2515	0.9291	0.9204	0.9613
	std	47.6482	2.1786	0.0015	0.0075	0.0016	0.0028	0.0028
adaLR	mean	141.7368	4.4777	0.733	−0.6896	0.7068	0.795	0.8101
	std	26.2782	0.9036	0.0029	0	0.0025	0.0039	0.0027

接下来,通过箱线图看一下这两个集成算法在 5-fold 交叉验证中各个评价指标的分布状况。图 19-36 展示各模型评价指标的分布箱线图。

综合上述数据图表所示,基于决策树模型的 AdaBoost 集成分类器的效果比其单一分类器的效果要好。尤其在交叉熵损失这一指标上,其结果有明显的提升。另外其训练时长也相对可以接受,为 10 分钟左右。基于逻辑回归的 AdaBoost 算法结果较差,直接滤掉不做参考。

对于表现效果较优的基于决策树分类模型的 AdaBoost 提升模型,其模型训练结果在测试集中的各种评价指标如下。

模型的混淆矩阵如图 19-37 所示。

模型的混淆矩阵图如图 19-38 所示。

基于混淆矩阵的统计值如表 19-31 所示。

表 19-31　基于决策树模型的 AdaBoost 集成模型的混淆矩阵的统计值

Accuracy	0.9225
Precision	0.9265
Recall	0.9188
Log_loss	0.2646

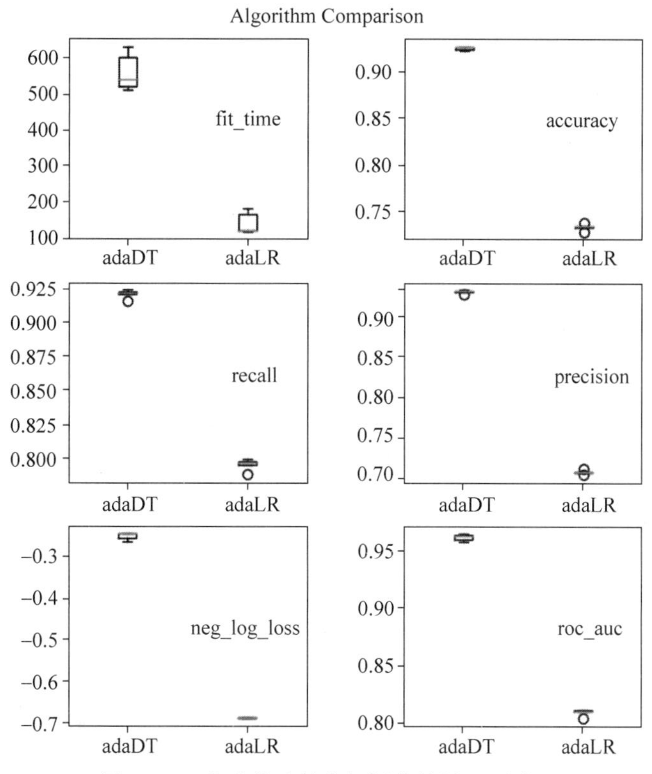

图 19-36　集成算法的指标评价结果(见彩插)

预测结果	实际结果	
	1	0
1	TP(16156)	FP(1280)
0	FN(1428)	TN(16091)

图 19-37　基于决策树模型的 AdaBoost 模型的混淆矩阵

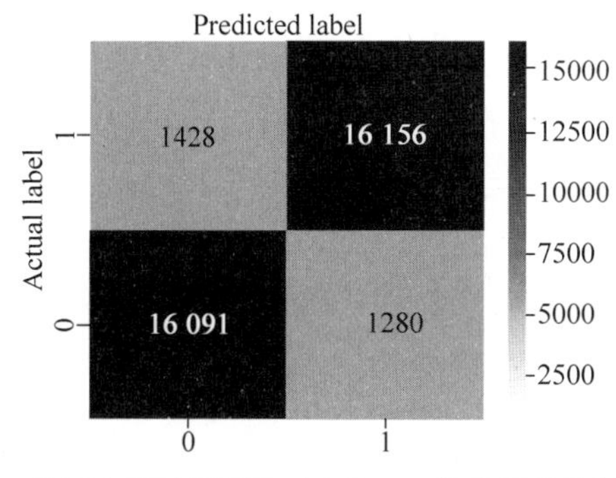

图 19-38　基于决策树模型的 AdaBoost 集成模型的混淆矩阵图

ROC 曲线如图 19-39 所示。

ROC 曲线的面积 AUC：0.9558。

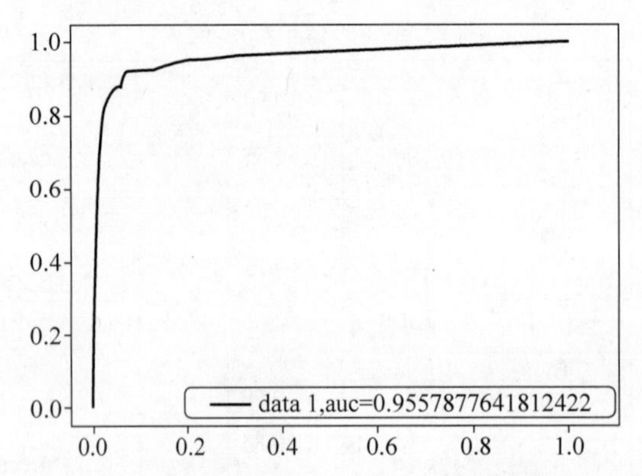

图 19-39　基于决策树模型的 AdaBoost 集成模型的 ROC 曲线

综上各种数据评价指标可知,基于决策树的 AdaBoost 提升模型的效果要比单个的决策树模型的分类效果好。同时,结合业务背景和目标(召回率越高越好,即允许一些精准度的损失同时换取更多的预测到有充值意向的用户),结合工程背景(即模型的训练所消耗的时间越短越好),又综合考量其他的分类模型的评价指标的训练结果,横向对比,基于决策树的 AdaBoost 提升模型是较优的选择。然而,在不考虑训练时长这一因素时,支持向量机模型的效果更好。

第20章

案例：构建苹果叶病病害分类模型

苹果种植过程中，病原体或昆虫造成的疾病能否在早期被发现和妥善处理决定了苹果的种植结果。错误或延迟的诊断将导致化学药品的滥用，从而在增加生产成本的同时对环境和人类健康造成伤害。当前基于人眼观察的疾病诊断方式既耗时又昂贵。尽管基于计算机视觉的模型有望提高疾病诊断的效率，但是由于受感染组织的年龄、遗传变异和树木内的光照条件导致的症状差异很大，检测的准确性较低。

视频讲解

本案例搭建大数据平台训练基于卷积神经网络的自动植物病害分类模型，以利用细粒度图像识别的方法实现准确快速的苹果叶片病害检测。在模型构建之前，需要先搭建大数据平台 Hadoop，使用 HDFS 系统存储苹果叶片病害图片数据。在平台上，使用 Spark 计算引擎，可以对收集到的数据进行分布式的预处理和训练，这极大地提高了模型训练的效率。而在数据预处理环节，使用了包括噪声过滤、数据均衡、集合划分以及数据增强等策略。处理数据集中存在的错误或缺失，可以增强模型的泛化能力，保证训练结果的准确。实验模型的建立基于 PyTorch 机器学习库，并在 Efficientnet-B7 的基础上进行开发。

20.1 细粒度图像识别概述

细粒度图像识别作为近年来计算机视觉领域的热门研究方向，具有广泛的发展前景和市场需求。细粒度图像识别（Fine-Grained Image Analysis）指对属于同一基础类别的图像进行更加细致的子类划分，其思路是针对样本中具有区分性的区域块（Discriminative Part）进行特征提取和分类，进而达到精细且准确的识别效果。由于其差异更为细微，较之普通的图像分类任务细粒度图像分类更具有挑战性。

细粒度图像分类（Fine-Grained Visual Categorization，FGVC）是计算机视觉顶会

CVPR 的 Workshop 之一。在 2011 年首次举办 FGVC 研讨会时,现有的数据集(例如 CUB 在该研讨会上启动的 200 种鸟类的数据集)对当时领先的分类算法提出了巨大挑战,图 20-1 为 CVPR 2020[9] 上的 FGVC 研讨会重点关注从属类别,包括(从左到右)野生动植物相机陷阱、植物病理学、鸟类、植物标本室、服装和博物馆文物。

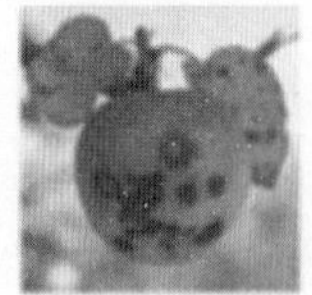

图 20-1　CVPR 2020 上的 FGVC 研讨会重点关注从属类别

随着逐年发展,FGVC 每一年都会提出不同的挑战,供来自世界各地的顶尖团队和科学家进行创新研究,例如 2020 年 FGVC7 根据苹果树叶子图片区分不同种类的疾病,提高疾病分类的准确率,从而减少化学药品的滥用,及其导致的耐药病原体菌株出现的问题。2011—2020 年的短短几年间,细粒度的数据集发生了激增,有数十万包括服装、商品和动植物在内的数据供研究人员训练模型,这些数据正在逐渐贴近人们实际生活的需要。与此同时,由于计算机视觉的快速进步,细粒度分类的精确度也得到了极大地提升,例如目前基于深度学习的方法就成功使得 CUB-200-2011 数据集的准确性从 17%提升至 90%。

细粒度图像识别在 FGVC 研讨会中的一项案例是针对苹果叶病进行识别分类。苹果作为一种味道甘甜且营养丰富的水果受到人们的喜爱,但病虫害是苹果种植过程中难以避免的问题。这些病原体或昆虫造成的疾病能否在早期被发现和妥善处理决定了苹果的种植结果。错误的诊断和延迟的诊断将导致化学药品的不适度使用,从而在增加生产成本的同时对环境和人类健康造成伤害。当前基于人类侦察的疾病诊断既耗时又昂贵。尽管基于计算机视觉的模型有望提高疾病诊断的效率,但是由于受感染组织的年龄、遗传变异和树木内的光照条件导致的症状差异很大,检测的准确性较低。

本章旨在研究基于该数据集在大数据平台上开发和部署基于机器学习的自动植物病害分类算法,以实现更快速更准确的病害检测。本次研究不但是一次基于细粒度图像识别的尝试,也将大数据平台的使用和计算机视觉结合了起来。首先简述了大数据平台的搭建和使用,之后详细阐述了使用大数据平台对实验数据进行预处理和模型构建训练的全过程,最后讲解了本次研究的模型优化过程和最终模型达到的效果。该模型的优化为苹果叶病的识别检测领域带来了极大帮助。

实验的研究流程如图 20-2 所示。

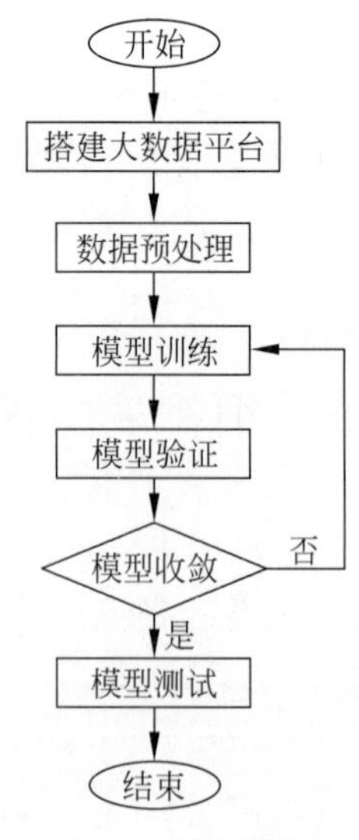

图 20-2　研究流程图

从图 20-2 中可以看到,在研究开始前,需要先搭建大数据平台用于模型的处理,之后在大数据平台上分布式地进行数据预处理和模型训练。经验证模型收敛后测试模型,评估和分析实验结果。

20.2 Spark 集群的使用

随着 Web 2.0 应用的普及和迅猛发展,与此同时也产生了一些海量的非结构化数据,并且这些数据使用传统的处理方法是非常难以分析的。而且,大数据技术迅速实现了突破,大数据的解决方式也通过这个机会慢慢成熟。随着计算机技术的快速发展,数据规模越来越大,收集和归纳数据内容也越来越复杂,数据和技术的更新速度也越来越快。直到第三次信息化浪潮,大数据的研究和应用逐渐渗入至各行中,数据驱动决策,信息社会智能化水平加深,而且对于大数据的研究和应用也已成为我国科技进步和信息化技术革新最重要的促进力量,大数据时代即将到来。

对于目前所拥有的海量数据,考虑到图像处理的复杂性,仅仅依靠传统机器进行图像处理,处理的性能存在瓶颈。在这种前提下,并行化的图像处理被广泛应用于对效率和性能有着很高要求,但没有与之匹敌的单一硬件基础条件。Hadoop 作为一种分布式的架构软件,可以在较低的成本上实现更多的计算能力,被广泛认为是大数据产品和行业中最具标准的开源软件。Hadoop 跨平台的特性使得性能较低,但更便宜的商品计算机中的计算功能可以在大数据中被充分利用。本次研究的大数据平台搭建部分使用 Hadoop 作为分布式基础架构,这不仅因为分布式的存储和处理系统对数据处理有加速作用,也是因为支持多种平台、多种语言的特色可以适应研究所需的硬件和编程语言。

本案例中,对 HDFS 大数据平台的搭建主要使用了 Hadoop 2.7.7 版本和 JDK 8 Update 181 (64-bit) for Linux PC 版本,平台安装在 Linux(Ubuntu Server 18.04.2)操作系统上。

Spark 为用户提供了使用 Scala、Java、Python 和 R 语言进行编程的支持,而且还能通过 Spark Shell 进行交互式编程。

在安装 Spark 之前,需要在 Hadoop 环境中安装 Scala,本次实验中选择了 Scala2.11.8 版本。

在 Spark 分布式计算框架中,Python 语言是可以默认使用的,如果不安装额外内容,开发人员可以使用"pyspark --master spark://master:7077"进入 PySpark 客户端,直接编写 Python 程序。但是为了方便 PyTorch 的开发,编程人员需要安装支持了 PyTorch 框架等的更多功能的 Anaconda[10]。

使用 Spark 读取 HDFS 中的后缀相同文件时,需要用到 textFile 方法。具体代码如例 20-1 所示。

【例 20-1】 textFile 方法读取 HDFS master 节点中后缀为.jpg 的文件。

```
1    val path = "hdfs://master:9000/plant-pathology-2020-fgvc7/images/*.jpg"
2    val rdd1 = sc.textFile(path,2)
```

20.3 细粒度植物数据处理

20.3.1 原始数据集分析处理

CVPR2020赛程网站给出的公开数据集包括了科学家捕获的3651张高质量、真实丰富的苹果叶病症状图像。这些图像具有可变的光照、角度、表面和噪声。在这些原始图片上,植物学专家注释了一个包含1821张苹果叶片图片的子集,用于为苹果黑星病、松雪苹果锈和健康的叶片创建实验数据集,并向Kaggle社区提供了"植物病理学挑战赛",作为CVPR 2020的FGVC研讨会的一部分。该数据集使参赛者或其他对该课题感兴趣的用户有机会尝试基于细粒度的图像识别方法对该数据进行学习,实现植物病害自动分类的效果。具体数据集图片种类如图20-3所示。

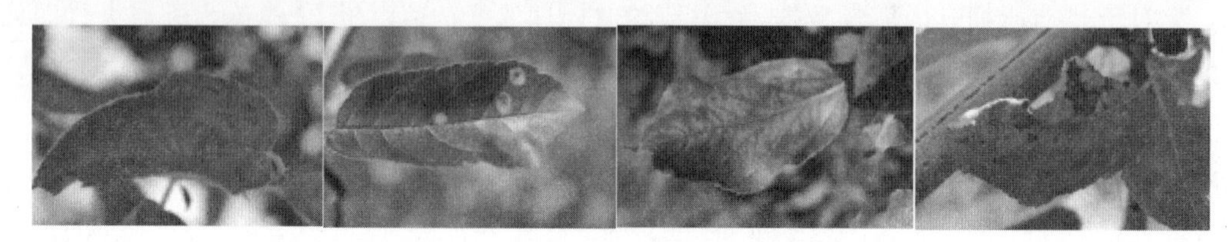

图20-3 数据集中显示症状的样本图像

在图20-3中展示的图片从左到右分别为健康苹果叶片、雪松苹果锈病叶片、苹果赤霉病叶片和单叶多病叶片。

1. 消除噪声数据

使用Spark遍历检索图像数据,可以发现给出的数据集中存在数据重复、数据不一致和数据缺失问题。可以发现,数据中存在着一些噪声数据。例如Train_379图像和Train_1173图像作为相同的图片数据具有不同的标签。这两张图片的对比如图20-4所示。

 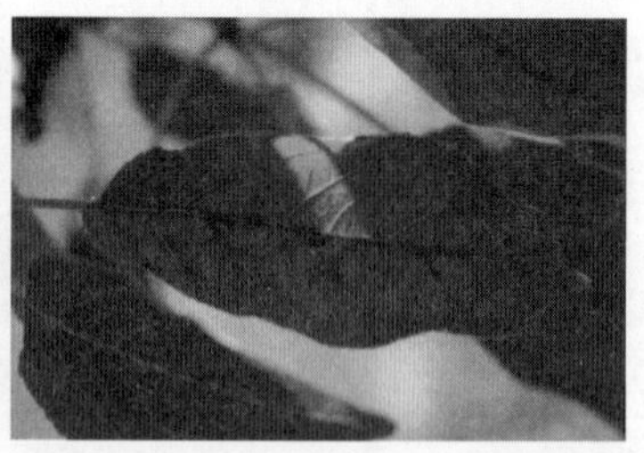

图20-4 Train_379和Train_1173

再例如图20-5的图片,Train_1图像和Train_171图像作为相同叶片不同角度的照片,被标注了不同种类的疾病。

在平滑噪声数据的过程中使用聚类的方法,找出并清除落在簇外的值,也就是孤立点,将这些孤立点视为噪声进行清除以尽可能删除可能存在错误的标签。

对于数据不一致(同样的图片存在不同标签)问题,本章的解决方案是通过清洗找出这样的记录，直接删除。如果两个标签分别为健康和某种叶病，则更新标签为该叶病，如果标签为两种叶病，则更新标签为“multiple_diseases”。

图 20-5　Train_1 和 Train_171

2. 平衡数据

给出的数据集共包含 1821 张整合了先验知识的苹果叶片图像，每张图片有四种可能的标签（健康、锈病、痂病、同时拥有两种疾病），这四种类型的比例为 6∶6∶6∶1，数据并不平衡，直接训练将无法得到好的模型训练效果。

由于同时患有两种疾病的叶片图像是其他图像的六分之一，所以数据预处理时首先如例 20-2 所示对锈病图片进行水平翻转、垂直翻转、随机旋转缩放以平衡数据，将四种标签图片的比例调整为 1∶1∶1∶1，共计 2300 张图片，避免后期模型训练过程中因为数据不平衡造成的训练误差过大问题。

【例 20-2】　图片翻转处理。

```
1   from albumentations import (
2       VerticalFlip,
3       HorizontalFlip,
4       ShiftScaleRotate,
5   )
6   train_transform = Compose(
7       [
8           VerticalFlip(p = 0.5),
9           HorizontalFlip(p = 0.5),
10          ShiftScaleRotate(
11              shift_limit = 0.2,
12              scale_limit = 0.2,
13              rotate_limit = 20,
14              interpolation = cv2.INTER_LINEAR,
15              border_mode = cv2.BORDER_REFLECT_101,
16              p = 1,
17          ),
18      ]
19  )
```

20.3.2 实验数据集准备

1. 划分训练集与测试集

平衡后的数据如果作为一个完整的集合将无法用于模型训练,需要分出训练集、验证集和测试集以供使用。在数据预处理部分只需要进行训练集和测试集的划分,验证集的划分将会在之后的模型训练过程中通过5-fold交叉验证方法划分。

在数据集划分时,为了维持训练集中的数据平衡,本实验通过标签将四种叶片分别按照7∶3的划分原则进行划分(将整个数据集中的70%用于模型的训练,30%用于模型的测试),之后分别合并成为包含1610张图片的训练集和包含690张图片的测试集。

2. 数据增强

将数据集划分后用于训练和测试后数据集相对较小,训练集只有1610张图像,而测试集也只包含690张图像。直接使用这个数量级的数据进行训练会导致模型轻易过拟合。

针对划分后较小的数据集,如例20-3使用包括随机亮度增强、随机对比度增强和灰度处理在内的一系列操作进行扩充。

【例20-3】 数据增强。

```
1   from albumentations import (
2       Compose,
3       Resize,
4       OneOf,
5       RandomBrightness,
6       RandomContrast,
7       MotionBlur,
8       MedianBlur,
9       GaussianBlur,
10      Normalize,
11  )
12  train_transform = Compose(
13      [
14          Resize(height = image_size[0], width = image_size[1]),
15          OneOf([RandomBrightness(limit = 0.1, p = 1), RandomContrast(limit = 0.1, p = 1)]),
16          OneOf([MotionBlur(blur_limit = 3), MedianBlur(blur_limit = 3), GaussianBlur
            (blur_limit = 3),], p = 0.5,),
17          Normalize(mean = (0.485, 0.456, 0.406), std = (0.229, 0.224, 0.225), max_
            pixel_value = 255.0, p = 1.0),
18      ]
19  )
```

将训练集和测试集的数据分别扩充为原始数据量的3倍后,训练集包含了4830张图片,而测试集包含了2070张图片,该数量级的数据可以很好地支持模型训练。

20.4 使用 PyTorch 训练模型

20.4.1 模型训练流程

训练模型使用的是 EfficientNet-B7 卷积神经网络。在训练入口处，首先使用 5-fold 交叉验证的方法划分训练集，以此得到验证集用于计算训练集损失函数。选择了交叉熵损失函数(Cross Entropy Loss Function)，而训练策略选择的是 Adam 和 Cycle Learn Rate 学习策略。这之后，在训练代码中增加了回调函数。使用提前停止(Early Stopping)策略监测训练效果(损失函数趋 0)，减少了训练集过拟合对训练结果的影响。具体训练过程如图 20-6 所示。

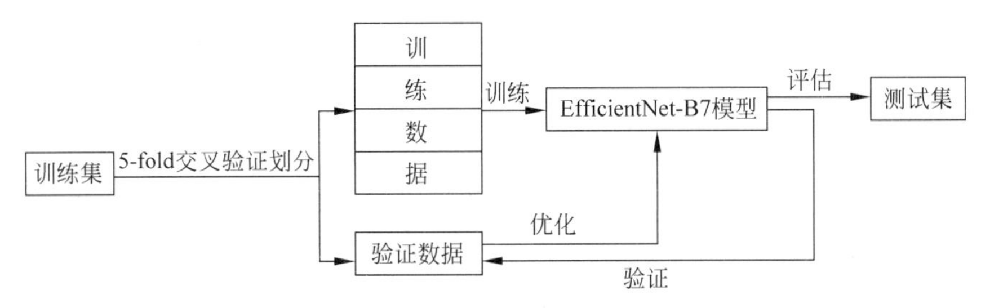

图 20-6 模型训练过程

从图中可以看到，经过预处理处理好的训练集使用 5-fold 交叉验证的方法进行划分并用于模型训练。训练好的模型通过测试集测试评估模型效果。

模型训练初始，首先如例 20-4 所示设置了一个非常大的 epoch 作为上限，通过查看每次训练效果判断训练结束的位置并手动停止训练过程，存储当前位置模型参数，即为所需模型。

【例 20-4】 设置 epoch 上限，模拟训练。

```
1   def init_hparams():
2       parser.add_argument(" -- max_epochs", type = int, default = 70)
3       try:
4           hparams = parser.parse_args()
5       except:
6           hparams = parser.parse_args([])
7
8       return hparams
9
10  def training_epoch_end(self, outputs):
11          train_loss_mean = torch.stack([output["loss"] for output in outputs]).mean()
12          self.data_load_times = torch.stack([output["data_load_time"] for output in
            outputs]).sum()
13          self.batch_run_times = torch.stack([output["batch_run_time"] for output in
            outputs]).sum()
14
```

```
15          self.current_epoch += 1
16          if self.current_epoch < (self.trainer.max_epochs - 4):
17              self.scheduler = warm_restart(self.scheduler, T_mult = 2)
18
19          return {"train_loss": train_loss_mean}
```

20.4.2 卷积神经网络模型选择

1. AlexNet

尝试基线模型时，首先尝试了 AlexNet 模型。

由于 AlexNet 在图像特征提取上的优良效果，本次研究首先尝试了基于 PyTorch 深度学习框架的 pretrainedmodels 库中的 AlexNet 预训练模型，通过样本集进行训练，模型在四种标签的数据集上的 ROC-AUC 平均值为 0.894。

2. VGG

之后尝试的基线模型是 VGG 模型。VGG 模型是牛津大学 VGG 组提出的。VGG 采用堆积的小卷积核的方式。这种方式优于采用大的卷积核，因为多层非线性层可以增加网络深层来保证学习更复杂的模式，而且所需的参数还比较少。

VGG－D 使用了一种块结构：多次重复使用统一大小的卷积核来提取更复杂和更具有表达性的特征。VGG 系列中，最多使用是 VGG-16，在 VGG-16 的第三、四、五块：256、512、512 个过滤器依次用来提取复杂的特征，其效果就等于一个带有 3 个卷积层的大型 512×512 大分类器。

细粒度类型的图像识别往往需要针对特征之间细微的区别，由于 VGG 这种小的卷积内核在图像数据识别分辨过程中的优势，所以本次研究尝试了 pretrainedmodels 库中的 VGG 预训练模型。pretrainedmodels 库包含了 VGG-11、VGG-13、VGG-16 和 VGG-19 四种预训练的 VGG 模型，由于 VGG-16 是最常用的，所以在 VGG 系列中选出 VGG-16 模型进行本次研究的训练，VGG-16 模型在四种标签的数据集上的 ROC-AUC 平均值是 0.897，和 AlexNet 模型相比有小幅度的提升效果。

3. ResNet

随着网络的加深，出现了训练集准确率下降，错误率上升的现象，就是所谓的“退化”问题。按理说更深的模型不应当比它浅的模型产生更高的错误率，这不是由于过拟合产生的，而是由于模型复杂时，SGD 的优化变得更加困难，导致模型达不到好的学习效果。ResNet 就是针对这个问题应运而生的。

ResNet 是深度残差网络，其基本思想是引入了能够跳过一层或多层的“shortcut connection”。ResNet 中提出了两种 mapping：一种是 identity mapping，另一种是 residual mapping。最后的输出为 $y=F(x)+x$。顾名思义，identity mapping 指的是自身，也就是 x，而 residual mapping 指的是残差，也就是 $y-x=F(x)$。这个简单的加法

并不会给网络增加额外的参数和计算量，却能够大大增加模型的训练速度，提高训练效果，并且当模型的层数加深时，这个简单的结构能够很好地解决退化问题。

为了检测学习苹果叶片染病性状的准确度是否会随着模型网络层数的加深而降低，本次研究也尝试了 ResNet 模型。使用 pretrainedmodels 库中训练好的 ResNet-18 模型参数作为基准展开研究，模型训练的效果是 0.862，准确度较低。该基线模型和之前尝试的 AlexNet 模型、VGG-16 模型相比，更不适合于本次研究。

4. ResNeXt

本次研究进一步尝试了 ResNeXt 基线模型。

ResNeXt 是 ResNet 和 Inception 的结合体。它和 Inception-V4 是非常像的。与 Inception-V4 不同的是，RexNeXt 不需要手动设计复杂的概念和结构细节，但在各个子系统中使用了相同的拓扑。ResNeXt 的一个本质含义就是对分组卷积（Group Convolution）通过控制变量基数（Cardinality）方法来控制组的数量。分组卷积是普通卷积和深度可分离卷积的一个折中方案，即每个分支产生的 Feature Map 的通道数为 $n(n>1)$。另外，ResNeXt 就是先拼接进行 1 * 1 卷积然后继续执行一个单位的叠加，Inception V4 就是先拼接再继续执行 1 * 1 卷积。

ResNeXt 确实比 Inception-V4 的超参数更少，但是它直接废除了 Inception 的囊括不同感受的特性，在更多的环境中 Inception-V4 的效果是优于 ResNeXt 的。类似结构的 ResNeXt 的运行速度是优于 Inception-V4 的，因为 ResNeXt 的相同拓扑结构的分支设计更符合 GPU 的硬件设计原则。

SENet 是 2017 年 ImageNet 竞赛分类任务的冠军模型。SENet 模型的优势在于其易扩展的结构特点。SENet 模型中的 SE 模块首先对卷积操作所得的特征图进行 Squeeze 操作来获得全局特征，然后对全局特征进行激活操作，学习各个通道间的关系，得到它们的权重，乘以原来的特征图就能得到最终特征。SE 模块的注意力机制让模型可以更加关注信息量最大的特征，而尽可能忽略那些不重要的特征。

Se-ResNeXt 模型是在 SENet 的基础上，把 SENet 中的瓶颈层（Bottleneck）换成了 ResNeXt。

本次研究尝试了 pretrainedmodels 库中预训练的 Se-ResNeXt-50 模型。该模型取得了较为优秀的训练成果，模型训练在四种标签的数据集上的 ROC-AUC 平均值为 0.911，可以看到模型相对适合于本次研究，可以作为基线模型在后续研究中继续使用。

5. EfficientNet

EfficientNet 作为兼顾速度与精度的模型缩放方法，在图像识别的网络深度、网络宽度和图像分辨率维度上都能得到比传统模型（例如 ResNet、Xception、ResNeXt 等）更高的准确率。EfficientNet 的表现如图 20-7 所示。

EfficientNet 网络结构作者主要借鉴了 MnasNet，采取了同时优化精度（ACC）以及计算量（FLOPS）的方法，由此产生了 EfficientNet-B0，其卷积结构如表 20-1 所示。

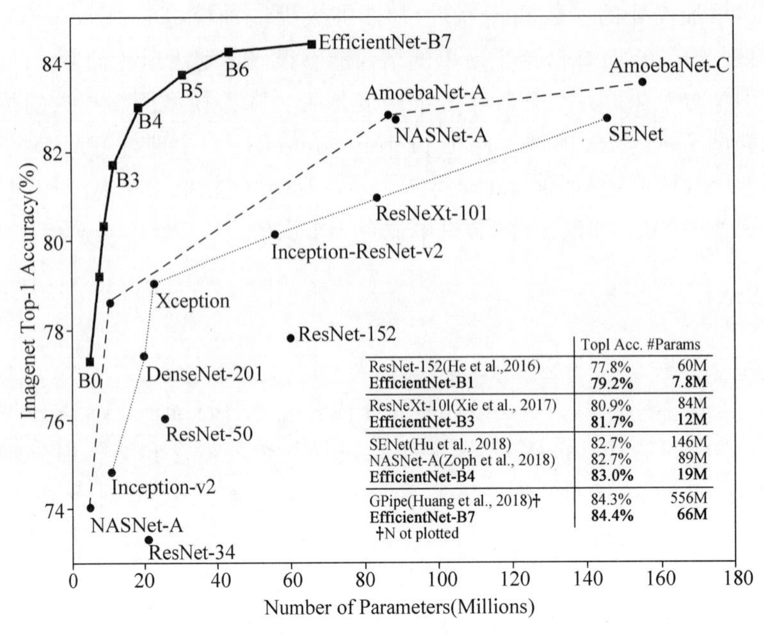

图 20-7 EfficientNet 的表现

表 20-1 EfficientNet-B0 的卷积结构

Stage i	Operator F_i	Resolution $H_i * W_i$	# Channels C_i	# Layers L_i
1	Conv3 * 3	224 * 224	32	1
2	MBConv1, k3 * 3	112 * 112	16	1
3	MBConv6, k3 * 3	112 * 112	24	2
4	MBConv6, k5 * 5	56 * 56	40	2
5	MBConv6, k3 * 3	28 * 28	80	3
6	MBConv6, k5 * 5	28 * 28	112	3
7	MBConv6, k5 * 5	14 * 14	192	4
8	MBConv6, k3 * 3	7 * 7	320	1
9	Conv1 * 1 & Pooling & FC	7 * 7	1280	1

在 EfficientNet-B0 网络结构的基础上放大以下两个步骤即可得到 EfficientNet-B1 到 EfficientNet-B7。

第一步是固定 ϕ 为 1,即设定计算量为原来的 2 倍,在这样一个小模型上做网格搜索(grid search),得到了最佳系数为 $\alpha=1.2$、$\beta=1.1$、$\gamma=1.15$。

第二步是固定 $\alpha=1.2$、$\beta=1.1$、$\gamma=1.15$,使用不同的混合系数 ϕ,得到 EfficientNet-B1 到 EfficientNet-B7。

在选择基线模型(BaseLine)时,由于尝试训练多种模型会浪费太多时间,所以从训练集中抽出了 400 张四种标签均匀分布的图片作为样本子集,用于训练,以此在较短的时间内找到训练效果较好的模型。将几种模型训练完后,通过测试集测试指标采用各类标签 ROC AUC 的平均值。基线模型效果比较如表 20-2 所示。

表 20-2　模型效果

模　　型	ROC AUC
EfficientNet-B7	0.932
EfficientNet-B0	0.927
ResNet-50	0.911
VGG-16	0.897

本次研究使用的卷积神经网络模型为 EfficientNet-B7 模型。基线模型使用 PyTorch 自带的 pretrainedmodels 库直接引用。pretrainedmodels 当前最新版本为 0.3.0，其中包括 AlexNet、ResNet-50、VGG-16 在内的多种模型，可以直接用 pip install pretrainedmodels 指令安装使用。

```
1    import pretrainedmodels
```

pretrainedmodels 库中没有 EfficientNet 模型的预训练模型，所以还使用了 pip install efficientnet_pytorch 指令引入了 efficientnet_pytorch 模型。

```
1    from efficientnet_pytorch import EfficientNet
2    model = EfficientNet.from_pretrained('efficientnet-b0')
```

20.4.3　损失函数

损失函数使用了交叉熵损失函数，具体代码如例 20-5 所示。

【例 20-5】　交叉熵损失函数。

```
1    class CrossEntropyLossOneHot(nn.Module):
2        def __init__(self):
3            super(CrossEntropyLossOneHot, self).__init__()
4            self.log_softmax = nn.LogSoftmax(dim = -1)
5
6        def forward(self, preds, labels):
7            return torch.mean(torch.sum(-labels * self.log_softmax(preds), -1))
```

20.4.4　训练策略

模型训练过程中的学习策略使用常用的 Adam，并结合 Cycle Learning Rate。具体代码如例 20-6 所示。

【例 20-6】　训练策略。

```
1    import torch.nn as nn
2    import torch
3
4    def configure_optimizers(self):
```

```
5        self.optimizer = torch.optim.Adam(self.parameters(), lr=0.001, betas=(0.9,
         0.999), eps=1e-08, weight_decay=0)
6        self.scheduler = WarmRestart(self.optimizer, T_max=10, T_mult=1, eta_min=1e-5)
7        return [self.optimizer], [self.scheduler]
```

20.5 模型评估

构建机器学习模型的一个关键步骤就是在新数据上对模型的性能进行评估,模型评估就是评估经训练数据集结合机器学习算法训练得到的预测模型是否是最优的或者对新数据有较强的泛化能力。我们通过以下几个性能指标评估预测模型:分类的混淆矩阵(Confusion Matrix)、分类准确率、召回率以及 F1-score。*K* 折交叉验证(*K*-fold 交叉验证)几个部分来学习模型评估。

混淆矩阵是展示学习算法性能的一种矩阵。预测误差(Error,ERR)和准确率(Accuracy,ACC)都提供了误分类样本数量的相关信息。误差可以理解为预测错误样本与所有被预测样本数量的比值,而准确率计算方法则是正确预测样本的数量与所有被预测样本数量的比值。

验证模型准确率是非常重要的内容。将数据手工切分成两份,一份用于训练,一份用于测试,这种方法也叫"留一法"交叉验证。这种方法存在局限,因为只对数据进行一次测试,并不一定能代表模型的真实准确率。因为模型的准确率和数据的切分有关系,在数据量不大的情况下影响比较大,所以提出了 *K* 折交叉验证。

K 折交叉验证将数据随机且均匀地分成 *K* 份,本次研究选择了常用的 *K* 取值——5,数据预先分好并保持不动。假设每份数据的标号为 0~4,第一次使用标号为 0~3 的共 4 份数据进行训练,而使用标号为 4 的数据进行测试,得到一个准确率。第二次使用标记为 1~4 的共 4 份数据进行训练,而使用标号为 0 的数据进行测试,得到第二个准确率,以此类推,每次使用 4 份数据作为训练,而使用剩下的一份数据进行测试,这样共进行 5 次,最后模型的准确率为 5 次准确率的平均值。这样就避免了数据划分造成的评估不准确的问题。

20.5.1 模型效果

模型的训练效果检测使用了 ROC-AUC 曲线。ROC 曲线图上有四个特殊的点:第一个点是坐标为(0,1)的点,意味着样本被完全正确分类了;第二个点是坐标为(1,0)的点,意味着分类器避开了所有的正确答案;第三个点是(0,0)点,可以发现,这个分类器使用的样本都是负样本;最后一个点是(1,1)点,意味着所有的样本都是正样本。基于这四个特殊的极限点的概念,可以知道 ROC 曲线中越靠近左上角的分类器性能越好。AUC 的概念是曲线下面积。表示模型对给定的样本打分时,对正样本给出的分数高于对负样本给出的分数的概率。AUC 数值越接近 1,代表模型训练的效果越接近一个完全正确的分类器。使用 EfficientNet 作为基线模型,经过训练,该模型在验证集的最好验证效果和测试集的测试效果如表 20-3 所示。

表 20-3　模型效果

标签	验证	测试
健康	0.982	0.976
锈病	0.986	0.976
赤霉病	9.985	0.979
两种叶病	0.979	0.973
平均 ROC AUC	0.983	0.976

20.5.2　模型结果分析

从测试集的模型测试结果中分别抽取了四种标签的模型训练结果样例，对这些样例结果展开分析。四张叶片图像的模型训练结果如表 20-4 所示。

表 20-4　模型训练结果样例

图像 id	健康	锈病	痂病	同时拥有两种疾病
Test000	0.004 712	0.013 553	0.011 217	0.970 518
Test004	0.010 609	0.00 128	0.977 176	0.010 935
Test005	0.989 979	0.002 855	0.002 412	0.004 754
Test007	0.017 133	0.968 643	0.001 091	0.013 133

在划分的测试集图片 Test000 中，模型预测该同时拥有锈病和痂病的苹果树叶片为同时患有两种疾病的标签的概率约为 0.97，预测其只包含其中一种疾病的概率分别约为 0.01，而预测其为健康叶片的概率几乎为 0。通过对该图片数据的模型训练结果分析，可以看到该模型在面对多种疾病分析时，有很小的可能将其错误地辨认为其中的某一种疾病。图像 Test000 和其预测结果分析如图 20-8 所示。

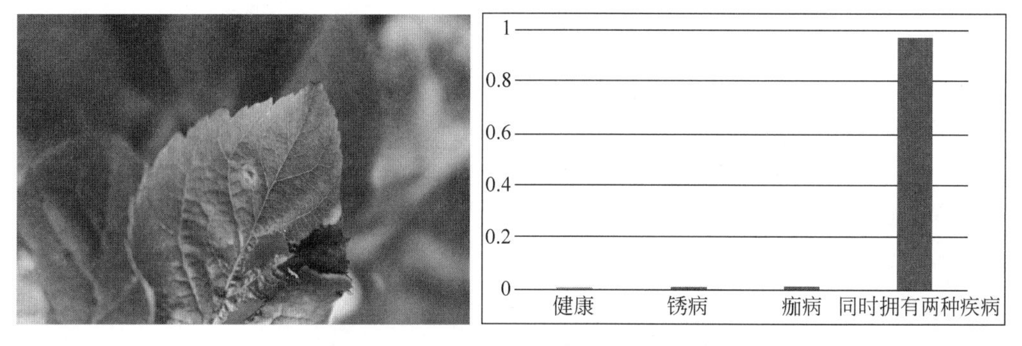

图 20-8　同时拥有两种疾病的叶片预测

在图像 Test004 中，可以看到，模型正确预测 Test004 痂病苹果树叶片图像的概率约为 0.98，而分别有约 0.01 的可能将其错认为健康叶片或同时拥有两种疾病症状的叶片。模型几乎无法将该叶片中所含的疾病错认为另一种疾病。图像 Test004 和其预测结果分析如图 20-9 所示。

在图像 Test005 中，模型准确预测了这个健康叶片图像，预测准确率达到了 0.99，几乎不会存在预测错误的情况。分析可得,在该模型中,健康叶片的特征相对便于观察和分辨。图像 Test005 和其预测结果分析如图 20-10 所示。

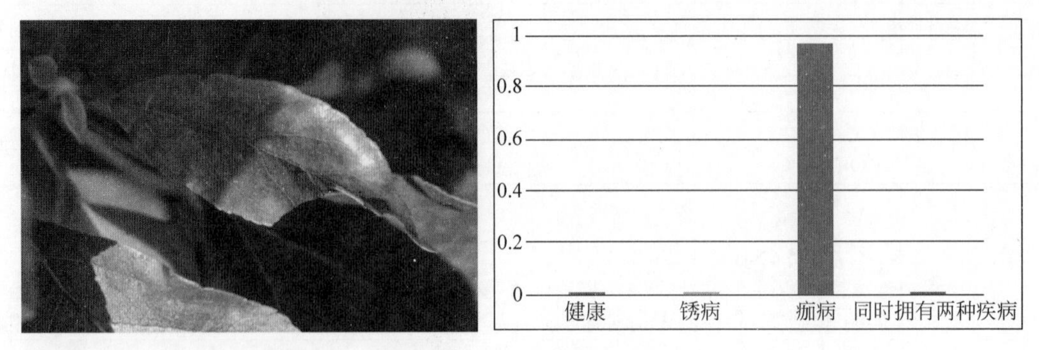

图 20-9 痂病叶片模型预测

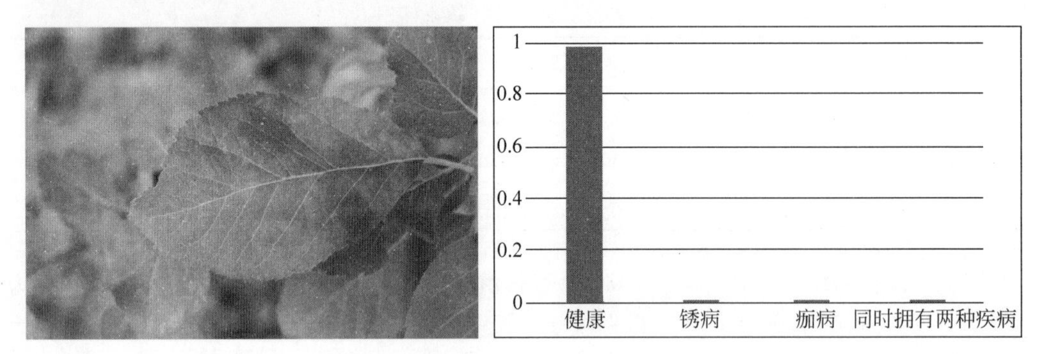

图 20-10 健康叶片模型预测

图像 Test007 中,这个患有锈病的苹果叶片有大约 0.02 的可能被错认为健康叶片,并有 0.01 的可能被错认为同时包含两种疾病。它几乎不可能被分辨为包含痂病。因此其被正确分辨的可能约为 0.97。图像 Test007 和其预测结果分析如图 20-11 所示。

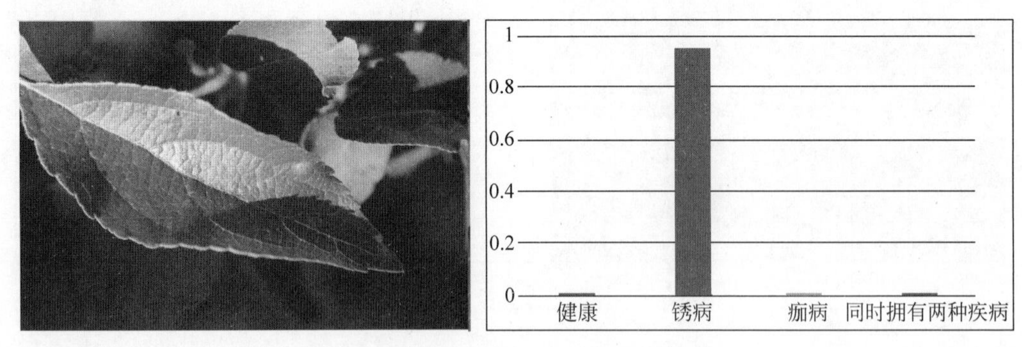

图 20-11 锈病叶片模型预测

附录A

用户历史充值情况数据表

表 A-1 是表 19-14 整体用户历史充值情况的统计指标的完整版。

表 A-1　整体用户历史充值情况的统计指标

信　息	count	mean	std	min	25%	50%	75%	max
total_charge_num	4 212 338	1.20 492 705	2.116 265 255	0	0	1	2	283
total_charge_amount	4 212 338	20.05 019 672	43.9 653 612	0	0	9	28	6300
avg_charge_amount	4 212 338	8.905 225 395	15.76 177 534	0	0	6	9	666
diff_last_charge_day	4 212 338	44.04 469 299	80.32 240 888	0	0	0	55	549
if_charge_adult	4 212 338	0.440 434 742	0.49 643 936	0	0	0	1	1
charge_adult_num	4 212 338	0.822 471 274	1.24 413 395	0	0	0	1	106
max_charge_adult_amount	4 212 338	8.902 088 104	17.55 258 799	0	0	0	9	500
min_charge_adult_amount	4 212 338	6.888 250 843	13.99 470 849	0	0	0	9	500
avg_charge_adult_amount	4 212 338	7.827 528 762	15.01 619 279	0	0	0	9	500
if_charge_teenager	4 212 338	0.066 076 844	0.248 416 403	0	0	0	0	1
charge_teenager_num	4 212 338	0.096 848 116	0.422 528 838	0	0	0	0	91
max_charge_teenager_amount	4 212 338	1.21 467 698	6.857 123 474	0	0	0	0	500
min_charge_teenager_amount	4 212 338	1.046 199 996	5.95 572 405	0	0	0	0	500
avg_charge_teenager_amount	4 212 338	1.127 008 538	6.250 567 649	0	0	0	0	500
if_charge_old	4 212 338	0.072 943 814	0.260 044 285	0	0	0	0	1
charge_old_num	4 212 338	0.180 390 083	0.812 010 663	0	0	0	0	76
max_charge_old_amount	4 212 338	1.582 493 143	10.06 019 263	0	0	0	0	700
min_charge_old_amount	4 212 338	1.138 374 295	7.549 884 242	0	0	0	0	700
avg_charge_old_amount	4 212 338	1.341 984 399	8.281 897 037	0	0	0	0	700
if_charge_accident	4 212 338	0.041 338 563	0.199 072 087	0	0	0	0	1
charge_accident_num	4 212 338	0.090 051 416	0.58 424 045	0	0	0	0	65
max_charge_accident_amount	4 212 338	0.815 957 551	4.940 407 622	0	0	0	0	500
min_charge_accident_amount	4 212 338	0.652 889 524	4.094 334 231	0	0	0	0	350
avg_charge_accident_amount	4 212 338	0.730 075 383	4.386 354 406	0	0	0	0	350

表 A-2 是第 19 章表 19-15 公示消息后充值和未充值用户互助订单充值情况的统计性指标的完整版。

表 A-2　公示消息后充值和未充值用户互助订单充值情况的统计性指标

充　值	count	mean	std	min	25%	50%	75%	max
total_charge_num	87 386	1.147 254 709	2.510 239 091	0	0	0	1	283
total_charge_amount	87 386	15.59 658 298	38.20 048 709	0	0	0	18	2837
avg_charge_amount	87 386	6.102 527 832	11.05 526 819	0	0	0	9	350
diff_last_charge_day	87 386	35.6 981 782	66.99 001 748	0	0	0	48	537
if_charge_adult	87 386	0.364 886 824	0.481 401 165	0	0	0	1	1
charge_adult_num	87 386	0.682 729 499	1.284 021 705	0	0	0	1	106
max_charge_adult_amount	87 386	5.780 170 737	12.85 929 732	0	0	0	9	200
min_charge_adult_amount	87 386	4.528 780 354	9.646 960 415	0	0	0	9	200
avg_charge_adult_amount	87 386	5.091 687 913	10.58 249 151	0	0	0	9	200
if_charge_teenager	87 386	0.055 798 412	0.229 533 335	0	0	0	0	1
charge_teenager_num	87 386	0.084 864 852	0.510 356 689	0	0	0	0	91
max_charge_teenager_amount	87 386	0.869 040 807	5.177 284 224	0	0	0	0	150
min_charge_teenager_amount	87 386	0.753 942 279	4.43 658 665	0	0	0	0	150
avg_charge_teenager_amount	87 386	0.807 644 588	4.662 609 195	0	0	0	0	150
if_charge_old	87 386	0.115 636 372	0.3 197 902	0	0	0	0	1
charge_old_num	87 386	0.268 956 126	0.965 003 721	0	0	0	0	33
max_charge_old_amount	87 386	1.780 891 676	7.866 663 434	0	0	0	0	350
min_charge_old_amount	87 386	1.398 896 848	5.983 365 828	0	0	0	0	350
avg_charge_old_amount	87 386	1.57 370 929	6.559 118 354	0	0	0	0	350
if_charge_accident	87 386	0.038 392 878	0.192 143 923	0	0	0	0	1
charge_accident_num	87 386	0.093 630 559	0.63 438 786	0	0	0	0	30
max_charge_accident_amount	87 386	0.645 389 422	3.941 640 018	0	0	0	0	150
min_charge_accident_amount	87 386	0.508 468 176	3.260 830 798	0	0	0	0	150
avg_charge_accident_amount	87 386	0.571 838 395	3.494 596 005	0	0	0	0	150
未　充　值	count	mean	std	min	25%	50%	75%	max
total_charge_num	4 124 952	1.206 148 823	2.107 105 674	0	0	1	2	182
total_charge_amount	4 124 952	20.14 454 534	44.0 744 704	0	0	9	29	6300
avg_charge_amount	4 124 952	8.964 599 789	15.84 100 631	0	0	6	9	666
diff_last_charge_day	4 124 952	44.22 151 167	80.57 164 988	0	0	0	55	549
if_charge_adult	4 124 952	0.442 035 204	0.496 628 777	0	0	0	1	1
charge_adult_num	4 124 952	0.825 431 666	1.24 310 535	0	0	0	1	92
max_charge_adult_amount	4 124 952	8.968 225 085	17.6 325 345	0	0	0	9	500
min_charge_adult_amount	4 124 952	6.938 235 592	14.06 801 298	0	0	0	9	500
avg_charge_adult_amount	4 124 952	7.885 486 815	15.09 067 766	0	0	0	9	500
if_charge_teenager	4 124 952	0.06 629 459	0.248 796 367	0	0	0	0	1

续表

未　充　值	count	mean	std	min	25%	50%	75%	max
charge_teenager_num	4 124 952	0.097 101 978	0.420 466 217	0	0	0	0	33
max_charge_teenager_amount	4 124 952	1.221 999 189	6.888 093 516	0	0	0	0	500
min_charge_teenager_amount	4 124 952	1.052 391 398	5.983 582 264	0	0	0	0	500
avg_charge_teenager_amount	4 124 952	1.133 774 177	6.279 691 015	0	0	0	0	500
if_charge_old	4 124 952	0.072 039 384	0.258 553 142	0	0	0	0	1
charge_old_num	4 124 952	0.178 513 835	0.808 351 618	0	0	0	0	76
max_charge_old_amount	4 124 952	1.578 290 123	10.10 146 962	0	0	0	0	700
min_charge_old_amount	4 124 952	1.132 855 194	7.579 472 981	0	0	0	0	700
avg_charge_old_amount	4 124 952	1.33 707 537	8.31 446 415	0	0	0	0	700
if_charge_accident	4 124 952	0.041 400 967	0.199 215 803	0	0	0	0	1
charge_accident_num	4 124 952	0.089 975 592	0.583 131 291	0	0	0	0	65
max_charge_accident_amount	4 124 952	0.819 570 991	4.959 327 957	0	0	0	0	500
min_charge_accident_amount	4 124 952	0.655 949 051	4.110 109 287	0	0	0	0	350
avg_charge_accident_amount	4 124 952	0.733 427 591	4.403 231 829	0	0	0	0	350

附录B

用户各类订单余额情况

表 B-1 是表 19-16 用户互助各单的余额情况的完整版。

表 B-1　用户互助各单的余额情况

信　　息	count	mean	std	min	25%	50%	75%	max
if_join_adult	4 212 338	0.903 478 306	0.295 305 397	0	1	1	1	1
adult_order_num	4 212 338	1.318 237 283	0.856 057 079	0	1	1	2	289
max_adult_balance_amount	4 212 338	11.98 005 984	20.71 491 652	−0.46	1.07	3	16.39	1617.39
min_adult_balance_amount	4 212 338	10.0 157 047	17.84 591 551	−0.46	0.65	3	12.41	1617.39
avg_adult_balance_amount	4 212 338	10.95 513 626	18.59 659 688	−0.46	1.07	3	14.74	1617.39
total_adult_balance_amount	4 212 338	15.774 409	29.76 023 996	−0.46	1.07	6	19.5	5332.44
if_join_teenager	4 212 338	0.198 162 873	0.398 615 587	0	0	0	0	1
teenager_order_num	4 212 338	0.268 238 446	0.602 532 461	0	0	0	0	52
max_teenager_balance_amount	4 212 338	2.657 572 279	10.89 538 494	0	0	0	0	606.2
min_teenager_balance_amount	4 212 338	2.487 373 499	10.32 591 802	0	0	0	0	606.2
avg_teenager_balance_amount	4 212 338	2.570 921 773	10.49 773 156	0	0	0	0	606.2
total_teenager_balance_amount	4 212 338	3.273 054 441	13.72 788 302	0	0	0	0	905.48
if_join_old	4 212 338	0.117 933 081	0.322 528 905	0	0	0	0	1
old_order_num	4 212 338	0.16 010 776	0.488 730 634	0	0	0	0	45
max_old_balance_amount	4 212 338	2.422 449 616	13.53 208 695	0	0	0	0	2235.95
min_old_balance_amount	4 212 338	2.234 682 661	12.54 322 268	−0.29	0	0	0	2235.95
avg_old_balance_amount	4 212 338	2.32 829 686	12.87 039 755	−0.29	0	0	0	2235.95
total_old_balance_amount	4 212 338	3.200 802 305	19.03 679 642	−0.58	0	0	0	2235.95
if_join_accident	4 212 338	0.069 906 309	0.254 989 082	0	0	0	0	1
accident_order_num	4 212 338	0.12 902 692	0.610 700 821	0	0	0	0	158
max_accident_balance_amount	4 212 338	1.825 943 089	8.674 372 532	0	0	0	0	497.82
min_accident_balance_amount	4 212 338	1.625 763 723	7.880 862 554	−0.25	0	0	0	475.36
avg_accident_balance_amount	4 212 338	1.721 971 421	8.167 096 854	−0.25	0	0	0	475.36
total_accident_balance_amount	4 212 338	3.084 832 392	17.41 641 061	−0.68	0	0	0	2163.32

续表

充　　值	count	mean	std	min	25%	50%	75%	max
if_join_adult	87 386	0.868 800 494	0.337 620 349	0	1	1	1	1
adult_order_num	87 386	1.379 225 505	1.102 846 795	0	1	1	2	161
max_adult_balance_amount	87 386	18.49 678 495	20.49 115 327	−0.46	10.07	12	23	452.08
min_adult_balance_amount	87 386	14.98 926 888	17.17 275 588	−0.46	3	12	18	447.39
avg_adult_balance_amount	87 386	16.69 119 333	17.75 965 032	−0.46	9.52	12	20.5	447.39
total_adult_balance_amount	87 386	25.63 951 434	30.69 207 986	−0.46	10.07	18.26	32	1087.28
if_join_teenager	87 386	0.213 512 462	0.409 788 741	0	0	0	0	1
teenager_order_num	87 386	0.300 082 393	0.673 278 285	0	0	0	0	46
max_teenager_balance_amount	87 386	3.758 405 923	11.72 322 869	0	0	0	0	544.27
min_teenager_balance_amount	87 386	3.470 314 696	10.90 643 412	0	0	0	0	544.27
avg_teenager_balance_amount	87 386	3.608 094 775	11.13 268 302	0	0	0	0	544.27
total_teenager_balance_amount	87 386	4.761 354 679	14.95 690 424	0	0	0	0	905.48
if_join_old	87 386	0.196 473 119	0.397 332 656	0	0	0	0	1
old_order_num	87 386	0.266 770 421	0.606 303 294	0	0	0	0	16
max_old_balance_amount	87 386	4.976 318 747	15.78 256 108	0	0	0	0	657.63
min_old_balance_amount	87 386	4.613 079 555	14.47 669 678	0	0	0	0	657.63
avg_old_balance_amount	87 386	4.795 805 621	14.89 636 264	0	0	0	0	657.63
total_old_balance_amount	87 386	6.420 591 399	20.59 074 365	0	0	0	0	762.77
if_join_accident	87 386	0.065 285 057	0.247 029 587	0	0	0	0	1
accident_order_num	87 386	0.138 134 255	0.685 337 001	0	0	0	0	30
max_accident_balance_amount	87 386	1.751 294 372	8.285 793 783	0	0	0	0	249.09
min_accident_balance_amount	87 386	1.533 892 729	7.522 330 735	−0.25	0	0	0	249.09
avg_accident_balance_amount	87 386	1.639 253 084	7.806 660 587	0	0	0	0	249.09
total_accident_balance_amount	87 386	3.19 413 247	17.21 926 709	0	0	0	0	542.95
未　充　值	**count**	**mean**	**std**	**min**	**25%**	**50%**	**75%**	**max**
if_join_adult	4 124 952	0.904 212 946	0.294 299 024	0	1	1	1	1
adult_order_num	4 124 952	1.316 945 264	0.850 007 092	0	1	1	2	289
max_adult_balance_amount	4 124 952	11.84 200 477	20.6 974 509	−0.46	1.07	3	16.39	1617.39
min_adult_balance_amount	4 124 952	9.91 034 108	17.84 491 605	−0.46	0.65	3	12.41	1617.39
avg_adult_balance_amount	4 124 952	10.83 361 944	18.59 479 261	−0.46	1.07	3	14.36	1617.39
total_adult_balance_amount	4 124 952	15.5 654 194	29.70 476 988	−0.46	1.07	6	19.39	5332.44
if_join_teenager	4 124 952	0.197 837 696	0.398 369 151	0	0	0	0	1
teenager_order_num	4 124 952	0.267 563 841	0.600 925 487	0	0	0	0	52
max_teenager_balance_amount	4 124 952	2.634 251 414	10.87 596 215	0	0	0	0	606.2
min_teenager_balance_amount	4 124 952	2.466 550 154	10.3 122 545	0	0	0	0	606.2
avg_teenager_balance_amount	4 124 952	2.548 949 542	10.48 275 581	0	0	0	0	606.2
total_teenager_balance_amount	4 124 952	3.241 525 201	13.69 890 711	0	0	0	0	888.81
if_join_old	4 124 952	0.116 269 232	0.320 547 535	0	0	0	0	1
old_order_num	4 124 952	0.15 784 814	0.48 5679 058	0	0	0	0	45

续表

未 充 值	count	mean	std	min	25%	50%	75%	max
max_old_balance_amount	4 124 952	2.368 346 584	13.47 511 566	0	0	0	0	2235.95
min_old_balance_amount	4 124 952	2.184 296 962	12.49 413 344	−0.29	0	0	0	2235.95
avg_old_balance_amount	4 124 952	2.27 602 335	12.81 888 188	−0.29	0	0	0	2235.95
total_old_balance_amount	4 124 952	3.132 591 938	18.99 660 253	−0.58	0	0	0	2235.95
if_join_accident	4 124 952	0.070 004 209	0.25 515 414	0	0	0	0	1
accident_order_num	4 124 952	0.128 833 984	0.609 019 364	0	0	0	0	158
max_accident_balance_amount	4 124 952	1.827 524 502	8.682 410 376	0	0	0	0	497.82
min_accident_balance_amount	4 124 952	1.627 709 985	7.888 270 987	−0.25	0	0	0	475.36
avg_accident_balance_amount	4 124 952	1.723 723 786	8.174 552 547	−0.25	0	0	0	475.36
total_accident_balance_amount	4 124 952	3.0 825 169	17.42 055 756	−0.68	0	0	0	2163.32

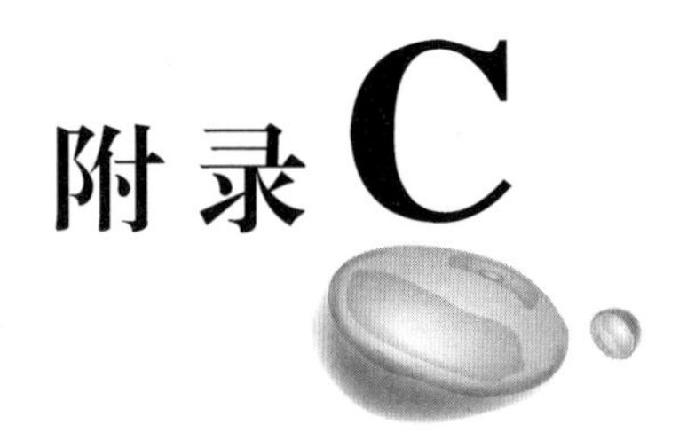

附录 C

各省用户收到公示消息后的充值情况

表 C-1 是表 19-21 各省用户收到公示消息后的充值情况的完整版。

表 C-1　各省用户收到公示消息后的充值情况

province	label	count	收到充值率	province	label	count	收到充值率
未知	0	1 756 799		江苏	0	119 066	
	1	27 729	1.55%		1	3120	2.55%
上海	0	5640		江西	0	75 992	
	1	137	2.37%		1	1898	2.44%
云南	0	69 485		河北	0	153 216	
	1	1782	2.50%		1	3476	2.22%
内蒙古	0	72 003		河南	0	203 993	
	1	1802	2.44%		1	4588	2.20%
北京	0	14 613		浙江	0	60 371	
	1	389	2.59%		1	1566	2.53%
吉林	0	79 040		海南	0	7497	
	1	2128	2.62%		1	187	2.43%
四川	0	196 004		湖北	0	102 142	
	1	5433	2.70%		1	2517	2.40%
天津	0	14 471		湖南	0	114 240	
	1	337	2.28%		1	2903	2.48%
宁夏	0	13 473		甘肃	0	70 984	
	1	368	2.66%		1	1781	2.45%
安徽	0	93 760		福建	0	66 296	
	1	2225	2.32%		1	1669	2.46%

续表

province	label	count	收到充值率	province	label	count	收到充值率
山东	0	227 384		西藏	0	1237	
	1	5641	2.42%		1	35	2.75%
山西	0	89 868		贵州	0	64 276	
	1	2376	2.58%		1	1539	2.34%
广东	0	82 438		辽宁	0	61 729	
	1	2158	2.55%		1	1523	2.41%
广西	0	68 975		重庆	0	18 065	
	1	1829	2.58%		1	342	1.86%
新疆	0	33 771		陕西	0	74 968	
	1	1004	2.89%		1	1830	2.38%
黑龙江	0	100 731		青海	0	12 425	
	1	2667	2.58%		1	407	3.17%

参考文献

[1] Hinton G E,Salakhutdinov R R. Reducing the Dimensionality of Data with Neural Networks[J]. Science，2006，313(5786)：504-507.

[2] Ghemawat S，Gobioff H，Leung S T. The Google File System[C]//Proceedings of the 19th ACM Symposium on Operating Systems Principles. ACM，2003：29.

[3] Wu W N，Qian C，Yang S，et al. Look at boundary：A boundary-aware face alignment algorithm[C]. In CVPR，2018：2129-2138.

[4] Yu T，Hui T，Yu Z，et al. Cross-Modal Omni Interaction Modeling for Phrase Grounding[C]// MM'20：The 28th ACM International Conference on Multimedia. ACM，2020.

[5] GloVe[EB/OL]. [2021-05-01]. https://github. com/stanfordnlp/GloVe.

[6] PyTorch[EB/OL]. [2021-05-01]. https://github. com/Meelfy/pytorch_pretrained_BERT.

[7] Transformer[EB/OL]. https://arxiv. org/pdf/1706. 03762. pdf.

[8] spaCy[EB/OL]. [2021-05-01]. https://spacy. io/.

[9] Christine Kaeser-Chen，Announcing the 7th Fine-Grained Visual Categorization Workshop[EB/OL]. [2020-05-20]. https://ai. googleblog. com/2020/05/announcing-7th-fine-grained-visual. html.

[10] Anaconda[EB/OL]. [2021-05-01]. https://www. anaconda. com/.

图书资源支持

感谢您一直以来对清华版图书的支持和爱护。为了配合本书的使用，本书提供配套的资源，有需求的读者请扫描下方的“书圈”微信公众号二维码，在图书专区下载，也可以拨打电话或发送电子邮件咨询。

如果您在使用本书的过程中遇到了什么问题，或者有相关图书出版计划，也请您发邮件告诉我们，以便我们更好地为您服务。

我们的联系方式：

地　　址：北京市海淀区双清路学研大厦 A 座 714

邮　　编：100084

电　　话：010-83470236　010-83470237

客服邮箱：2301891038@qq.com

QQ：2301891038（请写明您的单位和姓名）

资源下载：关注公众号“书圈”下载配套资源。

资源下载、样书申请

书圈

图书案例

清华计算机学堂

观看课程直播